U0191382

职业教育改革创新示范教材

AutoCAD 2013 中文版项目教程

主　编　项立明

副主编　李　静　白　江　于　飞

参　编　赵岩柏　关伟明

机 械 工 业 出 版 社

本书包括导学和 10 个项目，共 16 个任务。导学部分主要介绍了 AutoCAD 2013 的应用领域与基本操作；项目 1 介绍了 AutoCAD 2013 中基本的二维图形的绘制与编辑方法；项目 2 介绍了 AutoCAD 2013 中的图层功能与使用方法；项目 3 介绍了 AutoCAD 2013 中图案填充与渐变色填充的基本方法；项目 4 介绍了 AutoCAD 2013 中文字与表格的使用方法；项目 5 介绍了 AutoCAD 2013 中进行尺寸标注的基本方法；项目 6 介绍了 AutoCAD 2013 中图块的功能与使用方法；项目 7 介绍了 AutoCAD 2013 中建筑立面图的绘制方法；项目 8 介绍了 AutoCAD 2013 中室内建筑透视图的绘制方法；项目 9 介绍了 AutoCAD 2013 中三维图形绘制与编辑的基本方法；项目 10 介绍了 AutoCAD 2013 中图形输出的基本方法。

本书内容丰富、简洁明了、通俗易懂、图文并茂、步骤清晰，不仅适合职业院校计算机及相关专业和培训学校的学生使用，也适合 AutoCAD 爱好者自学使用。

为方便教师教学，本书配有电子课件，选用本书作为教材的教师可以从机械工业出版社教材服务网（www.cmpedu.com）免费注册下载或联系编辑（010-88379194）咨询。

图书在版编目（CIP）数据

AutoCAD 2013 中文版项目教程/项立明主编．—北京：机械工业出版社，2014.1（2024.10 重印）

职业教育改革创新示范教材

ISBN 978-7-111-44825-9

Ⅰ．①A…　Ⅱ．①项…　Ⅲ．①AutoCAD 软件—职业教育—教材

Ⅳ．①TP391.72

中国版本图书馆 CIP 数据核字（2013）第 274626 号

机械工业出版社（北京市百万庄大街 22 号　邮政编码 100037）

策划编辑：梁　伟　　责任编辑：蔡　岩

版式设计：霍永明　　责任校对：纪　敬

封面设计：鞠　杨　　责任印制：郜　敏

北京富资园科技发展有限公司印刷

2024 年 10 月第 1 版第 7 次印刷

184mm×260mm・18 印张・441 千字

标准书号：ISBN 978-7-111-44825-9

定价：35.00 元

凡购本书，如有缺页、倒页、脱页，由本社发行部调换

电话服务　　网络服务

社服务中心：（010）88361066　　教材网：http://www.cmpedu.com

销售一部：（010）68326294　　机工官网：http://www.cmpbook.com

销售二部：（010）88379649　　机工官博：http://weibo.com/cmp1952

读者购书热线：（010）88379203　　封面无防伪标均为盗版

前　　言

AutoCAD 作为一款通用计算机辅助绘图与设计软件，具有功能强大、易于掌握、使用方便、体系结构开放等特点，深受广大工程技术人员的欢迎，被广泛地应用于土木建筑、装饰装潢、城市规划、园林设计、电子电路、机械设计、服装鞋帽、航空航天、轻工化工等诸多领域。本书以 AutoCAD 2013（中文版）Simplified 版本为工作环境，全面介绍了利用 AutoCAD 绘制二维和三维工程图的方法。

本书在内容的选择上紧紧围绕职业工作岗位的典型工作任务，注重培养学生的实际应用能力，提高课程内容的实用性与实际工作任务的衔接程度。

本书采用项目化教学，以任务为驱动，突出实际应用，通过对具体任务的讲解使读者掌握 AutoCAD 2013 中二维图形绘制与编辑的基本方法、三维图形绘制与编辑的基本方法以及与图形绘制相关的知识。在编写的过程中，做到简洁明了、通俗易懂、图文并茂、步骤清晰。读者学习完本书之后，能够独立绘制各种 CAD 图形。

参加本书编写的人员包括职业院校从事 AutoCAD 教学和研究的一线教学人员和企事业从事相关工作的工程技术人员。本书由项立明担任主编，由李静、白江、于飞任副主编，参与编写的还有赵岩柏和关伟明。其中导学和项目 1 由项立明编写；项目 2、项目 3 和项目 6 由李静编写；项目 4、项目 5 由白江编写；项目 7、项目 10 由于飞编写；项目 9 由赵岩柏编写；项目 8 由关伟明编写。全书由项立明负责统稿。

在本书的编写过程中，得到了参编院校和企事业领导的大力支持，在此表示衷心的感谢。本书在编写过程中参考了一些专著和资料，在此向其作者一并致谢。

限于编者水平，书中难免有疏漏和不妥之处，敬请读者和专家批评指正。

编　者

目　　录

导 学 篇

能力目标

1）能够了解 AutoCAD 的应用领域和发展方向。
2）能够掌握 AutoCAD 的安装、启动、系统组成和退出方法。
3）能够掌握 AutoCAD 中各类绘图工具和编辑工具的功能和使用方法。
4）能够掌握 AutoCAD 中绘图环境的设置和图形的显示控制方法。
5）能够掌握 AutoCAD 中图形的渲染及打印输出方法。

导学 1 职业应用

自 1946 年 2 月第一台电子计算机诞生以来，计算机技术得到了飞速的发展，随着计算机技术的不断发展，计算机辅助设计技术成为发展最快、应用最广泛的技术之一。在自动化程度日益提高的今天，计算机辅助设计技术的应用领域已渗透到了人们工作、学习和生活的每个方面。

AutoCAD 的应用领域

1. AutoCAD 的发展过程

AutoCAD 的英文全称是 Auto Computer Aided Design，是美国 Autodesk 公司开发的通用计算机辅助绘图与设计软件，具有功能强大、易于掌握、使用方便、体系结构开放等特点，深受广大工程技术人员的欢迎。AutoCAD 自 1982 年推出第一个版本以来，已经进行了多次升级，功能也日趋完善，目前流行的版本是 2012 年推出的 AutoCAD 2013 版。

在 AutoCAD2013 版中，还针对不同的行业开发了行业专用的版本和插件：在机械设计与制造行业中发行了 AutoCAD2013（中文版）Mechanical 版本；在电子电路设计行业中发行了 AutoCAD2013（中文版）Electrical 版本；在勘测、土方工程与道路设计行业中发行了 Autodesk Civil 3D 版本；对于一般没有特殊要求的建筑、服装、城市规划、园林设计等行业使用的是 AutoCAD2013（中文版）Simplified 版本。

因为学校里教学、培训所用的一般都是 AutoCAD2013（中文版）Simplified 版本，所以 AutoCAD2013（中文版）Simplified 基本上算是通用版本。

2. AutoCAD 的应用领域

AutoCAD 被广泛地应用于土木建筑、装饰装潢、城市规划、园林设计、电子电路、机械设计、服装鞋帽、航空航天、轻工化工等诸多领域。

AutoCAD 所适应的就业方向

AutoCAD 是世界上应用最广的 CAD 应用软件，适用面极为广泛，涉及的就业方向也十分广泛，而且又易学易用，因此，学习 AutoCAD 这门课，对于提升今后的就业能力是非常必要的。对于职业院校毕业的学生，其就业方向大致可以分为以下几个方面：

1）企业的生产设计部门。

2）建筑行业的制图员。

3）政府机关（如，房管局的产权测绘、资料中心的制图员、制图工程师）。

4）研究院、设计院等科研部门。

AutoCAD 培养的专业能力

1）培养学生基本的看图、识图和绘图能力。

2）培养学生的图形设计能力。

3）培养学生根据实际需要调整设计的应变能力。

4）培养学生综合运用所学知识独立完成项目的能力。

5）培养学生一丝不苟、团结协作的精神和对事物的观察能力。

导学 2　新兵学堂

对于所有的初学者来说，要掌握一门新技术、新技能，必须要理解和掌握与其相关的理论基础知识，才能学好这门技术，才能在今后的实际应用中得心应手。

AutoCAD 2013 的新增功能

AutoCAD 2013 除了在图形处理和联机应用等方面的功能有所增强外，还增加了从 AutoCAD 和 Autodesk Inventor 三维模型生成关联性二维图形的功能。同时也可以利用新的模型文档编制选项卡，更加轻松地访问用于创建剖面和详细视图的工具。另外，AutoCAD 2013 新增的“曲面曲线提取”工具可通过曲面或实体面上的指定点提取等值线曲线。AutoCAD 2013 的新增功能见表 0-1。

表 0-1　AutoCAD 2013 的新增功能

新 增 功 能	功能应用介绍
增强的模型文档功能	AutoCAD 2013 的模型文档功能相对于以前的版本有了明显的增强。用户可在新“布局”选项卡中找到模型文档工具及其他常用工具，用于创建和管理图形布局和视图。在“创建视图”面板上可以找到用于创建工程视图的新工具和增强工具
阵列增强功能	AutoCAD 2013 增强了阵列功能，对于每种类型的阵列（矩形、环形和路径），在选定对象后，都会立即显示相应的默认阵列效果，而阵列对象上的多功能夹点使用户可以动态编辑相关的特性。用户还可以在上下文功能区选项卡及命令行中修改阵列的各项参数值

（续）

新增功能	功能应用介绍
属性编辑预览功能	在应用变更前，用户可以快速、动态地预览对象属性变更。例如，如果用户选择对象，然后使用“属性”选项板来更改颜色，则所选对象的颜色会随着用户移动光标所指颜色而动态改变
PressPull 工具增强功能	在 AutoCAD 2013 中，PressPull 可以直接选取轮廓线条进行 PressPull，可以选取多个轮廓线条或者多个封闭区域一次操作或创建多个实体；可以延续倾斜面的角度
曲面曲线提取功能	AutoCAD 2013 新增的“曲面曲线提取”工具可以通过曲面或实体面上的指定点提取等值线曲线
外部参照增强功能	AutoCAD 2013 改进了外部参照管理器，用户可以轻松地修改外部参照的路径类型（如相对路径、绝对路径、无路径）
文本加删除线功能	AutoCAD 2013 为多行文字、多重引线、尺寸标注、表和 ArcText 产品提供了一种新的删除线样式，提高了在文档中展示文本的灵活性
交互命令行增强功能	AutoCAD 2013 更新了命令行界面，包括颜色、透明度等，可以直接单击命令行选项，更加灵活地显示历史记录和调用最近使用的命令。用户可以将命令行固定在 AutoCAD 窗口的顶部或底部，或使其浮动，以最大化绘图区域
注释监视器功能	AutoCAD 2013 新增的注释监视器功能可以跟踪关联标注并亮显任何无效的标注或解除关联的标注，以使其易于查找和修复
点云增强功能	AutoCAD 2013 增加了多种支持的点云资料格式，支持对点云的强度分析，对点云进行裁剪，裁剪范围反转等功能

AutoCAD 2013 的安装

AutoCAD 2013（中文版）目前有 32 位和 64 位两种版本，安装时应根据所使用的操作系统的版本（32 位还是 64 位）来确定 AutoCAD 2013 的版本。

1．安装环境

AutoCAD 2013 对计算机硬件和软件环境的具体要求见表 0-2。

表 0-2　AutoCAD 2013 的系统配置要求

项　目	32 位	64 位
处理器	Windows XP： 支持 SSE2 技术的英特尔奔腾 4 或 AMD Athlon 双核处理器（1.6GHz 或更高主频） Windows 7： 支持 SSE2 技术的英特尔奔腾 4 或 AMD Athlon 双核处理器（3.0GHz 或更高主频）	支持 SSE2 技术的 AMD Athlon64 处理器 支持 SSE2 技术的 AMD Opteron 处理器 支持 SSE2 和 EM64T 技术的英特尔至强处理器 支持 SSE2 和 EM64T 技术的英特尔奔腾 4 处理器
内存	2GB（推荐 4GB）	2GB（推荐 4GB）
硬盘空间	6GB 安装空间	6GB 安装空间
操作系统	以下操作系统的 ServicePack3（SP3）或更高版本： Microsoft Windows XP Professional Microsoft Windows XP Home 以下操作系统： Microsoft Windows 7 Professional Microsoft Windows 7 Enterprise Microsoft Windows 7 Ultimate Microsoft Windows 7 Home Premium	以下操作系统的 ServicePack2（SP2）或更高版本： Microsoft Windows XP Professional 以下操作系统： Microsoft Windows 7 Professional Microsoft Windows 7 Enterprise Microsoft Windows 7 Ultimate Microsoft Windows 7 Home Premium
浏览器	Internet Explorer 7.0 或更高版本	Internet Explorer 7.0 或更高版本

2. 安装过程

（1）运行安装程序

将 AutoCAD 2013 安装光盘放入驱动器内，自动运行安装程序。在弹出的程序安装界面中单击“安装（在此计算机上安装）”按钮。

（2）接受许可协议

在 AutoCAD 2013 安装界面中，选择国家或地区并阅读许可服务协议，选中并单击“我接受”单选按钮，然后单击“下一步”按钮。

（3）选择许可类型

在 AutoCAD 2013 安装界面中选择产品语言，然后在下面的许可类型选项下选中“单机”单选按钮。

（4）输入产品信息

在 AutoCAD 2013 安装界面中，输入产品序列号和密钥，单击“下一步”按钮。

（5）选择安装产品和语言

在 AutoCAD 2013 的配置安装界面中，选择需要安装的产品和语言。

（6）设置产品安装路径

在 AutoCAD 2013 安装界面中，设置产品的安装路径，单击“安装”按钮。

（7）开始安装

系统自动将 AutoCAD 2013 主程序及其他一些组件安装到指定的路径。经过一段时间的等待，安装程序即完成所有的安装，并提示查看相关产品信息，然后单击“完成”按钮即可。

AutoCAD 2013 的启动和退出

1. 启动 AutoCAD 2013

同 Windows 下其他应用程序一样，AutoCAD 2013 程序成功安装后可通过多种方式启动，常用方法有以下几种：

1）双击桌面上的 AutoCAD 2013 快捷方式图标，启动 AutoCAD 2013。

2）选择“开始”→“程序”→“Autodesk”→“AutoCAD 2013”命令，启动 AutoCAD 2013。

3）打开 AutoCAD 2013 的安装路径后双击 acad.exe 图标，启动 AutoCAD 2013。

2. 退出 AutoCAD 2013

退出 AutoCAD 2013 有多种方法，既可以使用 Windows 应用程序的各种退出方法，也可以使用 AutoCAD 2013 所提供的退出方法。主要有以下几种：

1）单击 AutoCAD 2013 窗口右上角的关闭按钮。

2）执行 AutoCAD 2013 窗口栏中的“文件”→“退出”菜单命令或按<Ctrl+Q>组合键。

3）单击工作界面上左上角的应用程序按钮，从弹出的菜单中选择“退出”命令。

AutoCAD 2013 的工作空间

所谓“工作空间”指的是由分组组织的菜单、工具栏、选项面板和功能区控制选项板等组成的集合，使用户可以在自己定义的、面向任务的绘图环境中工作。

AutoCAD 2013 提供了“草图与注释”“三维基础”“三维建模”和“AutoCAD 经典”4 种预先定义好的工作空间模式供用户选择。另外，在 AutoCAD 2013 中用户还可以自定义工作空间。

1. 工作空间的选择

在 AutoCAD 2013 中，不同的工作空间模式适用于不同的场合和工作目的。用户可根据自己的工作情况来选择合适的工作空间。

（1）“草图与注释”工作空间

在默认状态下，AutoCAD 2013 系统自动打开“草图与注释”工作空间，其工作界面主要由快速访问工具栏、功能区、绘图窗口、命令提示窗口和状态栏等几部分组成，工作界面如图 0-1 所示。

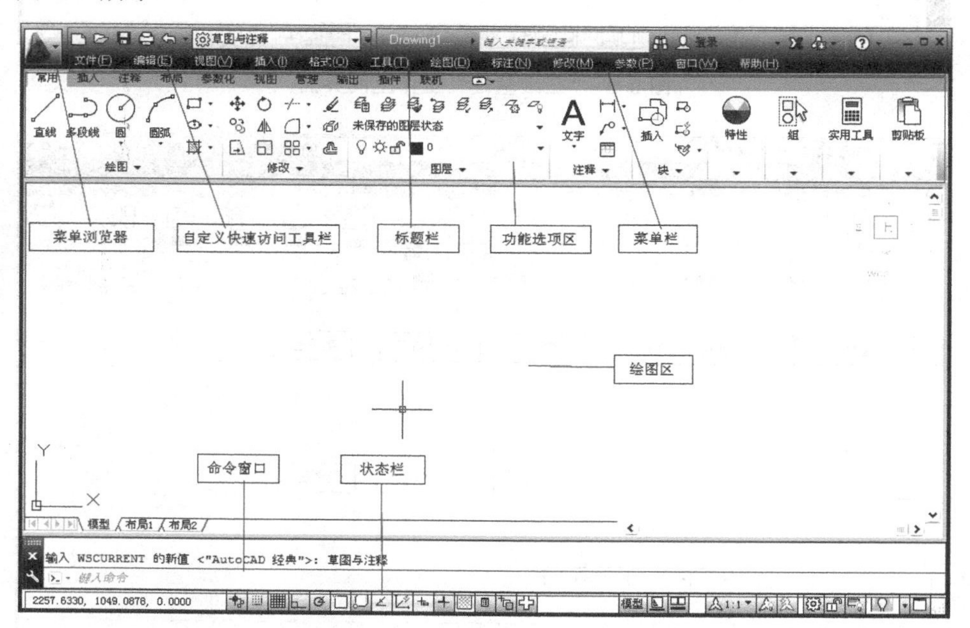

图 0-1 “草图与注释”工作空间界面

（2） “三维基础”工作空间

“三维基础”工作空间用于在绘制三维实体时使用。在“功能区”选项板中集成了“常用”“渲染”“插入”“管理”和“输出”等选项板，可以使用户更加方便地在三维空间中绘制和编辑图形。其界面如图 0-2 所示。

（3） “三维建模”工作空间

“三维建模”工作空间用于在绘制三维实体时使用。在“功能区”选项板中集成了“常用”“实体”“曲面”“网格”“插入”“注释”和“渲染”等选项板，可以使用户更加方便地在三维空间中绘制和编辑图形。其工作界面如图 0-3 所示。

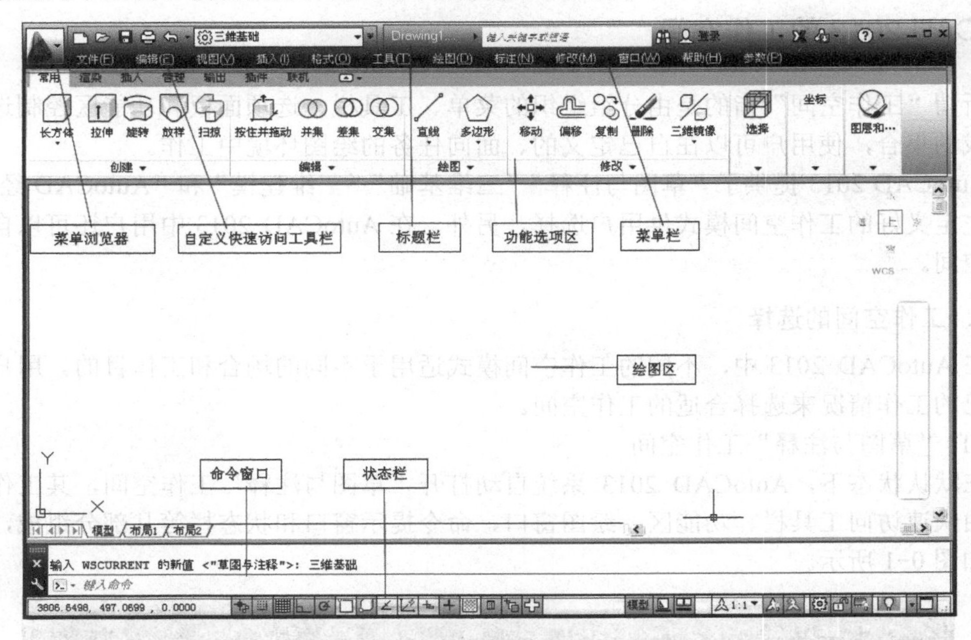

图 0-2 “三维基础”工作空间界面

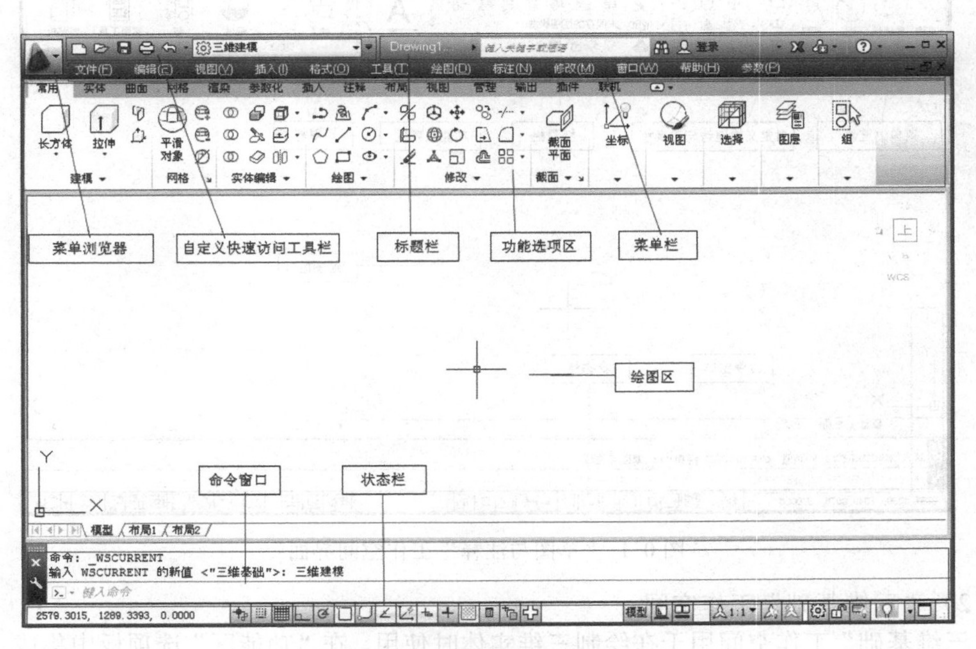

图 0-3 “三维建模”工作空间界面

（4）“AutoCAD 经典”工作空间

对于习惯于 AutoCAD 传统界面的用户，可以使用“AutoCAD 经典”工作空间，其中主要由“菜单浏览器”按钮、快捷访问工具栏、菜单栏、工具栏、绘图区、命令窗口、状态栏等几部分组成。其工作界面如图 0-4 所示。

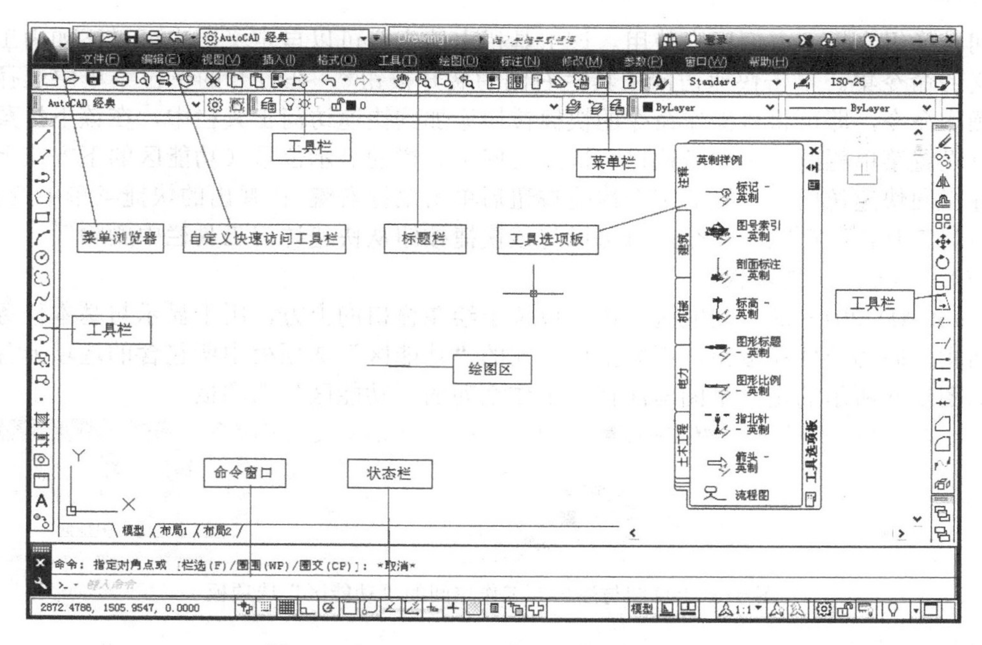

图 0-4 “AutoCAD 经典”工作空间的界面

2. AutoCAD 2013 工作空间的基本组成

在 AutoCAD 2013 的各个工作空间中都包含菜单浏览器、标题栏、菜单栏、快速访问工具栏、功能区、绘图窗口、命令提示窗口和状态栏等。

（1）菜单浏览器

单击“菜单浏览器”按钮，弹出应用程序菜单，如图 0-5 所示。

在应用程序菜单中可以完成各种相应的操作，例如，快速打开文档、输出、发布及选项设置等。还可以在搜索文本框中输入搜索词，用于快速搜索命令。

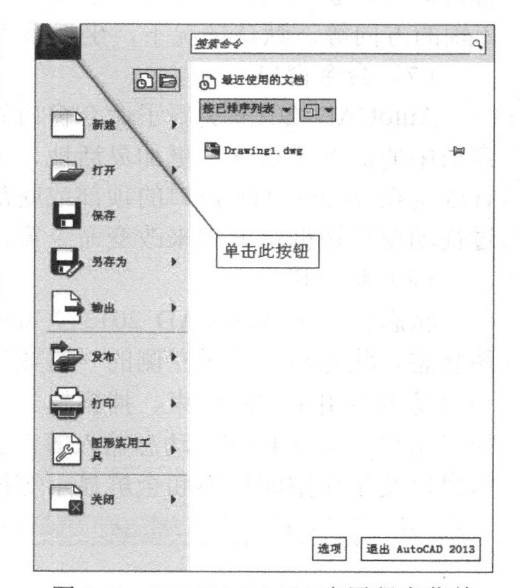

图 0-5 AutoCAD 2013 应用程序菜单

（2）标题栏

AutoCAD 2013 的标题栏与其他 Windows 应用程序相似，用于显示 AutoCAD 2013 的程序图标以及当前所操作的图形文件的名称。

（3）菜单栏

AutoCAD 2013 的菜单栏就是 AutoCAD 2013 的主菜单，它包含了 AutoCAD 2013 的大部分命令。单击菜单栏中的某一项，会弹出相应的下拉菜单，其中右侧有小三角▸的菜单项，表示它还有子菜单；右侧有三个小点…的菜单项，表示单击该菜单项后会弹出一个对话框；右侧没有内容的，单击后直接执行该菜单命令。另外，在 AutoCAD 2013 中，菜单栏可以显示也可以隐藏。

（4）快速访问工具栏

快速访问工具栏一般情况下位于标题栏的左侧，通常包含几个最常用的快捷按钮和工作空间转换组合框，方便用户使用。该工具栏中的内容可以自定义，也可以添加由工作空间定义的命令集。单击快速访问工具栏右侧的展开按钮▾，在打开的下拉菜单中选择要添加的操作命令，即可将该操作命令的快捷按钮添加到快速访问工具栏中，在该下拉菜单中还可以设置菜单栏的显示和隐藏以及快速访问工具栏的显示位置（功能区的下方或上方）；将鼠标指向快速访问工具栏的某个快捷按钮后单击鼠标右键，在弹出的快捷菜单中选择“从快速访问工具栏中删除”命令，就可以将该快捷按钮从快速访问工具栏中删除。

（5）“功能区”选项板

AutoCAD 2013 的“功能区”选项板位于绘图窗口的上方，用于显示与基本任务的工作空间相关联的控件和按钮。不同工作空间的“功能区”选项板中所包含的选项卡各不相同。如图 0-6 所示的是“草图与注释”工作空间的“功能区”选项板。

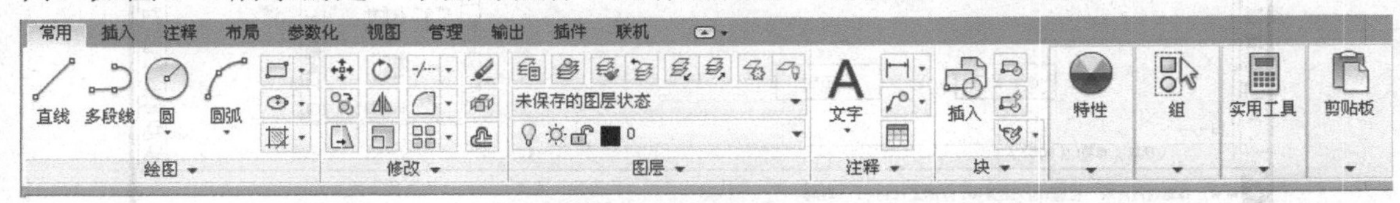

图 0-6 “草图与注释”工作空间的“功能区”选项板

（6）绘图窗口

绘图窗口是用户用来绘制图形的工作区域，它类似于手工绘图时的图纸，所有的操作都反映在该窗口内。在窗口内还显示有当前所使用的坐标系类型及坐标原点、X 轴、Y 轴、Z 轴的方向等。默认情况下，坐标系为世界坐标系（WCS）。

（7）命令窗口

AutoCAD 2013 更新了命令窗口界面，包括颜色、透明度等，用户可以直接单击命令窗口中的命令行选项，更加灵活地显示历史记录和调用最近使用的命令。用户可以将命令行固定在 AutoCAD 窗口的顶部或底部，或使其浮动，以最大化绘图区域。用户也可以通过拖动窗口边框的方式来改变命令窗口的大小，也可以关闭该窗口。

（8）状态栏

状态栏位于 AutoCAD 2013 主窗口的底部，如图 0-7 所示。用于显示或设置当前的绘图状态。状态栏上位于左侧的一组数字反映当前光标的坐标，其余按钮从左到右分别表示当前是否启用了推断约束、捕捉模式、栅格显示、正交模式、极轴追踪、对象捕捉、对象捕捉追踪、动态 UCS、动态输入等功能以及是否显示线宽、当前的绘图空间、注释比例等信息以及工作空间切换和全屏显示等按钮。

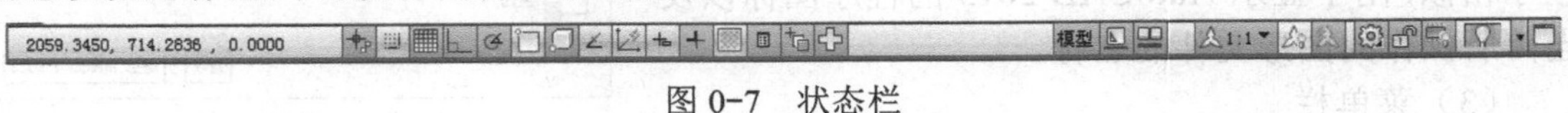

图 0-7 状态栏

3. AutoCAD 2013 工作空间的切换与设置

（1）AutoCAD 2013 工作空间的切换

用户在实际工作中，可以根据工作的需要，在不同的工作空间之间切换。要在几种工作空间模式之间进行切换，只需在状态栏中单击“切换工作空间”按钮⚙，在弹出的如图 0-8 所示的菜单中选择相应的命令选项即可，也可以选择“工具”菜单中的“工作空间”子菜单中的相应子命令，如图 0-9 所示。

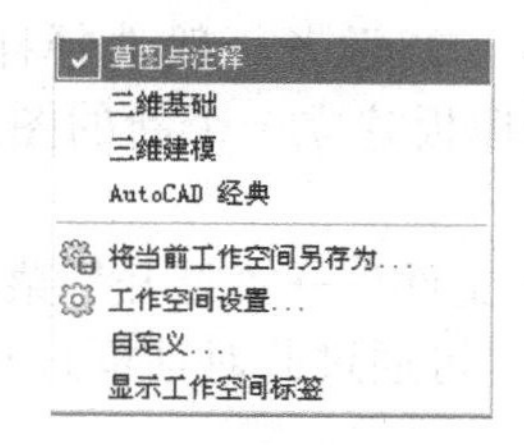

图 0-8 “切换工作空间”菜单

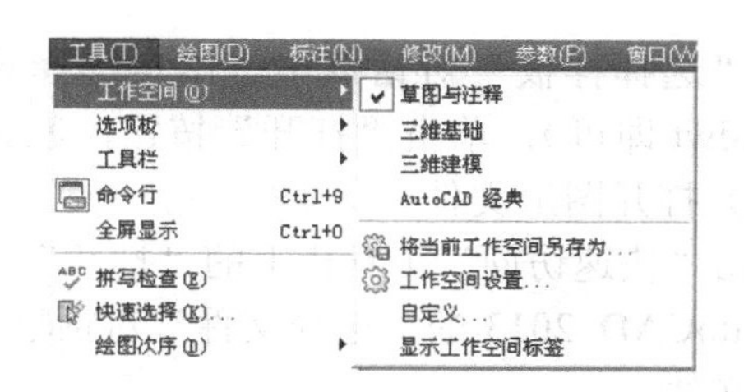

图 0-9 “工具”菜单中的“工作空间”子菜单

（2）AutoCAD 2013 工作空间的设置

用户可以利用“工作空间设置”对话框对“工作空间”进行设置。在“工作空间”切换下拉菜单中选择“工作空间设置”命令，打开“工作空间设置”对话框，如图 0-10 所示。该对话框可以对工作空间中菜单的顺序、分隔符的添加与删除以及空间切换时是否保存空间的修改进行设置。

另外，在 AutoCAD 2013 中，可以将当前工作空间另存为新的工作空间，也可以根据工作需要定义自己的工作空间，这里不再详述。

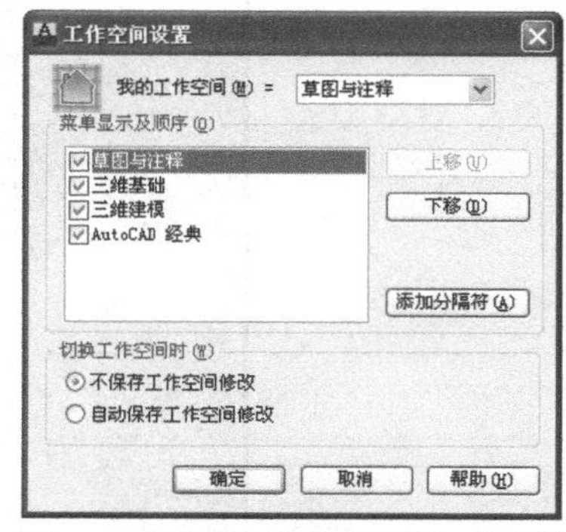

图 0-10 “工作空间设置”对话框

AutoCAD 2013 的基本操作

1. 文件操作

AutoCAD 2013 启动后，系统会自动创建一个默认文件名为 Drawing1.dwg 的新图形文件。用户可以在该空白文件上进行设计，也可以重新创建新的图形文件或打开已有的图形文件。

（1）创建新图形文件

单击“自定义快速访问”工具栏上的“新建”按钮，或单击“菜单浏览器”按钮，在弹出的应用程序菜单中选择“新建”→“图形”命令按钮，或执行“文件”→“新建”菜单命令，或使用快捷建<Ctrl+N>，打开 AutoCAD 2013 的“选择样板”对话框，如图 0-11 所示。

图 0-11 “选择样板”对话框

在“选择样板”对话框中，用户选择对应的样板文件后（初学者一般选择样板文件 acadiso.dwt 即可），单击“打开”按钮，就会以对应的样板为模板建立一个新的图形文件。

（2）打开图形文件

单击“快速访问”工具栏上的“打开”按钮，或执行“文件”→“打开”菜单命令，打开 AutoCAD 2013 的“选择文件”对话框，如图 0-12 所示。可通过此对话框打开已存在的图形文件。

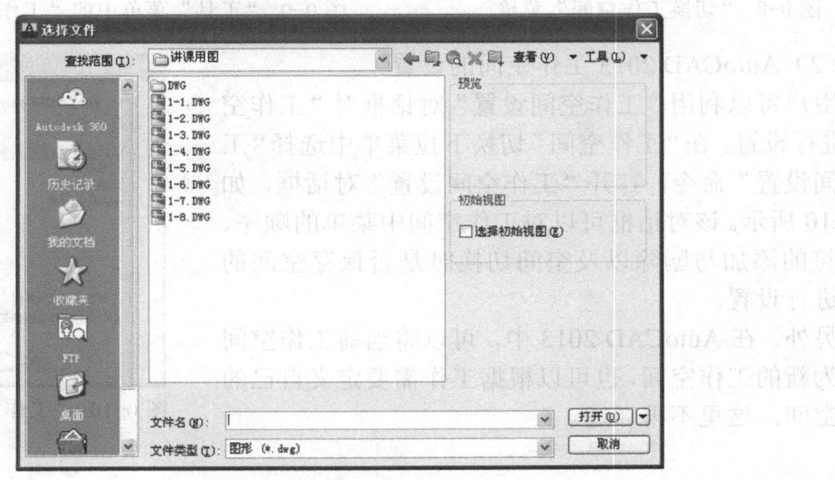

图 0-12 “选择文件”对话框

（3）保存图形文件

单击“快速访问”工具栏上的“保存”按钮，或执行“文件”→“保存”菜单命令，系统将以当前所使用的文件名保存图形文件。也可以单击“快速访问”工具栏上的“另存为”按钮，或执行“文件”→“另存为”菜单命令，将当前图形以新的文件名保存。

当第一次保存图形文件时或使用“另存为”命令来保存图形文件时，系统将自动打开“图形另存为”对话框，如图 0-13 所示。在默认情况下，文件以“AutoCAD 2013 图形（*.dwg)”类型格式保存，用户也可以在文件类型下拉列表框中选择其他类型格式。

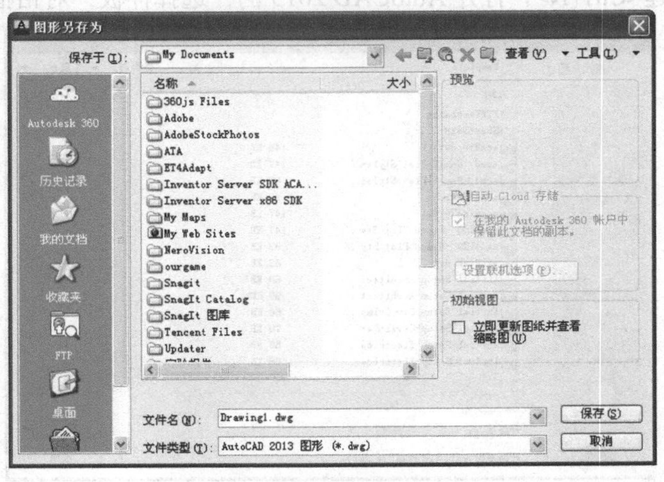

图 0-13 “图形另存为”对话框

（4）加密保存图形文件

在 AutoCAD 2013 中保存图形文件时可以使用密码保护功能，对图形文件进行加密保存。单击“快速访问”工具栏上的“另存为”按钮，或执行“文件”→“另存为”菜单命令，打开“图形另存为”对话框，在该对话框中单击右上角的“工具”按钮，在弹出的下拉菜单中选择“安全选项”命令，打开“安全选项”对话框，如图 0-14 所示。

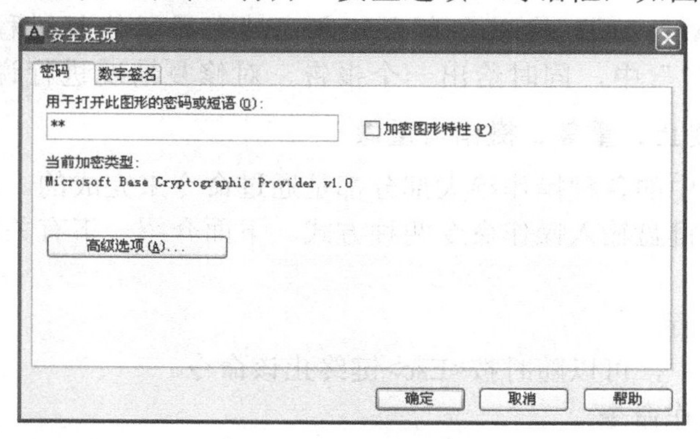

图 0-14 “安全选项”对话框

在“密码”选项卡的“用于打开此图形的密码或短语”文本框中输入密码，然后单击“确定”按钮，打开“确认密码”对话框，如图 0-15 所示。在“再次输入用于打开此图形的密码”文本框中输入前面输入的密码，单击“确定”按钮返回。

另外，在进行加密设置时，还可以选择 40 位、48 位、56 位、128 位等多种密钥长度。其方法是在图 0-14 中单击“高级选项”按钮，在打开的“高级选项”对话框中进行设置，如图 0-16 所示。

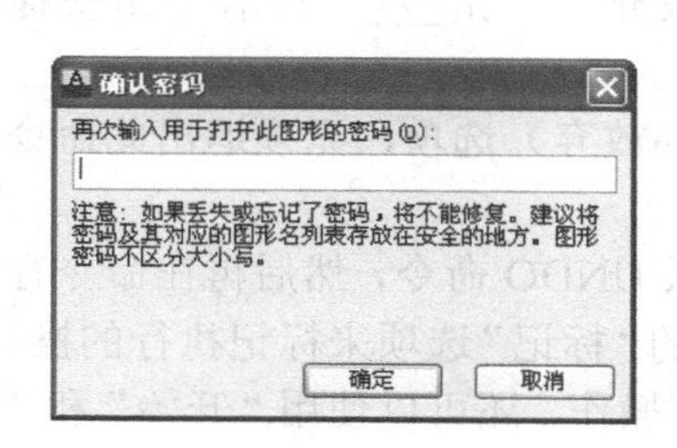

图 0-15 “确认密码”对话框

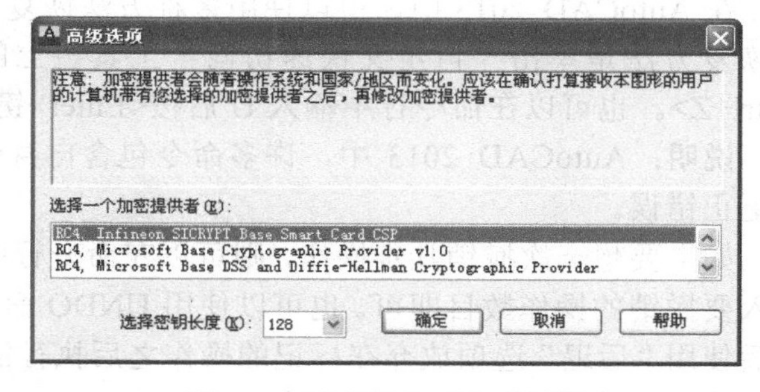

图 0-16 “高级选项”对话框

（5）创建备份图形文件

备份文件有助于确保图形数据的安全，出现问题时，用户可以通过图形备份文件恢复图形数据。计算机硬件问题、电源故障或电压波动、用户操作不当或软件问题均会导致图形文件出现错误。经常进行保存工作可以确保在系统发生故障时将丢失数据的损失降到最低程度。

执行菜单栏中的“工具”→“选项”菜单命令，在打开的“选项”对话框中选择“打开和保存”选项卡，在“文件安全措施”选项组中勾选“自动保存”和“每次保存时均创建备份副本”选项，指定自动保存和在保存图形时创建备份文件。执行此操作后，每次保存图形时，图形将保存为具有相同名称并带有扩展名.bak 的文件。该备份文件与图形文件位于同一个文件夹中。

（6）修复与恢复图形文件

在实际应用中，由于程序意外终止或其他原因都有可能对图形文件造成损坏。在 AutoCAD 2013 中，可以对被损坏的图形文件中的数据进行部分或全部修复。

单击“菜单浏览器”按钮，在弹出应用程序菜单中选择“图形实用工具”→“修复”→“修复”命令。在弹出的“选择文件”对话框中，选择需要修复的文件，然后单击“打开”按钮。AutoCAD 将以文本窗口方式动态显示修复过程，所有错误显示在“AutoCAD 文本窗口”中，同时给出一个报告，对修复情况进行说明和提示。

2．操作命令的终止、重复、撤销与重做

AutoCAD 2013 中的各种操作绝大部分都是通过命令来完成的。其执行操作命令的方式有菜单法和直接从键盘输入操作命令两种方式。下面介绍一下有关操作命令的重复、撤销与重做的操作方法。

（1）终止命令执行

在命令执行过程中，可以随时按<Esc>键终止该命令。

（2）重复执行操作命令

在 AutoCAD 2013 中，可以使用多种方法来重复执行最近使用过的操作命令。

要重复执行上一个操作命令，可以按<Enter>键或空格键，或者在绘图区域中单击鼠标右键，在弹出的快捷菜单中选择“重复”命令。

要重复执行最近使用过的几个命令中的任意一个，可以在命令提示行中单击鼠标右键，在弹出的快捷菜单中选择“最近使用的命令”下的对应命令即可（注：系统默认保存最近的 6 个命令）。

（3）撤销与重做

在 AutoCAD 2013 中，可以使用多种方法恢复最近的操作，要放弃单个操作，最简单的恢复方法是单击“自定义快速访问”工具栏上的“放弃”按钮，或者使用快捷键<Ctrl+Z>。也可以在命令行中输入 U 后按<Enter>键。

说明：AutoCAD 2013 中，许多命令包含自身的 U（放弃）选项，无须退出此命令即可更正错误。

如果要想一次撤销几步操作，则可以在命令行中输入 UNDO 命令，然后再在命令行中输入要撤销的操作数目即可。也可以使用 UNDO 命令中的“标记”选项来标记执行的操作，然后使用“后退”选项放弃在标记的操作之后执行的所有操作，还可以使用“开始”和“结束”选项来放弃一组预先定义的操作。

如果要重新执行使用 U 或 UNDO 命令放弃的操作，则可以单击“自定义快速访问”工具栏上的“重做”按钮，也可以执行 REDO 命令。

3．预览打开的文件及在文件间切换

AutoCAD 2013 是一个多文档环境，用户可以同时打开多个图形文件。要预览打开的文件及在文件间切换，可采用以下方法：

1）单击程序窗口中底部的状态栏上的“快速查看图形”命令按钮，显示出所有打开文件的预览图。

2）单击某一预览图，就切换到该图形。

打开多个图形文件后，可利用“窗口”菜单控制多个文件的显示方式。例如，可将它们以层叠、水平或竖直排列等形式布置在主窗口中。

说明：如果菜单栏没有显示，则可单击程序窗口顶部“自定义快速访问”工具栏上的“自定义快速访问工具栏”右侧的按钮，选中“显示菜单栏”选项，打开主菜单。

多文档设计环境具有 Windows 窗口的剪切、复制和粘贴等功能，因而可以快捷地在各个图形文件之间复制、移动对象。如果复制的对象需要在其他的图形中准确定位，则还可以在复制对象的同时指定基准点，这样在执行粘贴操作时就可以根据基准点将图形复制到准确的位置。

AutoCAD 2013 绘图环境设置

在 AutoCAD 2013 中，提供的自定义样板文件，可以保存用户自己的预先设置。用户可以按自己的风格，设置绘图环境的各个元素，包括图形单位、图形界限、系统环境、草图设置等。使用样板文件可以避免每次都设置绘图环境参数的重复性工作，达到事半功倍的效果。

1．绘图单位设置

在 AutoCAD 2013 中，创建的所有对象都是根据图形单位进行测量的。开始绘图前，需要为绘制的图形设置一个图形单位代表图形的实际大小。例如，一个图形单位的距离通常表示实际单位的 1mm、1cm、1in 或 1ft。通常使用“图形单位”对话框来进行绘图单位的设置。

执行“格式”→“单位”菜单命令，打开“图形单位”对话框，如图 0-17 所示。

对话框中的“长度”选项组用来设置长度的单位和精度，其中类型下拉列表框用来设置长度单位，系统提供了 5 种长度单位类型，即“分数”“工程”“建筑”“科学”和“小数”，默认类型为“小数”。精度下拉列表框用来设置长度的精度。

说明：用户所选择的精度只是用于数值显示，而不是用于数值计算，AutoCAD 2013 中，系统内部始终使用最高精度进行计算。

对话框中的“角度”选项组用来设置角度的单位和精度，其中类型下拉列表框用来设置角度单位，系统也提供了 5 种角度单位类型，即“百分度”“度/分/秒”“弧度”“勘测单位”和“十进制度数”，默认类型为“十进制度数”。精度下拉列表框用来设置角度的精度。“顺时针”复选框用来设置角度的正方向。默认情况下，该复选框未被选中，表示逆时针方向为角度的正方向；选中该复选框后，则表示顺时针方向为角度的正方向。在利用 AutoCAD 绘图时，除了特殊要求外，通常都以逆时针方向为角度的正方向，这与数学中极坐标系的定义是一致的。

对话框中的“插入时的缩放单位”选项组用来设置块插入时的测量单位。当所插入的图块的单位与当前的绘图单位不相同时，该图块会按所设置的单位进行缩放、插入，如果设置的是“无单位”，则插入的图块保持原来的大小。

对话框中的“光源”选项组用来指定渲染时光源强度的单位，有“国际”“美国”和“常规”3 种，默认类型为“常规”。

对话框中的“方向”按钮 方向(D)... 用来设定基准角度（0º 角）的方向。单击“方向”按钮，打开“方向控制”对话框，如图 0-18 所示。在默认情况下，基准角度（0º 角）的方向是指向正东方向。

在“方向控制”对话框中，当选中“其他”单选按钮时，可以单击“拾取角度”按钮，切换到绘图窗口中，通过拾取两个点确定基准角度的方向。

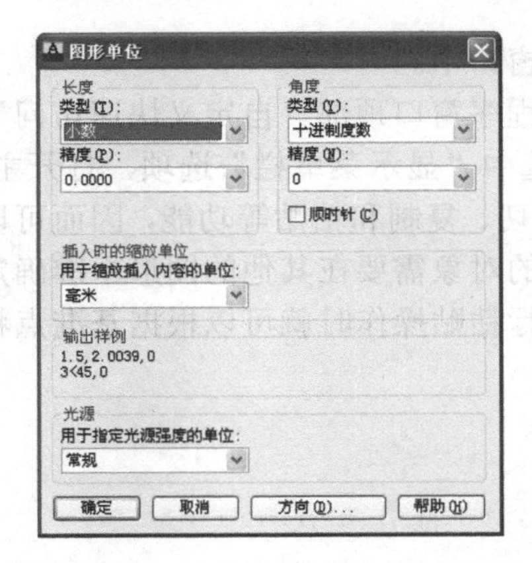

图 0-17 “图形单位”对话框

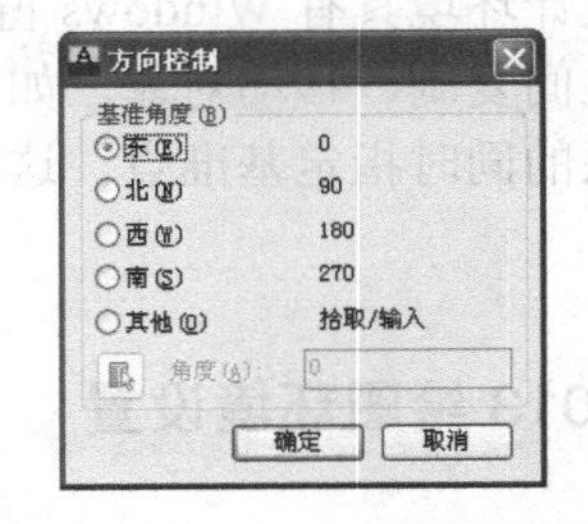

图 0-18 “方向控制”对话框

2. 图形界限设置

图形界限的设置取决于绘图对象的尺寸范围、图形四周的说明文字和图形比例系数等。

在 AutoCAD 2013 中，可以通过执行“格式”→“图形界限”菜单命令，或者在命令行中直接输入 LIMITS 命令来设置图形界限。在世界坐标系下，图形界限由一对二维点确定，即左下角点和右上角点。

执行命令后，命令提示窗口显示如下提示信息：

```
重新设置模型空间界限:
指定左下角点或 [开(ON)/关(OFF)] <0.0000,0.0000>:
```

通过“开（ON）/关（OFF）”选项来设置绘图时能否在图形界限之外指定一点。如果选择“开（ON）”选项，则打开图形界限检查，用户不能在所设定的图形界限之外结束一个对象，也不能使用“移动”或“复制”命令将图形移动到图形界限之外；如果选择“关（OFF）”选项，则绘图时系统将禁止界限检查，可以在所设置的图形界限之外绘制对象或指定点。系统默认为关（OFF）。

图形界限设置完成后，执行“视图”→“缩放”→“范围”菜单命令，将以栅格显示设置的图形界限。

3. 草图设置

在实际绘图中，当需要精确绘图时，就需要进行草图设置，通过草图设置来精确定位。在 AutoCAD2013 中，可以使用多种精确绘图工具快速生成精确的图像，而无需烦琐的计算。这些精确绘图工具可以在“草图设置”对话框中进行设置。执行“工具”→“绘图设置”菜单命令或在状态栏上的“捕捉”“栅格”“极轴”“对象捕捉”“对象追踪”“动态”或“快捷特性”按钮上单击鼠标右键并选择“设置”命令，均可以打开“草图设置”对话框。在该对话框中包含“捕捉和栅格”“极轴追踪”“对象捕捉”“三维对象捕捉”“动态输入”“快捷特性”“选择循环”7 个选项卡。

（1）“捕捉和栅格”选项卡

“草图设置”对话框中的“捕捉和栅格”选项卡，如图 0-19 所示，用来设置是否启用捕捉和启用栅格以及捕捉间距、极轴间距、捕捉类型、栅格样式、栅格间距、栅格行为的属性值的设置。

（2）“极轴追踪”选项卡

“草图设置”对话框中的“极轴追踪”选项卡，如图 0-20 所示，用来设置是否启用极轴追踪以及极轴角、对象捕捉追踪设置和极轴角测量的方式。

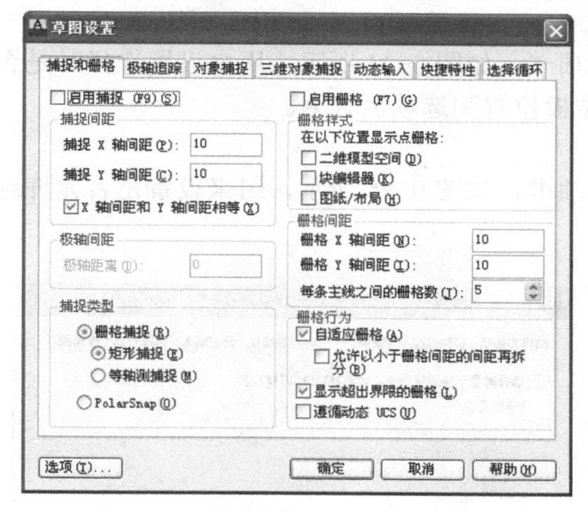

图 0-19 “草图设置”对话框中的“捕捉和栅格”选项卡

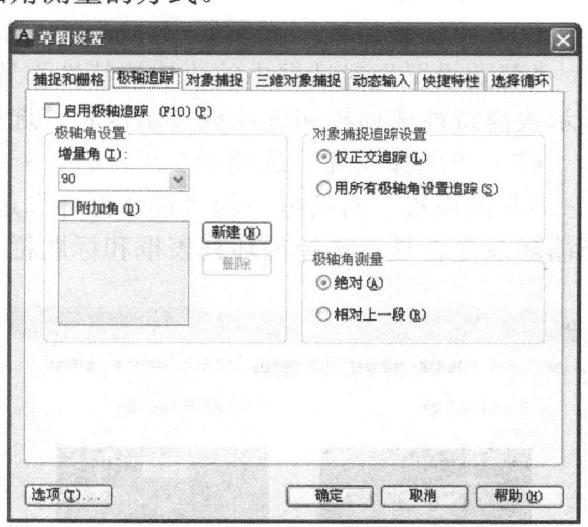

图 0-20 “草图设置”对话框中的“极轴追踪”选项卡

（3）“对象捕捉”选项卡

“草图设置”对话框中的“对象捕捉”选项卡，如图 0-21 所示，用来设置是否启用对象捕捉和对象捕捉的模式以及是否启用对象捕捉追踪。通过启用对象捕捉和对象捕捉模式的设置，绘图时，可以精确地捕捉对象上的某些特殊点。

（4）“三维对象捕捉”选项卡

“草图设置”对话框中的“三维对象捕捉”选项卡，如图 0-22 所示，用来设置是否启用三维对象捕捉及对象捕捉的模式。通过启用三维对象捕捉和对象捕捉模式的设置，在绘图时，可以精确地捕捉三维对象上的某些特殊点。

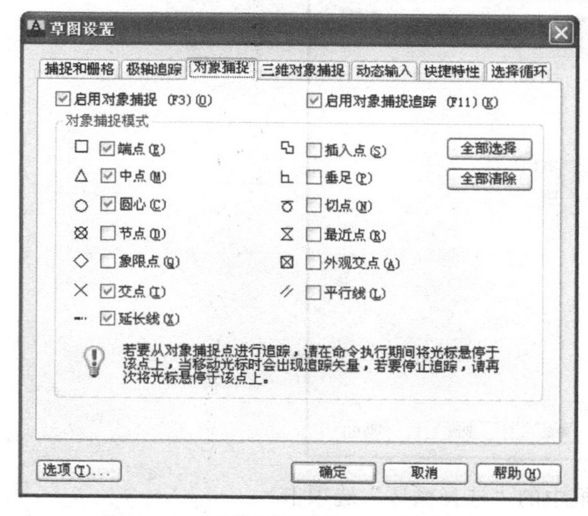

图 0-21 “草图设置”对话框中的“对象捕捉”选项卡

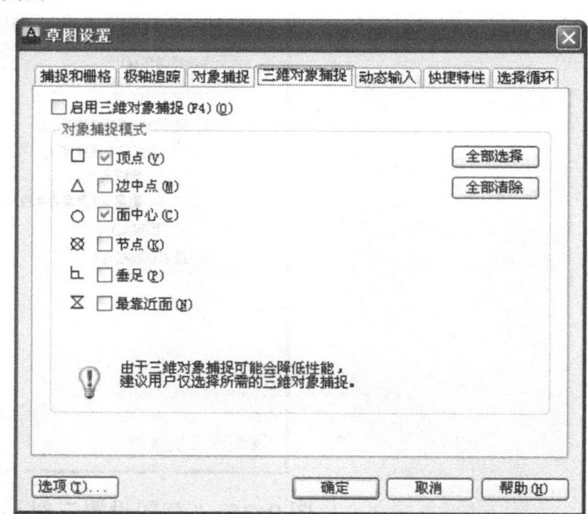

图 0-22 “草图设置”对话框中的“三维对象捕捉”选项卡

（5）“动态输入”选项卡

“草图设置”对话框中的“动态输入”选项卡，如图 0-23 所示，用来设置是否启用指针输入、标注输入、动态提示以及绘图工具提示的外观。

（6）“快捷特性”选项卡

“草图设置”对话框中的“快捷特性”选项卡，如图 0-24 所示，用来设置选择时是否显示快捷特性选项板和选项板显示内容、选项板位置和选项板行为。

（7）“选择循环”选项卡

“草图设置”对话框中的“选择循环”选项卡，如图 0-25 所示，用来设置是否允许选择循环及是否显示选择循环列表框和标题栏。

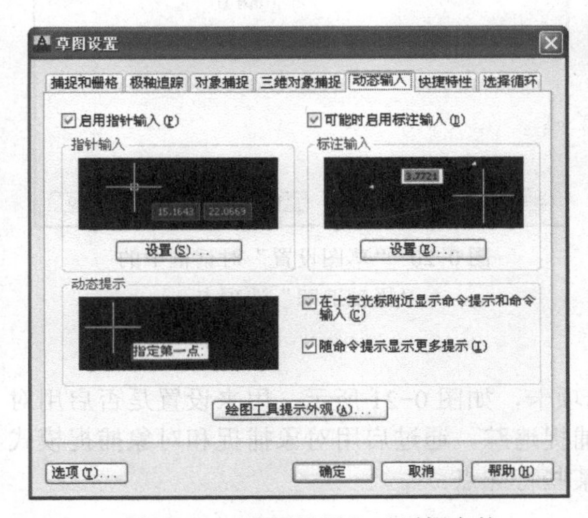

图 0-23 “草图设置”对话框中的“动态输入”选项卡

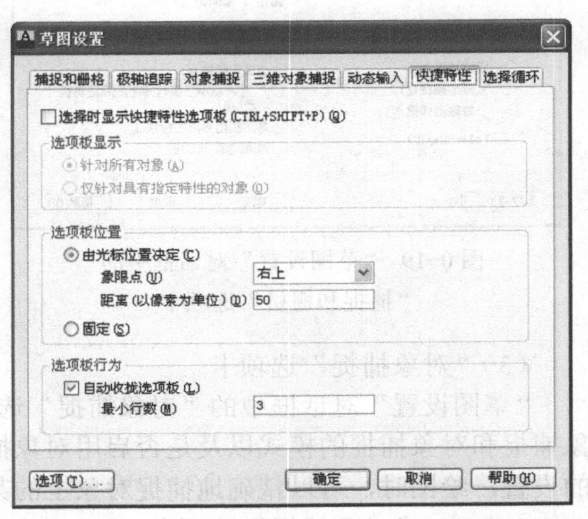

图 0-24 “草图设置”对话框中的“快捷特性”选项卡

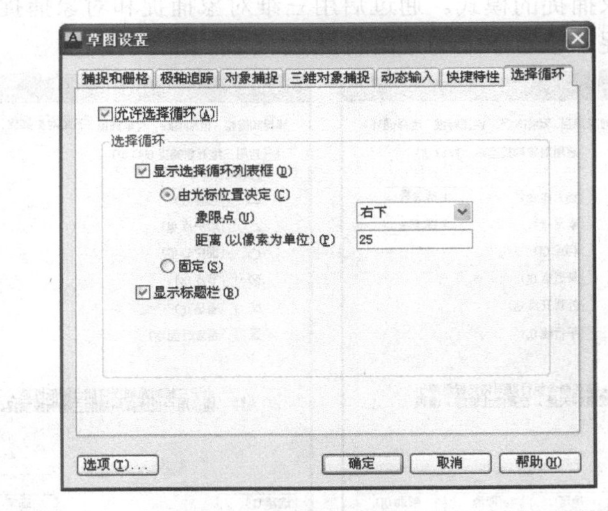

图 0-25 “草图设置”对话框中的“选择循环”选项卡

说明：“草图设置”对话框中的一些常用的设置可直接通过状态栏上的功能按钮来完成。

AutoCAD 2013 中的图形显示控制

在 AutoCAD 2013 中，可以通过缩放视图、平移视图、平铺视口、鸟瞰视图等命令灵活、方便地观察图形整体效果或局部细节。

1. 缩放视图

缩放视图是指通过缩小或放大来改变视图的比例，缩放视图不会更改图形中的对象位置或比例，只是更改视图显示比例，图形的实际尺寸保持不变。在绘制比较复杂的图形时，可以通过缩放视图的方式来辅助绘图。

AutoCAD 2013 提供了多种视图缩放方式。执行“视图”→“缩放”菜单命令或在“功能区”选项板中的“视图”选项卡下的“二维导航”面板上，单击“范围”右侧的下拉按钮均可以打开缩放命令菜单，如图 0-26 所示，用户可以根据需要选择所需的缩放方式。

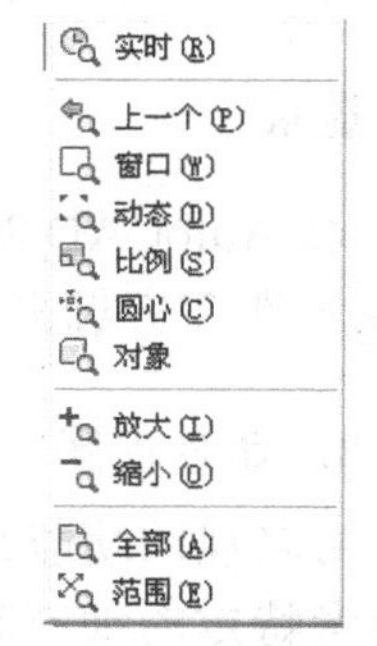

图 0-26　缩放命令菜单

菜单中各种缩放方式命令按钮的功能见表 0-3。

表 0-3　缩放方式按钮及功能

缩放方式按钮	功　能
实时(R)	以给定的比例因子缩放视图，大于 1 放大显示，小于 1 缩小显示
上一个(P)	显示上一个视图
窗口(W)	以定义的两个角点矩形框为区域缩放图形
动态(D)	使用矩形框平移或缩放对象
比例(S)	与实时缩放相似，以给定的比例因子缩放视图
圆心(C)	以指定中心点和比例值/高度缩放视图
对象	将一个或多个选中的对象铺满整个视口
放大(I)	使用比例因子 2 进行缩放，增大当前视图的比例
缩小(O)	使用比例因子 2 进行缩放，减小当前视图的比例
全部(A)	将全部图形及图形界线显示在图形窗口中
范围(E)	在当前窗口中按最大尺寸显示图形

提示

在 AutoCAD 2013 中，可以通过向上转动鼠标的中间滚轮放大视图，向下转动鼠标的中间滚轮缩小视图。

2. 平移视图

使用平移视图命令，可以重新定位图形，以便更清楚地观察图形的各个部分。在“功能区”选项板中的“视图”选项卡下的“导航”面板上，单击“平移”按钮，十字光标将变为手柄，可以通过移动手柄进行动态平移。在视图的平移操作过程中，图形的显示比例不变。

也可以执行“视图”→“平移”菜单命令，打开平移视图命令菜单，如图 0-27 所示，通过菜单命令可以上、下、左、右平移视图，也可以使用“实时”和“点”命令平移视图。

“实时”平移是默认选项，执行“实时”平移命令后，鼠标变成 ✋ 的形状，此时按住鼠标左键不放，拖动鼠标即可实现移动操作。按<Enter>键可结束实时平移操作。

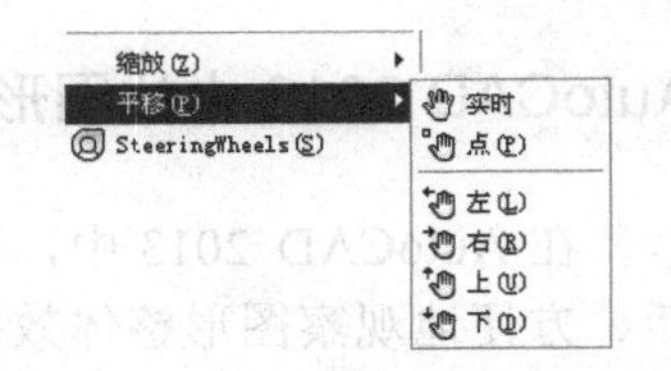

图 0-27　平移视图命令菜单

提示

在 AutoCAD 2013 中，按下鼠标的中间滚轮或中间键，鼠标变成手柄的形状，此时拖动鼠标即可实现平移操作。

3. 命名视图

命名视图功能是创建和保存视图，按名称保存特定视图后，可以在布局和打印或者需要参考特定的细节时恢复视图。

（1）命名视图并保存

命名并保存视图的步骤如下：

1）执行“视图”→“命名视图”菜单命令，或在“功能区”选项板中的“视图”选项卡的视图选项面板中单击“视图管理器”按钮，也可以直接在命令行键入 DDVIEW 命令，打开“视图管理器”对话框，如图 0-28 所示。

2）在“视图管理器”对话框中单击“新建”按钮。打开“新建视图/快照特性”对话框，如图 0-29 所示。

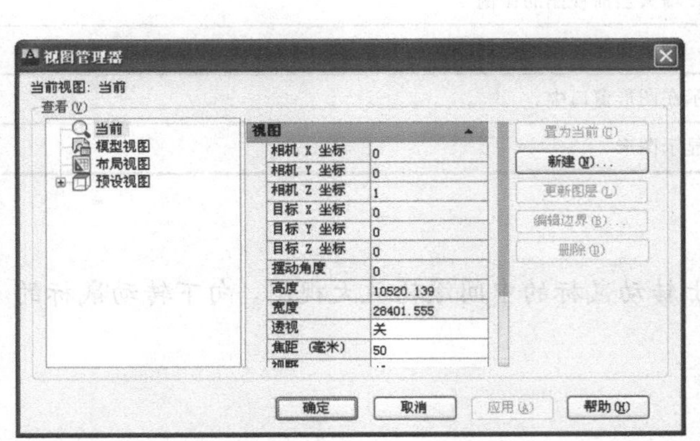

图 0-28　“视图管理器”对话框

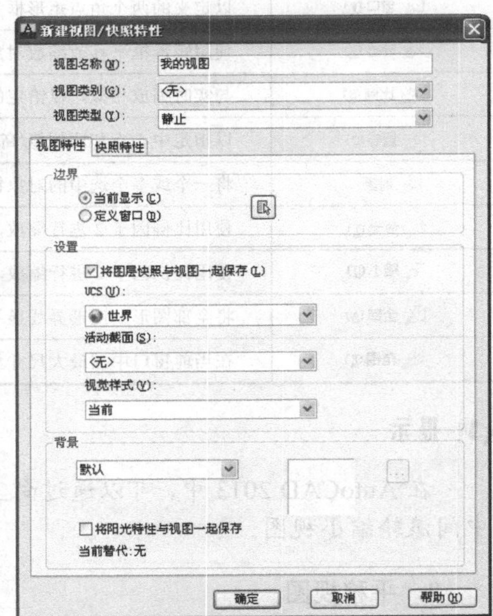

图 0-29　“新建视图/快照特性”对话框

3）在“新建视图/快照特性”文本框中输入视图名称，如“我的视图”。

4）如果希望新建视图只保存当前视图的一部分，则在“边界”选项组中选择“定义窗口”单选按钮，系统自动回到图形区，等待用户指定区域的角点。指定窗口区域后按<Enter>键回到“新建视图/快照特性”对话框，在对话框中还可以对图形的其他特性如“视觉样式”“背景”等进行设置，完成后，单击“确定”按钮，将新建视图保存下来，系统自动返回到“视图管理器”对话框。

5）在“视图管理器”对话框中，选择刚才新建的视图，可以查看该视图的具体状态，并可以在右下角预览该视图。

（2）恢复命名视图

当需要重新使用一个命名视图时，可以将其恢复。其操作步骤如下：

1）打开“视图管理器”对话框。

2）从列表中选择希望要恢复的视图。

3）单击“置为当前”按钮。

4）单击“确定”按钮，退出对话框。

（3）删除命名视图

当不需要一个视图时，可以将其删除。其操作步骤如下：

1）打开“视图管理器”对话框。

2）从列表中选择希望要删除的视图。

3）单击“删除”按钮，将视图删除。

4）单击“确定”按钮，退出对话框。

4．视口操作

AutoCAD 中通常是以一个填满整个窗口的单视口来绘制图形的。在绘制图形时也可以将整个窗口拆分为几个视口，拆分后的每个视口还可以继续拆分，在每一个视口中可以以不同的显示比例来显示图形。在 AutoCAD 2013 的“模型”空间中，每一个视口最多可以拆分成 4 个视口，在一个视口中对图形所做的修改会立即在其他视口中反映出来，各个视口之间可以在任何时候相互切换。但某一时刻只能有一个当前视口。

（1）拆分视口

1）用鼠标在要拆分的视口中单击，使其成为当前视口。

2）执行“视图”→“视口”菜单命令，打开视口命令菜单，如图 0-30 所示。从命令列表中选择要拆分成的视口数：“两个视口”“三个视口”或“四个视口”。然后，在命令提示行中输入配置选项：“水平”“垂直”“上”“下”“左”或“右”；也可在功能区中的“视图”选项卡下的“模型视口”选项面板上单击“视口配置”按钮，在弹出的下拉列表项中直接选择，如图 0-31 所示，当前视口即被拆分成指定数量和排列样式的视口。

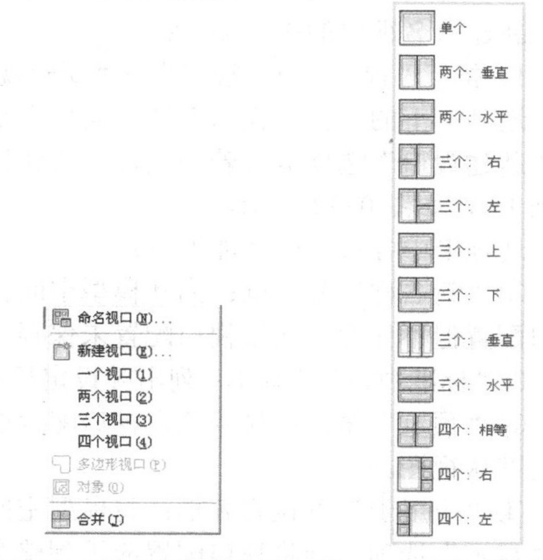

图 0-30 “视口”菜单命令　图 0-31 “视口配置”下拉列表项

提示

在视口中拆分操作时，如果选择的视口数为“一个视口”或“单个”时，则系统将当前的所有视口合并成一个视口。

（2）合并视口

如果相邻视口的公共边界大小相同（两个视口可以构成一个矩形），那么可以将它们合并起来。

合并视口的操作如下：

1）执行“视图”→“视口”→“合并”菜单命令，或在“功能区”选项板中的“视图”选项卡下的“模型视口”选项面板上单击“合并视口”按钮。

2）选择主视口（需要保存图形的视口）。

3）选择与主视口有公共边的相邻的视口将其与主视口合并成一个视口。

（3）恢复视口

AutoCAD2013 恢复视口可在单视口和上次的多视口之间进行切换。

恢复视口的操作如下：

1）如果当前视口是多个视口，则在“功能区”选项板中的“视图”选项卡下的“模型视口”选项面板上单击“恢复视口”按钮，AutoCAD 2013的模型视图将切换为单视口即一个视口；再次单击“恢复视口”按钮，则恢复刚才的多视口界面。

2）如果当前视口是单个视口，则在功能区中的“视图”选项卡下的“模型视口”选项面板上单击“恢复视口”按钮，AutoCAD 2013的模型视图将切换为上次使用的多视口，若前面的操作中没有拆分过视口，则AutoCAD 2013的模型视图将切换为 4 个相等的视口。

（4）新建命名视口

在AutoCAD 2013中不必在每次需要不同的视口和视图时都重新设置它们，而是可以将视口及相关设置保存，在需要时直接应用。保存的设置包括视口的编号和位置、视口包含的视图、每个视口的栅格和捕捉设置、每个视口的用户坐标系图标显示设置等。

新建命名视口的操作如下：

1）执行“视图”→“视口”→“新建视口”菜单命令，或在“功能区”选项板中的“视图”选项卡下的“模型视口”选项面板上单击“命名”按钮，打开“视口”对话框，选择“新建视口”选项卡（若是通过“新建视口”菜单命令打开，则直接选择“新建视口”选项卡），如图 0-32 所示。

选项卡中各选项的功能如下：

①“新名称”文本框：为新模型空间视口配置指定名称，如果不输入名称，则将应用视口配置但不保存。如果视口配置未保存，则不能在布局中使用。

②“标准视口”选择框：列出并设定标准视口配置，包括“活动模型配置”（当前配置）。

③“预览”窗口：显示选定视口配置的预览图像，以及在配置中被分配到每个单独视口的默认视图。

④“应用于”下拉列表框：将模型空间视口配置应用到整个显示窗口或当前视口。选择“显示”选项，则将视口配置应用到整个“模型”选项卡显示窗口；选择“当前视口”选项，则仅将视口配置应用到当前视口。

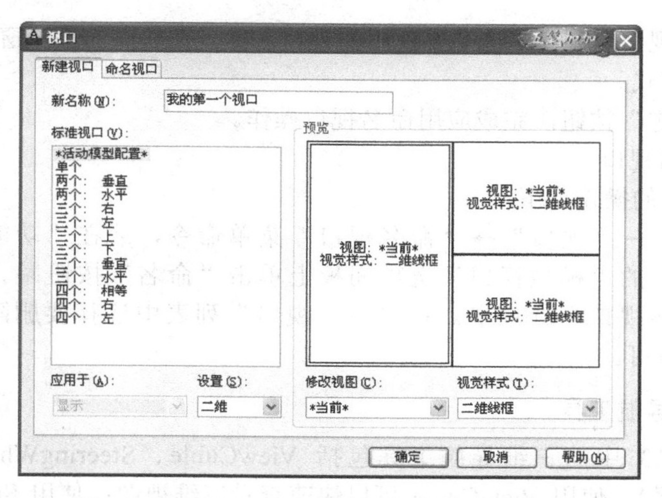

图 0-32 “视口”对话框的“新建视口”选项卡

⑤“设置”下拉列表框：指定二维或三维设置。如果选择二维，则新的视口配置将通过所有视口中的当前视图来创建。如果选择三维，则一组标准正交三维视图将被应用到配置中的视口。

⑥“修改视图”下拉列表框：用从列表中选择的视图替换选定视口中的视图。可以选择命名视图，如果已选择三维设置，则可以从标准视图列表中选择。使用“预览”区域查看选择。

⑦“视觉样式”下拉列表框：将视觉样式应用到视口。将显示所有可用的视觉样式。

2）在“新名称”文本框中输入视口配置的名称，如“我的第一个视口”。

3）单击“确定”按钮，完成操作。

（5）应用命名视口

应用命名视口的操作如下：

1）执行“视图”→“视口”→“命名视口”菜单命令，或在功能区中的“视图”选项卡下的“模型视口”选项面板上单击“命名”按钮，打开“视口”对话框，选择“命名视口”选项卡，如图 0-33 所示。

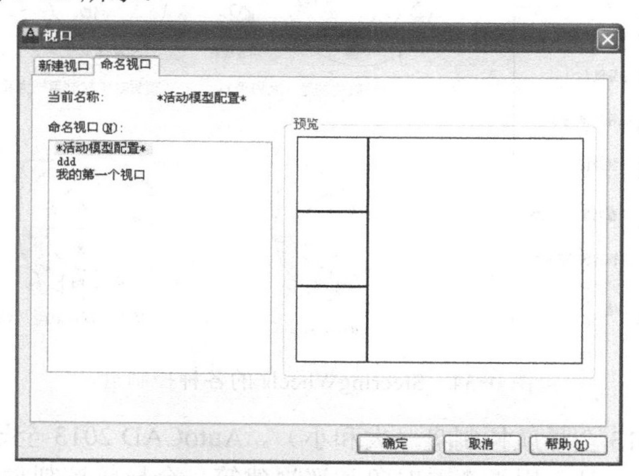

图 0-33 “视口”对话框的“命名视口”选项卡

2）在“命名视口”列表中选择要使用的视口名称。在右侧的预览窗口显示出该视口的视口数量与排列方式。

3）单击“确定”按钮，完成应用命名视口操作。

（6）删除命名视口

删除命名视口的操作如下：

执行“视图”→“视口”→“命名视口”菜单命令，或在“功能区”选项板中的“视图”选项卡下的“模型视口”选项面板上单击“命名”按钮，打开“视口”对话框，选择“命名视口”选项卡。在“命名视口”列表中选择要删除的视口名称，然后按<Delete>键即可。

5．使用三维导航工具

AutoCAD 2013 中的三维导航工具包括 ViewCuble、SteeringWheels（控制盘）和 ShowMotion（快照）。使用 ViewCuble 可以快速查看三维视图；使用 SteeringWheels 可以游历三维建筑模型；使用 ShowMotion 可以向视图中添加移动和转场。

（1）ViewCube

ViewCube 工具是一种可单击、可拖动的小方块。只有在三维状态下才显示 ViewCube 工具，ViewCube 在窗口一角以不活动状态显示在模型上方。通过 ViewCube 工具，用户可以在标准视图和等轴测视图之间切换。视图发生改变时，ViewCube 可提供模型当前视点的直观反映。将光标悬停在 ViewCube 工具上方时，该工具会变为活动状态；用户可以切换至其中一个可用的预设视图，滚动当前视图或更改模型的主视图。

（2）SteeringWheels

SteeringWheels 将多个常用导航工具结合到一个界面中，划分为不同部分（按钮）。控制盘上的每个按钮代表一种导航工具。在三维建模空间中，在功能区中的“视图”选项卡下的“导航”面板上，单击 Steering Wheels 下拉按钮，在下拉列表中显示各种控制盘按钮。单击对应的命令按钮，将打开对应的控制盘，如图 0-34 所示。

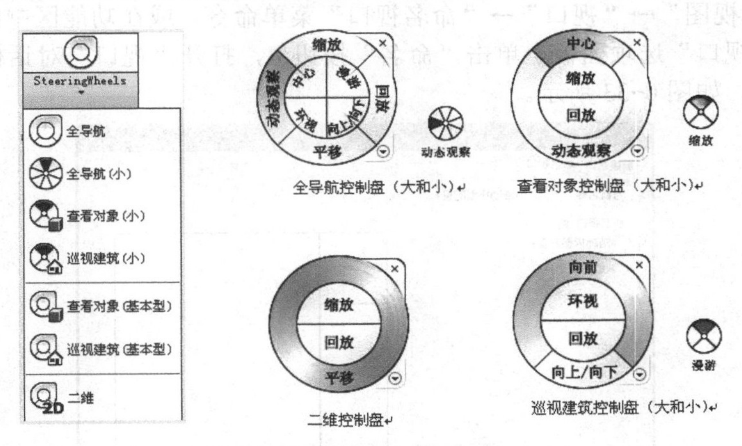

图 0-34　SteeringWheels 的各种控制盘

1）AutoCAD 2013 全导航控制盘（大和小）。AutoCAD 2013 全导航控制盘（大和小）包含常用的三维导航工具，用于查看对象和巡视建筑。全导航控制盘（大和小）为有经验的三维用户而优化。

全导航控制盘（大）各按钮的功能如下：

① 缩放按钮：调整当前视图的比例。

② 回放按钮：恢复上一视图。可以通过单击并向左或向右拖动来向后或向前移动。

③ 平移按钮：通过平移重新放置当前视图。

④ 动态观察按钮：绕固定的轴心点旋转当前视图。

⑤ 中心按钮：在模型上指定一个点以调整当前视图的中心，或更改用于某些导航工具的目标点。

⑥ 漫游按钮：模拟在模型中的漫游。

⑦ 环视按钮：回旋当前视图。

⑧ 向上/向下按钮：沿模型的 Z 轴滑动模型的当前视图。

全导航控制盘（小）各按钮的功能如下：

① 缩放（顶部按钮）：调整当前视图的比例。

② 回放（右侧按钮）：恢复上一视图。可以通过单击并向左或向右拖动来向后或向前移动。

③ 向上/向下（右下方按钮）：沿模型的 Z 轴滑动模型的当前视图。

④ 平移（底部按钮）：通过平移重新放置当前视图。

⑤ 环视（左下方按钮）：回旋当前视图。

⑥ 动态观察（左侧按钮）：绕固定的轴心点旋转当前视图。

⑦ 中心（左上方按钮）：模型上指定一个点以调整当前视图的中心，或更改用于某些导航工具的目标点。

2）AutoCAD 2013 二维导航控制盘。AutoCAD 2013 二维导航控制盘用于二维视图的基本导航，通过该控制盘，可以访问基本的二维导航工具；当没有带滚轮的鼠标时，该控制盘特别有用。控制盘包括“平移”“缩放”和“回放”3 个按钮，功能如下：

① 平移按钮：通过平移重新放置当前视图。

② 缩放按钮：调整当前视图的比例。

③ 回放按钮：恢复上一视图方向。可以通过单击并向左或向右拖动来向后或向前移动。

3）AutoCAD 2013 查看对象控制盘。AutoCAD 2013 查看对象控制盘用于三维导航。使用此类控制盘可以查看模型中的单个对象或成组对象。通过查看对象控制盘（大和小），用户可以查看模型中的各个对象或特征。查看对象控制盘（大）经优化适合新的三维用户使用，而查看对象控制盘（小）经优化适合有经验的三维用户使用。

查看对象控制盘（大）各按钮的功能如下：

① 中心按钮：在模型上指定一个点以调整当前视图的中心，或更改用于某些导航工具的目标点。

② 缩放按钮：调整当前视图的比例。

③ 回放按钮：恢复上一视图方向。可以通过单击并向左或向右拖动来向后或向前移动。

④ 动态观察按钮：围绕视图中心的固定轴心点旋转当前视图。

查看对象控制盘（小）各按钮的功能如下：

① 缩放（顶部按钮）：调整当前视图的比例。

② 回放（右侧按钮）：恢复上一视图。可以通过单击并向左或向右拖动来向后或向前移动。

③ 平移（底部按钮）：通过平移重新放置当前视图。

④ 动态观察（左侧按钮）：绕固定的轴心点旋转当前视图。

4）AutoCAD 2013 巡视建筑控制盘。AutoCAD 2013 巡视建筑控制盘用于三维导航。使用巡视建筑控制盘（大和小），可以在模型（如建筑、装配线、船或石油钻塔）内移动。用户还可以在模型内漫游或围绕模型进行导航。巡视建筑控制盘（大）经优化后适合新的三维用户使用，而巡视建筑控制盘（小）经优化后适合有经验的三维用户使用。

巡视建筑控制盘（大）各按钮功能如下：

① 向前按钮：调整视图的当前点与所定义的模型轴心点之间的距离。单击一次将移动至之前单击的对象位置的一半距离。

② 环视按钮：回旋当前视图。

③ 回放按钮：恢复上一视图。可以通过单击并向左或向右拖动来实现向后或向前移动。

④ 向上/向下按钮：沿模型的 Z 轴滑动模型的当前视图。

巡视建筑控制盘（小）各按钮功能如下：

① 漫游（顶部按钮）：模拟在模型中的漫游。

② 回放（右侧按钮）：恢复上一视图。可以通过单击并向左或向右拖动来实现向后或向前移动。

③ 向上/向下（底部按钮）：沿模型的 Z 轴滑动模型的当前视图。

④ 环视（左侧按钮）：回旋当前视图。

提示

使用“巡视建筑控制盘（小）”时，可以按住鼠标中间按钮进行平移、滚动滚轮按钮进行放大和缩小，以及在按住<Shift>键的同时按住鼠标中间按钮来动态观察模型。

（3）ShowMotion

使用 ShowMotion 导航工具，用户可以向保存的视图中添加移动和转场。保存的这些视图称为快照。可以创建的快照类型有静止、电影式、录制的漫游 3 种类型，各类型的含义见表 0-4。

表 0-4 快照的类型及含义

快照类型	含　义
静止	利用单个固定的相机位置
电影式	利用具有电影式移动的单相机
录制的漫游	通过在模型四周和内部导航来录制动画

在菜单栏中执行“视图”→“ShowMotion”菜单命令，将显示 ShowMotion 导航工具。ShowMotion 导航工具主要由 3 个部分组成，分别是快照缩略图、快照序列缩略图和 ShowMotion 控件，如图 0-35 所示。

通过快照控件，用户可以播放指定给快照的动画，固定或取消固定快照以及关闭快照，使用快照缩略图和快照序列缩略图，可以在当前模型中导航快照。

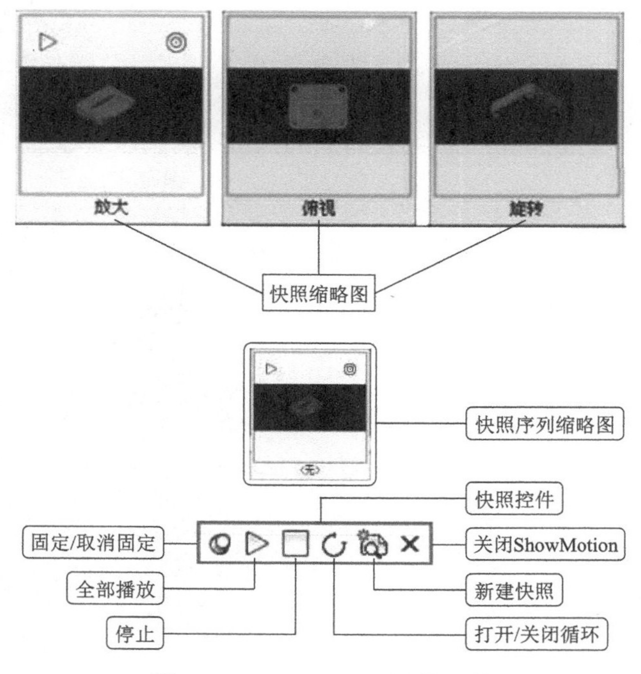

图 0-35 ShowMotion 导航工具

实战演练

1）启动 AutoCAD 2013，选择“草图与注释”工作空间并进行工作空间切换操作。
2）同时打开 3 个图形文件，并以层叠的排列形式布置在主窗口中。
3）预览打开的图形文件及在文件间切换。
4）利用 AutoCAD 2013 提供的三维导航工具快速查看三维视图。

导学小结

导学部分介绍了 AutoCAD 2013 中文版的安装、启动和退出的基本方法，同时介绍了 AutoCAD 2013（中文版）的工作空间及基本操作，包括图形文件的新建、打开、保存、浏览、绘图环境的设置以及图形的显示控制。通过各知识点的学习，对 AutoCAD 2013（中文版）的基础知识有了一个初步的了解，为进一步学习该软件提供了强有力的保证。

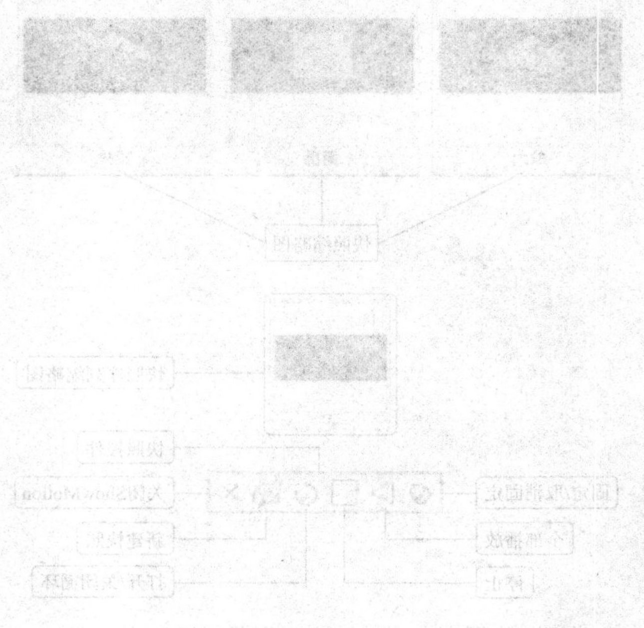

图 0-35　ShowMotion 导航工具

实战演练

1）启动 AutoCAD 2013，选择"草图与注释"工作空间并进行工作空间切换操作。

2）同时打开 3 个图形文件，并以层叠的排列形式布置在主窗口中。

3）练习打开的图形文件及在文件间切换。

4）利用 AutoCAD 2013 提供的三维导航工具快速查看三维视图。

导学小结

导学部分介绍了 AutoCAD 2013 中文版的安装、启动和退出的基本方法，同时介绍了 AutoCAD 2013（中文版）的工作空间及基本操作，包括图形文件的新建、打开、保存、关闭，绘图环境的设置以及图形的显示控制。通过各知识点的学习，对 AutoCAD 2013（中文版）的基础知识有了一个初步的了解，为进一步学习该软件提供了强有力的保证。

操　作　篇

项目 1　绘制与编辑基本二维图形

能力目标

1）掌握点的输入方法。
2）掌握直线、构造线、多段线的绘制与编辑。
3）掌握矩形、正多边形的绘制与编辑。
4）掌握圆与圆弧的绘制与编辑。
5）掌握样条曲线的绘制与编辑。
6）掌握取消、重做、删除、重画等命令在绘图过程中的使用方法。

任务 1　绘制房屋左视轮廓图

任务目标

- 掌握点的输入方法
- 掌握直线的绘制方法
- 掌握相对坐标与绝对坐标的功能与特点
- 掌握捕捉特殊点的方法

任务效果图

任务的最终效果如图 1-1 所示。

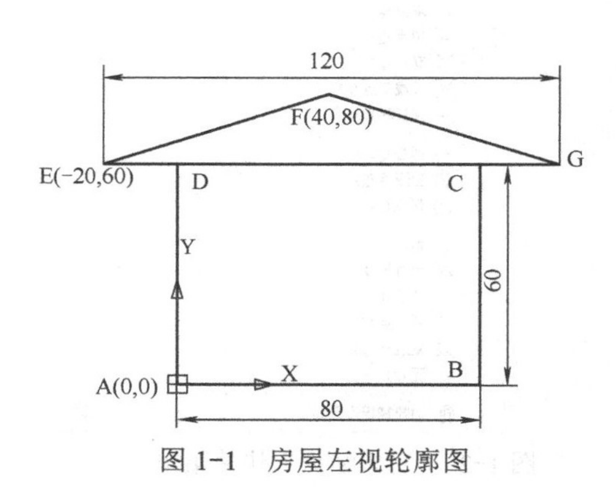

图 1-1　房屋左视轮廓图

相关知识

1．点的输入

在绘图过程中，经常需要输入点的位置，AutoCAD 2013 提供了 4 种输入点的方式。

1）用键盘直接在命令行中输入点的坐标。

① 直角坐标系的两种输入方式。

绝对坐标方式，即 x，y（点的绝对坐标值，例如，100，50）。

相对坐标方式，即@x，y（相对于上一点的坐标值，例如，@50，–20）。

② 极坐标的两种输入方式。

绝对极坐标方式，即长度<角度方式（其中，长度为点到坐标原点的距离，角度为原点至该点连线与 X 轴的正方向夹角，例如，100<45）。

相对极坐标方式，即@长度<角度方式（相对于上一点的极坐标值，例如，@100<45）。

2）用鼠标等定标设备移动光标到目标位置，单击鼠标左键在绘图区中直接取点。

3）用目标捕捉方式捕捉屏幕上已有图形的特殊点（如端点、中点、中心点、插入点、切点、圆心、垂足等）。

4）直接距离输入。先用光标拖拉橡皮筋线确定方向，然后用键盘输入距离。这种方式有利于准确控制对象的长度，但是角度和方向不好控制，适合在正交模式下使用。

2．特殊点的捕捉

在利用 AutoCAD 绘图时经常要用到一些特殊的点，例如，圆心、切点、线段或圆弧的端点、中点等，如果仅用鼠标去拾取，则要准确地找到这些点是十分困难的。为此 AutoCAD 提供了一些识别这些点的工具，通过这些工具可以轻松准确地找到这些特殊的点，从而迅速、准确地绘制出所需的图形。在 AutoCAD 中，这种功能称为对象捕捉功能。

在 AutoCAD 2013 中可以通过如图 1-2 所示的“对象捕捉”快捷菜单（同时按下<Shift>键和鼠标右键来激活）或如图 1-3 所示的“对象捕捉”工具栏（当鼠标放在某一个按钮上时，会显示出该按钮的功能提示）提供的捕捉工具来捕捉图形中的特殊点。

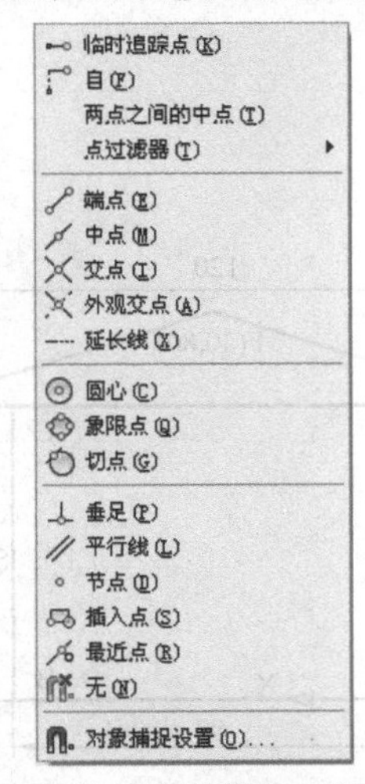

图 1-2 “对象捕捉”快捷菜单

图 1-3 “对象捕捉”工具栏

3．绘制直线

直线是组成各种图形的最基本的图形元素。在 AutoCAD 中所讲的直线指的是几何意义上的直线段（有两个端点）。

选择菜单中的“绘图（D）”→“直线（L）”命令；或在“功能区”选项板中选择“常用”选项卡，在“绘图”选项面板中单击“直线”按钮；或在命令行中直接输入命令 Line（简写 L）后按<Enter>键，命令行中将出现如下提示信息：

命令: _line	
指定第一点:	输入点后回车
指定下一点或 [放弃(U)]:	可以继续输入点，也可以输入字母 U 回车放弃
指定下一点或 [放弃(U)]:	同上
指定下一点或 [闭合(C)/放弃(U)]:	可以继续输入点，也可以选择闭合或放弃

命令提示行中各选项的含义如下。

1）指定第一点：确定直线的起点。确定起点后出现后面的提示信息。

2）指定下一点或[放弃（U）]：确定直线的终点。指定一点后，在两点间绘制一条直线，同时出现后面的提示信息，如果继续指定新的点，绘制出一条与上一条首尾相连的直线，则可连续绘制多条与前面一条直线首尾相连的直线，直至直接按<Enter>键（或选择放弃）为止。

3）闭合（C）：当绘制出两条首尾相连的直线后出现该选项，选择该选项后，系统自动在当前点与第一条直线的起点间绘制一条直线，并结束此次操作。

绘制流程

图形的主要绘制流程如图 1-4 所示。

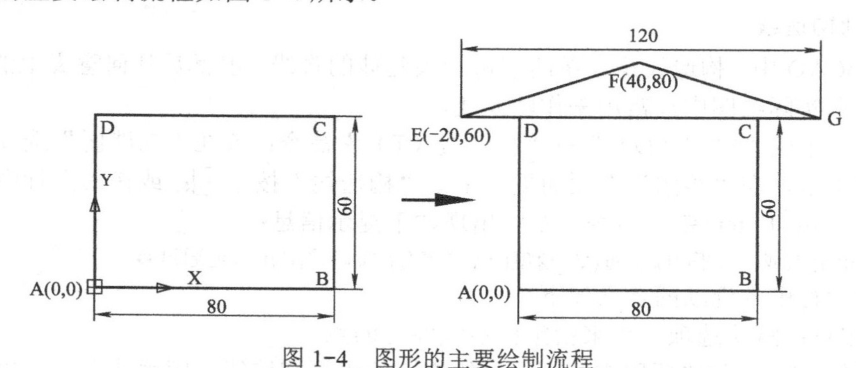

图 1-4　图形的主要绘制流程

步骤详解

1）启动 AutoCAD 2013，选择“草图与注释”工作空间，设置绘图的长度单位的类型为“小数”，单位为 mm，保留一位小数，图纸大小为 A4 类型。

2）单击绘图工具栏中的“直线”按钮，执行直线命令。命令行提示与操作如下：

命令：_line 指定第一点:	0,0	指定原点为 A 点（也可以任取一点作为 A 点）
指定下一点或 [放弃(U)]:	@80,0	用相对坐标指定 B 点
指定下一点或 [放弃(U)]:	@0,60	用相对坐标指定 C 点

```
指定下一点或 [闭合(C)/放弃(U)]:   @-80,0          用相对坐标指定 D 点
指定下一点或 [闭合(C)/放弃(U)]:   c              闭合曲线，回到 A 点
```

3）按<Enter>键再次执行直线命令，命令行提示与操作如下：

```
命令:_LINE 指定第一点   :-20,60                  指定为 E 点
指定下一点或 [放弃(U)]:      @120,0               用相对坐标指定 G 点
指定下一点或 [放弃(U)]:      40,80                用相对坐标指定 F 点
指定下一点或 [闭合(C)/放弃(U)]:   c              闭合曲线，回到 E 点
```

知识拓展

1．绘制射线

在 AutoCAD 中，射线为一端固定，另一端无限延伸的直线。在实际绘图中通常用来作辅助线和参照线。

选择菜单中的“绘图（D）”→“射线（R）”命令；或在“功能区”选项板中选择“常用”选项卡，在“绘图”选项面板中单击“射线”按钮；或在命令行中直接输入命令 Ray 后按<Enter>键，命令行中将出现如下提示信息：

```
命令: _ray 指定起点:
指定通过点:
```

命令提示行中选项的含义如下。

1）指定起点：确定射线的起点。确定起点后出现后面的提示信息“指定通过点：”。

2）指定通过点：确定射线要经过的点。确定该点后，系统自动绘制一条经过该点的射线，同时继续出现提示信息“指定通过点：”此时，用户可以继续指定点来绘制与前面射线具有相同起点的射线，也可以直接按<Enter>键，结束本次操作。

2．绘制构造线

在 AutoCAD 中，构造线是一条两端可无限延伸的直线，也就是几何意义上的直线（没有端点）。在实际绘图中经常用来作辅助线。

选择菜单中的“绘图（D）”→“构造线（T）”命令；或在“功能区”选项板中选择“常用”选项卡，在“绘图”选项面板中单击“构造线”按钮；或在命令行中直接输入命令 XLine 后按<Enter>键，命令行中将出现如下提示信息：

```
_xline 指定点或 [水平(H)/垂直(V)/角度(A)/二等分(B)/偏移(O)]:指定通过点:
```

命令提示行中各选项的含义如下。

1）指定点：默认选项，用来指定构造线经过的点。

2）水平（H）：此选项用来绘制通过给定点的水平构造线。应用此选项可以连续绘制通过指定点的多条水平构造线。

3）垂直（V）：此选项用来绘制通过给定点的垂直构造线。应用此选项可以连续绘制通过指定点的多条垂直构造线。

4）角度（A）：此选项用来绘制与 X 轴成指定角度的构造线。应用此选项可以连续绘制多条与 X 轴正方向成给定角度的平行构造线。

5）二等分（B）：此选项用来绘制平分指定角度的构造线。应用此选项可以连续绘制通过顶点且平分由指定的三点确定的角的构造线。

6）偏移（O）：此选项用来绘制与给定直线相距指定距离的构造线。应用此选项可以

连续绘制与指定直线平行的多条构造线。

3．绘制多段线

在 AutoCAD 中，多段线是一条由若干直线或直线和圆弧连接而成的折线或曲线，整条线都属于同一对象。在实际绘图中经常使用，如用来绘制具有宽度的直线、指针和箭头等。

选择菜单中的“绘图（D）”→“多段线（P）”命令；或在“功能区”选项板中选择“常用”选项卡，在“绘图”选项面板中单击“多段线”按钮；或在命令行中直接输入命令 PLine 后按<Enter>键，命令行中将出现如下提示信息：

```
命令: _pline
指定起点:
当前线宽为 0.0000
指定下一个点或 [圆弧(A)/半宽(H)/长度(L)/放弃(U)/宽度(W)]:
指定下一点或 [圆弧(A)/闭合(C)/半宽(H)/长度(L)/放弃(U)/宽度(W)]:
```

命令提示行中各选项的含义如下。

1）指定点：默认选项，用来指定多段线的起点。确定起点后出现后面的提示信息“指定下一点或[圆弧（A）/半宽（H）/长度（L）/放弃（U）/宽度（W）]：”。其中，“指定下一点”为默认选项，用来确定多段线的下一个点的位置，指定该点后，系统自动在起点与该点间绘制一条直线，同时出现后面的提示信息“指定下一点或[圆弧（A）/闭合（C）/半宽（H）/长度（L）/放弃（U）/宽度（W）]：”，该提示信息与前面的相比，多了一个“闭合”选项。

2）圆弧（A）：选择此选项，则以圆弧的形式绘制多段线。选中此选项，命令行提示如下：

```
指定圆弧的端点或
[角度(A)/圆心(CE)/闭合(CL)/方向(D)/半宽(H)/直线(L)/半径(R)/第二个点(S)/放弃(U)/宽度(W)]:
```

可通过指定端点、角度、圆心、半径等方式绘制圆弧，可以通过直线选项继续绘制直线。

3）闭合（C）：指定下一点后才出现此选项，选择该选项后，系统自动将多段线闭合并退出此次操作。

4）半宽（H）：此选项用来设置多段线的半宽值。

5）长度（L）：此选项用来指定下一段多段线的长度。

6）放弃（U）：此选项用来取消刚绘制的那一段多段线。在 AutoCAD 2013 中，很多命令都包含此选项。

7）宽度（W）：此选项用来设置多段线的线宽值。

实战演练

1．起步

学生自己动手绘制房屋主视轮廓图，效果图如图 1-5 所示（图中尺寸仅作比例参考）。

操作步骤提示：

1）利用直线或多段线绘制矩形墙体。

2）利用直线或多段线绘制梯形屋顶。

2．进阶

学生自己动手绘制房屋立面图，效果图如图 1-6 所示（图中尺寸仅作比例参考）。

操作步骤提示：

1）先利用直线或多段线绘制矩形墙体（也可以利用矩形命令来绘制，这里主要熟练掌握各种点的输入方法以及绝对坐标与相对坐标的使用方法）。

2）再利用直线或多段线绘制梯形屋顶。

3）最后利用多段线绘制门和窗（尺寸大小、位置可以自定）。

3．提高

学生自己动手，根据给定的尺寸绘制如图 1-7 所示的图案。

操作步骤提示：

1）利用多段线可以改变线宽的功能来绘制外部的边框。

2）利用直线或多段线，通过捕捉中点的方法绘制内部的正方形。

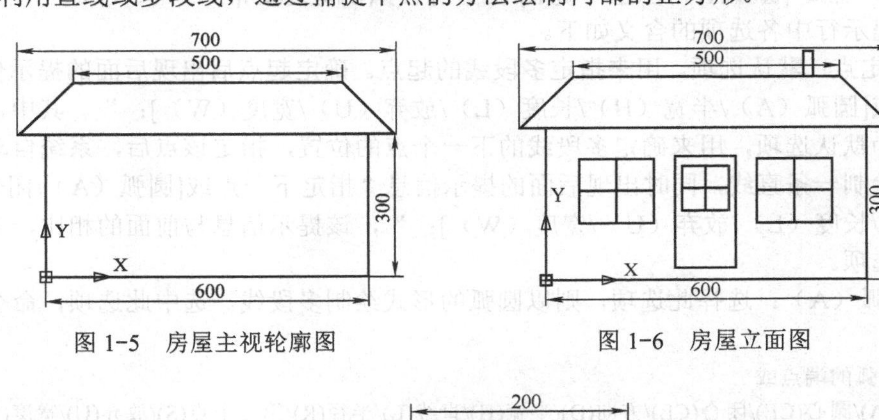

图 1-5　房屋主视轮廓图　　　图 1-6　房屋立面图

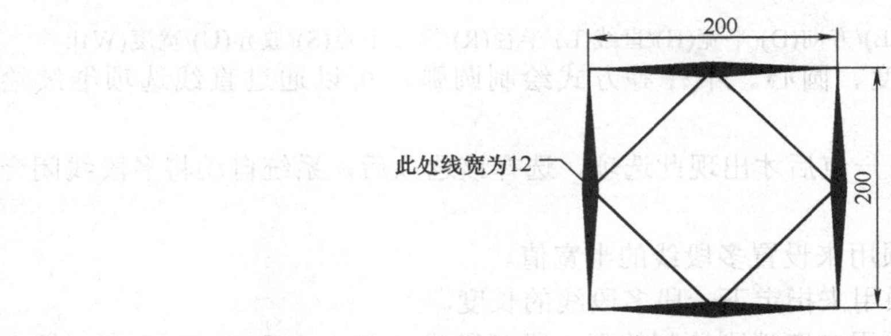

图 1-7　正方形图案

任务 2　绘制沐浴房平面图

任务目标

- ◆ 掌握矩形与正多边形的绘制方法
- ◆ 掌握偏移、倒角、圆角、修剪、延伸等编辑操作
- ◆ 掌握阵列操作的功能与特点

任务效果图

任务的最终效果如图 1-8 所示。

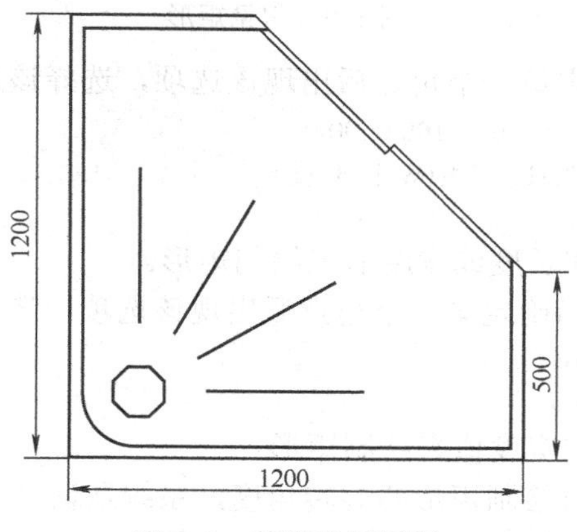

图 1-8　沐浴房平面图

相关知识

1. 绘制矩形

矩形是绘制二维平面图形时常用的简单图形元素之一。

选择菜单中的“绘图（D）”→“矩形（G）”命令；或在“功能区”选项板中选择“常用”选项卡，在“绘图”选项面板中单击“矩形”按钮；或在命令行中直接输入命令 RECTANG（简写 REC）并按<Enter>键，命令行中将出现如下提示信息：

```
命令: _rectang
指定第一个角点或 [倒角(C)/标高(E)/圆角(F)/厚度(T)/宽度(W)]:
指定另一个角点或 [面积(A)/尺寸(D)/旋转(R)]:
```

命令提示行中各选项的含义如下。

1）指定第一个角点：用来指定矩形的一个角点，指定一点后，出现后面的提示信息：

```
指定另一个角点或 [面积(A)/尺寸(D)/旋转(R)]:
```

当指定一个新的角点后，以两个点为对顶角点绘制一个直角矩形，如图 1-9a 所示。

2）倒角（C）：指定倒角距离，绘制带倒角的矩形，如图 1-9b 所示。每一个角点的逆时针和顺时针方向的倒角可以相同，也可以不同，其中第一个倒角距离是指角点逆时针方向倒角距离，第二个倒角距离是指角点顺时针方向倒角距离。

3）标高（E）：指定矩形标高（Z 轴坐标），即把矩形画在标高为 Z，和 XOY 坐标面平行的平面上，并作为后续矩形的标高值。主要用于三维绘图中。

4）圆角（F）：指定圆角的半径，用来绘制带圆角的矩形，如图 1-9c 所示。

5）厚度（T）：指定所绘制矩形的厚度，如果选择该选项，则绘制的结果是一个长方体，该选项主要用于三维绘图中。

6）宽度（W）：指定所绘图形的线宽。选择该选项后，将用指定的线宽来绘制矩形，如图 1-9d 所示。

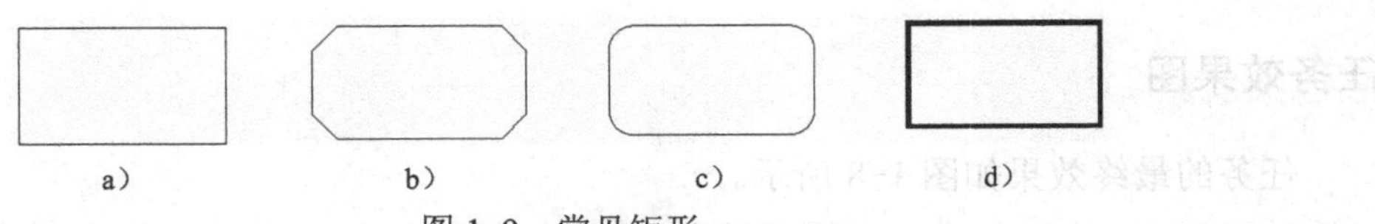

图 1-9　常见矩形

7）面积（A）：当确定第一个角点后出现该选项，选择该选项后，命令行提示如下：

```
输入以当前单位计算的矩形面积 <100.0000>:
计算矩形标注时依据 [长度(L)/宽度(W)] <长度>:
输入矩形长度 <10.0000>:
```

系统根据输入的面积和长度或宽度值来绘制矩形。

8）尺寸（D）：也是当确定第一个角点后出现该选项，选择该选项后，提示如下：

```
指定矩形的长度 <20.0000>:
指定矩形的宽度 <10.0000>:
```

系统根据输入的长度和宽度值来绘制矩形。

9）旋转（R）：设定所绘制矩形的旋转角度，系统默认是在水平方向上绘制矩形，选择该选项后，可以绘制一个与水平方向成一定角度的矩形。

2. 绘制正多边形

正多边形是二维图形绘制过程中使用较多的一种简单图形，尤其是在绘制机械配件图时。AutoCAD 2013 中提供了专门绘制正多边形的命令。

选择菜单中的“绘图（D）”→“正多形（Y）”命令；或在“功能区”选项板中选择“常用”选项卡，单击 绘图▾ 按钮，在展开的选项面板中单击“正多边形”按钮；或在命令行中直接输入命令 POLYGON（简写 POL）并按<Enter>键，命令行中将出现如下提示信息：

```
命令: _polygon
输入边的数目 <4>:
指定正多边形的中心点或 [边(E)]:
输入选项 [内接于圆(I)/外切于圆(C)] <I>:
指定圆的半径:
```

命令提示行中各选项的含义如下。

1）输入边的数目：用来指定正多边形的边数，默认为 4 条。

2）指定正多边形的中心点：通过中心点来绘制正多边形，是默认选项。

3）边（E）：该选项用于通过指定边长来绘制正多边形。选择该选项后，命令行提示如下：

```
指定边的第一个端点:
指定边的第二个端点:
```

给出两点后，系统就会自动以两点为端点绘制一条直线，并以该直线为边长按逆时针方向创建正多边形。

4）内接于圆（I）/外切于圆（C）：该选项是确定所绘制的正多边形与给定半径的圆是内接还是外切。图 1-10a 是内接于圆的正六边形，图 1-10b 是外切于圆的正六边形（注：两个圆的半径相同）。

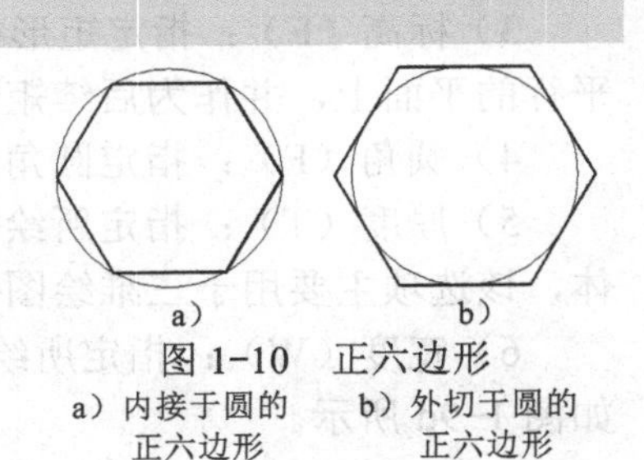

图 1-10　正六边形
a）内接于圆的正六边形　b）外切于圆的正六边形

3．“偏移”操作

对象的偏移操作是指在保持选择的对象的形状基础上，在不同的位置以不同的尺寸大小新建一个对象。是 AutoCAD 绘图过程中使用频率极高的编辑操作之一。

选择菜单中的“修改（M）”→“偏移（S）”命令；或在“功能区”选项板中选择“常用”选项卡，在“修改”选项面板中单击“偏移”按钮；或在命令行中直接输入命令 OFFSET 并按<Enter>键，命令行中出现的提示信息如下：

```
命令: _offset
当前设置: 删除源=否　图层=源　OFFSETGAPTYPE=0
指定偏移距离或 [通过(T)/删除(E)/图层(L)] <通过>:
选择要偏移的对象，或 [退出(E)/放弃(U)] <退出>:
指定要偏移的那一侧上的点，或 [退出(E)/多个(M)/放弃(U)] <退出>:
选择要偏移的对象，或 [退出(E)/放弃(U)] <退出>:
```

命令提示行中各选项的含义如下。

1）系统变量 OFFSETGAPTYPE：用于控制在对闭合二维多段线进行偏移操作时线段间隐含间隔的闭合方式。其值有 0、1 和 2 三个值，三个值对应的闭合方式如图 1-11 所示。

2）指定偏移距离：用来指定对象偏移时与源对象的距离。

3）选择要偏移的对象：在现有的对象中选择要偏移的对象，不可多选。

4）指定要偏移的那一侧上的点:用来指定偏移后得到的对象在选定对象的哪一侧。指定该点后，系统在该点所在的那一侧距现有对象为指定的距离处创建对象。

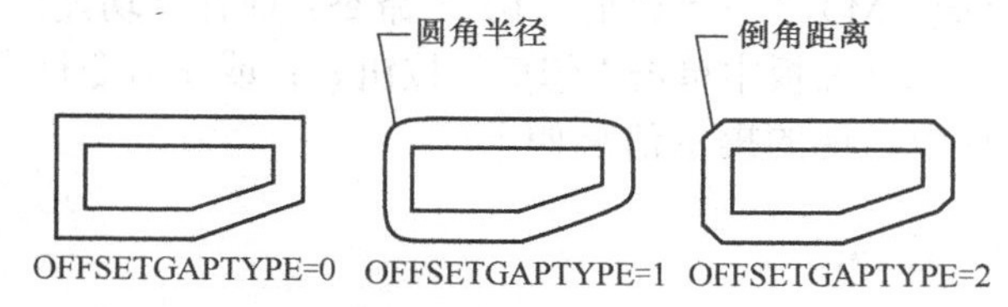

图 1-11　二维多段线进行偏移操作时线段间间隔的闭合方式

5）通过（T）：该选项用来指定偏移后对象经过的点，选择该选项后出现如下提示信息：

```
选择要偏移的对象，或 [退出(E)/放弃(U)] <退出>:
指定通过点或 [退出(E)/多个(M)/放弃(U)] <退出>:
```

选择偏移对象和指定通过的点后，系统根据指定的通过点绘制出偏移的对象。

6）删除（E）：用来设置偏移后是否删除源对象，默认不删除。选择该选项后出现如下提示信息：

```
要在偏移后删除源对象吗？[是(Y)/否(N)] <否>:
```

7）图层（L）：确定将偏移操作所得对象创建在当前图层上还是源对象所在的图层上。默认是源图层，选择该选项后出现如下提示信息：

```
输入偏移对象的图层选项 [当前(C)/源(S)] <源>:
```

4．“圆角”操作

该编辑操作的功能是用一段给定半径的圆弧实现两个实体间的光滑过渡。

选择菜单中的“修改（M）”→“圆角（F）”命令；或在“功能区”选项板中选择“常用”选项卡，在“修改”选项面板中单击“圆角”按钮；或在命令行中直接输入命令

FILLET 后按<Enter>键，命令行中出现的提示信息如下：

```
命令: _fillet
当前设置: 模式 = 修剪，半径 = 0.0000
选择第一个对象或 [放弃(U)/多段线(P)/半径(R)/修剪(T)/多个(M)]:
```

命令提示行中各选项的含义如下。

1）选择第一个对象：定义二维倒角的两个对象之一，或是要倒圆角的三维实体的一条边。

2）多段线：在二维多段线中两条直线段相交的每个顶点处插入圆角弧，如果一条弧线段将两条直线段隔开，则删除弧线段后插入一个圆角弧。

3）半径：定义要插入的圆角弧的半径，此次输入的值是以后使用该命令的当前值，此值不影响原来的圆角弧。

4）修剪：功能与“倒角”操作相同，控制是否将选定边修剪到圆角弧线的端点，在“修剪”模式下，将相交的直线修剪到圆角弧的端点，如果选定的直线不相交，则延伸使其相交。在“不修剪”模式下，只创建圆角弧而不修剪选定直线，不相交的直线也不延伸。

5）多个：给多个对象集加圆角。选择该选项后，可连续进行多个相同的圆角操作。

5. “修剪”操作

该操作是使某些对象精确地终止于由其他对象定义的边界，去掉边界之外的部分，从而达到绘制的要求。

选择菜单中的“修改（M）”→“修剪（T）”命令；或在“功能区”选项板中选择“常用”选项卡，在“修改”选项面板中单击“修剪”按钮；或在命令行中直接输入命令 TRIM 并按<Enter>键，命令行中出现的提示信息如下：

```
命令: _trim
当前设置:投影=UCS，边=无
选择剪切边...
选择对象或 <全部选择>:  找到 1 个
选择对象:
选择要修剪的对象，或按住<Shift>键选择要延伸的对象，或[栏选(F)/窗交(C)/投影(P)/边(E)/删除(R)/放弃(U)]:
```

命令提示行中各选项的含义如下。

1）选择剪切边：可连续选择多个对象作为边界，按<Enter>键结束剪切边的选择。然后出现后面的提示信息。

2）选择要修剪的对象，或按住<Shift>键选择要延伸的对象：用鼠标单击要修剪的部分，该部分将从边界开始被剪掉；如果同时按住<Shift>键，则选中对象将延伸至边界处。

3）投影：用于三维编辑中进行实体剪切时，不同投影方法的选择。

4）边：设置剪切边的属性。选择该选项后，系统出现如下提示信息：

```
输入隐含边延伸模式 [延伸(E)/不延伸(N)] <不延伸>:。
```

其中“延伸”指延伸边界可以无限延长；“不延伸”指剪切边界只有与被剪切对象相交时才有效。系统默认选项为“不延伸”，按<Enter>键后返回。

5）删除：删除所选的对象与删除命令相同。

6）放弃：取消所做的修剪工作。

6. “环形阵列”操作

环形阵列是指将指定的对象围绕圆心实现多重复制；进行环形阵列后，对象呈环形分布。该操作是 AutoCAD 2013 提供的 3 种阵列方式之一，另外两种是矩形阵列和路径阵列。

单击“常用”选项卡上的“修改”选项面板上的“矩形阵列”按钮旁边的倒三角，从弹出的菜单中选择“环形阵列”命令按钮；或执行“修改”→“阵列”→“环形阵列”菜单命令；或在命令行中直接输入命令 ARRAYPOLAR 后按<Enter>键，命令行中出现的提示信息如下：

```
命令: _arraypolar
选择对象:
选择对象: 找到 1 个
类型 = 极轴  关联 = 是
指定阵列的中心点或 [基点(B)/旋转轴(A)]:
选择夹点以编辑阵列或 [关联(AS)/基点(B)/项目(I)/项目间角度(A)/填充角度(F)/行(ROW)/层(L)/旋
                    转项目(ROT)/退出(X)] <退出>:
```

命令提示行中各选项的含义如下。

1）选择对象：选择要进行阵列的对象，可以连续选择多个对象，按<Enter>键结束阵列对象的选择，然后出现后面的提示信息。

2）指定阵列的中心点或[基点（B）/旋转轴（A）]：指定阵列的中心点，确定后系统自动打开环形“阵列创建”选项卡，如图 1-12 所示。“基点”选项用来重新指定阵列对象的基点，默认基点为对象的质心（中心）；“旋转轴”选项用来指定阵列的旋转轴，通常用于三维阵列操作。

图 1-12 环形“阵列创建”选项卡

环形“阵列创建”选项卡中各选项的功能如下。

①“类型”选项板：显示当前阵列的类型。

②“项目”选项板：指定环形阵列的项目个数、项目间的角度和项目的填充角度。

③“行”选项板：指定环形阵列项目的行数、行间距和行的总距离。

④“层级”选项板：指定环形阵列项目的层级数、层级间距离和层级的总距离。

⑤“特性”选项板：“关联”按钮用来控制是否创建关联阵列对象；“基点”按钮用来重定义基点和阵列中夹点的位置；“旋转项目”按钮用来控制阵列时是否旋转阵列项；“方向”按钮用来控制阵列的方向是顺时针还是逆时针。

⑥“关闭”选项板：该选项板中只有一个“关闭阵列”按钮，用来关闭阵列。

3）选择夹点以编辑阵列或[关联（AS）/基点（B）/项目（I）/项目间角度（A）/填充角度（F）/行（ROW）/层（L）/旋转项目（ROT）/退出（X）]<退出>：夹点编辑是指当确定阵列的中心点后在阵列的图形上出现的几个特殊点。如图 1-13 所示，图中的几个蓝色标记点，就是阵列对象上出现的几个夹点，用户可以用鼠标调整夹点的位置来修改相关参数，从而得到不同的阵列结果。

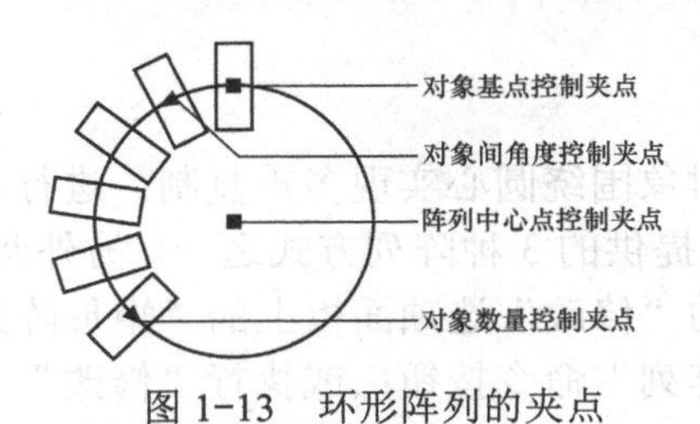

图 1-13　环形阵列的夹点

绘制流程

图形的绘制流程如图 1-14 所示。

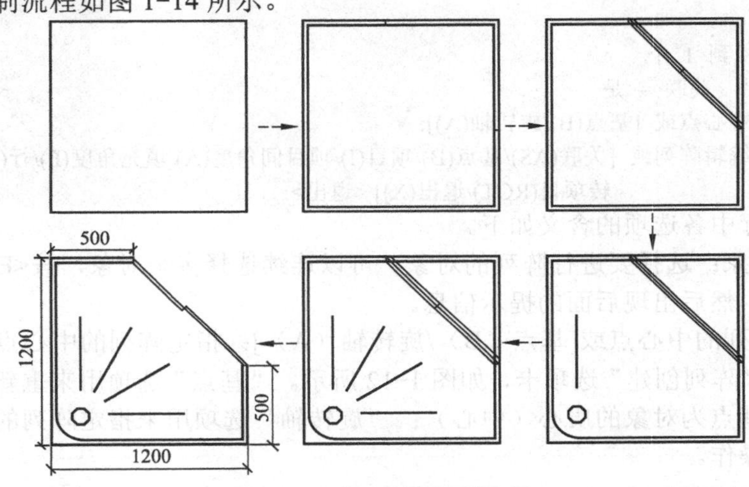

图 1-14　淋浴房的绘制流程

步骤详解

1）启动 AutoCAD 2013，选择“草图与注释”工作空间，设置绘图的长度单位的类型为“小数”，单位为 mm，保留一位小数，图纸大小为 A4 类型。

2）执行菜单“绘图”→“矩形”命令，或在“绘图”区内选择“矩形”工具按钮，绘制一个矩形，命令行提示与操作如下：

```
命令: _rectang
指定第一个角点或 [倒角(C)/标高(E)/圆角(F)/厚度(T)/宽度(W)]:     在空白区单击，选定第一个角点
指定另一个角点或 [面积(A)/尺寸(D)/旋转(R)]: @1200,1200          输入相对坐标
```

3）执行菜单“修改”→“偏移”命令，或在“修改”区内选择“偏移”工具按钮，对刚绘制的矩形进行偏移操作，命令行提示与操作如下：

```
命令: _offset
当前设置: 删除源=否   图层=源   OFFSETGAPTYPE=0
指定偏移距离或 [通过(T)/删除(E)/图层(L)] <1.0000>:   30              指定偏移的距离
选择要偏移的对象，或 [退出(E)/放弃(U)] <退出>:                         选择刚绘制的正方形
指定要偏移的那一侧上的点，或 [退出(E)/多个(M)/放弃(U)] <退出>:        在正方形的内部单击鼠标
选择要偏移的对象，或 [退出(E)/放弃(U)] <退出>:                         回车结束操作
```

4）执行菜单“绘图”→“直线”命令，或在“绘图”区内选择“直线”工具，绘制两条直线，结果如图 1-15 所示。

命令行提示与操作如下：

命令: _line 指定第一点: from	输入 from 命令
基点:	捕捉大正方形左上角交点
<偏移>: @500,0	输入相对坐标
指定下一点或 [放弃(U)]:	捕捉小正方形的垂足
指定下一点或 [放弃(U)]:	回车结束操作
命令:	回车再次执行直线命令
命令: _line 指定第一点: from	输入 from 命令
基点:	捕捉大正方形右下角交点
<偏移>: @0,500	输入相对坐标
指定下一点或 [放弃(U)]:	捕捉小正方形的垂足
指定下一点或 [放弃(U)]:	回车结束操作

5）用直线将刚绘制的两条直线对应的端点连接，对应的中点连接，再将得到的外面两条直线的中心点用直线连接，效果如图 1-16 所示。

图 1-15　在两个正方形中间绘制两条直线

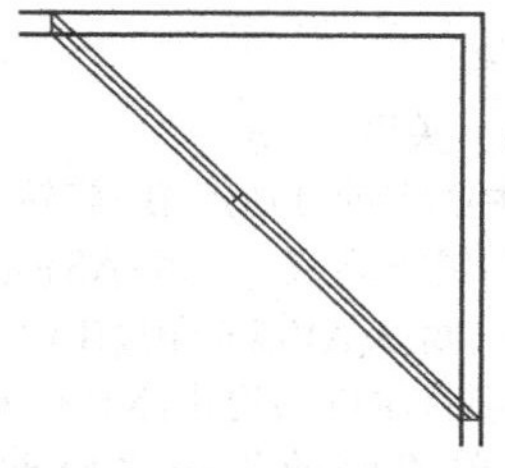

图 1-16　用直线连接端点与中点

6）执行菜单“修改”→“圆角”命令，命令行提示与操作如下：

命令: _fillet	
当前设置: 模式 = 修剪，半径 = 0.0000	
选择第一个对象或 [放弃(U)/多段线(P)/半径(R)/修剪(T)/多个(M)]: r	选择半径选项
指定圆角半径 <0.0000>: 120	输入圆角半径
选择第一个对象或 [放弃(U)/多段线(P)/半径(R)/修剪(T)/多个(M)]:	单击内侧正方形左边线
选择第二个对象，或按住<Shift>键选择要应用角点的对象:	单击内侧正方形下边线

7）执行菜单“绘图”→“正多边形”命令，或在“绘图”区内选择“正多边形”工具按钮，绘制一个正多边形，命令行提示与操作如下：

命令: _polygon	
输入边的数目 <4>: 8	输入正多边形的边数
指定正多边形的中心点或 [边(E)]:	选择圆角弧的中心点
输入选项 [内接于圆(I)/外切于圆(C)] <I>:	回车选择内接于圆
指定圆的半径: 100	输入半径

8）执行菜单“绘图”→“直线”命令，或在“绘图”区内选择“直线”工具，绘制一条与正方形左边平行的直线，结果如图 1-17 所示。

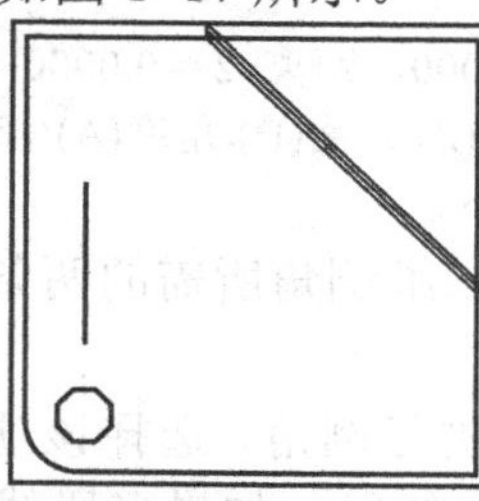

图 1-17　绘制平行于正方形左边的直线

命令行提示与操作如下：

命令: _line	
指定第一点: from	输入 from 命令
基点:	捕捉正八边形上边的中点
<偏移>: @0,150	输入相对坐标，指定直线的第一点
指定下一点或 [放弃(U)]: @0,500	输入相对坐标，指定直线的第二点
指定下一点或 [放弃(U)]:	回车结束操作

9）单击“常用”选项卡上的“修改”选项面板上的“矩形阵列”按钮旁边的倒三角，从弹出的菜单中选择“环形阵列”命令按钮；或执行“修改”→“阵列”→“环形阵列”菜单命令；或在命令行中直接输入命令 ARRAYPOLAR 后回车。

命令行提示与操作如下：

命令: _arraypolar	
选择对象:	选择刚绘制的竖直线
选择对象:	回车结束选择
类型 = 极轴　关联 = 是	
指定阵列的中心点或 [基点(B)/旋转轴(A)]:	选择圆角弧的圆心
选择夹点以编辑阵列或 [关联(AS)/基点(B)/项目(I)/项目间角度(A)/填充角度(F)/行(ROW)/层(L)/旋转项目(ROT)/退出(X)] <退出>:	在打开的“阵列创建”选项卡中各项参数的设置如图 1-18 所示，设置完成后回车

10）执行菜单“修改”→“修剪”命令，或在“修改”选项面板中选择“修剪”工具，将多余的部分剪掉，最终效果如图 1-8 所示，至此完成绘制。

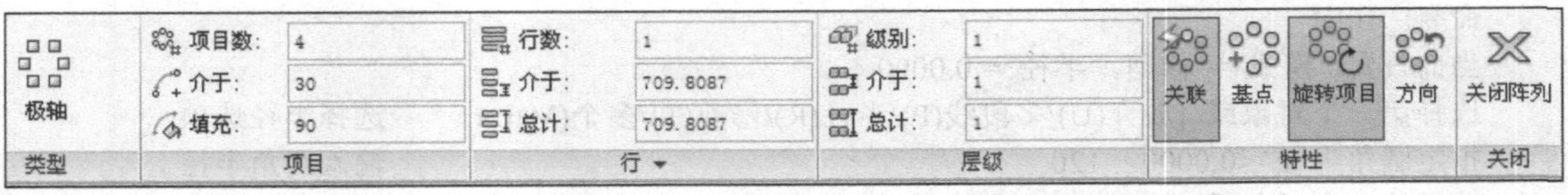

图 1-18　竖直线“环形阵列”的各参数设置

知识拓展

1．“倒角”操作

该编辑操作的功能是用斜线连接两个不平行的线型对象。

选择菜单中的“修改（M）”→“倒角（C）”命令；或在“功能区”选项板中选择“常用”选项卡，在“修改”选项面板中单击“倒角”按钮；或在命令行中直接输入命令 CHAMFER 后按<Enter>键，命令行中出现的提示信息如下：

```
命令: _chamfer
("修剪"模式) 当前倒角距离 1 = 0.0000，距离 2 = 0.0000
选择第一条直线或 [放弃(U)/多段线(P)/距离(D)/角度(A)/修剪(T)/方式(E)/多个(M)]:
```

命令提示行中各选项的含义如下。

1）选择第一条直线：指定定义二维倒角所需的两条边中的一条边。或要倒角的三维实体边中的第一条边。

2）多段线：对整个二维多段线进行倒角。选择该项，将对选择的多段线每个顶点处相交直线段倒角。倒角成为多段线的新线段。如果多段线包含的线段过短，无法容纳倒角距离时，则不对这些线段进行倒角操作。

3）距离：设置倒角的距离。如果将两个距离都设置为零，则系统将延伸或修剪相应的两条线以使二者终止于同一点。

4）角度：用第一条线的倒角距离和第二条线的角度设置倒角距离。

5）修剪：控制是否将选定边修剪到倒角线端点，在“修剪”模式下，将相交的直线修剪到倒角的端点，如果选定的直线不相交，则延伸使其相交，如图 1-19 所示。在“不修剪”模式下，只创建倒角而不修剪选定直线，不相交的直线也不延伸，如图 1-20 所示。

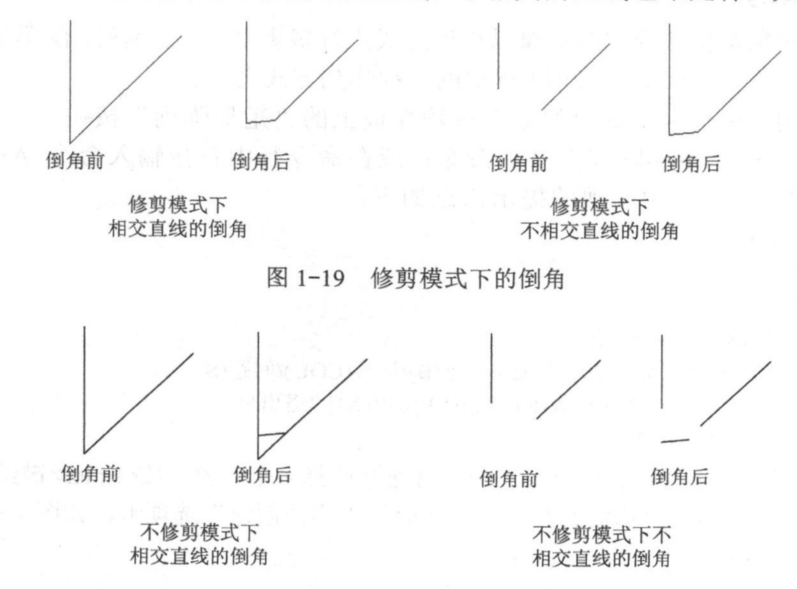

图 1-19　修剪模式下的倒角

图 1-20　不修剪模式下的倒角

6）方式：控制系统是使用两个距离还是一个距离和一个角度来创建倒角。选择该选项后，命令行出现的提示信息如下：

```
输入修剪方法 [距离(D)/角度(A)] <距离>:
```

7）多个：给多个对象集倒角。选择该选项后，可连续进行多个相同的倒角操作。

2. “延伸”操作

该操作是使某些对象精确地延伸至由其他对象定义的边界。

选择菜单中的“修改（M）”→“延伸（D）”命令；或在“功能区”选项板中选择“常用”选项卡，在“修改”选项面板中单击“延伸”按钮；或在命令行中直接输入命令 EXTEND 后按<Enter>键，命令行中出现的提示信息如下：

```
命令: _extend
当前设置:投影=UCS，边=无
选择边界的边...
选择对象或 <全部选择>:  找到 1 个
选择对象:
选择要延伸对象，或按住<Shift>键选择要修剪对象，或[栏选(F)/窗交(C)/投影(P)/边(E)/放弃(U)]:
```

提示行中各选项的含义如下。

1）选择边界的边：可连续选择多个对象作为边界的边，按<Enter>键结束选择，然后出现后面的提示信息。

2）选择要延伸的对象，或按住<Shift>键选择要修剪的对象：用鼠标单击要延伸对象的一端，该对象将延伸到最近的边界边；如果同时按住<Shift>键，则沿最近的边界边将其剪掉。

3）投影：指定三维编辑操作中，延伸对象时所使用的投影方式。

4）边：将对象延伸到另一对象隐含边，或延伸到三维空间中实际与其相交的对象。

5）放弃：取消所做的延伸工作。

3. “矩形阵列”操作

矩形阵列对象是指将选定的对象以矩形方式进行多重复制，复制后，图形呈矩形分布。“矩形阵列”操作是 AutoCAD 2013 提供的 3 种阵列方式之一。

单击“常用”选项卡上的“修改”选项面板上的“矩形阵列”按钮；或执行“修改”→“阵列”→“矩形阵列”菜单命令；或在命令行中直接输入命令 ARRAYRECT 后按<Enter>键，命令行中出现的提示信息如下：

```
命令: _arrayrect
选择对象:
选择对象:
类型 = 矩形   关联 = 是
选择夹点以编辑阵列或 [关联(AS)/基点(B)/计数(COU)/间距(S)
        /列数(COL)/行数(R)/层数(L)/退出(X)] <退出>:
```

提示行中各选项的含义如下。

1）选择对象：选择要进行阵列的对象，可连续选择多个对象，按<Enter>键结束阵列对象的选择，然后出现后面的提示信息并自动打开矩形“阵列创建”选项卡，如图 1-21 所示。

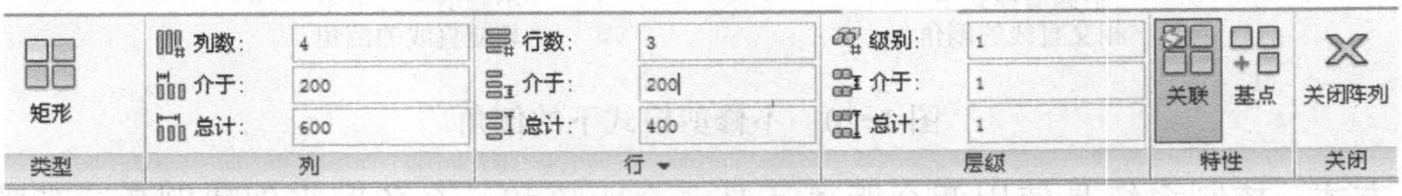

图 1-21　矩形“阵列创建”选项卡

矩形“阵列创建”选项卡中各选项的功能如下。

①“类型”选项板：显示当前阵列的类型。

②“列”选项板：指定矩形阵列的列数、列间距和总的列间距。

③“行”选项板：指定矩形阵列的行数、行间距和总的行间距。

④“层级”选项板：指定矩形阵列的层级数、层级间距和层级的总距离。

⑤“特性”选项板：“关联”按钮用来控制是否创建关联阵列对象；“基点”按钮用来重定义阵列的基点。

⑥“关闭”选项板：该选项板中只有一个“关闭阵列”按钮，用来关闭阵列。

2）选择夹点以编辑阵列或[关联（AS）/基点（B）/计数（COU）/间距（S）/列数（COL）/行数（R）/层数（L）/退出（X）]<退出>：同环形阵列一样，矩形阵列中也可以通过夹点来对阵列对象进行编辑。矩形阵列的夹点位置与功能如图 1-22 所示。

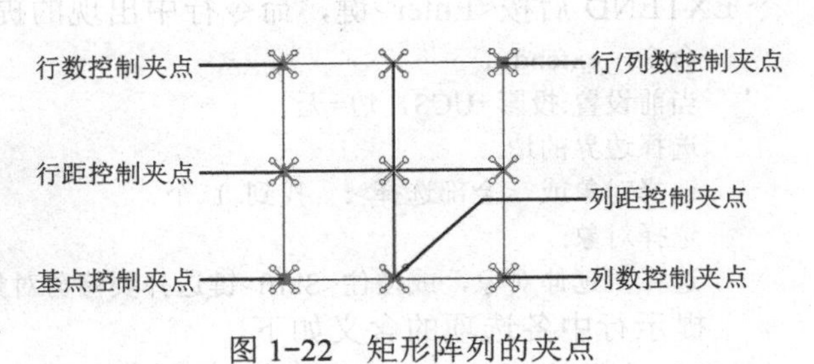

图 1-22　矩形阵列的夹点

4. “路径阵列”操作

路径阵列对象是指将选定的对象沿指定的路径进行多重复制，复制后，图形对象沿整个路径或部分路径平均分布。“路径阵列”操作是 AutoCAD 2013 新增的一种阵列方式。

单击“常用”选项卡上的“修改”选项面板上的“矩形阵列”按钮旁边的倒三角，从弹出的菜单中选择“路径阵列”命令按钮；或执行“修改”→“阵列”→“路径阵列”菜单命令；或在命令行中直接输入命令 ARRAYPATH 后按<Enter>键。命令行中出现的提示信息如下：

```
命令: _arraypath
选择对象:
选择对象:
类型 = 路径  关联 = 是
选择路径曲线:
选择夹点以编辑阵列或 [关联(AS)/方法(M)/基点(B)/切向(T)
/项目(I)/行(R)/层(L)/对齐项目(A)/Z 方向(Z)/退出(X)] <退出>:
```

提示行中各选项的含义如下。

1）选择对象：选择要进行阵列的对象，可以连续选择多个对象，按<Enter>键结束阵列对象的选择，然后出现后面的提示信息。

2）选择路径曲线：选择用作阵列路径的曲线。阵列路径的曲线可以是直线、多段线、三维多段线、样条曲线、螺旋、圆、圆弧或椭圆。选择路径曲线，然后出现后面的提示信息并自动打开路径“阵列创建”选项卡，如图 1-23 所示。

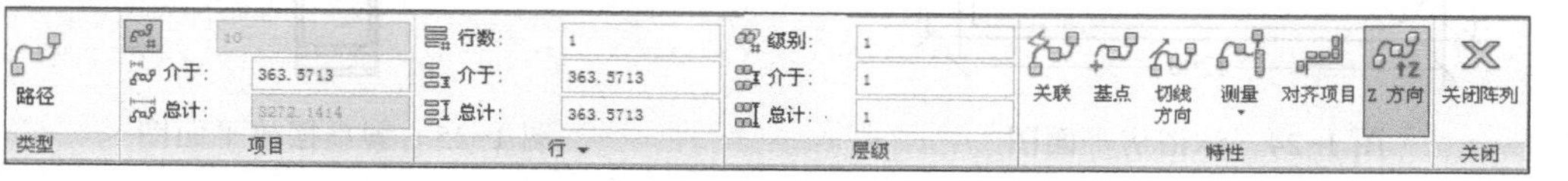

图 1-23　路径“阵列创建”选项卡

路径“阵列创建”选项卡中各选项的功能如下。

①“类型”选项板：显示当前阵列的类型。

②“项目”选项板：指定路径阵列的项数、项间距和项目的总距离。

③“行”选项板：指定路径阵列对象的行数、行间距和行的总距离。

④“层级”选项板：指定矩形阵列的层级数、层级间距和层级的总距离。

⑤“特性”选项板：“关联”按钮用来控制是否创建关联阵列对象；“基点”按钮，用来重定义基点，允许重新定位相对于路径曲线起点的阵列的第一个项目；“切线方向”按钮，用来指定相对于路径曲线的第一个项目的位置，允许指定与路径曲线起始方向平行的两个点；“测量”选择项，选择此选项，编辑路径时或通过夹点或“特性”选项板编辑项目数时，保持当前项目间距；“定数等分方法”选择项，选择此选项，重新分布项目，以沿路径的长度平均定数等分；“对齐项目”按钮，用来指定是否对齐每个项目以与路径方向相切，对齐相对于第一个项目的方向；“Z 方向”按钮，用来控制是保持项的原始 Z 方向，还是沿三维路径倾斜项。

⑥“关闭”选项板：该选项板中只有一个“关闭阵列”按钮，用来关闭阵列。

3）选择夹点以编辑阵列或[关联（AS）/方法（M）/基点（B）/切向（T）/项目（I）/行（R）/层（L）/对齐项目（A）/Z 方向（Z）/退出（X）]<退出>：同其他两种类型的阵列一样，路径阵列中也可以通过夹点来对阵列对象进行编辑。其他各选项同“阵列创建”选项卡中的功能相同。

实战演练

1. 起步

学生自己动手绘制如图 1-24 所示的沐浴房平面图。

操作步骤提示：

1）绘制正方形，边长 1200。右上角倒圆角，圆角半径 700。

2）其他部分的绘制与任务 2 相似。

2. 进阶

学生自己动手绘制如图 1-25 所示的餐桌摆放平面图（尺寸自定）。

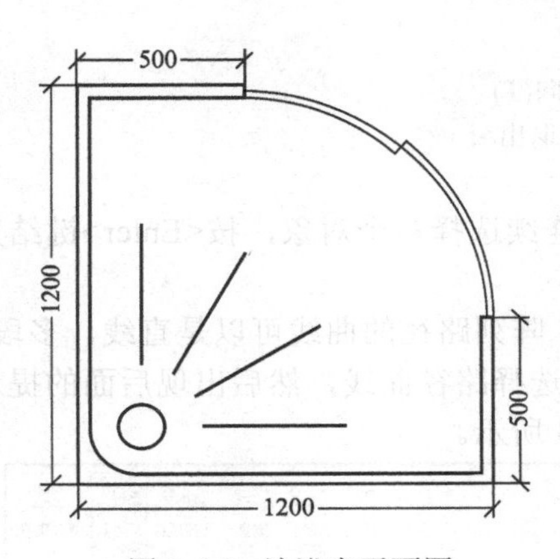

图 1-24　沐浴房平面图

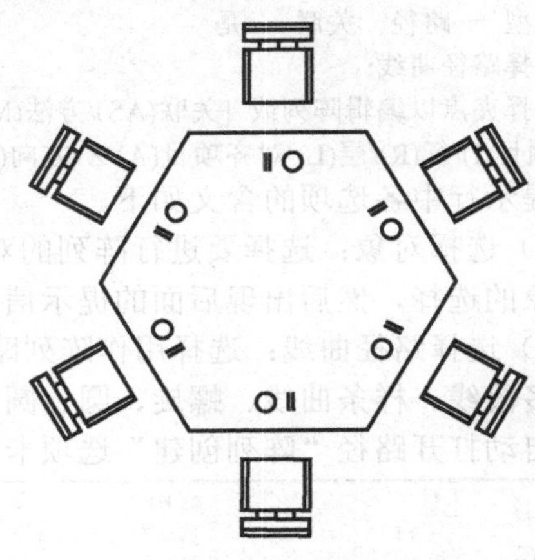

图 1-25　餐桌摆放平面图

操作步骤提示：

1）利用“正多边形”和“偏移”命令绘制桌面。

2）利用“直线”“正多边形”或“圆”绘制一套餐具。

3）利用“直线”“矩形”和“偏移”命令绘制一张椅子。

4）使用“环形阵列”命令复制餐具和椅子。

3. 提高

学生自己动手绘制如图 1-26 所示的地砖图案。

操作步骤提示：

1）先利用“矩形”和“偏移”命令绘制一个小正方形的外框。

2）利用“直线”命令连接内部正方形的对角线和中线。

3）再利用“偏移”命令将中线向两侧偏移。

4）再利用“修剪”命令将多余的部分剪去。

5）利用“矩形阵列”命令进行阵列复制。

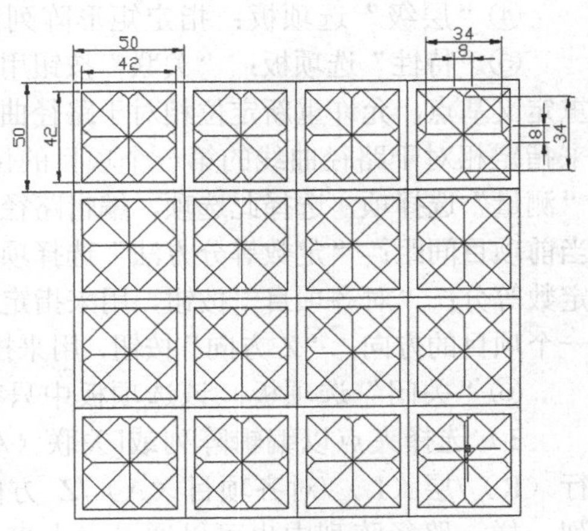

图 1-26　地砖图案

任务 3　绘制台灯立面图

任务目标

- ◆ 进一步掌握直线、矩形的绘制方法
- ◆ 进一步掌握修剪、偏移等编辑操作
- ◆ 掌握圆与圆弧的绘制方法
- ◆ 掌握移动、镜像和复制的编辑操作

任务效果图

任务的最终效果如图 1-27 所示。

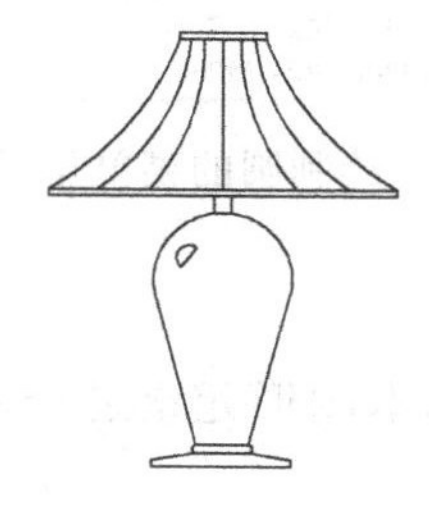

图 1-27　台灯立面图

相关知识

1．绘制圆

圆是绘图过程中使用最多的基本图形元素之一，AutoCAD 2013 中提供了 6 种绘制圆的方式，如图 1-28 所示。

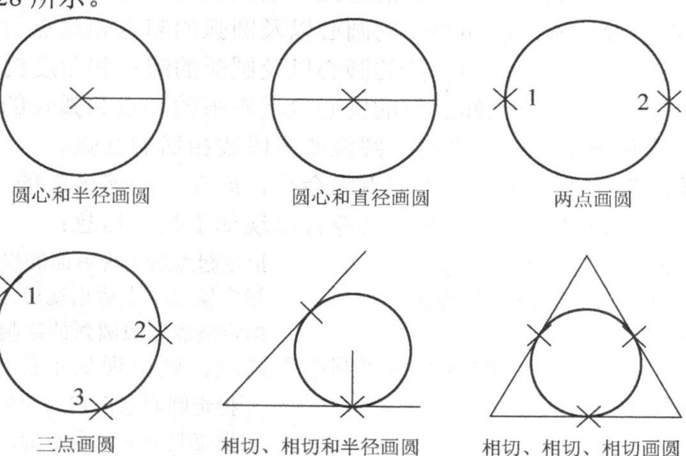

图 1-28　圆的 6 种绘制方式

在 6 种绘制圆的方式中，圆心和半径、圆心和直径画圆法用于已知圆心和半径（直径）的情况下画圆；在已知通过圆的两点或三点的情况下使用两点或三点画圆法；在已知与圆相切的两个点和圆的半径的情况下选择相切、相切半径画圆法；在已知与圆相切的三个点的情况下选择相切、相切、相切画圆法。

执行“绘图”→“圆”命令，可展开用来画圆的 6 个子命令，或在“绘图”选项面板内选择“圆”工具右侧的▾按钮，展开绘制圆的下一级工具菜单，如图 1-29 所示。根据需要选择相应的画法即可。

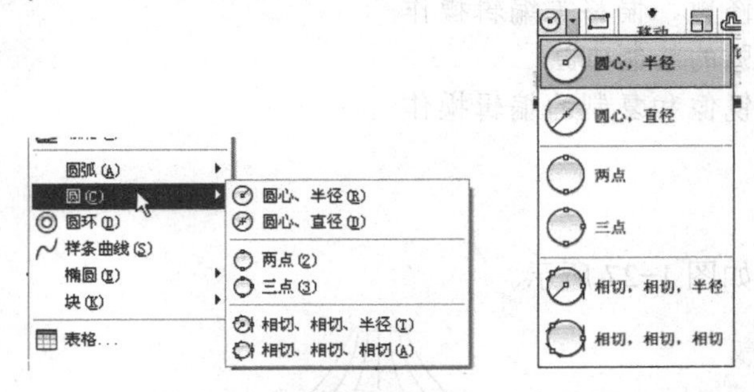

图 1-29　绘制圆的菜单与工具按钮

2．绘制圆弧

圆弧是绘图过程中使用最多的基本图形元素之一，AutoCAD 2013 中提供了 11 种绘制圆弧的方式。

1）三点法：输入圆弧的起点、弧上的任意一点和终点画弧。

2）起点、圆心、端点法：已知圆弧的起点和端点以及圆心的情况下绘制圆弧。

3）起点、圆心、角度法：已知圆弧的起点和角度以及圆心的情况下绘制圆弧。

4）起点、圆心、长度法：已知圆弧的起点和圆弧的长度以及圆心的情况下绘制圆弧。

5）起点、端点、角度法：已知圆弧的起点和端点以及圆弧的角度的情况下绘制圆弧。

6）起点、端点、方向法：已知圆弧的起点和端点以及圆弧的方向的情况下绘制圆弧。

7）起点、端点、半径法：已知圆弧的起点和端点以及圆弧的半径的情况下绘制圆弧。

8）圆心、起点、端点法：已知圆弧的圆心以及圆弧的起点和端点的情况下绘制圆弧。

9）圆心、起点、角度法：已知圆弧的圆心以及圆弧的起点和角度的情况下绘制圆弧。

10）圆心、起点、长度法：已知圆弧的圆心以及圆弧的起点和弧长的情况下绘制圆弧。

11）连续法：绘制一个与上一直线、圆弧或多段线相切的圆弧。

执行菜单“绘图”→“圆弧”→“三点”命令，或在“功能区”的“常用”选项卡的“绘图”选项面板中选择“圆弧”工具，命令行出现如下提示信息：

命令: _arc 指定圆弧的起点或 [圆心(C)]:	指定起点后出现后面的提示信息
指定圆弧的第二个点或 [圆心(C)/端点(E)]:	指定第二个点后出现后面的提示信息
指定圆弧的端点:	指定端点完成圆弧的绘制

在出现第一个提示信息时，如果选择“圆心”选项，则出现如下提示信息：

指定圆弧的圆心:	指定圆心后出现后面的提示信息
指定圆弧的起点:	指定起点后出现后面的提示信息
指定圆弧的端点或 [角度(A)/弦长(L)]:	如果指定端点，则完成圆弧的绘制，也可选择“角度”或“弦长”选项。

由上面出现的提示信息可以看出，在绘制圆弧时可随时选择不同的绘制方式。

3. “移动”操作

该编辑操作的功能是将选中的对象从原来的位置移动到新指定的位置，移动后，原位置的对象被删除，新位置上出现该对象。

选择菜单中的“修改（M）”→“移动（V）”命令；或在“功能区”选项板中选择“常用”选项卡，在“修改”选项面板中单击“移动”按钮；或在命令行中直接输入命令 MOVE 后按<Enter>键，命令行中出现的提示信息如下：

```
命令: _move
选择对象:
选择对象:
指定基点或 [位移(D)] <位移>:
指定第二个点或 <使用第一个点作为位移>:
```

提示行中各选项的含义如下。

1）选择对象：选择要移动的对象，可以多选和连续选择，同时提示选择对象的总数。最后按<Enter>键结束选择。

2）指定基点：指定一点作为对象移动时的基准点。

3）位移：用来指定相对于当前点的位移量。

4）指定第二个点：移动后，基准点所在位置。

4. “镜像”操作

该编辑操作的功能是将选中的对象以指定的镜像线为轴进行对称复制，复制后，原对象可以保留，也可以删除。主要用来绘制对称图形。

选择菜单中的“修改（M）”→“镜像（I）”命令；或在“功能区”选项板中选择“常用”选项卡，在“修改”选项面板中单击“镜像”按钮；或在命令行中直接输入命令 MIRROR 后按<Enter>键，命令行中出现的提示信息如下：

```
命令: _mirror
选择对象:
选择对象:
指定镜像线的第一点:
指定镜像线的第二点:
要删除源对象吗？[是(Y)/否(N)] <N>:
```

提示行中各选项的含义如下。

1）选择对象：选择要镜像复制的对象，可多选和连续选择，同时提示选择对象的总数。按<Enter>键将结束选择。

2）指定镜像线的第一点：指定镜像线的第一点。

3）指定镜像线的第二点：指定镜像线的第二点。

4）是否删除源对象：确定镜像后是否删除源对象。

绘制流程

图形的绘制流程如图 1-30 所示。

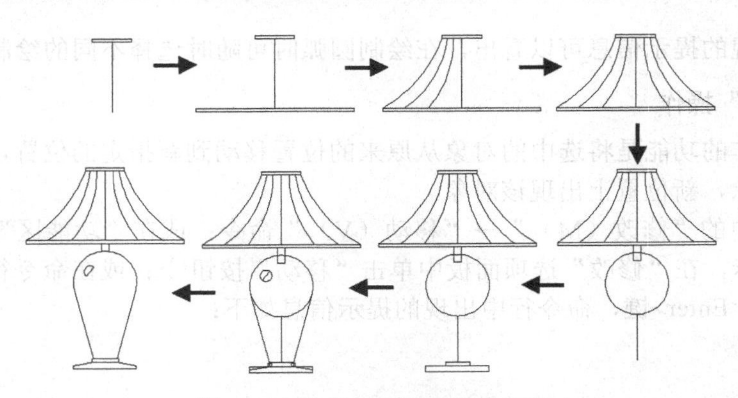

图 1-30　台灯立面图的绘制流程

步骤详解

1）启动 AutoCAD 2013，选择“草图与注释”工作空间，设置绘图的长度单位的类型为“小数”，单位为 mm，保留一位小数，图纸大小为 A4 类型。

2）执行菜单“绘图”→“矩形”命令，或在“绘图”选项面板中选择“矩形”工具按钮，绘制第一个矩形，命令行提示与操作如下：

命令: _rectang	
指定第一个角点或 [倒角(C)/标高(E)/圆角(F)/厚度(T)/宽度(W)]:	用鼠标在空白区域任意单击确定第一个角点
指定另一个角点或 [面积(A)/尺寸(D)/旋转(R)]: @100,8	输入相对坐标，确定第二个角点

3）执行菜单“绘图”→“直线”命令，或在“绘图”选项面板内选择“直线”工具按钮，绘制一条直线，结果如图 1-31 所示，命令行提示与操作如下：

命令: _line 指定第一点:	捕捉第一个矩形底边线的中点
指定下一点或 [放弃(U)]: @0, -180	输入相对坐标，确定直线的另一端点
指定下一点或 [放弃(U)]:	回车结束操作

4）执行菜单“绘图”→“矩形”命令，或在“绘图”选项面板中选择“矩形”工具，在绘图区的空白处绘制第二个矩形，命令行提示与操作如下：

命令: _rectang	
指定第一个角点或 [倒角(C)/标高(E)/圆角(F)/厚度(T)/宽度(W)]:	用鼠标在空白区域任意单击
指定另一个角点或 [面积(A)/尺寸(D)/旋转(R)]: @400,8	输入相对坐标，确定第二个角点

5）执行菜单“修改”→“移动”命令，或在“修改”选项面板中选择“移动”工具按钮，将刚绘制的第二个矩形进行移动，结果如图 1-32 所示，命令行提示与操作如下：

命令: _move 选择对象: 找到 1 个	选中刚绘制的第二个矩形
选择对象:	回车结束选择
指定基点或 [位移(D)] <位移>:	捕捉第二个矩形上边的中点
指定第二个点或 <使用第一个点作为位移>:	捕捉直线下端点，移动第二个矩形到直线下端

6）执行菜单“绘图”→“圆弧”命令，或在“绘图”选项面板中选择“圆弧”工具按钮，绘制一条圆弧，结果如图 1-33 所示，命令行提示与操作如下：

命令: _arc　指定圆弧的起点或 [圆心(C)]:	捕捉小矩形左下角端点
指定圆弧的第二个点或 [圆心(C)/端点(E)]: e	选择“端点”选项
指定圆弧的端点:	捕捉大矩形左上角端点

指定圆弧的圆心或 [角度(A)/方向(D)/半径(R)]: a	选择"角度"选项
指定包含角: –20	输入包含的角度

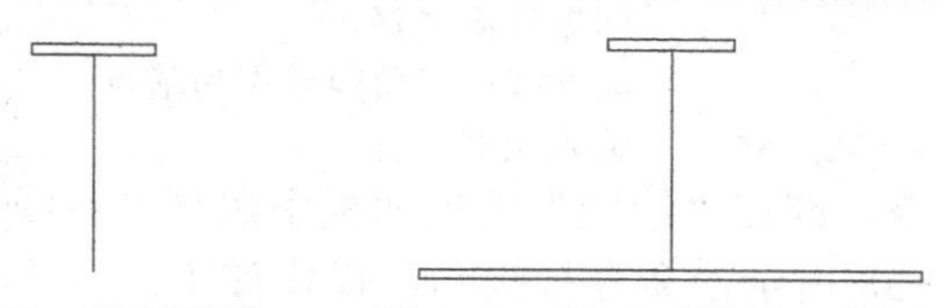

图 1–31　绘制直线　　图 1–32　移动后的第二个矩形

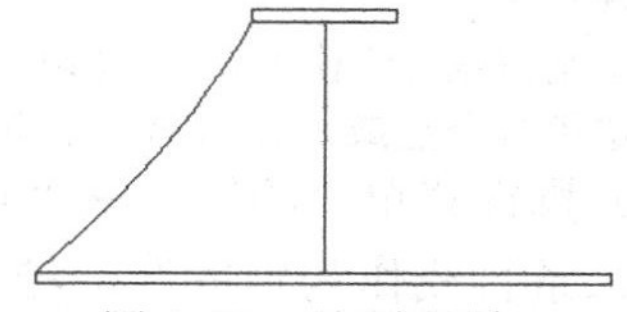

图 1–33　绘制圆弧

7）重复执行“圆弧”命令两次，再在左侧绘制两条圆弧，结果如图 1–34 所示。

8）执行菜单“修改”→“镜像”命令，或在“修改”选项面板中选择“镜像”工具按钮，进行镜像复制操作，结果如图 1–35 所示，命令行提示与操作如下：

命令: _mirror	
选择对象: 指定对角点: 找到 3 个	选择 3 条圆弧
选择对象:	回车结束选择
指定镜像线的第一点:	捕捉直线顶部端点
指定镜像线的第二点:	捕捉直线底部端点
要删除源对象吗？[是(Y)/否(N)] <N>:	回车结束

9）执行菜单“绘图”→“矩形”命令，或在“绘图”选项面板中选择“矩形”工具按钮，在绘图区的空白区域绘制第三个矩形，命令行提示与操作如下：

命令: _rectang	
指定第一个角点或 [倒角(C)/标高(E)/圆角(F)/厚度(T)/宽度(W)]:	用鼠标在空白区域任意一点处单击确定第一个角点
指定另一个角点或 [面积(A)/尺寸(D)/旋转(R)]: @18,40	输入相对坐标，确定第二个角点

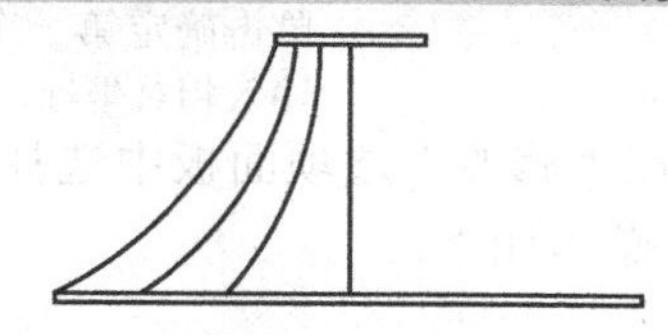

图 1–34　左侧圆弧

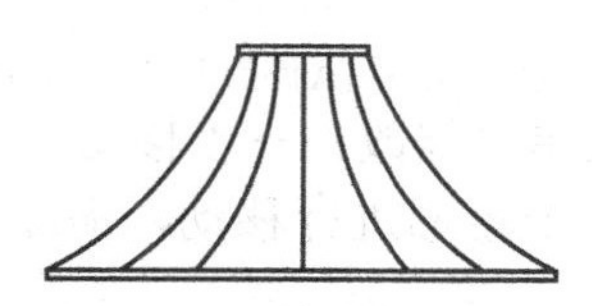

图 1–35　镜像后效果

10）执行菜单“修改”→“移动”命令，或在“修改”选项面板中选择“移动”工具按钮，将刚绘制的第三个矩形进行移动，结果如图 1–36 所示，命令行提示与操作如下：

命令: _move	
选择对象: 找到 1 个	选中刚绘制的第三个矩形
选择对象:	回车结束选择
指定基点或 [位移(D)] <位移>:	捕捉第三个矩形上边线的中点
指定第二个点或 <使用第一个点作为位移>:	捕捉第二个矩形下边线的中点

11）执行菜单“绘图”→“圆”→“圆心、半径”命令，或在“绘图”选项面板中选择“圆”工具，绘制一个圆，命令行提示与操作如下：

命令: _circle	
指定圆的圆心或 [三点(3P)/两点(2P)/切点、切点、半径(T)]:	捕捉第三个矩形下边线的中点
指定圆的半径或 [直径(D)]: 75	输入半径

12）执行菜单“修改”→“移动”命令，或在“修改”选项面板中选择“移动”工具，将刚绘制的圆进行移动，结果如图 1–37 所示，命令行提示与操作如下：

```
命令: _move
选择对象: 找到 1 个                                    选择刚绘制的圆
选择对象:                                              回车结束选择
指定基点或 [位移(D)] <位移>:                           捕捉圆顶部象限点作为基点
指定第二个点或 <使用第一个点作为位移>: @0, -55         输入相对坐标
```

13）执行菜单“绘图”→“直线”命令，或在“绘图”选项面板中选择“直线”工具，绘制第二条直线作为辅助线，结果如图 1-38 所示，命令行提示与操作如下：

```
命令: _line 指定第一点:                        捕捉圆下部的象限点作为第一点
指定下一点或 [放弃(U)]: @0, -120               输入相对坐标，确定直线的另一端点
指定下一点或 [放弃(U)]:                        回车结束操作
```

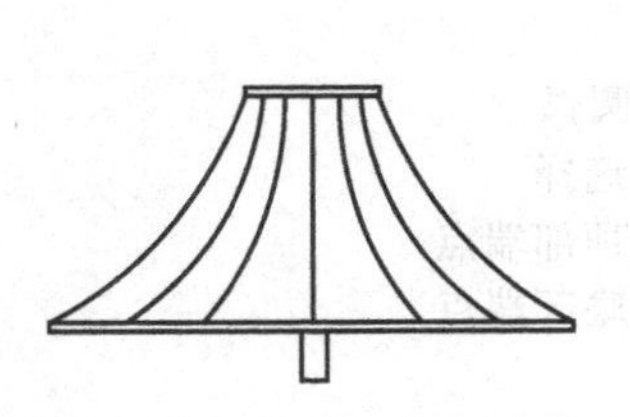
图 1-36　移动小矩形后的效果

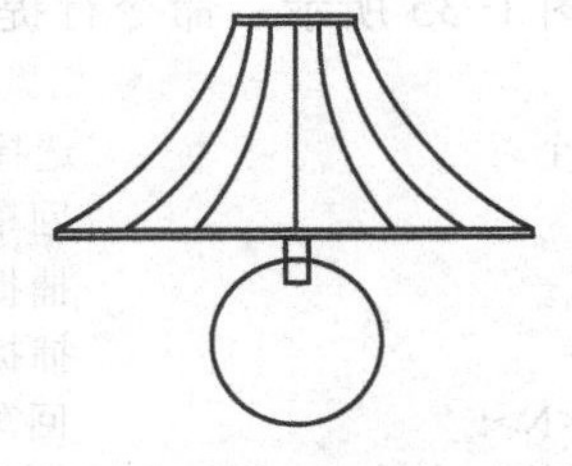
图 1-37　圆移动后的效果

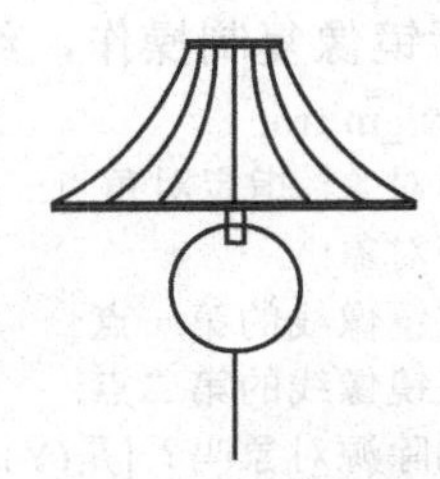
图 1-38　绘制辅助线后的效果

14）执行菜单“绘图”→“矩形”命令，或在“绘图”选项面板中选择“矩形”工具按钮，在绘图区的空白区域绘制第四个矩形，命令行提示与操作如下：

```
命令: _rectang
指定第一个角点或 [倒角(C)/标高(E)/圆角(F)/厚度(T)/宽度(W)]:    用鼠标在空白区域任意一点处
                                                              单击确定第一个角点
指定另一个角点或 [面积(A)/尺寸(D)/旋转(R)]: @60,10            输入相对坐标，确定第二个角点
```

15）执行菜单“修改”→“移动”命令，或在“修改”选项面板中选择“移动”工具，将刚绘制的第四个矩形进行移动，命令行提示与操作如下：

```
命令: _move
选择对象: 找到 1 个                            选中刚绘制的第四个矩形
选择对象:                                      回车结束选择
指定基点或 [位移(D)] <位移>:                   捕捉第四个矩形上边的中点
指定第二个点或 <使用第一个点作为位移>:         捕捉第二条直线下端点
```

16）用同样的方法绘制移动第五个矩形，结果如图 1-39 所示。命令行提示与操作如下：

```
命令: _rectang
指定第一个角点或 [倒角(C)/标高(E)/圆角(F)/厚度(T)/宽度(W)]:    用鼠标在空白区域任意一点处
                                                              单击确定第一个角点
指定另一个角点或 [面积(A)/尺寸(D)/旋转(R)]: @120,12           输入相对坐标，确定第二个角点
命令: _move                                                   执行移动命令
选择对象: 找到 1 个                                           选中刚绘制的第五个矩形
选择对象:                                                     回车结束选择
指定基点或 [位移(D)] <位移>:                                  捕捉第五个矩形上边的中点
指定第二个点或 <使用第一个点作为位移>:                        捕捉第四个矩形下边的中点
```

17）执行菜单“绘图”→“直线”命令，或在“绘图”区中选择“直线”工具，绘制

两条连线，结果如图 1-40 所示，命令行提示与操作如下：

命令提示	操作
命令: _line 指定第一点:	捕捉第四个矩形左上角端点
指定下一点或 [放弃(U)]:	捕捉圆左侧切点
指定下一点或 [放弃(U)]:	回车结束
命令:	回车再次执行直线命令
Line 指定第一点:	捕捉第四个矩形左下角端点
指定下一点或 [放弃(U)]:	捕捉第五个矩形左边线的中点
指定下一点或 [放弃(U)]:	回车结束
命令:	回车再次执行直线命令
Line 指定第一点:	捕捉第四个矩形右上角端点
指定下一点或 [放弃(U)]:	捕捉圆右侧切点
指定下一点或 [放弃(U)]:	回车结束
命令:	回车再次执行直线命令
Line 指定第一点:	捕捉第四个矩形右下角端点
指定下一点或 [放弃(U)]:	捕捉第五个矩形右边线的中点
指定下一点或 [放弃(U)]:	回车结束

18）执行菜单“绘图”→“圆”→“两点”命令，或在“绘图”选项面板中选择“两点画圆”工具，绘制两个圆，结果如图 1-41 所示，命令行提示与操作如下：

命令提示	操作
命令: _circle	
指定圆的圆心或 [三点(3P)/两点(2P)/切点、切点、半径(T)]: _2p 指定圆直径的第一个端点:	捕捉第四个圆左上角点
指定圆直径的第二个端点:	捕捉第四个圆左下角点
命令:	回车重复画圆命令
CIRCLE 指定圆的圆心或 [三点(3P)/两点(2P)/切点、切点、半径(T)]: 2p	选择两点画圆
指定圆直径的第一个端点:	捕捉第四个圆右上角点
指定圆直径的第二个端点:	捕捉第四个圆右下角点

19）用“直线”和“圆”命令，为台灯的灯柱制作高光点。

首先，执行菜单“绘图”→“直线”命令，或在“绘图”选项面板内选择“直线”工具，在台灯的灯柱的左上角处绘制一条直线，然后再执行菜单“绘图”→“圆”→“两点”命令，或在“绘图”选项面板中选择“两点画圆”工具，以刚绘制的直线为直径画圆，结果如图 1-42 所示。

20）执行菜单“修改”→“修剪”命令，或在“修改”选项面板中选择“修剪”工具，执行修改命令，将多余的部分剪掉，最终效果如图 1-27 所示，命令行提示与操作如下：

命令提示	操作
命令: _trim	
当前设置:投影=UCS，边=无	
选择剪切边...	
选择对象或 <全部选择>:	回车全选
选择要修剪的对象，或按住<Shift>键选择要延伸的对象，或 [栏选(F)/窗交(C)/投影(P)/边(E)/删除(R)/放弃(U)]:	同鼠标单击多余部分
……	……
选择要修剪的对象，或按住<Shift>键选择要延伸的对象，或 [栏选(F)/窗交(C)/投影(P)/边(E)/删除(R)/放弃(U)]:	回车结束

图 1-39　绘制两个矩形后的效果

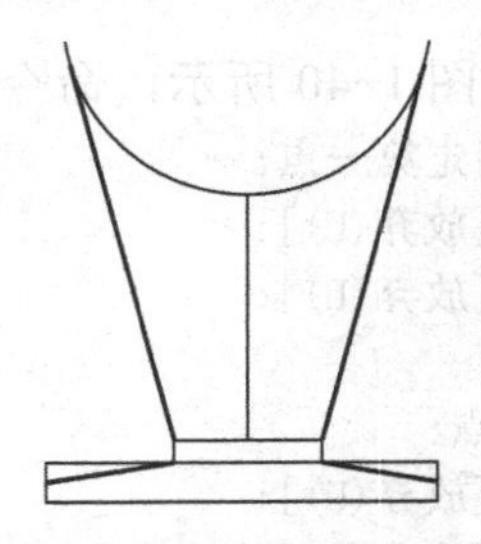

图 1-40　绘制连线后的效果

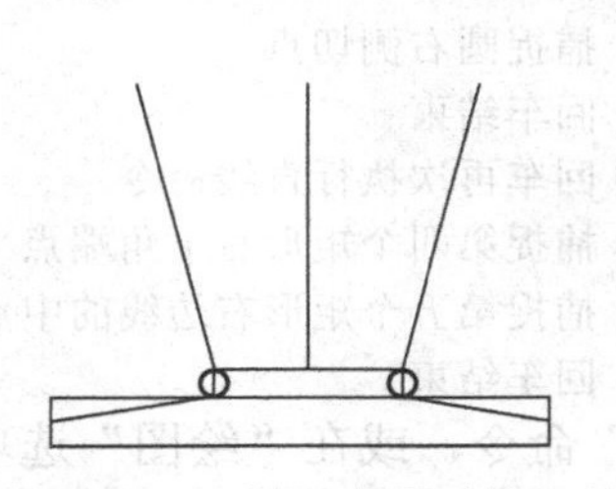

图 1-41　绘制两个圆后的效果

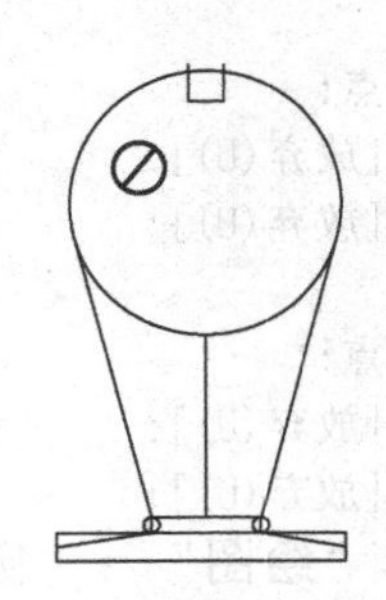

图 1-42　绘制高光点

知识拓展

对象的复制

在利用 AutoCAD 绘制和编辑图形时，经常要使用“复制”命令进行图形的复制，从而提高绘图的效率。在 AutoCAD 2013 中，使用“编辑”菜单中的“复制”和“粘贴”命令（其快捷键分别为<Ctrl+C>、<Ctrl+V>）；或使用“常用”选项卡中的“修改”选项面板中的“复制”命令按钮，均可完成图形对象的复制操作。但二者的功能有些区别，在实际绘图时应根据实际情况来选择使用。

（1）使用菜单中的“复制”“粘贴”命令（或快捷键）

在 AutoCAD 2013 中，使用“菜单中的“复制”和“粘贴”命令进行复制操作时，其操作与 Windows 中的操作相似。执行“编辑”→“复制”菜单命令或按快捷键<Ctrl+C>后，命令行中提示“命令：_copyclip 选择对象：”，此时用户可以在绘图窗口中选择要复制的图形对象，可以多选，选择好图形对象后按<Enter>键，操作结束。图形对象被复制到系统的剪贴板上。执行“编辑”→“粘贴”菜单命令或按快捷键<Ctrl+V>后，命令行中提示“命令：_pasteclip 指定插入点：”，同时“十字”光标的右上出现了刚才复制的图形对象，并随着光标的移动而移动，当指定一个插入点后，即完成图形对象的粘贴操作。若要多重复制对象，需再次执行“粘贴”命令或使用快捷键<Ctrl+V>。

在上面的复制操作过程中，用户无法控制被复制图形对象的“基点”，而只能使用系统默认的“基点”（被复制图形或图形组对象所构成的矩形边界的左下顶点），如图 1-43 所示。

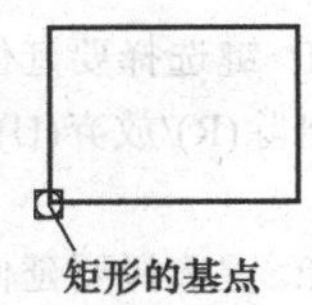

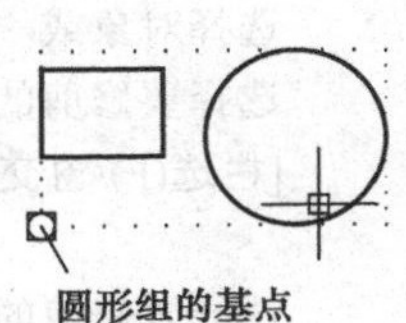

图 1-43　图形对象的默认“基点”

（2）使用选项面板中的“复制”命令按钮

单击“常用”选项卡中的“修改”选项面板中的“复制”命令按钮，命令行提示如下：

```
命令_COPY 选择对象：
```

此时用户可以在绘图窗口中选择要复制的图形对象，可以多选，选择好图形对象后按<Enter>键，命令行继续出现如下提示信息：

```
选择对象: 找到 1 个
选择对象:
当前设置:  复制模式 = 多个
指定基点或 [位移(D)/模式(O)] <位移>:
指定第二个点或 [阵列(A)] <使用第一个点作为位移>:
指定第二个点或 [阵列(A)/退出(E)/放弃(U)] <退出>:
```

提示行中各选项的功能如下。

1）在命令提示行中首先显示的是选择对象的个数和当前的“复制模式”设置

2）“指定基点”：用于确定复制图形对象的基点。

3）“位移（D）”选项：选择此选项后，命令行提示：

```
指定位移 <0.0000,0.0000, 0.0000>:
```

用户指定坐标后，系统以默认点为基点，将选择的对象复制到指定点，并结束整个操作。

4）“模式（O）”选项：用来设置当前的复制模式是单个还是多个。

5）“指定第二个点或[阵列（A）]”：只有用户指定了复制对象的基点，才出现此提示，用来指定复制对象的目标点。用户指定目标点后，系统将复制所选对象，且指定的基点与目标点一致。若当前复制模式为“多个”，则可以继续进行复制操作，选择“退出（E）”选项或直接按<Enter>键结束复制操作；若当前复制模式为“单个”，则直接结束复制操作。

6）若在指定第二个点前选择“阵列（A）”选项，命令窗口出现如下提示信息：

```
输入要进行阵列的项目数:
```

输入项目数后，系统继续提示：

```
指定第二个点或 [布满(F)]:
```

若用户指定第二个点，系统将以沿基点与该点连线的方向，以基点与该点间的距离为项目间距，以指定的项目数进行阵列复制，如图 1-44 所示。

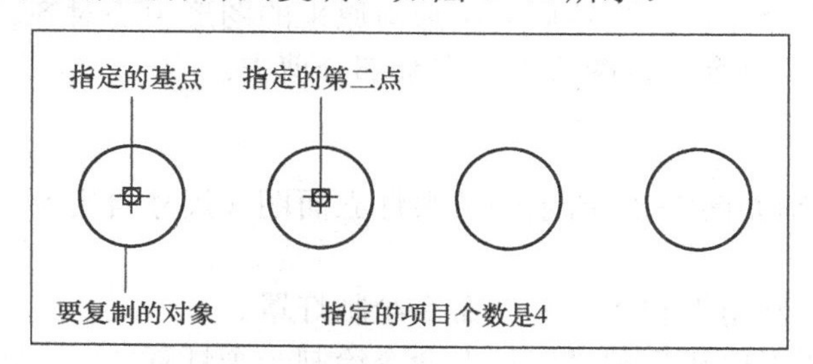

图 1-44　选择“阵列（A）”后，直接指定第二点的复制结果 1

若用户在指定第二点前，选择“布满（F）”选项，然后再指定第二点，系统将以沿基点与该点连线的方向，以基点与该点间的距离为项目总距离，以指定的项目数进行阵列复制，如图 1-45 所示。

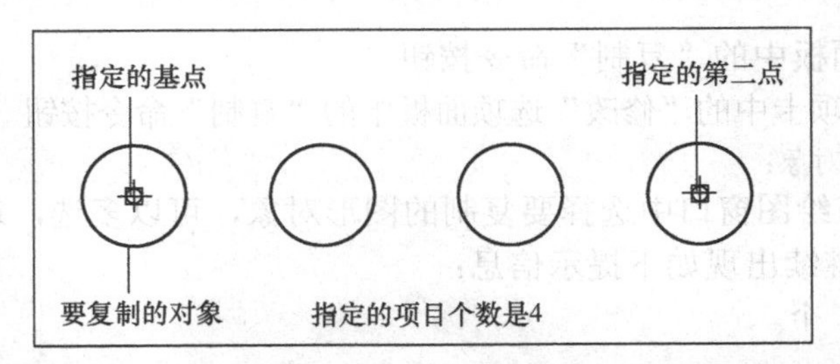

图 1-45　选择“阵列（A）”后，直接指定第二点的复制结果 2

7）以阵列方式复制完成后，若当前复制模式为“单个”，则直接结束复制操作。若当前复制模式为“多个”，则可以继续以非阵列方式进行复制操作，直到选择“退出（E）”选项或按<Enter>键结束。

在 AutoCAD 2013 中，两种复制操作各有优点，用户可根据实际情况选择。

实战演练

1．起步

学生自己动手绘制如图 1-46 所示的绳结图案。

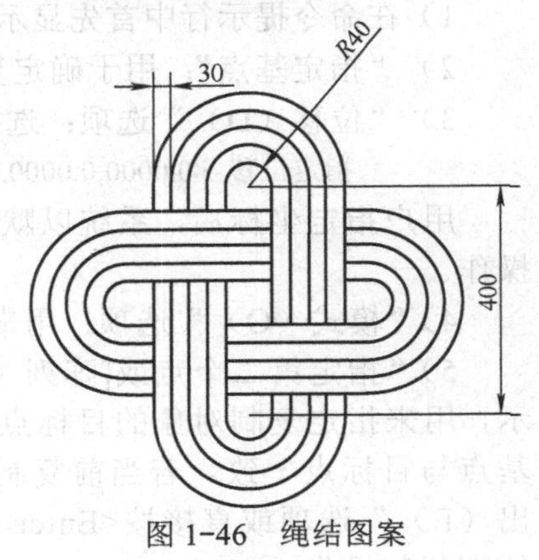

图 1-46　绳结图案

操作步骤提示：

1）用“矩形”绘图命令绘制一个长 400 宽 80 的矩形。

2）以起点，圆心、端点的方式，在矩形的两条宽边上绘制两个半圆弧，也可以以矩形的两个宽边为直径绘制两个相等的圆。

3）使用“修剪”命令，将矩形的两条宽边（或两条宽边和两个圆在矩形内的部分）剪去。

4）使用“偏移”命令，将修剪后的图形各部分向外侧偏移复制，偏移距离为 30。

5）再次使用“偏移”命令，将上次偏移得到的图形再向外侧偏移复制，偏移距离为 30。

6）重复执行两次步骤 5）的操作。

7）使用“复制”命令，将上面操作后得到的图形复制一份，并旋转 90°。

8）使用“旋转”命令，将复制的图形旋转 90°。

9）使用“移动”命令，将旋转后的图形与原来的图形中心对齐。

10）使用“修剪”命令，将图形中的多余部分剪去。

2．进阶

学生自己动手绘制如图 1-47 所示的护眼灯立面图（尺寸自定）。

操作步骤提示：

1）用“矩形”“圆角”和“偏移”命令绘制灯罩。

2）用“矩形”“多段线”和“偏移”命令绘制一个灯管。

3）使用“镜像”命令对灯管进行镜像复制。

4）用“圆弧”与“偏移”命令绘制灯的支架。

5）用“直线”和“偏移”命令绘制灯座上面的平行四边形（夹角 75°）。

6）使用“圆角”命令对平行四边形进行圆角处理。注意：平行四边形两个锐角部分，在倒圆角时，圆角半径要大一些，而钝角部分则比圆角半径要小一些。

7）用步骤 5）和 6）的方法绘制两个或三个开关按钮。

8）用“圆弧”和“直线”绘制立体部分的可视边。

3．提高

学生自己动手绘制如图 1-48 所示的床头灯立面图（图形尺寸自定）。

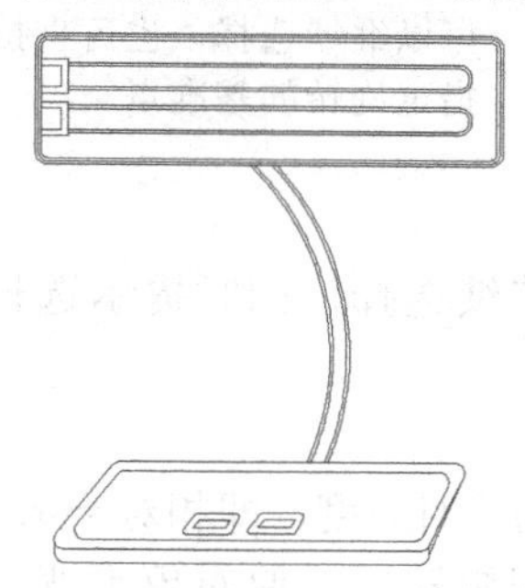

图 1-47　护眼灯立面图

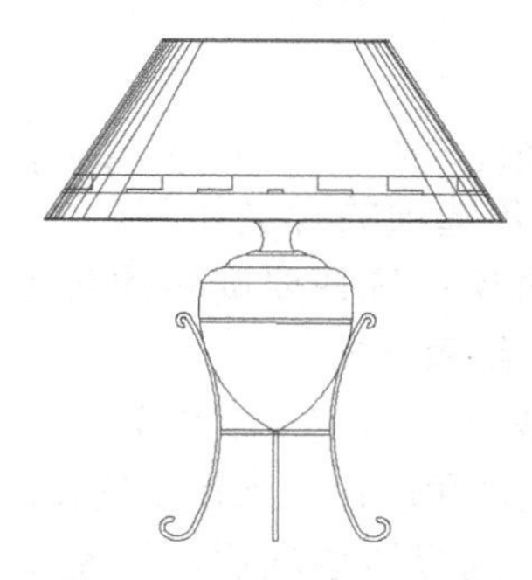

图 1-48　床头灯立面图

操作步骤提示：

1）用“矩形”和“直线”命令绘制灯罩。

2）用“直线”“圆弧”“偏移”和“修剪”等命令绘制灯柱。

3）用“多段线”“直线”“圆弧”“偏移”和“修剪”等命令绘制三脚架。

任务 4　绘制洗面盆平面图

任务目标

- 进一步掌握矩形的绘制方法
- 进一步掌握圆的绘制方法
- 进一步掌握偏移、倒角、圆角、修剪、镜像、复制的编辑操作
- 掌握旋转、缩放和拉伸等编辑操作

任务效果图

任务的最终效果图如图 1-49 所示。

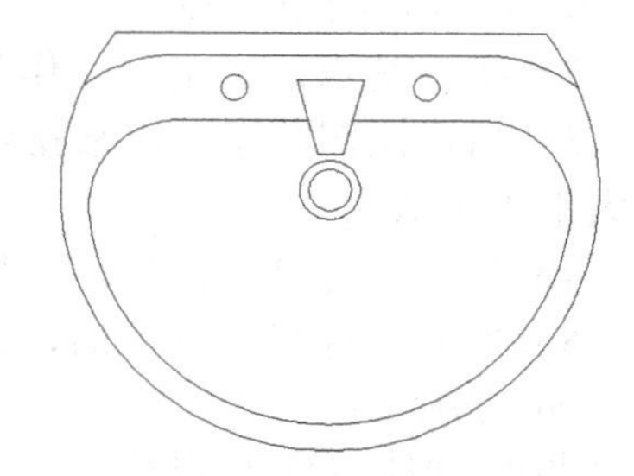

图 1-49　洗面盆平面图

相关知识

1．“旋转”操作

该编辑操作的功能是将选中的对象从原来的位置旋转到用户指定的角度位置上。旋转后，原位置的对象被删除，新位置上出现该对象，当旋转中心位于对象的几何中心时，旋转后该对象的位置不变，只是方向旋转了一定的角度。当旋转中心不位于对象的几何中心时，旋转后对象的位置将有较大的改变。

选择菜单中的“修改（M）”→“旋转（R）”命令；或在“功能区”选项板中选择“常用”选项卡，在“修改”选项面板中单击按钮；或在命令行中直接输入命令 ROTATE 后按<Enter>键，命令行中出现的提示信息如下：

命令: _rotate	
UCS 当前的正角方向:　ANGDIR=逆时针　ANGBASE=0	
选择对象:	选择要旋转的对象
选择对象:	可以继续选择，也可直接回车结束选择
指定基点:	指定旋转的基准点
指定旋转角度，或 [复制(C)/参照(R)] <0>:	

提示行中各选项的含义如下。

1）选择对象：选择要旋转的对象，可以多选和连续选择，同时提示选择对象的总数。按<Enter>键将结束选择。

2）指定基点：指定一点作为对象旋转的中心点。

3）指定旋转角度：用来指定旋转的角度，该角度为绝对角度，即相对于水平方向的角度。

4）复制：选择该选项后，以复制的方式旋转，即旋转后，原对象不变。

5）参照：选择该选项后，进入参照角度模式，旋转角度是相对角度。

2．“缩放”操作

该编辑操作的功能是将选中的对象按指定的比例因子放大或缩小。

选择菜单中的“修改（M）”→“缩放（L）”命令；或在“功能区”选项板中选择“常用”选项卡，在“修改”选项面板中单击“缩放”按钮；或在命令行中直接输入命令 SCALE 后按<Enter>键，命令行中出现的提示信息如下：

命令: _scale	
选择对象:	选择要旋转的对象
选择对象:	可以继续选择，也可以直接回车结束选择
指定基点:	
指定比例因子或 [复制(C)/参照(R)] <1.0000>:	

提示行中各选项的含义如下。

1）选择对象：选择要缩放的对象，可以多选和连续选择，同时提示选择对象的总数。按<Enter>键将结束选择。

2）指定基点：指定一点作为对象缩放时的基准点。

3）指定比例因子：用来指定缩放的倍数。当比例因子大于 0，小于 1 时缩小；比例因子大于 1 时放大。

4）复制：选择该选项后，以复制的方式缩放，即缩放后，原对象不变。

5）参照：选择该选项后，进入参照模式。出现如下提示信息：

```
指定参照长度:
指定新的长度或 [点(P)]:
```

系统根据参照长度与新长度自动计算比例因子，然后进行缩放。

绘制流程

图形的绘制流程如图 1-50 所示。

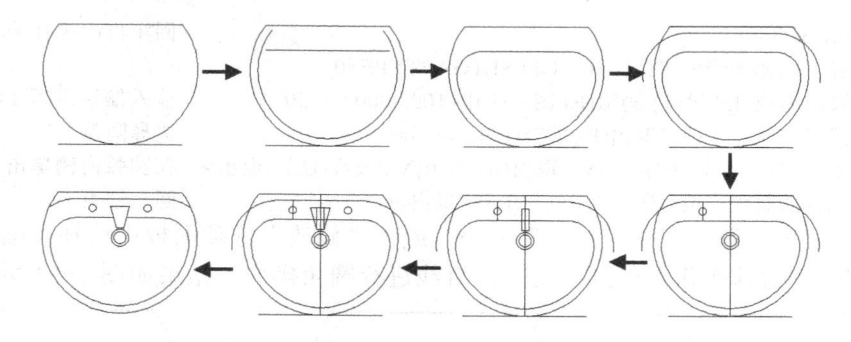

图 1-50 洗面盆绘制流程图

步骤详解

1）启动 AutoCAD 2013，选择“草图与注释”工作空间，设置绘图的长度单位的类型为“小数”，单位为 mm，保留一位小数，图纸大小为 A4 类型。

2）执行菜单“绘图”→“直线”命令，或在“绘图”选项面板中选择“直线”工具，绘制第一条水平直线，命令行提示与操作如下：

```
命令: _line 指定第一点:                      在绘图区的空白处单击鼠标指定直线第一点
指定下一点或 [放弃(U)]: @500,0               输入点的相对坐标 @500,0
指定下一点或 [放弃(U)]:                      回车结束
```

3）执行菜单“修改”→“偏移”命令，或在“修改”选项面板中选择“偏移”工具，对绘制的水平直线进行偏移操作，获得第二条直线，命令行提示与操作如下：

```
命令: _offset
当前设置: 删除源=否  图层=源  OFFSETGAPTYPE=0
指定偏移距离或 [通过(T)/删除(E)/图层(L)]: 500                         输入偏移距离 500
选择要偏移的对象，或 [退出(E)/放弃(U)] <退出>:                         选择直线
指定要偏移的那一侧上的点，或 [退出(E)/多个(M)/放弃(U)] <退出>:         在直线的下方单击
选择要偏移的对象，或 [退出(E)/放弃(U)] <退出>:                         回车结束
```

4）执行菜单“绘图”→“圆弧”→“三点”命令，或在“绘图”选项面板中选择“圆弧”工具，绘制如图 1-51 所示的圆弧。

命令行提示与操作如下：

```
命令: _arc 指定圆弧的起点或 [圆心(C)]:          捕捉第一条直线(上方的直线)的左端点
指定圆弧的第二个点或 [圆心(C)/端点(E)]:         捕捉第二条直线(下方的直线)的中点
指定圆弧的端点:                                  捕捉第一条直线的右端点
```

5）执行菜单“修改”→“偏移”命令，或在“修改”选项面板中选择“偏移”工具，对绘制的圆弧和第一条水平直线进行偏移操作，结果如图 1-52 所示。

命令行提示与操作如下：

```
命令: _offset
当前设置: 删除源=否  图层=源  OFFSETGAPTYPE=0
指定偏移距离或 [通过(T)/删除(E)/图层(L)] <500.0000>:  100              输入偏移距离 100
选择要偏移的对象，或 [退出(E)/放弃(U)] <退出>:                         选择第一条直线
指定要偏移的那一侧上的点，或 [退出(E)/多个(M)/放弃(U)] <退出>: 在直线的下方单击
选择要偏移的对象，或 [退出(E)/放弃(U)] <退出>:                         回车结束
```

命令: _offset	回车再次执行偏移命令
当前设置: 删除源=否 图层=源 OFFSETGAPTYPE=0	
指定偏移距离或 [通过(T)/删除(E)/图层(L)] <100.0000>: 30	输入偏移距离 30
选择要偏移的对象，或 [退出(E)/放弃(U)] <退出>:	选择圆弧
指定要偏移的那一侧上的点，或 [退出(E)/多个(M)/放弃(U)] <退出>	在圆弧内侧单击
选择要偏移的对象，或 [退出(E)/放弃(U)] <退出>:	回车结束

6）执行菜单“修改”→“圆角”命令，或在“修改”选项面板中选择“圆角”工具，对内圆弧和刚才偏移操作所得到的第三条直线进行圆角操作，结果如图 1-53 所示。

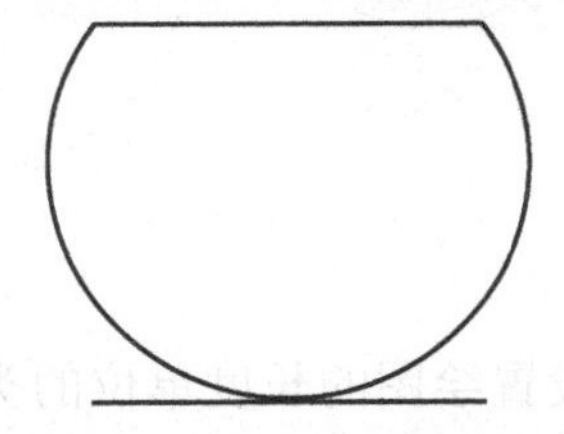
图 1-51 三点绘制的圆弧

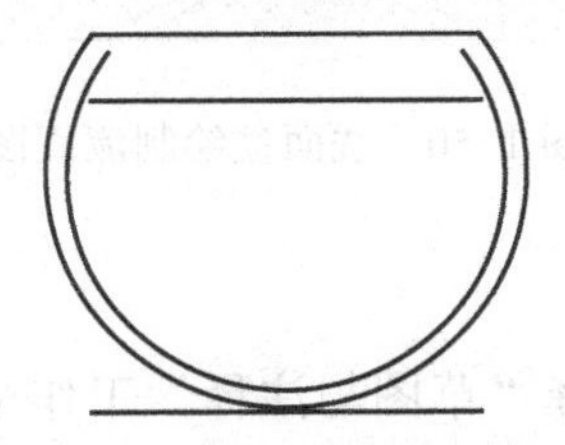
图 1-52 偏移后的效果

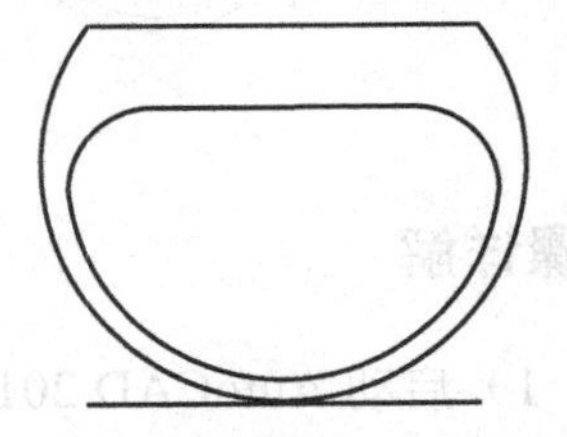
图 1-53 倒圆角后的效果

命令行提示与操作如下：

命令: _fillet	
当前设置: 模式 = 修剪，半径 = 0.0000	
选择第一个对象或 [放弃(U)/多段线(P)/半径(R)/修剪(T)/多个(M)]: m	选择多个选项
选择第一个对象或 [放弃(U)/多段线(P)/半径(R)/修剪(T)/多个(M)]: r	选择半径选项
指定圆角半径 <0.0000>: 120	输入圆角半径 120
选择第一个对象或 [放弃(U)/多段线(P)/半径(R)/修剪(T)/多个(M)]:	单击内圆弧左半部分
选择第二个对象，或按住<Shift>键选择要应用角点的对象:	单击第三条直线左半部分
选择第一个对象或 [放弃(U)/多段线(P)/半径(R)/修剪(T)/多个(M)]:	单击第三条直线右半部分
选择第二个对象，或按住<Shift>键选择要应用角点的对象:	单击内圆弧右半部分
选择第一个对象或 [放弃(U)/多段线(P)/半径(R)/修剪(T)/多个(M)]:	回车结束

7）执行菜单“修改”→“偏移”命令，或在“修改”选项面板中选择“偏移”工具，对倒圆角得到的圆弧和第三条直线进行偏移操作，结果如图 1-54 所示。

命令行提示与操作如下：

命令: _offset	
当前设置: 删除源=否 图层=源 OFFSETGAPTYPE=0	
指定偏移距离或 [通过(T)/删除(E)/图层(L)]: 75	输入偏移距离 75
选择要偏移的对象，或 [退出(E)/放弃(U)] <退出>:	选择左侧圆角弧
指定要偏移的那一侧上的点，或 [退出(E)/多个(M)/放弃(U)] <退出>:	在圆角弧外侧单击
选择要偏移的对象，或 [退出(E)/放弃(U)] <退出>:	选择第三条直线
指定要偏移的那一侧上的点，或 [退出(E)/多个(M)/放弃(U)] <退出>:	在直线上方单击
选择要偏移的对象，或 [退出(E)/放弃(U)] <退出>:	选择右侧圆角弧
指定要偏移的那一侧上的点，或 [退出(E)/多个(M)/放弃(U)] <退出>:	在圆角弧外侧单击
选择要偏移的对象，或 [退出(E)/放弃(U)] <退出>:	回车退出

8）执行菜单“绘图”→“直线”命令，或在“绘图”选项面板中选择“直线”工具，绘制 3 条辅助线，结果如图 1-55 所示。

命令行提示与操作如下：

命令: _line 指定第一点:	选择最下边直线的中点

指定下一点或 [放弃(U)]:　　选择上面相邻直线的中点
指定下一点或 [放弃(U)]:　　选择上面相邻直线的中点
指定下一点或 [闭合(C)/放弃(U)]:　　回车结束
命令:　　回车再次执行直线命令
Line 指定第一点:　　使用"最近点"捕捉工具在中间两条水平直线中的一条的左侧大约 1/4 处选取一点
指定下一点或 [放弃(U)]:　　捕捉另一条水平直线的垂足
指定下一点或 [放弃(U)]:　　回车结束

9）执行菜单"绘图"→"圆"→"圆心、半径"命令，或在"绘图"选项面板中选择"圆"工具，绘制如图 1-56 所示的两个圆。

命令行提示与操作如下：

命令: _circle
指定圆的圆心或 [三点(3P)/两点(2P)/切点、切点、半径(T)]:　　捕捉辅助线 3 的中点
指定圆的半径或 [直径(D)]: 15　　输入半径值 15
命令:　　回车再次执行绘制圆命令
CIRCLE 指定圆的圆心或 [三点(3P)/两点(2P)/切点、切点、半径(T)]: from　　输入 from 命令
基点:　　捕捉辅助线 1 的上端点
<偏移>: @0, −80　　输入相对坐标@0, −80，指定圆心
指定圆的半径或 [直径(D)]: 30　　输入半径值 30

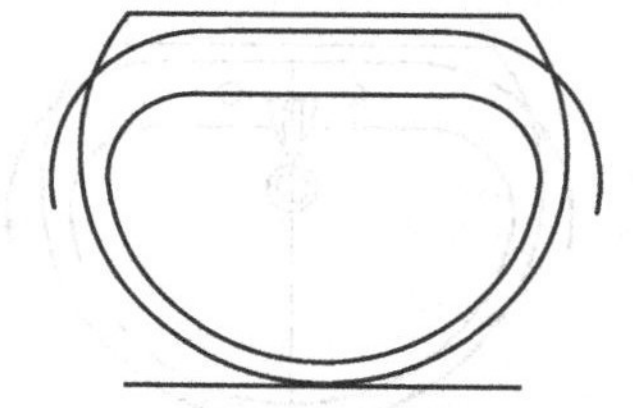
图 1-54　偏移后的效果

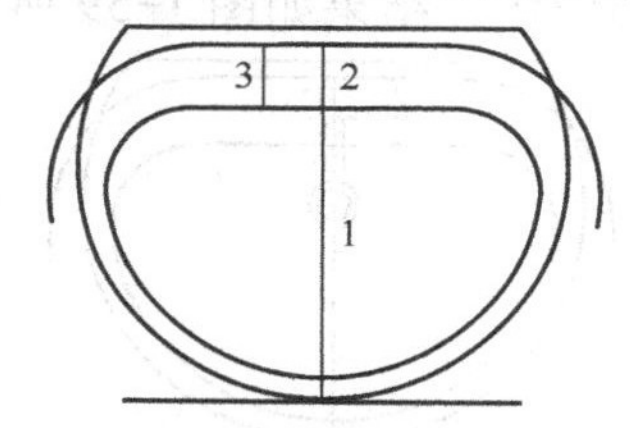

图 1-55　绘制辅助线

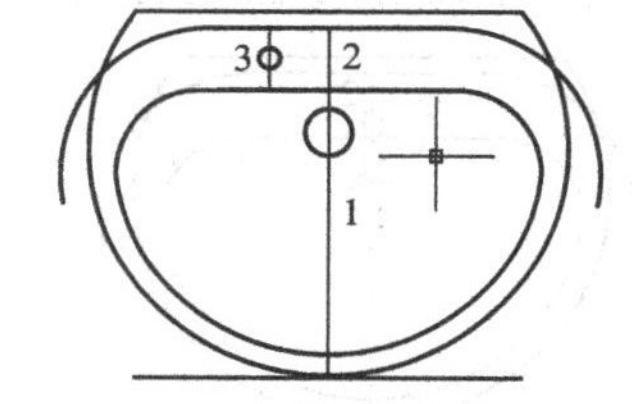

图 1-56　绘制两个圆

10）执行菜单"修改"→"偏移"命令，或在"修改"选项面板中选择"偏移"工具，对半径为 30 的圆进行偏移操作，命令行提示与操作如下：

命令: _offset
当前设置: 删除源=否　图层=源　OFFSETGAPTYPE=0
指定偏移距离或 [通过(T)/删除(E)/图层(L)]:　10　　输入偏移距离 10
选择要偏移的对象，或 [退出(E)/放弃(U)] <退出>:　　选择半径为 30 的圆
指定要偏移的那一侧上的点，或 [退出(E)/多个(M)/放弃(U)] <退出>:　　在圆的内部单击,向内偏移
选择要偏移的对象，或 [退出(E)/放弃(U)] <退出>:　　回车退出

11）执行菜单"绘图"→"矩形"命令，或在"绘图"选项面板中选择"矩形"工具，绘制一个矩形，并将其移到如图 1-57 所示的位置。

命令行提示与操作如下：

命令: _rectang
指定第一个角点或 [倒角(C)/标高(E)/圆角(F)/厚度(T)/宽度(W)]:　在绘图区空白处任意点单击
指定另一个角点或 [面积(A)/尺寸(D)/旋转(R)]: @30,80　　输入相对坐标 @30,80，绘制矩形
命令: move　　输入 move，执行移动命令
命令: _move

选择对象：找到 1 个　　　　选择刚绘制的矩形
选择对象：　　　　回车结束选择
指定基点或 [位移(D)] <位移>:　　　　捕捉矩形上边线的中点
指定第二个点或 <使用第一个点作为位移>:　　　　捕捉辅助线 2 的中点

12）执行菜单“绘图”→“直线”命令，或在“绘图”选项面板中选择“直线”工具，绘制一条水平直线，并以其中点为基点将其移动到小矩形的上边线处，结果如图 1-58 所示。

命令行提示与操作如下：

命令: _line 指定第一点:　　　　在绘图区空白处任意点单击
指定下一点或 [放弃(U)]: @60,0　　　　输入相对坐标@60,0，绘制直线
指定下一点或 [放弃(U)]:　　　　回车结束
命令: move　　　　输入 move 执行移动命令
命令: _move
选择对象：找到 1 个　　　　选择刚绘制的直线
选择对象：　　　　回车结束选择
指定基点或 [位移(D)] <位移>:　　　　捕捉直线中点
指定第二个点或 <使用第一个点作为位移>:　　　　捕捉小矩形上边线的中点

13）执行菜单“绘图”→“直线”命令，或在“绘图”选项面板中选择“直线”工具，将刚绘制的直线的两个端点与其同侧的小矩形下边线的两个端点连接。

14）执行菜单“修改”→“镜像”命令，或在“修改”选项面板中选择“镜像”工具，对半径为 15 的小圆进行镜像复制操作，结果如图 1-59 所示。

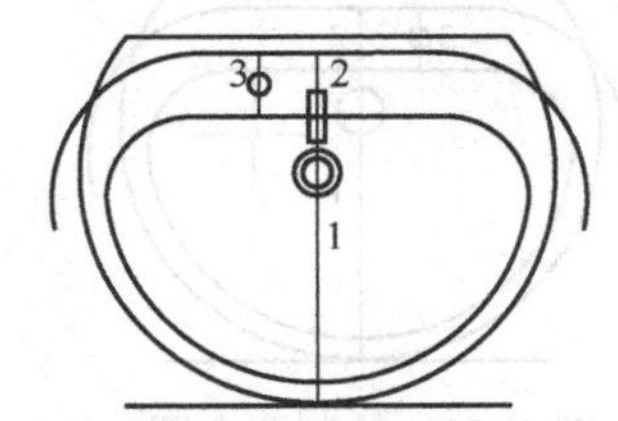

图 1-57　移动矩形

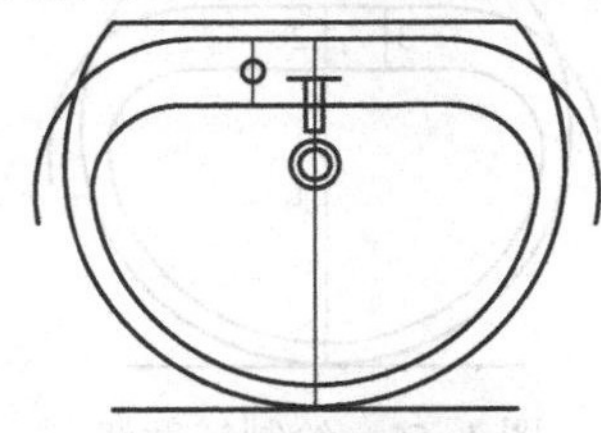
图 1-58　移动直线

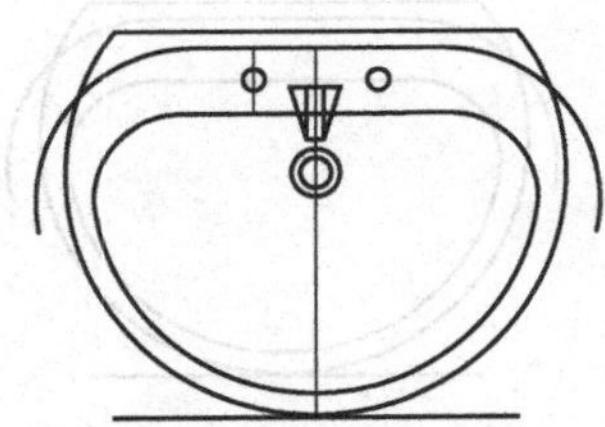
图 1-59　镜像后的效果

命令行提示与操作如下：

命令: _mirror
选择对象：找到 1 个　　　　选择半径为 15 的小圆
选择对象：　　　　回车结束选择
指定镜像线的第一点:　　　　捕捉小矩形上边线的中点
指定镜像线的第二点:　　　　捕捉小矩形下边线的中点
要删除源对象吗？[是(Y)/否(N)] <N>:　　　　回车结束，不删除源对象

15）删除三条辅助线。

16）执行菜单“修改”→“修剪”命令，或在“修改”选项面板中选择“修剪”工具，剪去图形中的多余部分，完成整个绘图，最终效果如图 1-49 所示。命令行提示与操作如下：

命令: _trim
当前设置:投影=UCS，边=无
选择剪切边...　　　　框选全部对象
选择要修剪的对象，或按住<Shift>键选择要延伸的对象，或
[栏选(F)/窗交(C)/投影(P)/边(E)/删除(R)/放弃(U)]:　　　　用鼠标单击多余部分
……　　　　……

选择要修剪的对象，或按住<Shift>键选择要延伸的对象，或
[栏选(F)/窗交(C)/投影(P)/边(E)/删除(R)/放弃(U)]:　　　　　　回车结束

知识拓展

1. 命令窗口与文本窗口的切换

使用 AutoCAD 2013 绘图时，有时需要切换到文本窗口，以观看相关的文字信息；而有时当执行某一命令后，AutoCAD 2013 会自动切换到文本窗口，此时又需要再转换到绘图窗口。利用功能键<F2>可实现上述切换。此外，利用 TEXTSCR 命令和 GRAPHSCR 命令也可以分别实现从绘图窗口向文本窗口切换以及从文本窗口向绘图窗口切换。

2. AutoCAD 2013 帮助菜单

AutoCAD 2013 提供了强大的帮助功能，用户在绘图或开发过程中可以随时通过该功能得到相应的帮助。执行“帮助”→“帮助”菜单命令；或单击标题栏右侧的“帮助”按钮?；也可以按功能键<F1>，均可以打开 AutoCAD 2013 的“帮助”窗口，如图 1-60 所示。用户可以通过此窗口得到相关的帮助信息，或浏览 AutoCAD 2013 的全部命令与系统变量等。如选择“资源”菜单中的“词汇表”命令，AutoCAD 会打开“AutoCAD 术语表”窗口。通过该窗口，用户可以详细了解基于 AutoCAD 的所有术语。

图 1-60　AutoCAD 2013 的“帮助”窗口

实战演练

1. 起步

学生自己动手完成如图 1-61 所示的洗漱盆平面图（尺寸自定）。

操作步骤提示：

1）定位中心线，绘制水平直线。

2）绘制左边的两个圆弧（三点）。

3）绘制圆。

4）镜像。

5）绘制梯形，倒圆角。

2．进阶

学生自己动手完成如图 1-62 所示的洗手台平面图（尺寸自定）。

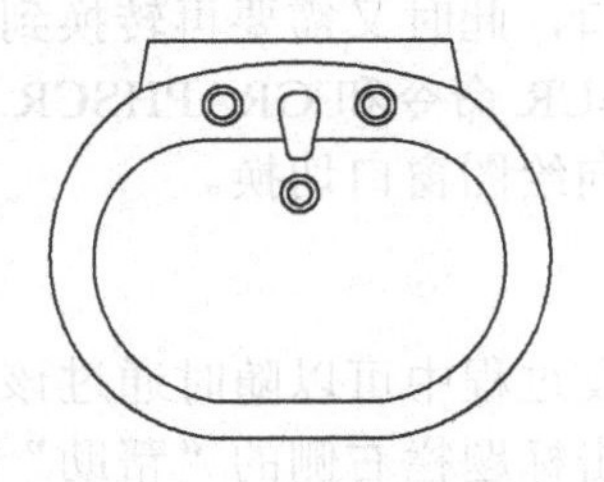

图 1-61　洗漱盆平面图

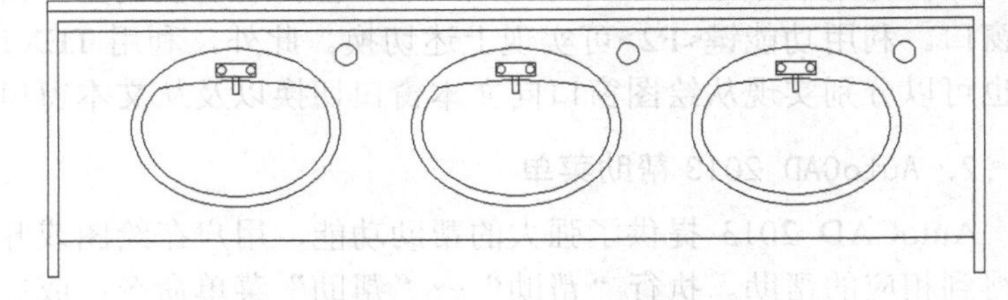

图 1-62　洗手台平面图

操作步骤提示：

1）绘制洗手盆。

2）绘制矩形台面。

3）在矩形台面上绘制四条直线作为辅助线（一条横线：水平中线，三条竖线：垂直中线，1/4 处和 3/4 处）。

4）以洗手盆的中心点为基点，将其移到矩形台面的中心。

5）对洗手盆进行复制。

3．提高

学生自己动手绘制如图 1-63 所示的办公桌平面图（尺寸自定）。

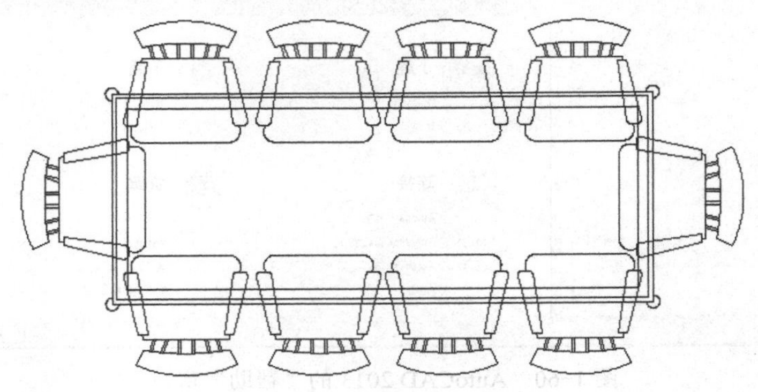

图 1-63　办公桌平面图

操作步骤提示：

1）绘制单人椅子。

① 利用“多段线”和“圆角”命令绘制椅子面。

② 利用“多段线”“圆角”“镜像”及“修剪”命令绘制椅子扶手。

③ 利用“直线”“圆弧”及“偏移”命令绘制椅子背。

2）绘制矩形桌面。利用“矩形”和“偏移”命令绘制桌面，利用“圆”和“镜像”命令绘制桌腿。

3）定位复制椅子。

① 利用“复制”命令将单人椅子复制一个，然后使用“旋转”命令，将复制得到的椅子旋转 90°

② 使用“移动”命令，将椅子移动到办公桌的左面与上面的左角位置（注：移动时，以椅子面的中心点为基点，左面单个椅子以桌边中点为目标点，下边以桌边距左边 1/8 处为目标点）。

③ 使用“复制”或“阵列”命令完成 4 把椅子边的绘制。

④ 使用“镜像”命令进行镜像操作。

任务 5　绘制雨伞立面图

任务目标

- 进一步掌握圆与圆弧的绘制方法
- 进一步掌握多段线的绘制方法
- 进一步掌握偏移、倒角、修剪的编辑操作
- 掌握样条曲线的绘制方法

任务效果图

任务的最终效果如图 1-64 所示。

图 1-64　雨伞

相关知识

1. 什么是样条曲线

样条曲线是经过或接近一系列给定点的光滑曲线。这种曲线适合于表达不规则变化曲率的曲线，如地形外貌线、复杂对象的轮廓线等。AutoCAD 使用的是一种称为非一致有理 B 样条（NURBS）曲线的特殊样条曲线类型。NURBS 曲线在控制点之间产生一条光滑的曲线，如图 1-65 所示。

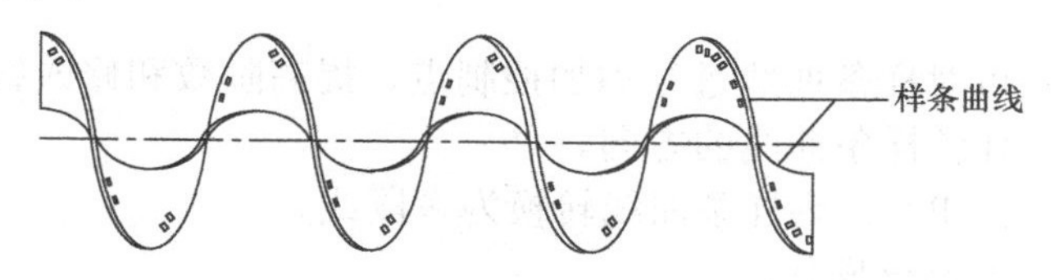

图 1-65　样条曲线

可以通过拟合公差来控制曲线与给定点的拟合程度。拟合公差表示样条曲线与所指定的点集的拟合精度。拟合公差越小，样条曲线与指定点越接近。公差为 0，样条曲线将通过该点。

2. 绘制样条曲线

选择菜单中的“绘图（D）”→“样条曲线（S）”命令；或在“功能区”选项板中选择“常用”选项卡，单击 绘图 按钮，在展开的选项面板中单击 按钮；或在命令行中直接输入命令 SPLINE（简写 SPL）并按<Enter>键。命令行中将出现如下提示信息：

```
指定第一个点或[对象(O)]: （指定一点或选择“对象（O）”选项）
指定下一点: （指定下一点）
指定下一点或[闭合(C)/拟合公差(F)] <起点切向>:
```

提示行中各选项的含义如下。

1）对象（O）：将二维或三维的二次或三次样条曲线拟合多段线转换为等价的样条曲线。

2）闭合（C）：将最后一点定义为与第一点一致，并使它在连接处相切，使样条曲线闭合。

3）拟合公差（F）：修改当前样条曲线的拟合公差，根据新指定的公差值，以现有点重新定义样条曲线。

4）<起点切向>：定义样条曲线的第一点和最后一点的切向。

在绘制样条曲线时，如果要在样条曲线的两端指定切向，则可以输入一个点或者使用“切点”和“垂足”对象捕捉模式使样条曲线与已有的对象相切或垂直。如果不需要指定切向，则可直接按<Enter>键，AutoCAD 将计算默认切向。

3. 编辑样条曲线

选择菜单中的“修改（M）”→“对象（O）”→“样条曲线（S）”命令；或在“功能区”选项板中选择“常用”选项卡，单击 修改 按钮，在展开的选项面板中单击 按钮；或选择要编辑的样条曲线，单击鼠标右键，从打开的快捷菜单中选择“样条曲线（I）”命令；或在命令行中直接输入命令 SPLINEDIT 并按<Enter>键。命令行中将出现如下提示信息：

```
选择样条曲线:      （选择要编辑的样条曲线  注：使用快捷菜单直接出现后面的提示信息）
输入选项[拟合数据(F)/闭合(C)/移动顶点(M)/优化(R)/反转(E)/转换为多段线(P)/放弃(U)]:
```

提示行中各选项的含义如下。

1）拟合数据（F）：编辑近似数据。选择该项后，创建该样条曲线时指定的各点以小方格的形式显示出来。

2）闭合（C）：闭合选定的样条曲线，同时选项中出现“打开（O）”选项，可将闭合的曲线重新打开。

3）移动顶点（M）：移动样条曲线的当前点（可通过“下一个”或“上一个”选项来选择当前点）。

4）优化（R）：可对样条曲线进行添加控制点、提高阶数和修改权值等编辑操作。

5）反转（E）：翻转样条曲线的方向。

6）转换为多段线（P）：将样条曲线转换为多段线。

7）放弃（U）：放弃该操作。

绘制流程

雨伞的绘制流程如图 1-66 所示。

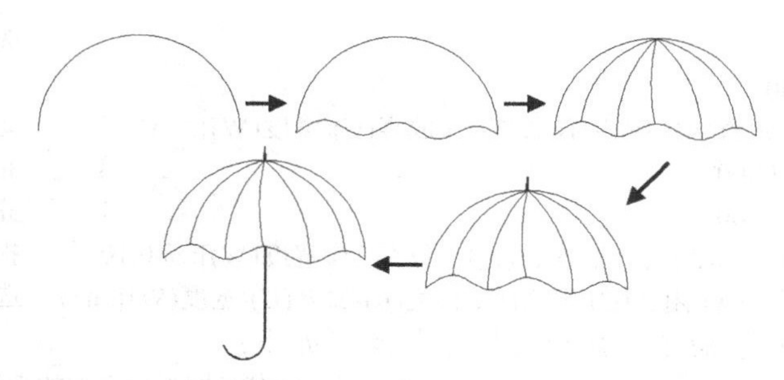

图 1-66　雨伞绘制流程图

步骤详解

1）利用“圆弧”绘制伞的外框。执行菜单“绘图”→“圆弧”→“圆心、起点、角度”命令，命令行提示与操作如下：

指定圆弧的起点或 [圆心(C)]: _c 指定圆弧的圆心:	在屏幕上指定一点
指定圆弧的起点:	输入圆弧的起点坐标 @100,0
指定圆弧的端点或 [角度(A)/弦长(L)]: _a 指定包含的角度:	指定圆弧所包含的角度 180

2）利用“样条曲线”绘制伞的底边。执行菜单“绘图”→“样条曲线”命令，命令行提示与操作如下：

指定第一个点或 [对象(O)]:	选取圆弧的左端点
指定下一点:	选取点 1
指定下一点或 [闭合(C)/拟合公差(F)] <起点切向>:	选取点 2
指定下一点或 [闭合(C)/拟合公差(F)] <起点切向>:	选取点 3
指定下一点或 [闭合(C)/拟合公差(F)] <起点切向>:	选取点 4
指定下一点或 [闭合(C)/拟合公差(F)] <起点切向>:	选取点 5
指定下一点或 [闭合(C)/拟合公差(F)] <起点切向>:	选取圆弧的右端点
指定下一点或 [闭合(C)/拟合公差(F)] <起点切向>:	Enter(回车)
指定起点切向:	Enter(回车)
指定端点切向:	Enter(回车)

结果如图 1-67 所示。

3）利用“圆弧”绘制伞面。执行“三点画弧”命令，命令行提示与操作如下：

ARC 指定圆弧的起点或 [圆心(C)]:	选取伞的外框圆弧的中点
指定圆弧的第二个点或 [圆心(C)/端点(E)]:	指定圆弧的第二点
指定圆弧的端点:	在样条曲线上选取一点作为圆弧的端点

用相同的方法绘制另 4 段圆弧，结果如图 1-68 所示。

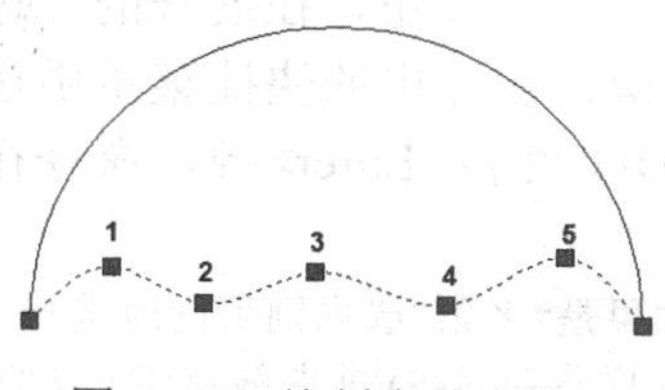

图 1-67　绘制伞的底边

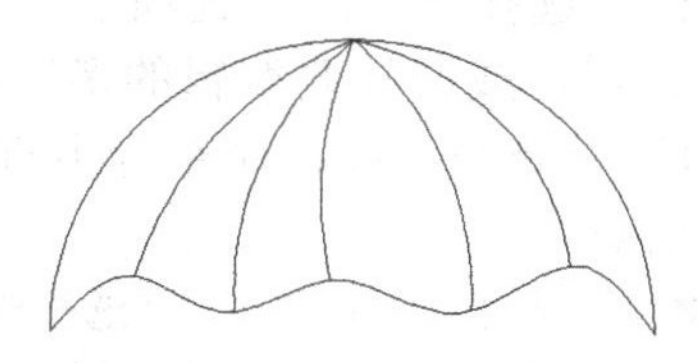

图 1-68　绘制伞面

4）利用“多段线”绘制伞顶和伞把。选择菜单中的“绘图（D）”→“多段线（P）”命令，命令行提示与操作如下：

```
指定起点:                                                          选取伞的外框圆弧的中点
当前线宽为 0.0000
指定下一个点或 [圆弧(A)/半宽(H)/长度(L)/放弃(U)/宽度(W)]:  w         选择宽度选项
指定起点宽度 <0.0000>:                                    4         指定起点宽度
指定端点宽度 <4.0000>:                                    1         指定端点宽度
指定下一个点或 [圆弧(A)/半宽(H)/长度(L)/放弃(U)/宽度(W)]: @0,10     指定下一点
指定下一点或 [圆弧(A)/闭合(C)/半宽(H)/长度(L)/放弃(U)/宽度(W)]: u    选择放弃选项，结束
```

再次执行“多段线”命令，命令行提示与操作如下：

```
指定起点:                               选取过伞的外框圆弧的中点的垂线与样条曲线的交点
当前线宽为 1.0000
指定下一个点或 [圆弧(A)/半宽(H)/长度(L)/放弃(U)/宽度(W)]:   w        选择宽度选项
指定起点宽度 <1.0000>:   2                                          指定起点宽度
指定端点宽度 <2.0000>:                                              指定端点宽度（此处直
                                                                    接按<Enter>键，使用默
                                                                    认值）
指定下一个点或 [圆弧(A)/半宽(H)/长度(L)/放弃(U)/宽度(W)]:  <正交 开>  （打开正交模式，向下
                                                         移动鼠标，指定直线的下一点）
指定下一点或 [圆弧(A)/闭合(C)/半宽(H)/长度(L)/放弃(U)/宽度(W)]: a   选择圆弧选项
指定圆弧的端点或[角度(A)/圆心(CE)/闭合(CL)/方向(D)/半宽(H)
/直线(L)/半径(R)/第二个点(S)/放弃(U)/宽度(W)]:                   向左移动鼠标指定圆弧的端点
指定圆弧的端点或[角度(A)/圆心(CE)/闭合(CL)/方向(D)/半宽(H)
/直线(L)/半径(R)/第二个点(S)/放弃(U)/宽度(W)]:                   回车或单击鼠标右键确认
```

至此，图形绘制完成。最终效果如图 1-64 所示。

知识拓展

1．什么是多段线

前面已经简单地介绍了多段线的画法，这里将详细地介绍什么是多段线以及多段线的编辑方法。

多段线是由若干直线、圆弧或直线和圆弧连接而成的可以改变宽度的曲线，并且整条线属于同一对象。在 AutoCAD 绘图中主要用于绘制具有宽度的直线、箭头、复杂图形的轮廓素线，三维实体建模的拉伸轮廓线和拉伸路径。

2．编辑多段线

选择菜单中的“修改（M）”→“对象（O）”→“多段线（P）”命令；或在“功能区”选项板中选择“常用”选项卡，单击 修改▾ 按钮，在展开的“选项”面板中单击按钮；或选择要编辑的多段线，单击鼠标右键，在弹出的快捷菜单中选择“编辑多段线（I）”命令；或在命令行中直接输入命令 PEDIT 并按<Enter>键，命令行中将出现如下提示信息：

```
选择多段线或 [多条(M)]:      (选择要编辑的多段线，如果是“多条”选项则可同时选择多条多段线)
输入选项 [闭合(C)/合并(J)/宽度(W)/编辑顶点(E)/拟合(F)/样条曲线(S)/非曲线化(D)/线型生成(L)/反
转(R)/放弃(U)]
```

提示行中各选项的含义如下。

1）闭合（C）：用直线将选中的多段线的起点与终点连接，使其成为一个闭合的多

段线。

2）合并（J）：以选中的多段线为主体，合并其他直线段、圆弧和多段线，使其成一条多段线。合并的前提条件是要合并的各线段的端点首尾相连，如图1-69所示。

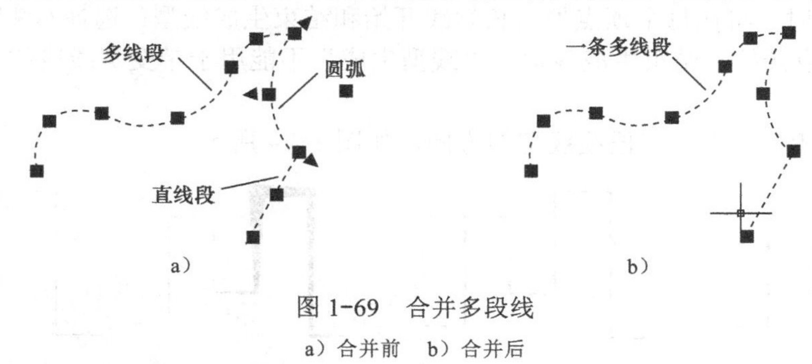

图1-69 合并多段线
a）合并前 b）合并后

3）宽度（W）：修改整条多段线的线宽，使其具有同一线宽，如图1-70所示。

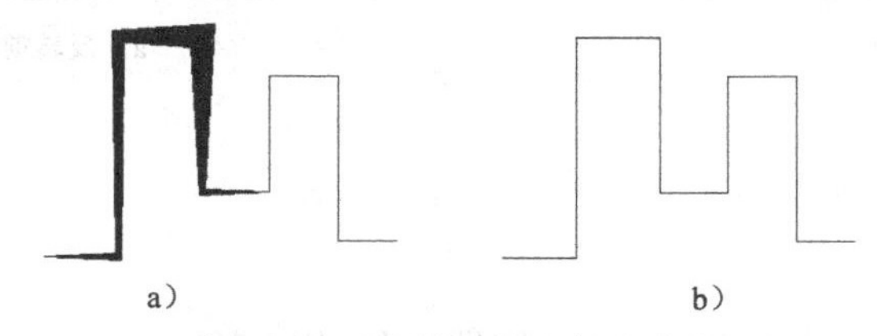

图1-70 调整多段线的宽度
a）修改前 b）修改后

4）编辑顶点（E）：选择该选项后，在选中多段线的起点处出现一个斜的十字叉“×”，它为当前顶点的标记，并在命令行出现进行后续操作的提示：

输入顶点编辑选项[下一个(N)/上一个(P)/打断(B)/插入(I)/移动(M)/重生成(R)/拉直(S)/切向(T)/宽度(W)/退出(X)] <N>:

这些选项允许用户对多段线进行移动、插入顶点和修改任意两点间的线宽等操作。

5）拟合（F）：将指定的多段线生成由光滑圆弧连接的圆弧拟合曲线，该曲线经过多段线的各顶点，如图1-71所示。

6）样条曲线（S）：将指定的多段线以各顶点为控制点生成B样条曲线，如图1-72所示。

7）非曲线化（D）：将指定的多段线中的圆弧由直线代替。对于选用“拟合（F）”或“样条曲线（S）”选项后生成的圆弧拟合曲线或样条曲线，则删去生成曲线时新插入的顶点，恢复成由直线段组成的多段线。

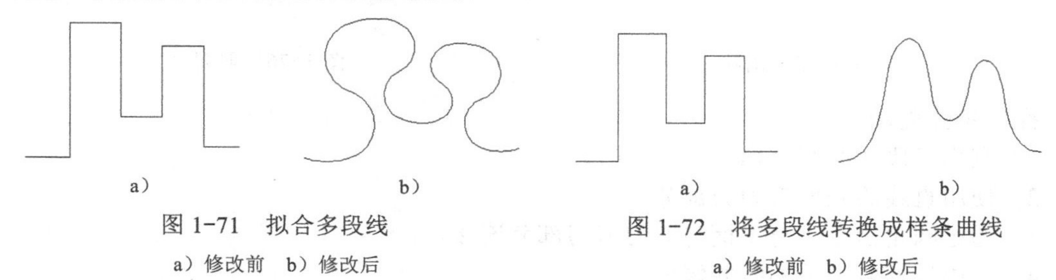

图1-71 拟合多段线
a）修改前 b）修改后

图1-72 将多段线转换成样条曲线
a）修改前 b）修改后

8）线型生成（L）：当多段线的线型为点划线时，控制多段线的线型生成方式开关。选择此项，系统提示：

输入多段线线型生成选项 [开(ON)/关(OFF)] <关>:

选择 OFF 时，将在每个顶点处以长划线开始和结束生成线型；选择 ON 时，将在每个顶点处允许以点开始和结束生成线型。“线型生成”不能用于带变宽线段的多段线，如图 1-73 所示。

9）反转（R）：改变多段线线型的方向，如图 1-74 所示。

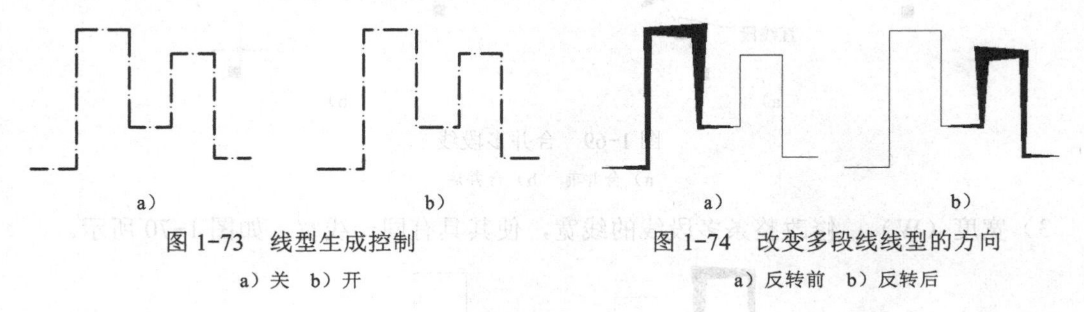

图 1-73 线型生成控制
a）关 b）开

图 1-74 改变多段线线型的方向
a）反转前 b）反转后

实战演练

1．起步

学生自己动手绘制如图 1-75 所示的钥匙（尺寸自定）。

操作步骤提示：

1）利用矩形绘制钥匙的主体外框。

2）利用圆和偏移操作，绘制钥匙柄部分。

3）使用倒角命令，对主体进行倒角处理。

4）使用样条曲线或多段线倒圆角的方式，绘制卡口。

5）修剪。

2．进阶

学生自己动手绘制如图 1-76 所示的剪刀图案（图案尺寸自定）。

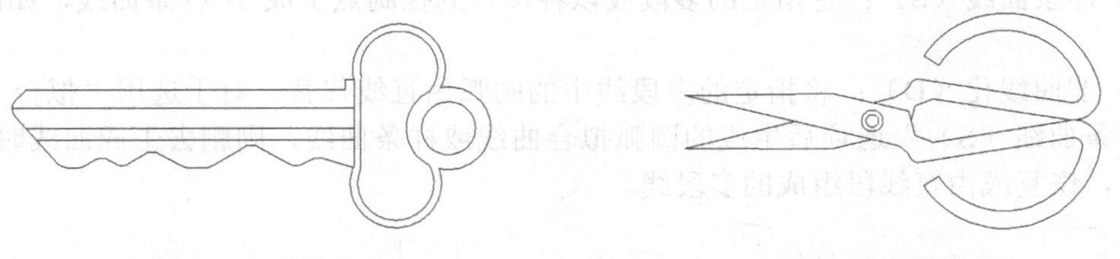

图 1-75 钥匙

图 1-76 剪刀

操作步骤提示：

1）利用多段线绘制手柄。

2）使用直线绘制剪刀刀刃部分。

3）通过圆角命令，将手柄与剪刀刀刃部分连接。

4）向内偏移复制手柄线并修剪。

5）镜像复制并修剪。

6）利用正多边形或圆绘制轴点。

3．提高

学生自己动手绘制如图 1-77 所示的阳台栏杆（图案尺寸自定）。

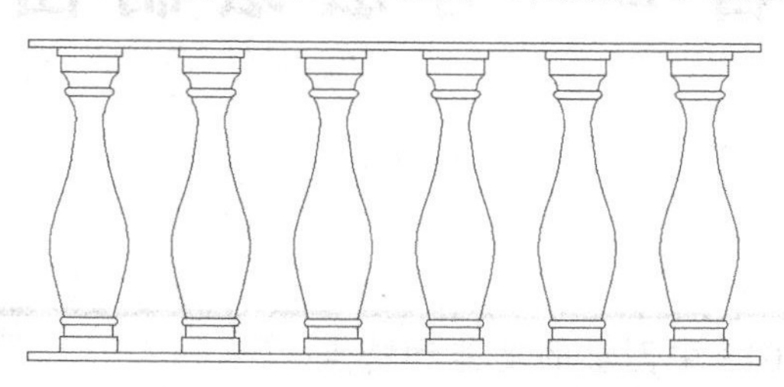

图 1-77　阳台栏杆

操作步骤提示：

1）用矩形和样条曲线绘制立柱。

2）用矩形阵列立柱或以阵列方式复制立柱。

3）用矩形绘制上下面横板。

项目小结

本项目通过 5 个任务详细地介绍了在 AutoCAD 2013 中基本二维图形的绘制与编辑方法，其中包括直线类、多边形、圆弧类、样条曲线等绘图工具的基本功能和使用方法以及删除、移动、倒角、圆角、旋转、复制、偏移、镜像、缩放、修剪等图形对象编辑工具的使用方法。使学生掌握了在 AutoCAD 2013 中，绘制基本的二维图形的方法与步骤，为以后绘制比较复杂的 AutoCAD 图形奠定了基础。

项目 2　分层绘制图形

能力目标

1）了解 AutoCAD 2013 中图层的功能和特点。
2）掌握 AutoCAD 2013 中图层管理器的功能与使用方法。
3）掌握 AutoCAD 2013 中点的使用和绘制方法。
4）进一步熟练掌握 AutoCAD 2013 中基本的二维图形的绘制与编辑方法。

在利用 AutoCAD 绘图的过程中，图层是用户组织和管理图形的强有力的工具。在 AutoCAD 2013 中所有图形都具有图层、颜色、线型、线宽、透明度等多个基本属性。用户可以使用不同的图层、不同的颜色、不同的线型、线宽及透明度来绘制不同的对象，这样就可以方便地控制对象的显示和编辑，从而提高绘制复杂图形的效率和准确性。

任务 6　绘制客厅家具布置平面图

任务目标

- ◆ 掌握 AutoCAD 2013 中图层管理器的基本功能及特点
- ◆ 掌握 AutoCAD 2013 中图层属性设置的基本方法与步骤
- ◆ 进一步熟练掌握 AutoCAD 2013 中基本的绘图工具和编辑工具的使用方法

任务效果图

任务的最终效果如图 2-1 所示。

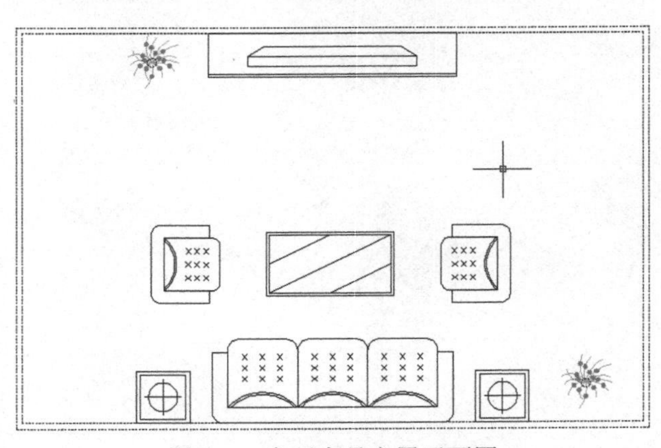

图 2-1　客厅家具布置平面图

相关知识

1. 图层的基本操作

（1）创建图层

在默认的情况下，AutoCAD 2013 只自动创建一个图层，名为 0。如果用户需要新的图层来管理自己的图形，则要先创建新图层。

在“功能区”选项板中选择“常用”选项卡，在“图层”选项面板中单击“图层特性”按钮，或执行菜单中的“格式”→“图层（L）”命令，打开“图层特性管理器”工作窗口，如图 2-2 所示。

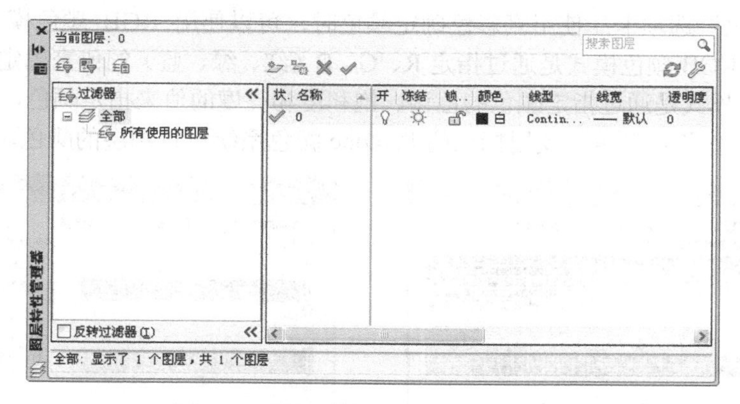

图 2-2 “图层特性管理器”工作窗口

在“图层特性管理器”工作窗口中，单击“新建图层”按钮，AutoCAD 2013 自动添加一个名为“图层 1”的新图层，新建图层与当前图层的基本状态、颜色、线型和线宽等设置相同。图层的名称显示在图层的“名称”列表框中，如图 2-3 所示。用户如果需要更改图层的名称，则只需用鼠标选中并单击该图层名，然后删除原图层名并输入新的图层名后按<Enter>键即可。

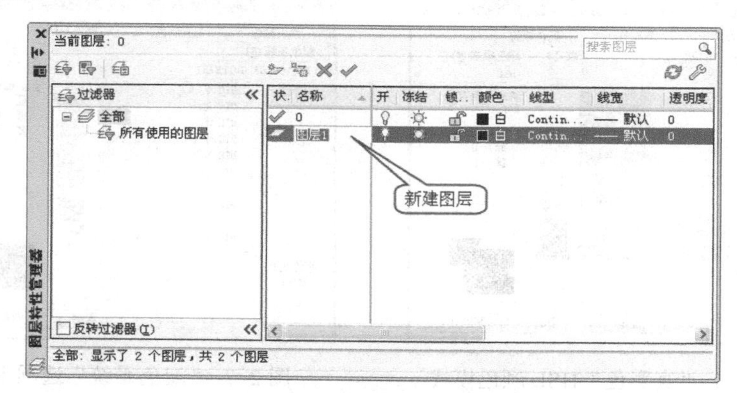

图 2-3　新建图层 1 后的”图层特性管理器”工作窗口

（2）设置图层颜色

颜色在图形中具有非常重要的作用，可以表示不同的组件、功能和区域。图层的颜色实际上是指图层中图形对象的颜色。每个图层都有自己的颜色，不同的图层可以使用相同的颜色，也可以使用不同的颜色。绘制复杂图形时，使用不同的颜色就可以很容易区分图形的各个部分。

要改变图层的颜色，可以在“图层特性管理器”工作窗口中单击该图层的“颜色”列对应的图标，打开“选择颜色”对话框，如图 2-4 所示。

在“选择颜色”对话框中，可以使用“索引颜色”“真彩色”和“配色系统”3 个选项卡为图层设置颜色。

1）“索引颜色”选项卡：可以使用 AutoCAD 的标准颜色（ACI 颜色）。在 ACI 颜色表中，每一种颜色用一个 ACI 编号（1～255 之间的整数）标识。“索引颜色”选项卡实际上是一张包含 256 种颜色的颜色表。

2）“真彩色”选项卡：使用真彩色确定颜色时，可以使用 RGB 颜色模式，也可以使用 HSL 颜色模式。RGB 颜色模式是通过指定 R、G、B（红、绿、蓝）的值来确定颜色，如图 2-5 所示。HSL 颜色模式是通过指定颜色的色调、饱和度和亮度的值来指定颜色，如图 2-6 所示。

3）“配色系统”选项卡：使用标准的 Pantone 配色系统设置图层的颜色，如图 2-7 所示。

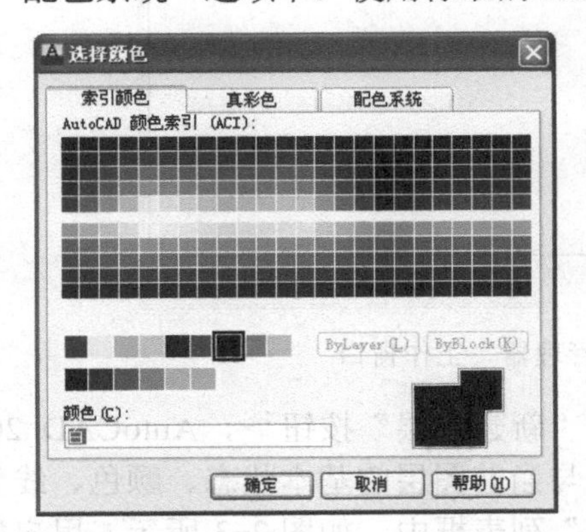

图 2-4 “选择颜色”对话框

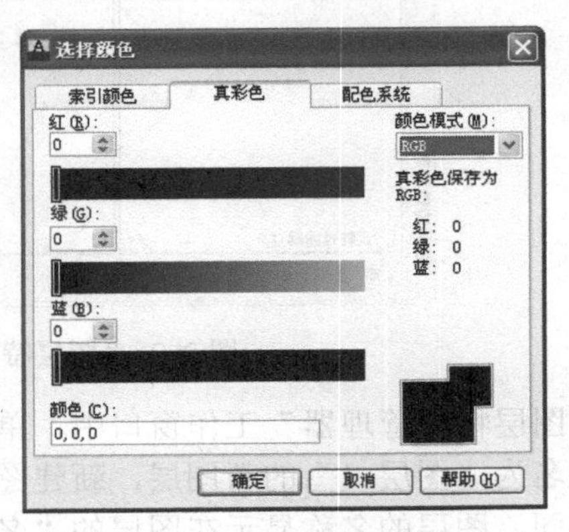

图 2-5 “真彩色”RGB 颜色模式

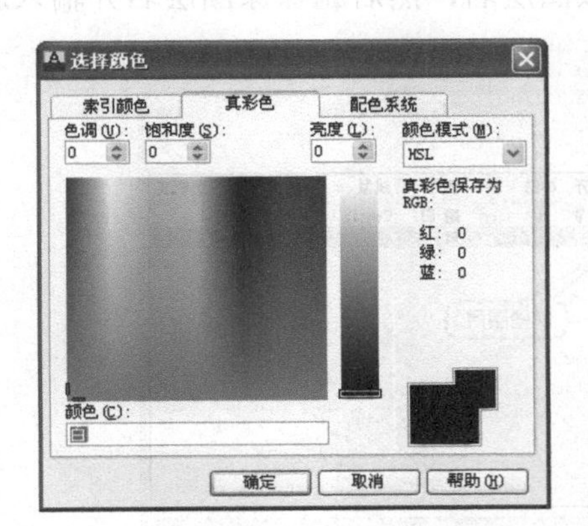

图 2-6 “真彩色”HSL 颜色模式

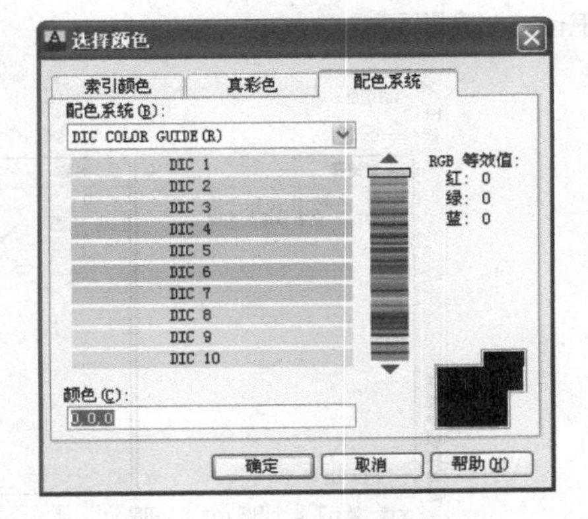

图 2-7 “配色系统”选项卡

（3）设置图层线型

在绘制复杂图形时，常需要用不同的线型来表示不同的图形元素。要改变线型，可在图层列表框中单击“线型”列的 Continuous，打开“选择线型”对话框，如图 2-8 所示，在“已加载的线型”列表框中选择一种线型即可应用到当前的图层中。

在系统默认情况下，在“选择线型”对话框的“已加载的线型”列表框中只有 Continuous 一种线型，如果需要使用其他线型，则必须添加需要的线型到“已加载的线型”列表框中。单击“选择线型”对话框中的“加载”按钮，打开“加载或重载线型”对话框，如图 2-9 所示。从“可用线型”列表框中选择需要加载的线型后，单击“确定”按钮即可将需要的线型添加到“已加载的线型”列表框中。

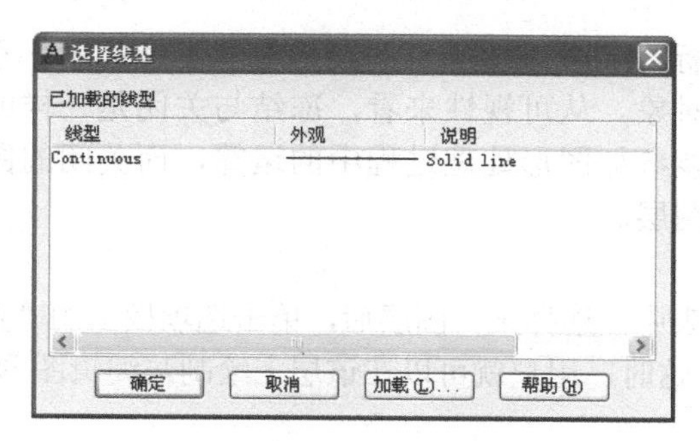

图 2-8 “选择线型”对话框

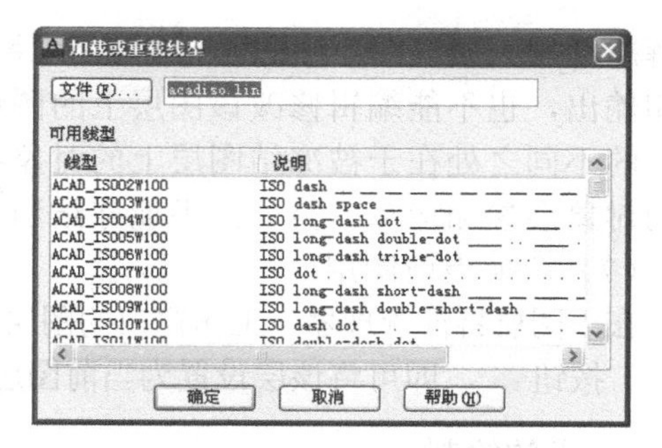

图 2-9 “加载或重载线型”对话框

（4）设置图层线宽

设置线宽就是改变线条的宽度。使用不同宽度的线条表现对象的大小或类型，可以提高图形的表达力和可读性。要设置图层的线宽，可以在“图层特性管理器”工作窗口中单击图层的“线宽”列对应的图标，打开“线宽设置”对话框，如图 2-10 所示。在“线宽”列表框中选择需要的线宽，单击“确定”按钮即可。

另外，要设置线宽，也可以执行菜单中的“格式”→“线宽（W）”命令，打开“线宽”对话框，如图 2-11 所示，通过调整线宽比例来确定线宽。

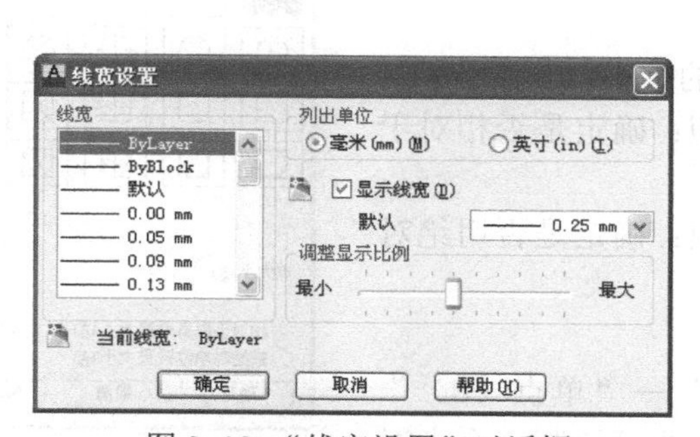

图 2-10 “线宽设置”对话框

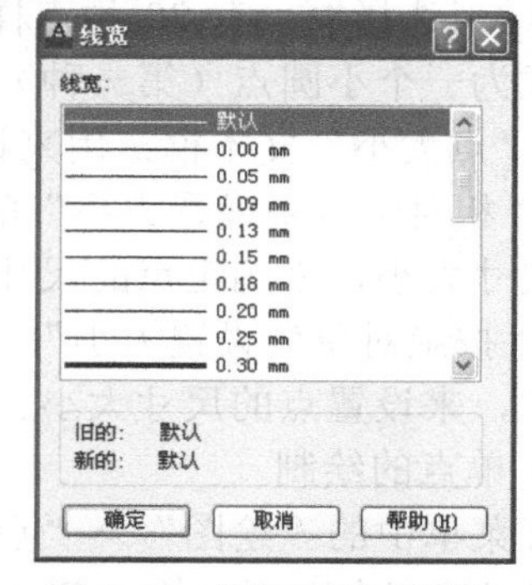

图 2-11 “线宽”对话框

在“线宽设置”对话框中，各主要选项的功能如下。

①“线宽”列表框：用于选择线条的宽度。

②“列出单位”选项面板：用于设置线宽的单位，可以选择毫米或英寸。

③“显示线宽”复选框：用于设置是否按照实际线宽来显示图形。

④“默认”下拉列表框：用来设置默认线宽值，即关闭显示线宽后显示的线宽。

⑤“调整显示比例”选项面板：移动其中的滑块，可以设置线宽的显示比例。

（5）打开/关闭图层

在“图层特性管理器”工作窗口中，单击“开”列中对应的图标💡，可以打开或关闭图层。在打开的状态下，灯泡的颜色为黄色，表示该图层上的图形可以在绘图区中显示，也可以在输出设备上打印；在关闭状态下，灯泡的颜色为灰色，表示该图层上的图形不能在绘图区中显示，也不能打印输出。当关闭当前图层时，系统将显示一个消息对话框，警告正在关闭当前图层。

（6）冻结/解冻图层

在“图层特性管理器”工作窗口中，单击“冻结”列中对应的图标☼或❄，可以冻结或解冻图层。如果图层被冻结，则显示❀图标，此时该图层上的图形对象不能显示，不能打印输出，也不能编辑修改该图层上的图形对象。从可视性来看，冻结与关闭是一样的，它们的不同之处在于被冻结图层上的对象不能参加图形处理过程中的运算，而关闭的图层上的对象会参加运算。另外，不能冻结当前图层。

（7）切换当前图层

在“图层特性管理器”工作窗口的图层列表中，选择某一图层后，单击选项板上的“置为当前”按钮✔，即可将该层设置为当前图层。这时，用户就可以在该层上绘制与编辑图形了。

2．点的绘制

点是组成图形的最基本的实体对象，在 AutoCAD 绘图的过程中，点通常被作为对象捕捉的参考点，图形绘制完成后，可以将这些参考点删除或者隐藏它们所在的图层。绘制点时，点的位置可以通过鼠标单击直接确定，也可以通过输入它的坐标值来完成。

（1）点样式的设置

AutoCAD 2013 中提供了多种点的样式，用户可以根据自己的喜好和需要来进行设置。执行菜单中的“格式”→“点样式（P）”命令，打开“点样式”对话框，如图 2-12 所示。

对话框中各部分的功能如下。

1）图形选择框：有 20 种点样式供用户选择，其中点的默认模式为一个小圆点（第一种）。

2）“点大小”文本框：用来设置点的大小。

3）“相对于屏幕设置大小”单选按钮：确定是否相对于屏幕的尺寸大小，来确定点的尺寸大小。

4）“按绝对单位设置大小”单选按钮：确定是否用绝对坐标单位，来设置点的尺寸大小。

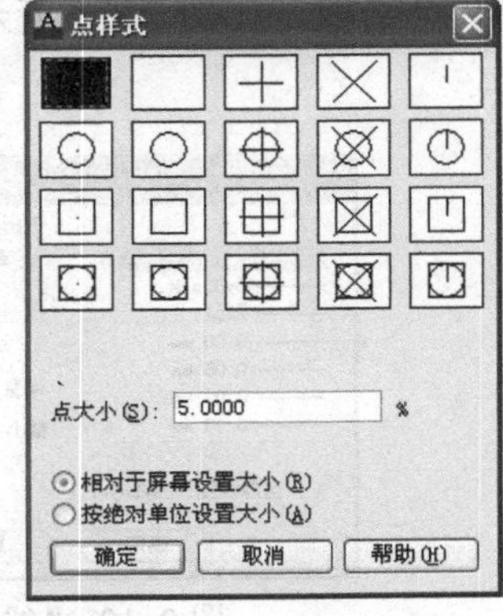

图 2-12 “点样式”对话框

（2）单点的绘制

执行菜单中的“绘图”→“点（O）”→“单点（S）”命令，或直接在命令行中输入 Point 命令，即可绘制一个点对象，此时命令行提示如下：

命令: point
当前点模式:　PDMODE=67　PDSIZE=0.0000　　显示当前的点样式
指定点:　　当输入一个点后命令结束

（3）多点的绘制

执行菜单中的“绘图”→“点（O）”→“多点（P）”命令，或在功能区的“绘图”选项面板中单击“多点”按钮·，可以在窗口中一次绘制多个点，直到按<Esc>键结束。

（4）定数等分点的绘制

所谓定数等分点就是按给定的数目，在指定的对象上或给定的距离内绘制多个点。这些点将给定的距离或对象等分。

执行菜单中的“绘图”→“点（O）”→“定数等分（D）”命令，或在功能区的“绘图”选项板中单击“定数等分”按钮，命令提示行中出现如下提示信息：

选择要定数等分的对象:

用户选中所要等分的对象后命令提示行中出现如下提示信息：

输入线段数目或 [块(B)]:

“输入线段数目”是系统的默认选项，当用户输入线段的数目后，命令结束。系统用点将给定的对象等分成给定的数目。

若选中“块（B）”选项，命令提示行中出现如下提示信息：

输入要插入的块名:

输入块名后命令提示行中出现如下提示信息：

是否对齐块和对象？［是(Y)/否(N)］<Y>:

确定选项后，命令提示行中出现如下提示信息：

输入线段数目:

当用户指定输入数值后，命令结束。系统用块（以块的基点为标准）将给定的对象等分成给定的数目。

绘制流程

完成绘制的主要流程如图 2-13 所示。

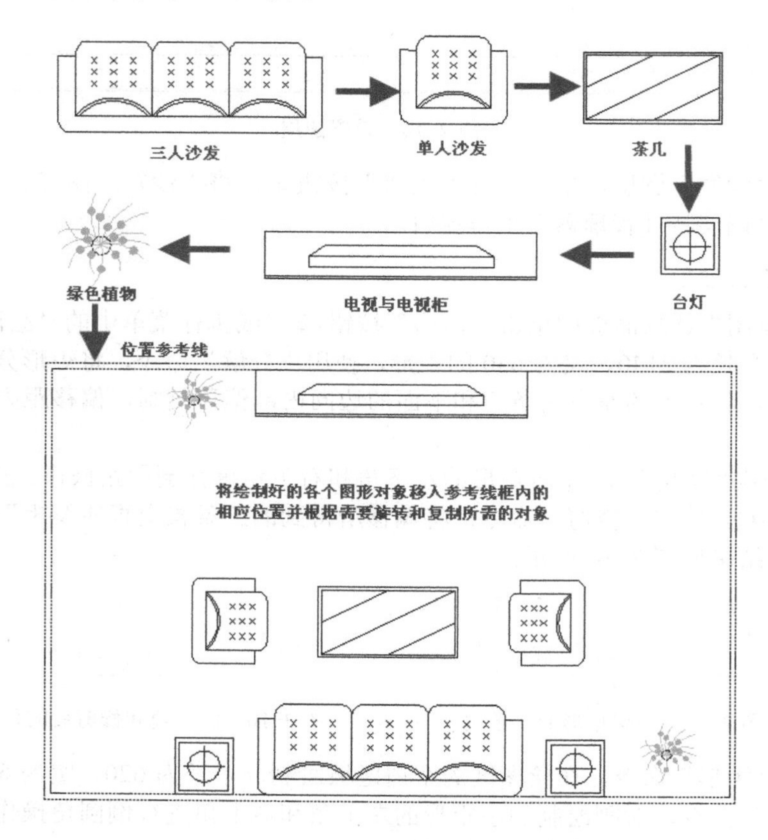

图 2-13　绘制的主要流程图

步骤详解

1. 设置图层

1）启动 AutoCAD 2013，选择“草图与注释”工作空间，设置绘图的长度单位的类型为“小数”，单位为mm，保留一位小数，图纸大小为A4类型。

2）在“图层”选项面板中单击“图层特性”按钮，或执行菜单中的“格式”→“图层（L）”命令，打开“图层特性管理器”工作窗口，单击“新建图层”按钮，新建一个图层。图层的名称为“沙发”，颜色为黑色，线型，线宽取默认值。用同样的方法建立其他图层，具体设置如图2-14所示（注：在创建新图层时，系统会自动按图层名称的字母顺序来排列各个图层，并不按创建的顺序来排列）。

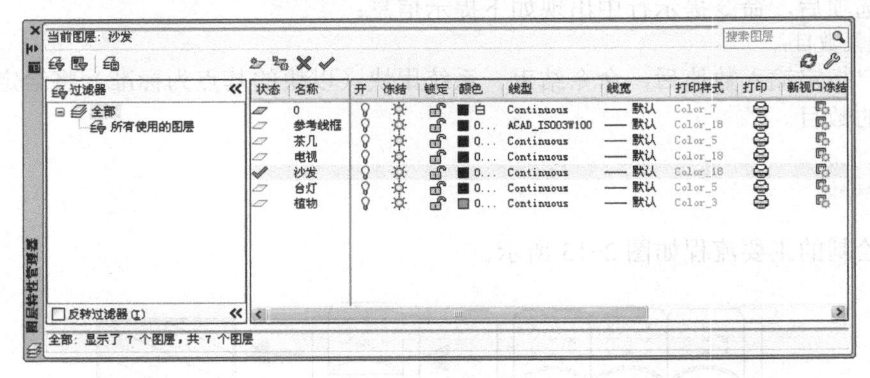

图2-14　设置图层

3）选中“沙发”图层，单击“置为当前”按钮，将“沙发”图层设为当前图层。

4）关闭“图层特性管理器”工作窗口。

2．绘制三人沙发

1）在“绘图”选项面板中单击“矩形”按钮，或执行菜单中的“绘图”→“矩形”命令，绘制一个长为2140，宽为640的矩形，使用“分解”命令，将矩形分解。然后使用“偏移”命令，将矩形的左右两条边和下面的边向内部偏移复制，偏移距离为140，如图2-15所示。

2）执行两次“圆角”命令，对矩形的左下角和右下角进行倒圆角操作。模式为“修剪”，圆角半径为100。使用“修剪”命令，将偏移所得到的三条相交直线及矩形上边线的多余部分修剪掉。结果如图2-16所示。

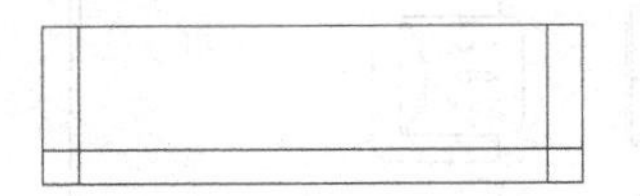

图2-15　偏移矩形的三条边

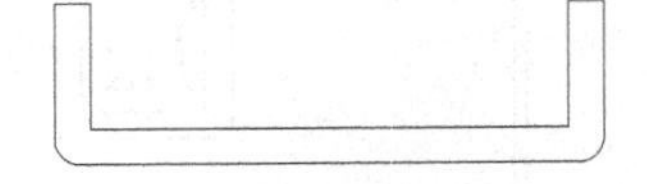

图2-16　倒圆角和修剪后的效果

3）执行“矩形”命令，在绘图区的空白区域绘制一个长为620，宽为600的矩形，执行两次“圆角”命令，对刚绘制的小矩形的左上角和右上角进行倒圆角操作。模式为“修剪”，圆角半径为80。结果如图2-17a所示。

4）执行“直线”命令，绘制一条辅助线，结果如图2-17b所示。

命令行提示及操作如下：

命令: _line 指定第一点: from	输入命令 from 回车
基点:	捕捉小矩形左下角的端点
<偏移>: @0,140	用相对坐标指定偏移距离

指定下一点或 [放弃(U)]: @620,0	指定下一点坐标，也可以用鼠标捕捉矩形右侧边的垂足
指定下一点或 [放弃(U)]:	回车结束

5）在“绘图”选项面板中单击“三点画弧”按钮，或执行菜单中的“绘图”→“圆弧”→“三点”命令，绘制一个圆弧，结果如图 2-17c 所示。命令行提示及操作如下：

命令: _arc 指定圆弧的起点或 [圆心(C)]:	捕捉小矩形左下角的端点
指定圆弧的第二个点或 [圆心(C)/端点(E)]:	捕捉辅助直线的中点
指定圆弧的端点:	捕捉小矩形右下角的端点

6）执行“偏移”命令，将刚绘制的圆弧向内偏移复制，偏移距离为 20。使用“修剪”命令，将偏移复制所得到的圆弧超出矩形底线边的部分修剪掉。结果如图 2-17d 所示。

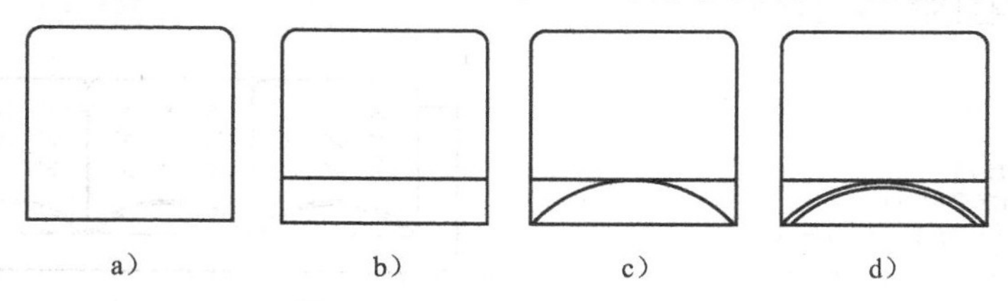

图 2-17　绘制小矩形及圆弧

7）执行“直线”命令，以矩形上边线的中点和圆弧的中点（或第一条辅助线的中点）为端点绘制一条辅助线。结果如图 2-18a 所示。

8）执行“偏移”命令，将刚绘制的辅助线分别向左和向右偏移复制，偏移距离为 140。结果如图 2-18b 所示。

9）执行菜单中的“格式”→“点样式...”命令，或在命令行中输入 DDPTYPE 命令，打开“点样式”对话框，设置新的点样式，样式选择与各参数设置如图 2-19 所示。单击“确定”按钮返回。

10）执行菜单中的“绘图”→“点”→“定数等分”命令，或单击“绘图”选项面板中的“定数等分点”按钮，在刚绘制的左边辅助线上绘制三点，结果如图 2-18c 所示。

11）用同样的方法，在另外两条辅助线上绘制点。然后删除所有的辅助线，结果如图 2-18d 所示。完成小矩形的绘制与编辑。

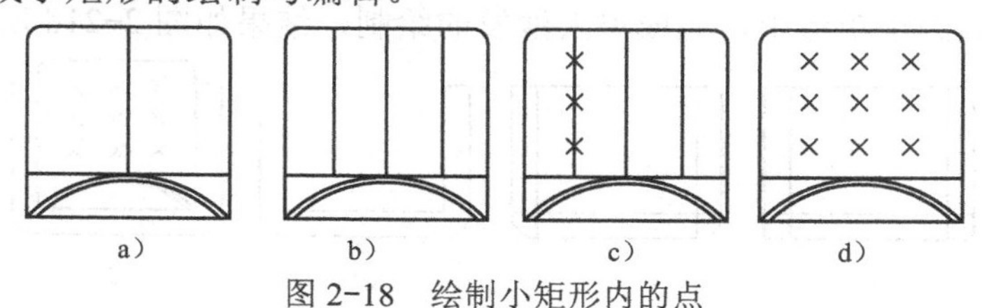

图 2-18　绘制小矩形内的点

12）执行菜单中的“修改”→“复制”命令，或单击“修改”选项面板中的“复制”按钮，将绘制好的小矩形复制到大矩形的左侧，连续选择两个新的目标点，完成复制操作，结果如图 2-20 所示。

命令行提示与操作如下：

命令: _copy	
选择对象: 指定对角点: 找到 13 个	框选小矩形及内部所有对象
选择对象:	回车结束选择
当前设置:　复制模式 = 多个	
指定基点或 [位移(D)/模式(O)] <位移>:	捕捉小矩形左下角端点为基点

指定第二个点或 <使用第一个点作为位移>:　　捕捉大矩形内侧左下角端点
指定第二个点或 [退出(E)/放弃(U)] <退出>:　　捕捉刚复制的小矩形的右下角端点
指定第二个点或 [退出(E)/放弃(U)] <退出>:　　捕捉刚复制的小矩形的右下角端点
指定第二个点或 [退出(E)/放弃(U)] <退出>:　　回车退出复制操作

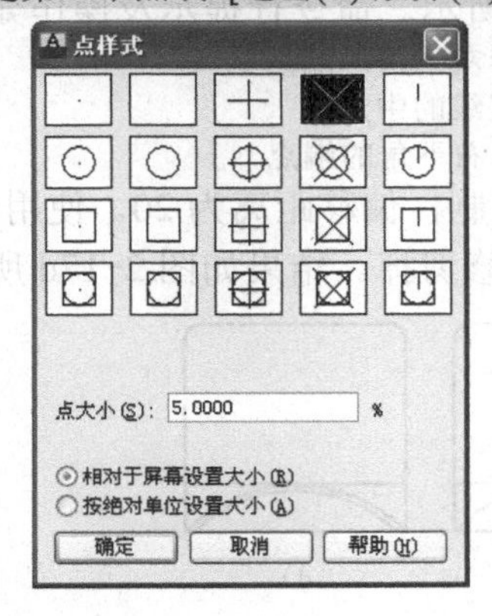

图 2-19　点样式设置

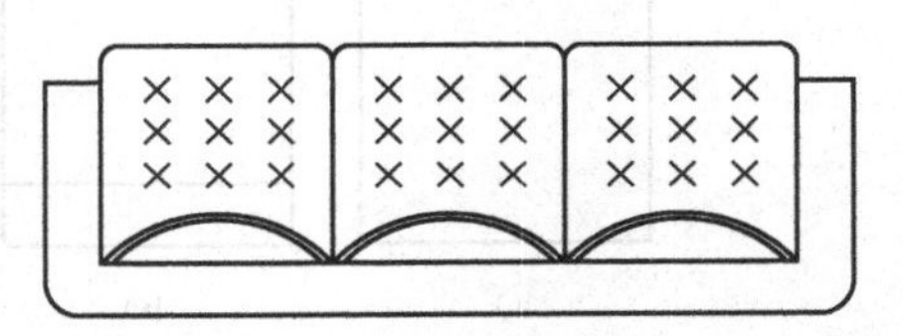

图 2-20　复制后的效果

3．绘制单人沙发

1）执行“矩形”命令，在三人沙发右边的空白区域绘制一个长为 820，宽为 600 的矩形。

2）使用“分解”命令，将刚绘制的矩形分解。然后使用“偏移”命令，将矩形的左右两条边和底边向内部偏移复制，偏移距离为 100。结果如图 2-21a 所示。

3）执行“圆角”命令，对刚绘制的小矩形的左下角和右下角进行倒圆角操作。模式为“修剪”，圆角半径为 80。结果如图 2-21b 所示。

4）执行“修剪”命令，将偏移所得到的三条相交直线及小矩形上边线的多余部分修剪掉。结果如图 2-21c 所示。

5）执行“移动”命令，将绘制三人沙发时在空白区域所绘制的小矩形及内部的所有对象移到右侧修剪后的小矩形中，完成单人沙发的绘制，结果如图 2-21d 所示。

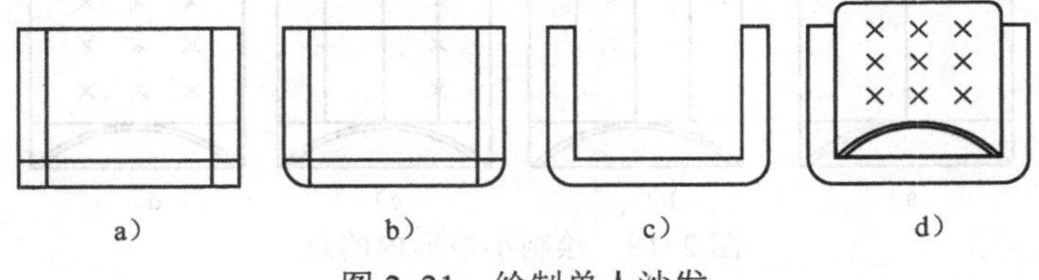

图 2-21　绘制单人沙发

4．绘制茶几

1）将“沙发”层锁定，同时将“茶几”层设置为当前图层。

2）执行“矩形”命令，在单人沙发右边的空白区域绘制一个长为 1200，宽为 550 的矩形。

3）使用“偏移”命令，将刚绘制的矩形向内部偏移复制，偏移距离为 30。结果如图 2-22a 所示。

4）分别以内侧矩形的左边中点和上边中点、下边中点和右边中点、左下角端点和右上角端点为端点绘制三条直线，完成茶几的绘制。结果如图 2-22b 所示。

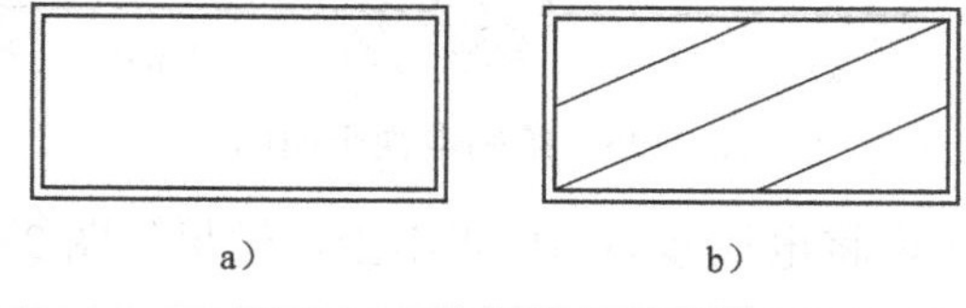

图 2-22　绘制茶几平面图

5. 绘制台灯

1）将“沙发”层、“茶几”层锁定，将“台灯”层设置为当前图层。

2）执行“矩形”命令，在茶几下边的空白区域绘制一个边长为 500 的正方形。

3）执行“偏移”命令，将刚绘制的正方形向内部进行偏移复制，偏移距离为 25。

4）再次执行“偏移”命令，将刚偏移复制得到的正方形向内部进行偏移复制，偏移距离为 25。结果如图 2-23a 所示。

5）分别以最内侧的正方形对边的中点为端点绘制两条直线，结果如图 2-23b 所示。

6）以刚绘制的两条直线的交点为圆心，绘制一个半径为 160 的圆，结果如图 2-23c 所示。

7）删除最内侧的正方形，完成台灯的绘制。结果如图 2-23d 所示。

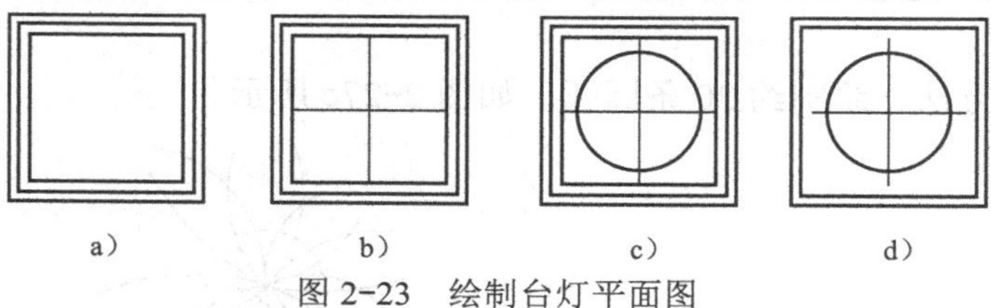

图 2-23　绘制台灯平面图

6. 绘制电视柜与电视

1）将“沙发”层、“茶几”层、“台灯”层锁定，将“电视”层设置为当前图层。

2）执行“矩形”命令，在单人沙发下边的空白区域绘制一个长为 2000，宽为 250 的矩形。

3）使用“分解”命令，将刚绘制的矩形分解。

4）执行“偏移”命令，将刚绘制的矩形的底边向内部进行偏移复制，偏移距离为 20。

5）再次执行“偏移”命令，将刚偏移复制得到的直线再向内部进行偏移复制，偏移距离为 50，完成电视柜的绘制。结果如图 2-24 所示。

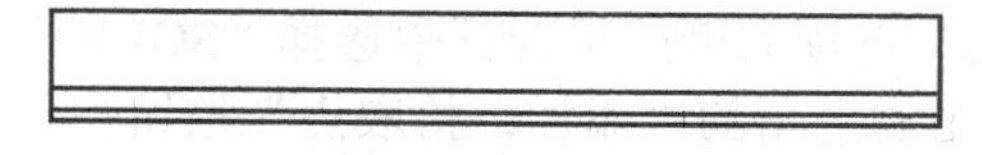

图 2-24　绘制电视柜平面图

6）再次执行“矩形”命令，在电视柜下边空白区域绘制一个长为 1000，宽为 120 的矩形。

7）执行“倒角”命令，对刚绘制的小矩形的左上角和右上角进行倒直角操作。模式为“修剪”，倒角距离为 60，60。结果如图 2-25a 所示。

8）用直线将倒直角后的小矩形左右两边的端点连接，完成电视的绘制，如图 2-25b 所示。

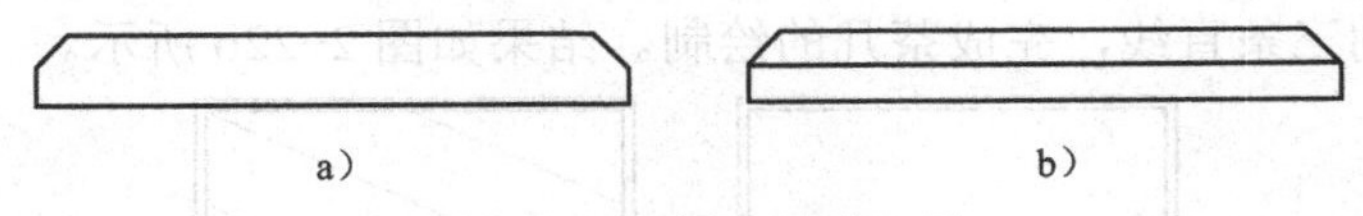

图 2-25　绘制电视平面图

9）执行“移动”命令，将电视移动到电视柜上，结果如图 2-26 所示。

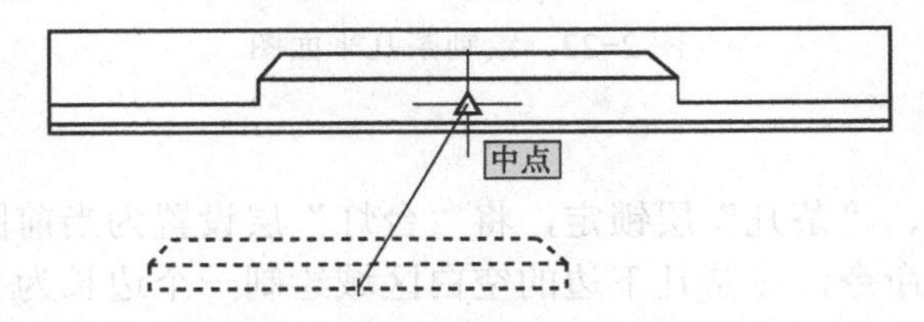

图 2-26　移动电视图形到电视柜图形上

7. 绘制绿色植物

1）将“沙发”“茶几”“台灯”“电视”层锁定，将“植物”层设置为当前图层。

2）利用“圆心、半径”画圆命令，在三人沙发下面的空白区域绘制一个半径为 80 的圆。并将该圆的线型设为“ACAD_IS003W100”，颜色设为蓝色，如图 2-27a 所示。

3）利用“三点”绘制圆弧命令，以刚绘制圆的圆心为起点，绘制一个圆弧，如图 2-27b 所示。

4）用同样的方法，绘制约 20 条圆弧，如图 2-27c 所示。

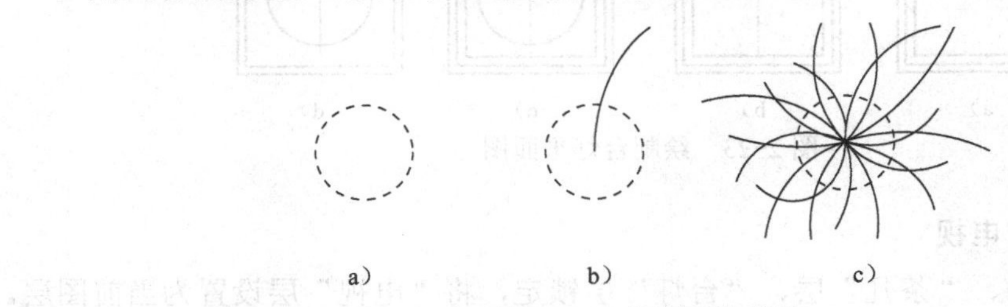

图 2-27　绘制绿色植物

5）再利用“圆心、半径”画圆命令，在空白区域绘制一个半径为 15 的圆。

6）执行菜单中的“绘图”→“图案填充”命令，或单击“绘图”选项面板中的“图案填充”按钮，命令行提示：“拾取内部点或[选择对象（S）/设置（T）]：”，输入“T”选择“设置”选项，打开“图案填充与渐变色”对话框，如图 2-28 所示（注：图案填充的相关操作及对话框中的各选项含义在后面的任务中会详细介绍）。

7）在对话框中“图案”选项右侧的组合框中选择“SOLID”图案，颜色设为绿色，其余各项为默认值。然后单击右上角的“添加：拾取点”按钮，回到编辑区，在刚绘制的小圆内单击并按<Enter>键确定，返回对话框。单击“确定”按钮，完成对小圆的填充。

说明：也可以直接在打开的“图案填充创建”选项卡中进行设置，然后直接在小圆内部单击，按<Enter>键完成填充操作。

8）将刚填充的小圆复制十几个到圆弧上，如图 2-29 所示，完成绿色植物的绘制。

说明：该图形也可以不用绘制，而直接插入系统提供的绿色植物图块，有关插入图块的操作在后面的相关任务中会详细介绍。

图 2-28 “图案填充与渐变色”对话框

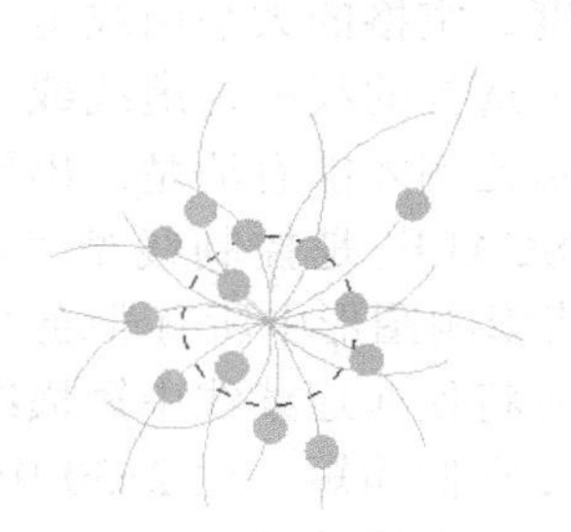

图 2-29 绿色植物效果图

8. 绘制位置参考线框、布置对象

1）将“植物”层也锁定，将“参考线框”层设为当前图层。

2）执行“矩形”命令，在空白区域绘制一个长为 4500，宽为 4000 的矩形。

3）执行“偏移”命令，将刚绘制的矩形向内部进行偏移复制，偏移距离为 200。

4）将所有图层解锁，将每个对象移到对应的位置。

5）利用镜像工具，将“单人沙发”和“台灯”各复制一个，再利用复制工具将“绿色植物”复制一个，完成对象的布置。

知识拓展

1. 定距等分点的绘制

在 AutoCAD 2013 中，除了可以绘制“单点”“多点”“定数等分点”外，还可以进行“行定距等分点”的绘制。

所谓定距等分点就是按指定的距离在指定的对象上绘制多个点。

执行菜单中的“绘图”→“点（O）”→“定距等分（M）”命令，或在功能区的“绘图”选项板中单击“定距等分”按钮，命令提示行中出现如下提示信息：

```
选择要定距等分的对象:
```

用户选中所要等分的对象后命令提示行中出现如下提示信息：

```
指定线段长度或 [块(B)]:
```

“指定线段长度”是系统的默认选项，当用户指定或输入长度值后，命令结束。系统按给定的长度在指定的对象上绘制出多个点。

若选中“块（B）”选项，命令提示行中出现如下提示信息：

```
输入要插入的块名:
```

输入块名后命令提示行中出现如下提示信息：

```
是否对齐块和对象？［是(Y)/否(N)］<Y>:
```

确定选项后，命令提示行中出现如下提示信息：

指定线段长度：

当用户指定或输入长度值后，命令结束。系统按给定的长度在指定的对象上以块的基点为标准，插入指定的块。

2．修改非连续线的外观

在 AutoCAD 2013 中绘制图形时，有时需要使用非连续线来区分该线与其他线的不同，如一些辅助线通使用非连续线（通常所说的虚线）。

在 AutoCAD 2013 中，非连续线是由点、短横线、空格等构成的重复图案，图案中短线的长度、空格的大小由线型比例控制。用户在使用非连续线绘图时常会遇到这样一种情况：本来选择的线型是虚线或点划线，但最终绘制出来的线看上去却和连续线一样，只有放大显示比例才能看清楚。出现这种现象的原因是线型比例设置得太大或太小。

LTSCALE 是控制线型外观的全局比例因子，它将影响图形中所有非连续线型的外观，其值增加时将使非连续线中短横线和空格加长，否则，会使它们缩短。图 2-30 中显示了使用不同比例因子时虚线的外观。

在 AutoCAD 2013 中，更改全局比例因子最简单的方法是在命令行中输入 LTS（LTSCALE）并按<Enter>键，然后根据需要输入比例因子即可。

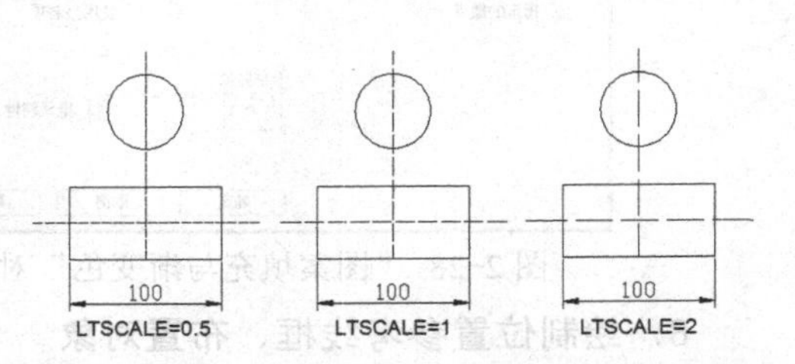

图 2-30　全局比例因子对非连续线外观的影响

实战演练

1．起步

学生自己动手绘制如图 2-31 所示的三人沙发平面图（图中尺寸仅作为比例参考）。

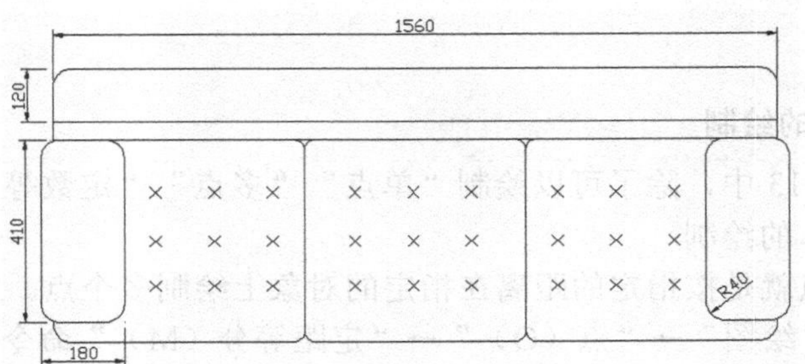

图 2-31　三人沙发平面效果图

操作步骤提示：

1）利用矩形命令绘制一个大的矩形。然后分解、将边偏移、再倒圆角。

2）利用矩形命令在空白处绘制一个正方形并倒圆角。然后移动到中间、定位。

3）利用矩形命令在正方形的左边绘制一个长方形并倒圆角。然后镜像复制。

4）利用矩形命令在空白处绘制一个小长方形并倒圆角。然后移动“扶手”位置。

5）利用修剪命令删除小矩形内的所有线条。

6）镜像复制。

7）绘制点并阵列，然后复制阵列的点。

2．进阶

学生自己动手绘制如图 2-32 所示的客厅平面图（尺寸自定）。

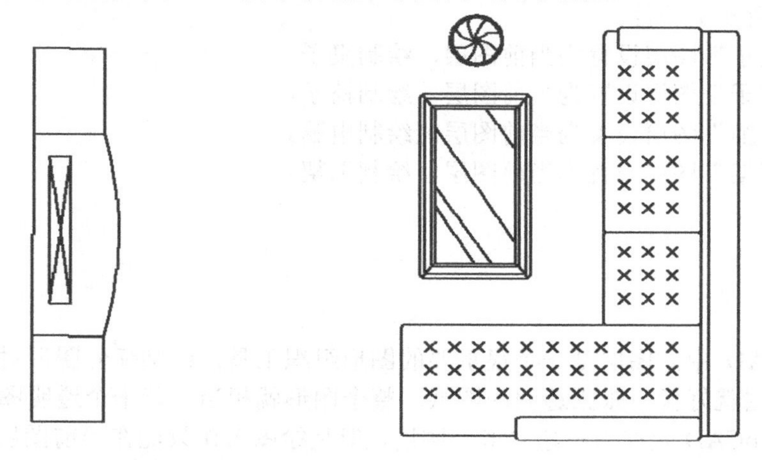

图 2-32　客厅布局平面效果图

操作步骤提示：

1）打开“图层特性管理器”工作窗口，新建“沙发”“茶几”“电视”几个图层并设置相关特性。

2）将“沙发”图层设置为当前图层，绘制沙发。

3）将“茶几”图层设置为当前图层，绘制茶几。

4）将“电视”图层设置为当前图层，绘制电视及电视柜。

3．提高

学生自己动手绘制如图 2-33 所示的办公桌平面图（图中的尺寸仅作为比例参考）。

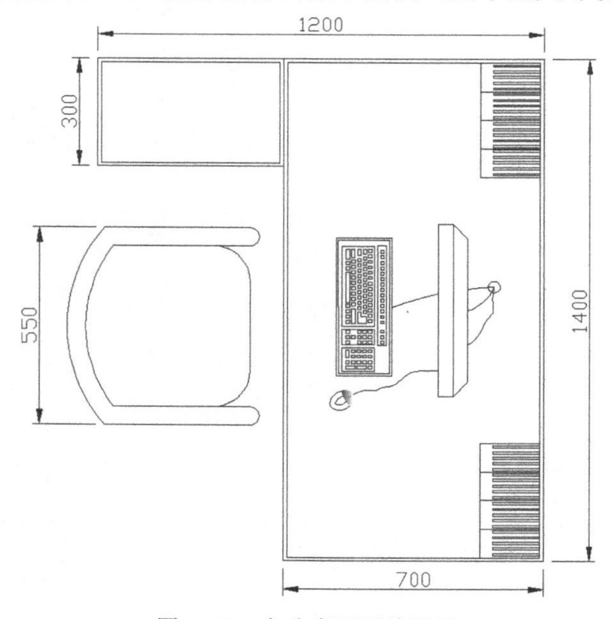

图 2-33　办公桌平面效果图

操作步骤提示：

1）打开“图层特性管理器”工作窗口，新建“桌子”“椅子”“电脑”以及“书架”几个图层并设置相关特性。

2）将“桌子”图层设置为当前图层，绘制桌子。

3）将“椅子”图层设置为当前图层，绘制椅子。

4）将“电脑”图层设置为当前图层，绘制电脑。

5）将“书架”图层设置为当前图层，绘制书架。

项目小结

在 AutoCAD 中，图层是一个很重要的图形组织工具，绘制任何图形对象都是在图层上进行的。图层就好像一张张透明的图纸。整个图形就相当于若干个透明图纸上下叠加起来的效果。AutoCAD 允许用户建立多个图层，但是绘图工作只能在当前图层上进行。用户可以根据自己的需要建立、设置图层。比如，在建筑设计中，可以将墙体、门窗、家具、灯具分别放置到不同的图层。一般情况下，同一图层上的对象具有相同的属性，如颜色、线型、线宽、透明度等。为了保护重要的图形不被修改，还可以对图层进行开关、冻结、锁定等状态。

在 AutoCAD 2013 中，每个图形文件都包括名为“0”的图层，是 AutoCAD 自带的默认图层，不能删除或重命名。

本项目中，以“客厅布局平面效果”为例，详细介绍了 AutoCAD 2013 中图层的新建、删除、重命名以及图层特性的设置与管理。

项目3　图案填充与渐变色填充

能力目标

1）了解什么是图案填充与渐变色填充及其特点。
2）掌握图案填充与渐变色填充的基本方法。
3）掌握编辑图案填充的基本方法。
4）进一步熟练掌握 AutoCAD 2013 中基本的二维图形的绘制与编辑方法。

图案填充是一种使用指定线条图案来充满指定区域的图形对象，常用于表示剖切面和不同类型对象的外观纹理等。渐变色填充是一种实体的图案填充，通过使用一种或两种颜色形成的渐变色来填充图形。在实际应用中，通常用渐变色填充来表示二维图形中的实体。

任务7　绘制齿轮平面图并进行填充

任务目标

◆　掌握 AutoCAD 2013 中图案填充的方法与步骤
◆　掌握 AutoCAD 2013 中渐变色填充的方法与步骤
◆　掌握 AutoCAD 2013 中边界创建的方法与步骤
◆　进一步熟练掌握 AutoCAD 2013 中各种绘图命令和编辑命令的使用

任务效果图

任务的最终效果如图 3-1 所示。

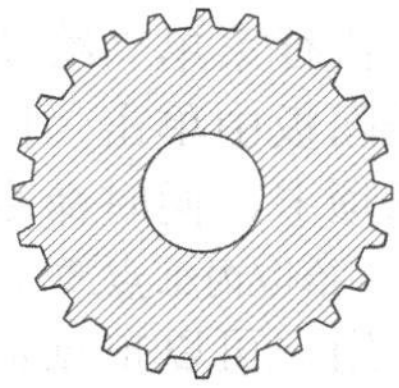

图 3-1　齿轮平面图

相关知识

1．图案填充

在 AutoCAD 中，图案填充就是用某种图案充满指定的图形区域，图案填充一般分为关联填充和非关联填充两种类型。所谓关联图案填充就是填充的图案与它们的边界相连接并且随着边界的改变自动更新；非关联图案填充是指填充的图案独立于它们的边界，填充完成后，不会随着边界的改变而自动更新。

对于用关联填充和非关联填充两种不同类型填充的图形，其图形边界被拉伸后的具体效果如图 3-2 所示。

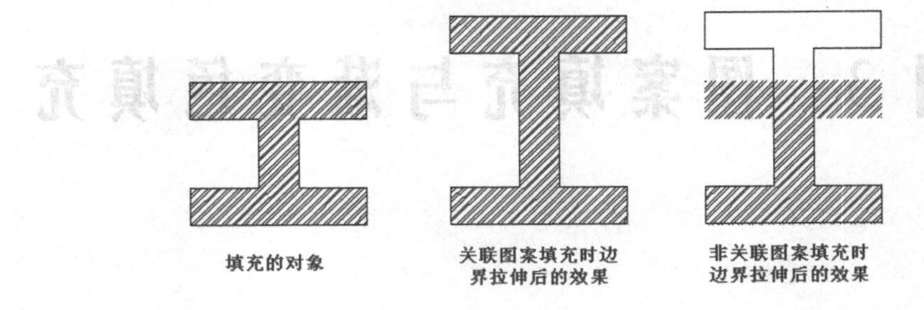

图 3-2　关联图案填充与非关联图案填充的区别

在实际应用中，关联图案填充适合于封闭图形的填充，而非关联图案填充特别适合于非封闭图形的填充。在默认情况下，使用“图案填充”命令或“图案填充”的工具按钮所创建的图案填充都是关联图案填充。用户可以通过对系统变量 HPASSOC 设置或在“图案填充和渐变色”对话框中随时改变图案填充的关联性。

2. “图案填充创建”功能选项卡

在 AutoCAD 2013 中图案填充和渐变色填充在功能上与操作方面都有很大的改进。功能上，增加了可时时动态观察填充效果，可设置图案填充或填充的透明度，可为填充图案设置背景颜色等新功能；操作方面，增加了“图案填充创建”功能选项卡，如图 3-3 所示。将“图案填充与渐变色”对话框中的各项功能以图标或命令按钮的形式集成到“图案填充创建”功能选项卡中，在该选项卡中可直接对图案填充的各项属性进行设置，使图案填充与渐变色填充的操作更加方便快捷。

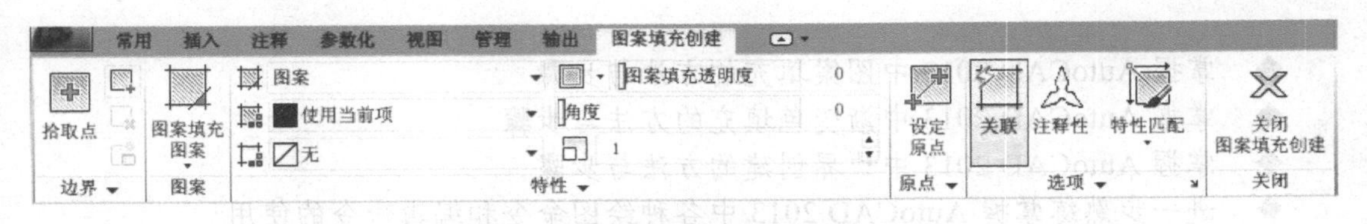

图 3-3　“图案填充创建”功能选项卡

执行菜单“绘图”→“图案填充”命令，或在“功能区”的“常用”选项卡的“绘图”选项面板中单击“图案填充”按钮，AutoCAD 2013 系统自动打开“图案填充创建”功能选项卡，同时命令行提示如下：

拾取内部点或 [选择对象(S)/设置(T)]:

用户可以根据需要，通过“拾取内容点”或“选择对象”的方法来确定填充区域。

3. 编辑图案填充

在 AutoCAD 2013 中允许对已经填充的图案进行重新编辑操作。主要包括修改填充图案的角度、线条的间距，替换原来的图案，将原来的图案分解或删除，定义新的填充图案等。

在 AutoCAD 2013 中，对图案填充进行编辑修改操作十分简单，选中要编辑修改的填充图案，系统自动打开“图案填充创建”功能选项卡，选项卡中各选项的功能与“图案填充与渐变色”对话框的功能相同，用户可以根据需要进行编辑修改。

绘制流程

绘制的主要流程如图 3-4 所示。

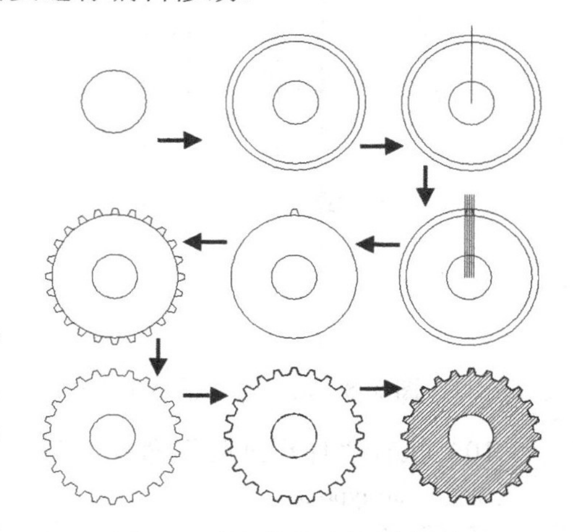
图 3-4 “齿轮”的绘制流程

步骤详解

1）启动 AutoCAD 2013，选择“草图与注释”工作空间，设置绘图的长度单位的类型为“小数”，单位为 mm，保留一位小数，图纸大小为 A4 类型。

2）执行菜单“绘图”→“圆”→“圆心、半径”命令，或在“绘图”区中选择“圆心、半径”绘图工具，绘制一个半径为 50 的圆。

3）执行菜单“修改”→“偏移”命令，或在“修改”区中选择“偏移”工具，对刚绘制的小圆进行向圆外偏移复制，偏移距离为 90。

4）按<Enter>键重新执行“偏移”命令，指定新的偏移距离为 105，再次对半径为 50 的小圆进行向外偏移复制。效果如图 3-5 所示。

5）执行菜单“绘图”→“射线”命令，或在“绘图”展开区中选择“射线”工具，绘制一条射线，如图 3-6 所示。命令行提示及操作如下：

```
命令: _ray 指定起点:          捕捉小圆的心
指定通过点:                   捕捉大圆上面的象限点
指定通过点:                   按<Enter>键结束操作
```

6）执行偏移命令，对刚绘制的射线分别向左右两侧进行偏移复制，偏移距离为 5。结果如图 3-7 所示。

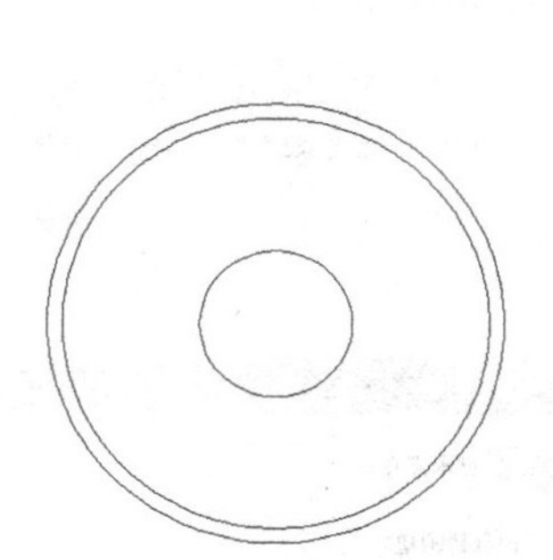
图 3-5　绘制的三个同心圆

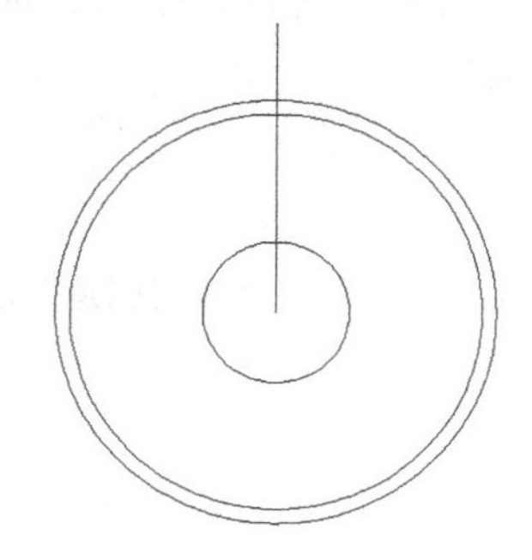
图 3-6　绘制射线

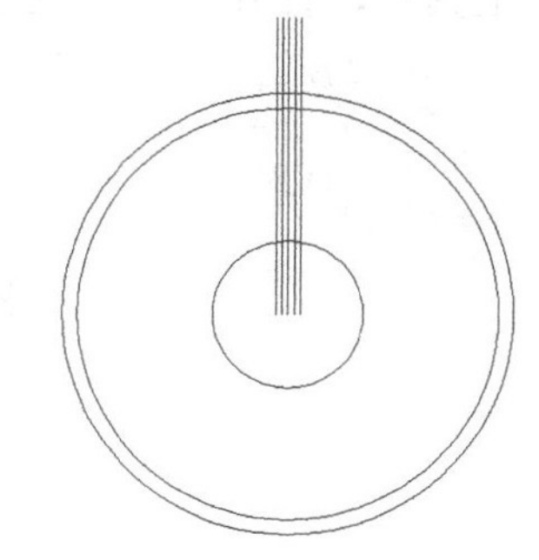
图 3-7　复制射线

7）用直线分别将 AB 和 CD 连接，结果如图 3-8 所示。

8）执行“删除”命令，删除 5 条射线。

9）执行“修剪”命令，将最外侧大圆的多余的部分剪去，这样就得到了一个轮齿。结果如图 3-9 所示。

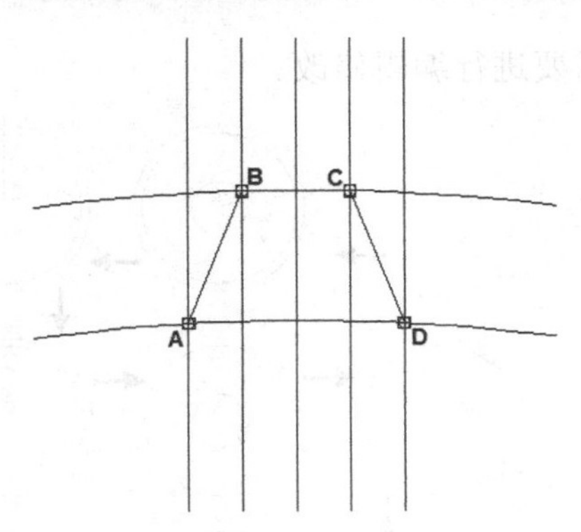

图 3-8　用直线连接 AB 和 CD

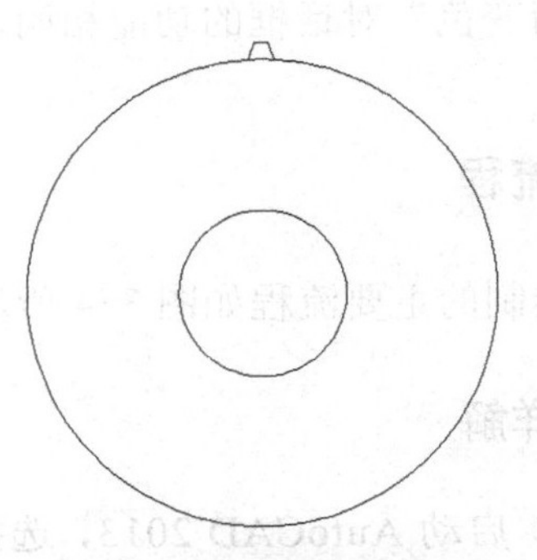

图 3-9　修剪后的轮齿效果

10）执行“环形阵列”命令，命令行提示与操作如下：

```
命令: _arraypolar
选择对象:                                          选择刚绘制完成的轮齿
选择对象:                                          回车结束选择
类型 = 极轴  关联 = 是
指定阵列的中心点或 [基点(B)/旋转轴(A)]:              选择两个大同心圆圆心
选择夹点以编辑阵列或 [关联(AS)/基点(B)/项目(I)
/项目间角度(A)/填充角度(F)/行(ROW)/层(L)
/旋转项目(ROT)/退出(X)] <退出>:
```

在打开的“阵列创建”选项卡中进行各项参数的设置，其中“项目数”为 24、“填充角度”为 360°、“行数”为 1、旋转项目（指将选项卡的“特性”选区中的“旋转项目”选项按钮选中），其余各项为默认值，设置结果如图 3-10 所示。设置完成后按<Enter>键，完成阵列操作。结果如图 3-11 所示。

11）执行“修剪”命令，将轮齿与大圆间的多余的部分剪去，这样就得到了一个齿轮。结果如图 3-12 所示。

12）执行菜单“绘图”→“边界”命令，或在“绘图”选项面板的展开区中选择“边界”工具，打开“边界创建”对话框，对话框中的各选项设置如图 3-13 所示。

类型	项目		行		层级		特性	关闭
极轴	项目数:	24	行数:	1	级别:	1	关联 基点 旋转项目 方向	关闭阵列
	介于:	15	介于:	20	介于:	1		
	填充:	360	总计:	20	总计:	1		

图 3-10　设置后的“阵列创建”选项卡

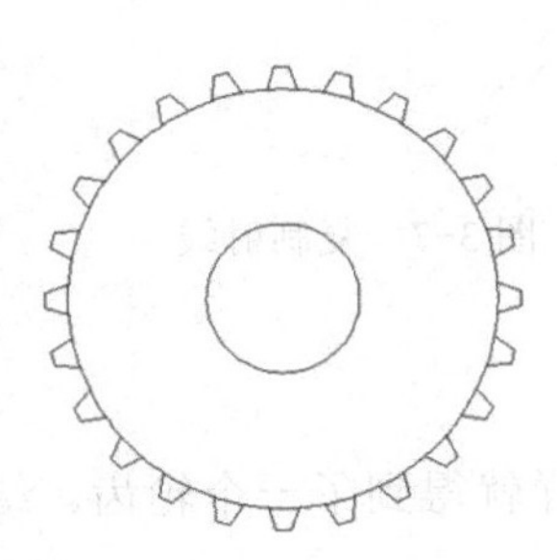

图 3-11　阵列后的轮齿效果

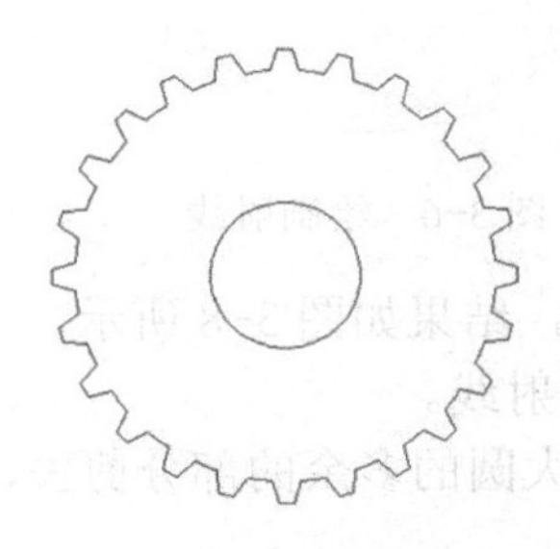

图 3-12　修剪后的轮齿效果

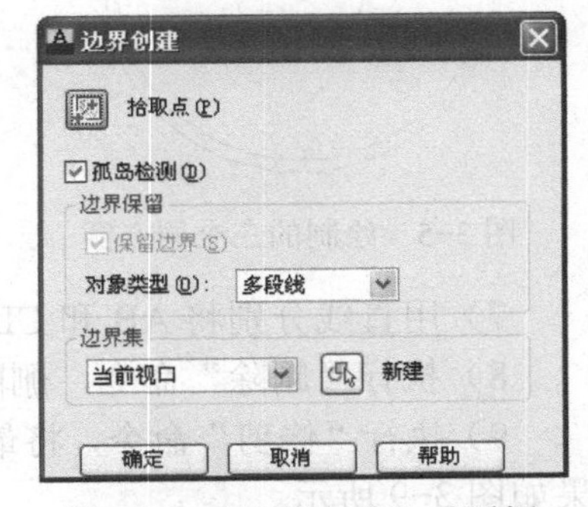

图 3-13　“边界创建”对话框

13）单击对话框中的“拾取点”按钮，回到绘图区，在齿轮大圆与小圆之间的空白处单击（此时可以看到齿轮的轮廓线变成了虚线）。按<Enter>键后，齿轮就变成了两条多段线构成的图形。

14）加粗构成齿轮的轮廓线。执行“修改”→“对象”→“多段线”菜单命令，或在“修改”选项面板中单击“多段线修改”按钮，命令行提示及操作如下：

```
命令: _pedit 选择多段线或 [多条(M)]: m                    选择多条选项
选择对象: 找到 1 个                                        选择第一条多段线（小圆部分）
选择对象: 找到 1 个，总计 2 个                             选择第二条多段线（齿轮部分）
选择对象:                                                  回车结束选择
输入选项 [闭合(C)/打开(O)/合并(J)/宽度(W)/拟合(F)/样条曲线(S)/非曲线化(D)/线型生成(L)/反转(R)/放弃(U)]: w
                                                           输入宽度选项
指定所有线段的新宽度: 1                                    指定宽度为 1
输入选项 [闭合(C)/打开(O)/合并(J)/宽度(W)/拟合(F)/样条曲线(S)/非曲线化(D)/线型生成(L)/反转(R)/放弃(U)]:
                                                           按<Enter>键结束操作
```

15）加粗后放大视图会发现，构成轮齿的多段线并不光滑，如图 3-14 所示，因此，还需要对多段线作进一步的处理，使其变得光滑。

16）再次执行多段线编辑命令，对构成轮齿的多段线进行非曲线处理，使其变得光滑。结果如图 3-15 所示。

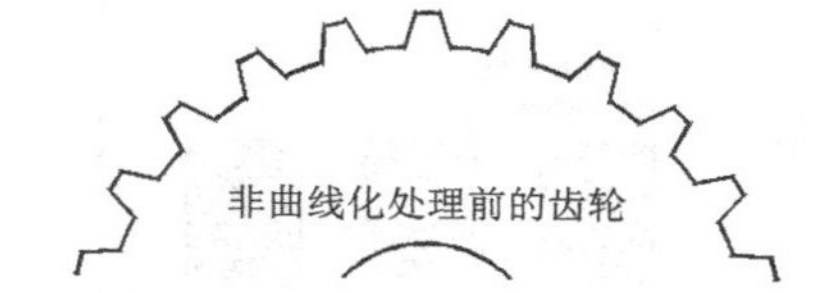

图 3-14 非曲线化处理前的轮齿多段线

图 3-15 非曲线化处理后的轮齿多段线

命令行提示及操作如下：

```
命令: _pedit 选择多段线或 [多条(M)]:                       选中轮齿部分多段线
输入选项 [打开(O)/合并(J)/宽度(W)/编辑顶点(E)/拟合(F)/样条曲线(S)/非曲线化(D)/线型生成(L)/反转(R)/放弃(U)]: d
                                                           选择非曲线化选项
输入选项 [打开(O)/合并(J)/宽度(W)/编辑顶点(E)/拟合(F)/样条曲线(S)/非曲线化(D)/线型生成(L)/反转(R)/放弃(U)]:
                                                           按<Enter>键结束操作
```

17）对绘制完的图形进行图案填充。执行“图案填充”命令，打开“图案填充创建”功能选项卡，在“图案”选项面板中选择“ANSI31”图案，在“特性”选项面板中将“填充图案比例”设为 10，其他选项取默认值。

18）用鼠标单击要填充区域中的一点，完成图案填充。填充后的效果如图 3-1 所示。

知识拓展

1. “图案填充创建”功能选项卡的初始化设置

在 AutoCAD 2013 中，用户可以通过“图案填充创建”功能选项卡快速地进行图案填充与渐变色填充的操作。但是用户还可以通过“图案填充与渐变色”对话框来对“图案填充创建”功能选项卡进行初始化设置，使其更符合自己的要求，操作起来更加方便快捷。

执行菜单“绘图”→“图案填充”命令，或在“功能区”的“常用”选项卡的“绘图”

选项面板中单击“图案填充”按钮▦，然后在命令行中输入“T”或在打开的“图案填充创建”功能选项卡的“选项”选项面板中单击“图案填充设置”按钮↘，系统打开“图案填充与渐变色”对话框，如图 3-16 所示。

对话框中各主要选项的功能如下。

1）“图案填充”选项卡。此选项卡中的各选项用来确定填充时所使用的图案及其相关参数的设置。选项卡中各选项的功能如下。

①“类型和图案”选项组：用于设置填充图案的类型、图案及颜色。

类型：此下拉列表框用于确定填充图案的类型，其中包括“预定义”“用户定义”和“自定义”3 种类型。“预定义”使用 AutoCAD 标准图案文件（ACAD.PAT 文件）中的图案来填充。“用户定义”使用当前线形临时定义图案来填充；“自定义”选用 ACAD.PAT 图案文件或其他图案文件（.pat 文件）中的图案来填充。

图案：该下拉列表框只有在选择了“预定义”类型时可用，用于确定标准图案文件中的填充图案。单击右侧的下三角按钮，弹出下拉列表，用户可以从中选取以文件名的形式显示的系统预定义好的填充图案，选取所需的图案后，在“样例”框内会显示出该图案。用户也可以单击“图案”下拉列表框右边的…按钮，弹出“填充图案选项板”对话框，可以从中确定所需的图案。

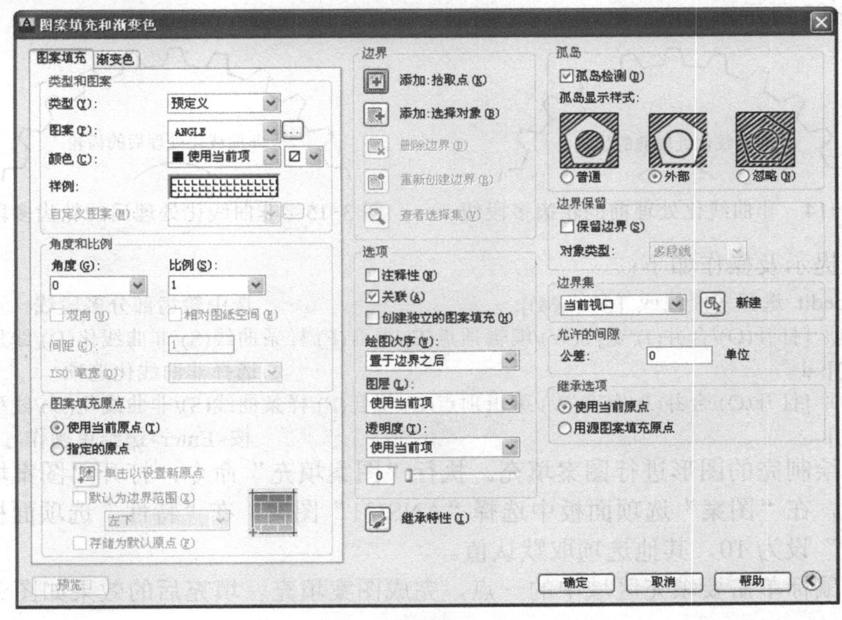

图 3-16 “图案填充与渐变色”对话框

颜色：用于设置填充图案的颜色与背景色。填充图案的颜色可以选择具体的颜色，也可以指定为“Bylayer”“Byblock”“使用当前项”中的一种；背景色可以是具体的颜色，也可以通过选择“无”来关闭背景色。

样例：此选框用来给出一个样本图案。用户可以通过单击该图案的方式打开“填充图案选项板”对话框，迅速查看或选取已有的填充图案。

自定义图案：此下拉列表框是从用户自己定义的图案文件中选取填充图案。该选项只有在“类型”下拉列表框中选择“自定义”选项后才可使用。

②“角度和比例”选项组：用于设置填充图案的角度及显示比例。

角度：此下拉列表框用于确定填充图案的旋转角度。每种图案在定义时的旋转角度为零，用户可以在列表框中选择或输入所希望的旋转角度。

比例：此下拉列表框用于确定填充图案的比例值，每种图案在定义时的初始比例为 1，用户可以根据需要来放大或缩小填充图案的比例。该选项在“用户定义”类型下不可使用。

说明：填充图案的比例决定了所填充图案的显示状态，当比例很小时，填充出来的图案会非常密集；当比例很大时，填充出来的图案会非常稀疏。在实际应用中可根据需要来调整填充的比例值。系统默认为 1。

双向：此复选框只有在“类型”下拉列表框中选用“用户定义”选项时才可以使用。用于确定用户临时定义的填充线是一组平行线，还是相互垂直的两组平行线。

相对于图纸空间：此复选框确定是否相对于图纸空间单位确定填充图案的比例值。选择此选项，可以按照适合于版面布局的比例方便地显示填充图案。该选项仅适用于图形版面编排。

间距：此选项只有当在“类型”下拉列表框中选用“用户定义”选项时才可以使用。用于指定线之间的间距，使用时，只要在“间距”文本框内输入值即可。

ISO 笔宽：此下拉列表框告诉用户根据所选择的笔宽确定与 ISO 有关的图案比例。只有选择了已定义的 ISO 填充图案后，才可以确定它的内容。

③“图案填充原点”选项组：用于确定填充图案时图案生成的起始位置。某些填充图案（如砖块图案）在填充时，起始位置不同，得到的填充效果也不同。在默认情况下，所有的图案填充原点都对应于当前的 UCS 原点。在实际应用中可以根据需要选择“指定的原点”选项及其下一级的选项来重新指定原点。

2）“渐变色”选项卡。渐变色是指从一种颜色到另一种颜色的平滑过渡。渐变色能产生光的效果，可以为图形添加视觉效果。选择该选项卡后可以看到如图 3-17 所示的各选项。

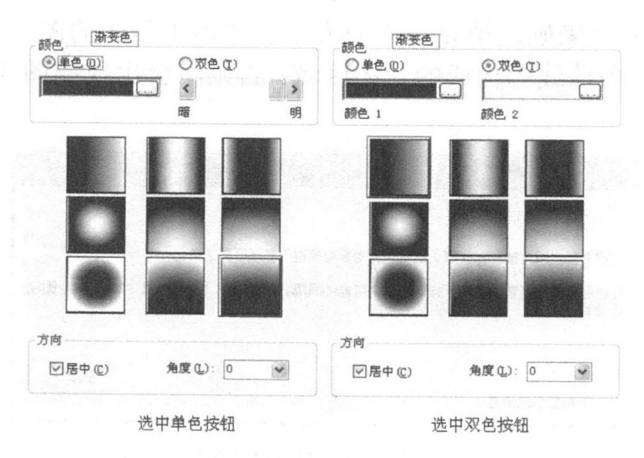

图 3-17　“渐变色”选项卡中的选项

①“颜色”选项组：用于设置填充的颜色。

“单色”单选按钮：选中此单选按钮，系统用单色对所选择的对象进行渐变填充。其下的显示框显示了用户所选择的真彩色，可单击显示框右边的…按钮，打开“选择颜色”对话框选择所需要的颜色。同时在右侧出现明暗控制滑块，用于设置明暗变化程度。

“双色”单选按钮：选中此单选按钮，系统用双色对所选择的对象进行渐变填充。填充颜色将从颜色 1（左边的显示框所显示的颜色）渐变到颜色 2（右边的显示框所显示的颜色）。颜色 1 与颜色 2 的选取与单色选取方法相同。

“渐变方式”样板：系统提供了 9 种渐变方式，包括线形、球形和抛物线形等方式，用户可以根据需要选择一种方式作为渐变色填充的方式。

②“方向”选项组：用于设置渐变色的位置与角度。

“居中”复选框：该复选框决定渐变色填充是否居中。

“角度”下拉列表框：在该列表框中可以输入和选择角度，此角度为渐变色倾斜的角度。

3）“边界”选项组。该选项组用来确定图案填充与渐变色填充的边界。

①“添加：拾取点”按钮：通过用鼠标拾取点的方式自动确定填充区域的边界。单击该按钮，系统返回编辑区，用鼠标在要填充的区域内任意点取一点，AutoCAD 系统会自动确定出包围该点的封闭填充边界，同时这些边界以高亮度显示，效果如图 3-18 所示。

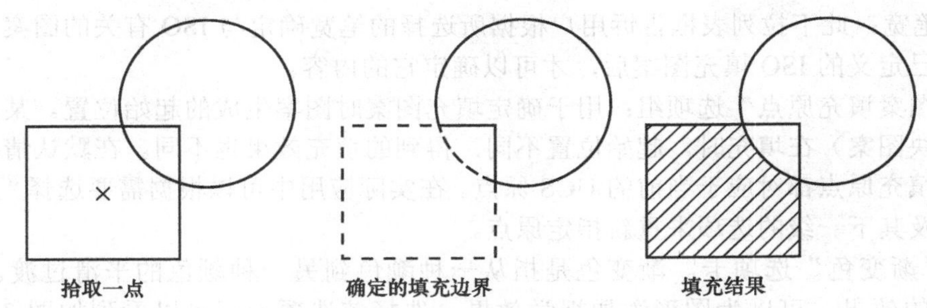

图 3-18　通过拾取点的方式确定边界

这种用拾取点的方式来确定填充边界的方法仅适用于封闭的图形对象或是由线、圆、圆弧、二维多段线、样条曲线等构成的封闭区域。否则将会出现如图 3-19 所示的对话框而无法确定填充边界。

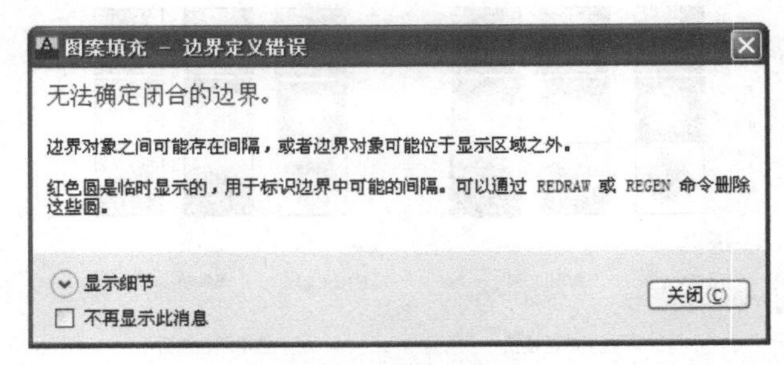

图 3-19　“边界定义错误”提示对话框

②“添加：选择对象”按钮：通过选取对象的方式来确定填充区域的边界。单击该按钮，系统返回编辑区，选择所需要的对象，被选中对象的轮廓线作为填充区域的边界，同时这些边界以高亮度显示，效果如图 3-20 所示。

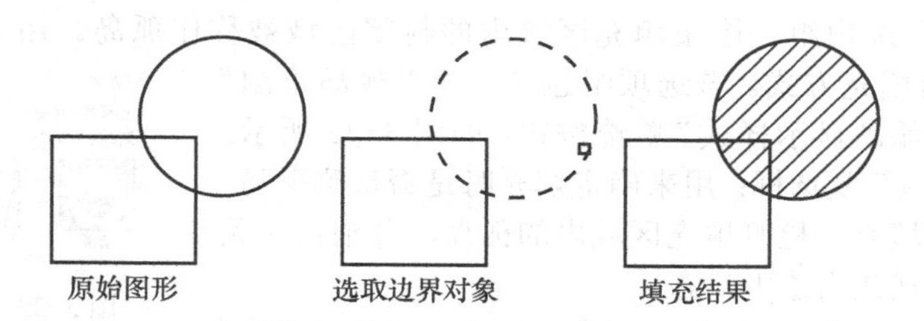

图 3-20　通过选择对象的方式确定边界

这种通过选择对象的方式来确定填充边界的方法用于对每个对象进行填充，所选对象轮廓线构成的边界可以是不封闭的。但是不封闭边界的填充与封闭边界的填充是有区别的。不封闭边界的填充是一种不完全的填充，效果如图 3-21 所示。

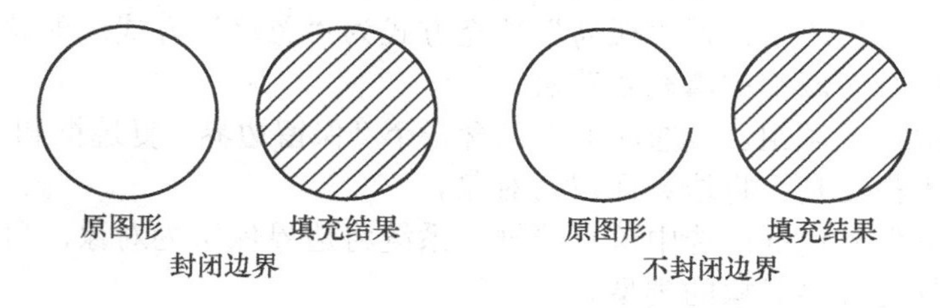

图 3-21　封闭边界与不封闭边界的填充

③“删除边界”按钮：从定义的边界中删除部分或全部边界。

④“重新创建边界”按钮：围绕选定的图案填充或填充对象创建多段线。

⑤“查看选择集”按钮：观看填充区域的边界。

4）“选项”选项组。该选项组用来设置填充图案与边界的关系及填充图案的独立性。

①“注释性”复选框：指定图案填充是否使用注释性。选中该复选框，图案填充为注释性填充对象。使用此特性，用户可以自动完成缩放注释的过程，从而使注释能够以正确的大小在图纸上打印或显示。用户不必在各个图层以不同尺寸创建多个注释，而可以按对象或样式打开注释性特性，并设置布局或模型视口的注释比例。注释比例控制注释性对象相对于图形中的模型几何图形的大小。文字、标注、图案填充、公差、多重引线、块、属性等对象通常用于注释图形，并包含注释性特性。

②“关联”复选框：控制填充图案与边框的关联性，关联的图案填充在用户修改边界时，填充图案会自动更新。

③“创建独立的图案填充”复选框：控制当指定了几个单独的闭合的边界时，是创建一个图案填充对象，还是创建多个图案填充对象。

④“绘图次序”下拉列表框：指定填充图案的绘图顺序，填充图案可以放在所有其他对象之后、所有其他对象之前、图案填充边界之后或图案填充边界之前。

⑤“图层”下拉列表框：这是 AutoCAD 2013 的新增功能，为指定的图层指定新图案填充对象，替代当前图层。选择“使用当前项”可使用当前图层。

⑥“透明度”下拉列表框：这是 AutoCAD 2013 的新增功能，用于设定新图案填充或填充的透明度，替代当前对象的透明度。选择“使用当前项”可使用当前对象的透明设置。

5）“孤岛”选项组。图案填充区域内的封闭区域被称作孤岛。用户可通过此选项组来设置它们的填充方式。该选项组包含一个“孤岛检测”复选框和三个“孤岛显示样式”单选按钮，如图 3-22 所示。

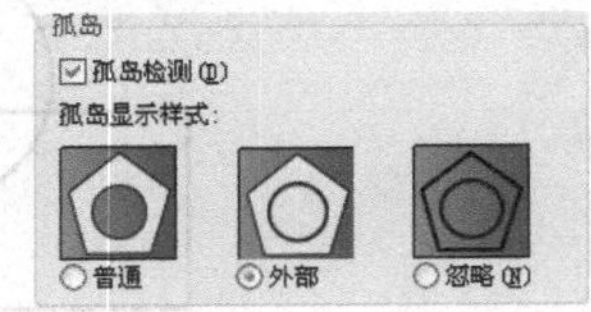

图 3-22　孤岛选框区

①“孤岛检测”复选框：用来确定填充时是否检测孤岛。选中该复选框，填充时检测填充区域内的孤岛，并根据相关设置进行填充。默认为选中状态。

②“普通”单选按钮：设置“孤岛”填充方式为“普通”方式。即从最外边界向里面填充，当遇到与之相交的内部边界时断开填充线，当再遇到下一个内部边界时再继续填充。该方式为默认孤岛填充方式。

③“外部”单选按钮：设置“孤岛”填充方式为“外部”方式。即从最外边界向里面填充，当遇到与之相交的内部边界时断开填充线，不再继续向里填充。

④“忽略”单选按钮：设置“孤岛”填充方式为“忽略”方式。即忽略边界内的所有对象，边界内的所有区域都被填充线覆盖。

6）“边界保留”选项组。该选项组内包含一个“保留边界”复选框和一个“对象类型”下拉列表框，用来指定是否将边界保留为对象。

①“保留边界”复选框：选中该复选框，系统将边界保留为对象。可从“对象类型”下拉列表框中选择此边界对象的类型。

②“对象类型”下拉列表框：该列表框只有选中了“保留边界”复选框才可用，用来设置边界对象的类型，包括多段线和面域两种。

7）“边界集”选项组。此选项组用于定义边界集。当使用“添加：拾取点”按钮通过指定一确定点的方式确定填充区域时，有两种定义边界集的方式：一种是将包围所指定点的最近的有效对象作为填充边界，即“当前视口”选项，该选项是系统的默认方式；另一种方式是用户自己选定一组对象来构造边界，即“现有集合”选项（注：如果用户没有用“新建”按钮创建边界集，则“现有集合”选项不出现），选定对象通过选框中的“新建”按钮实现，单击“新建”按钮后，AutoCAD 切换到绘图区，并提示用户选取作为构造边界集的对象，此时若选取“现有集合”选项，系统会根据用户指定的边界集中的对象来构造一个封闭边界。

8）“允许的间隙”选项组。此选项组用于设置将对象用作图案填充边界时可以忽略的最大间隙。默认值为 0，即所指定的对象必须是封闭区域而没有间隙。

9）“继承选项”选项组。此选项组中有两个单选按钮，即“使用当前原点”单选按钮和“使用原图案填充的原点”单选按钮。当使用“继承特性”创建图案填充时，通过此选项来控制图案填充原点的位置。

10）“继承特性”按钮。此按钮的作用是继承已有的填充图案的特性。用户单击此按钮，返回绘图区，选择已有的填充图案作为当前的填充图案。

实战演练

1．起步

学生自己动手绘制如图 3-23 所示的八卦图形及如图 3-24 所示的五角星。

八卦图形操作步骤提示：

1）先绘制一个大圆，然后以圆心和上象限点为端点绘制一条直线作辅助线。
2）以绘制的直线为直径画圆，同时在其内部绘制一个同心圆。
3）以同样的方法绘制下面的两个圆或以复制的方法进行复制，然后修剪、填充。

图 3-23　八卦图形

图 3-24　五角星

五角星操作步骤提示：
1）先绘制一个正五边形，然后用直线将两个非相邻的两个端连接。
2）删除正五边形，修剪多余部分。
3）创建边界并填充。

2．进阶

学生自己动手绘制如图 3-25 所示的公园长廊平面图。

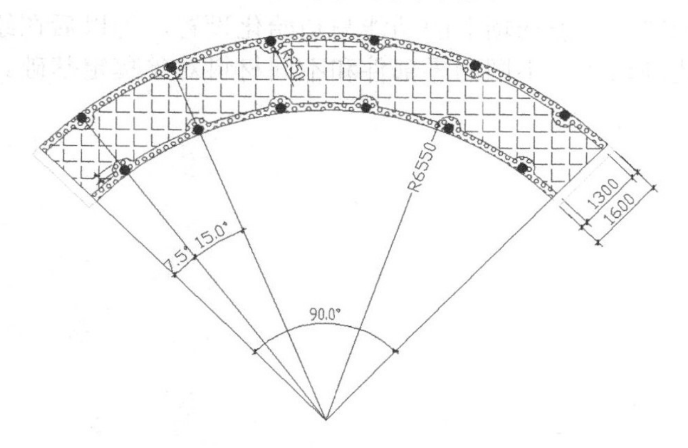

图 3-25　公园长廊平面图

公园长廊平面图操作步骤提示：
1）利用构造线绘制框架，确定位置。
2）绘制立柱及装饰边。
3）修剪、填充。

3．提高

学生自己动手绘制如图 3-26 所示的风雨亭立面图（尺寸自定）。
风雨亭立面图操作步骤提示：
1）利用多段线绘制一侧亭顶，并利用矩形绘制该侧的立柱，然后镜像得到另一侧。

2）绘制横梁和栏杆。

3）修剪、填充。

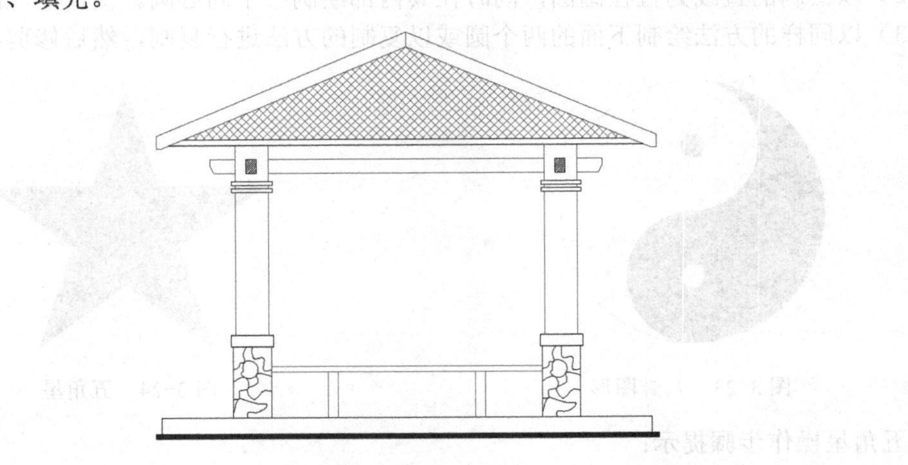

图 3-26　风雨亭立面图

项目小结

本项目主要阐述了 AutoCAD 2013 中图案填充与渐变色填充的基本方法与步骤，同时介绍了“图案填充创建”功能选项卡的功能与初始化设置。为以后在绘制建筑图、机械图等工程图中，来表达剖切面、不同的零部件和不同材料对象奠定基础。

项目4　使用文字与表格

能力目标

1）了解 AutoCAD2013 中的文字与表格的功能。
2）掌握 AutoCAD2013 中的文字样式的创建与使用。
3）掌握 AutoCAD2013 中的表格样式的创建与使用。
4）掌握 AutoCAD2013 中的文字与表格的基本编辑方法。

文字与表格是 AutoCAD 图形文件中的一个重要组成部分。在绘制图形时，不仅要绘制出图形，还要在图形中添加一些文字和表格来更加准确地表达各种信息，如技术要求、注释说明、参数表、标题栏等，对图形对象加以解释和说明。

任务8　为图形对象添加文字说明

任务目标

- 了解 AutoCAD2013 中的文字对象的功能与特点
- 掌握 AutoCAD2013 中的文字样式的设置方法
- 掌握 AutoCAD2013 中的文本的创建与编辑方法
- 掌握 AutoCAD2013 中的文字标注的基本方法与步骤

任务效果图

本任务将为工程中使用的“行走台车”的立面图添加文字说明。任务的最终效果如图 4-1 所示。

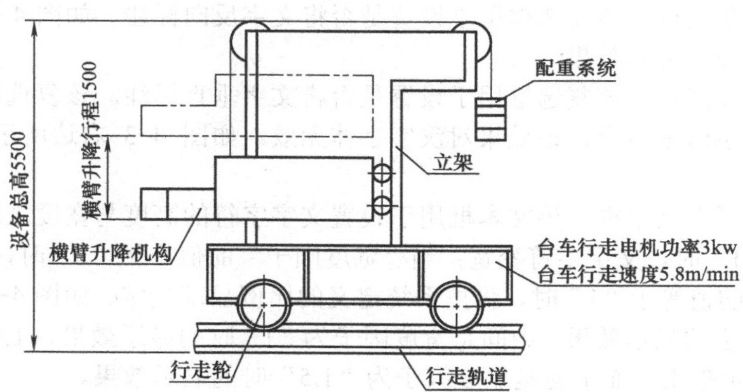

图 4-1　添加文字说明后的行走台车

相关知识

1．定义文字样式

在 AutoCAD 的图形文件中有两类文字对象，一类是单行文字，另一类是多行文字，它们分别由 DTEXT 和 MTEXT 命令来创建。一般情况下，比较简短的文字项目，如标题栏信息、尺寸标注说明等，常采用单行文字，而对带有段落格式信息的文字，如工艺流程、技术条件等，常采用多行文字。

在 AutoCAD 2013 中生成的文字对象，其外观由与它关联的文字样式决定。默认情况下，Standard 文字样式是当前样式，用户可以根据需要创建新的文字样式。

执行“格式”→“文字样式”菜单命令，或在“功能区”的“注释”选项卡中，单击“文字”选项面板右下角的“文字样式”按钮，打开“文字样式”对话框，如图 4-2 所示。通过该对话框可以修改或创建文字样式，并设置文字的当前样式。

对话框中各选项的功能如下。

1）“样式”列表框：列出了当前可以使用的文字样式，默认文字样式为 Standard（标准）。

2）“预览”选项面板：用于预览设置的文字样式的效果，可随着字体的改变和效果的修改动态地显示文字样式。

3）“字体”选项面板：通过“字体名”和“字体样式”两个下拉列表框来设置文字所用的字体及字体的样式。在 AutoCAD 2013 中有两类可用的字体，即 Windows 自带的 TureType（TTF）字体和 AutoCAD 编译的形字体（SHX），当用户在“字体名”的下拉列表框中选择了形字体（SHX）时，“使用大字体”复选框可用，此时，用户可以设置大字体。大字体是指专为亚洲国家设计的文字字体。

4）“大小”选项面板：通过“高度”文本框来设置文字的高度。文字高度的默认状态为“0”，当进行文字标注时，AutoCAD 命令行会提示“指定高度”。但是如果在“高度”文本框中输入了文字高度，则 AutoCAD 不会在命令行中提示指定高度。

5）“效果”选项面板：该选项组包括“颠倒”“反向”“垂直”3 个复选框，“宽度因子”和“倾斜角度”2 个文本框。

①“颠倒”复选框：该复选框用于设置是否将文字倒过来书写。如图 4-3 左边所示的是“文字标注”的颠倒显示效果。

②“反向”复选框：该复选框用于设置是否将文字反向标注。如图 4-3 中间所示的是“文字标注”的反向显示效果。

③“垂直”复选框：该复选框用于设置是否将文字垂直标注。该复选框只有当选定的字体支持双向显示时才可用，该效果对汉字字体无效。如图 4-3 右边所示的是“TEXT”的垂直显示效果。

④“宽度因子”文本框：该文本框用于设置文字字符的高度与宽度之比。当“宽度因子”的值大于“1”时，文字字符变宽；当“宽度因子”的值小于“1”时，文字字符变窄；当“宽度因子”的值等于“1”时，将按系统定义的比例显示文字。如图 4-4 所示为宽度因子取不同值时文字的显示效果，中间是宽度因子为“1”时的显示效果，上面是宽度因子为“0.25”时的显示效果，而下面是宽度因子为“1.5”时的显示效果。

⑤“倾斜角度”文本框：该文本框用于设置文字的倾斜角度。倾斜角度小于“0”时，

文字左倾；倾斜角度等于“0”时，文字不倾斜；倾斜角度大于“0”时，文字右倾。如图 4-5 所示为倾斜角度取不同值时文字的显示效果（注：倾斜角度的取值只能在-85～85 之间），中间是倾斜角度为“0”时的显示效果，上面是倾斜角度为“-45”时的显示效果，下面是倾斜角度为“45”时的显示效果。

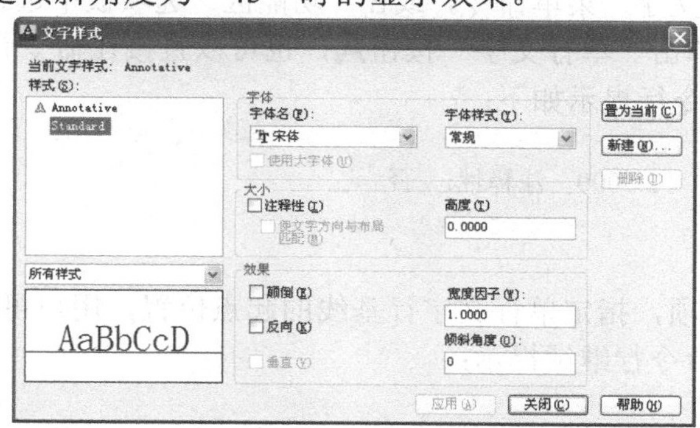

图 4-2 “文字样式”对话框

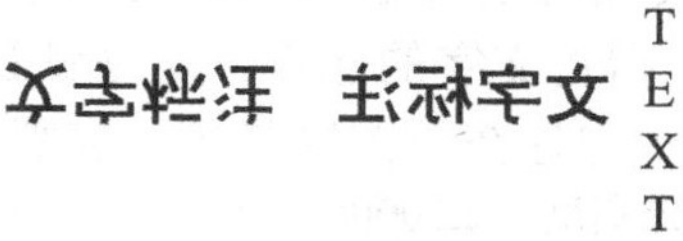

文字标注　T E X T

图 4-3　文字显示效果

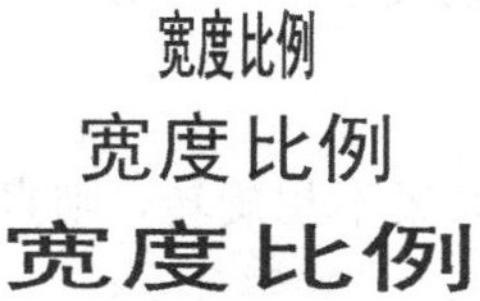

宽度比例

宽度比例

宽度比例

图 4-4　不同宽度因子的文字显示效果

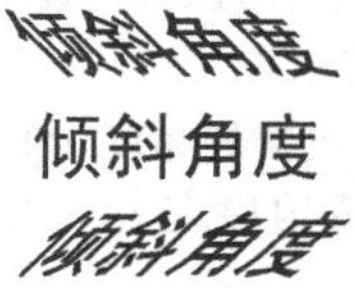

倾斜角度

倾斜角度

倾斜角度

图 4-5　不同倾斜角度值的文字显示效果

6）“置为当前”按钮：单击该按钮，可以将选中的文字样式设置为当前的文字样式。

7）“新建”按钮：单击该按钮，将打开“新建文字样式”对话框，如图 4-6 所示。在该对话框的“样式名”文本框中输入新建文字样式名称后，单击“确定”按钮可以创建新的文字样式。新建文字样式将显示在“样式名”下拉列表框中。

8）“删除”按钮：单击该按钮，可以删除所选择的文字样式，但无法删除已被使用的文字样式和默认的 Standard 样式。当前文字样式正在被使用时，如果单击“删除”按钮，系统将弹出警告信息，如图 4-7 所示。

图 4-6 “新建文字样式”对话框

图 4-7　AutoCAD2013 警告对话框

当所有的设置完成后，单击“应用”按钮表示 AutoCAD 接受了用户对文字样式的设置。

2．修改文字样式

修改文字样式也是在“文字样式”对话框中进行的，其过程与创建文字样式相似，这里不再重复叙述。但修改样式时，用户应注意以下几点：

1）修改完成后，单击“文字样式”对话框中的［应用(A)］按钮，则修改生效，系统立即更新图样中与此文字样式关联的文字。

2）当改变文字样式连接的字体文件时，系统将改变所有文字外观。

3）当修改文字的“颠倒”“反向”及“垂直”特性时，系统将改变单行文字外观。而修改“文字高度”“宽度因子”及“倾斜角度”时，则不会引起已有单行文字外观的改变，但将影响此后创建的文字对象。

4）对于多行文字，只有“垂直”“宽度因子”和“倾斜角度”选项影响其外观。

3．创建单行文字

使用“绘图”→“文字”→“单行文字”菜单命令，或在“功能区”选项板中选择“注释”选项卡，在“文字”选项面板中单击“单行文字”按钮A，也可以直接在命令行中输入 DTEXT 命令，AutoCAD 2013 的命令行提示如下：

```
命令: _text
当前文字样式: “Standard”  文字高度: 2.5000  注释性: 否
指定文字的起点或 [对正(J)/样式(S)]:
```

命令提示行中各选项含义如下。

1）指定文字的起点：这是默认选项，指定单行文字行基线的起点位置，用户可输入，也可以用光标在绘图区指定。完成后命令行继续提示：

```
指定高度 <2.5000>:
```

用户输入一个正数即可，该提示只有在当前所使用的“文字样式”中的高度值设为“0”时才出现。否则 AutoCAD 2013 使用“文字样式”中设置的文字高度。指定高度值后，命令行继续提示：

```
指定文字的旋转角度 <0>:
```

文字旋转角度是指文字行排列方向与水平线的夹角。如果不想旋转，则直接按<Enter>键即可。

2）对正（J）选项：用于设置文字的排列方式。

3）样式（S）选项：选择该选项，命令将出现如下提示：

```
输入样式名或 [?] <Standard>:
```

用户可以输入文字样式的名字，使其成为当前文字样式。也可以输入“？”，显示当前图形文件已有的文字样式。

设置完成后，在编辑区所指定的起点处，光标变成“I”字型，等待用户输入文字，用户输入所需的文字即可。

在信息输入的过程中，经常会遇到某些特殊符号不能通过标准键盘直接输入的情况，如文字的下划线、直径代号、温度单位“°”等。AutoCAD 2013 中提供了相应的控制代码，使用这些控制代码，可以方便用户输出这些符号。表 4-1 中列出了 AutoCAD 2013 中常用的特殊字符控制代码。

表 4-1　常用特殊字符控制代码

控制代码	表示字符
%%O	表示打开或关闭文字上划线
%%U	表示打开或关闭文字下划线
%%D	表示温度单位“度”的符号“°”
%%P	表示正负符号“±”
%%C	表示直径符号“φ”
%%%	表示百分号“%”
\U+2248	表示几乎相等“≈”
\U+2260	表示不相等“≠”
\U+2126	表示欧姆符号“Ω”
\U+2082	表示下标 2
\U+00B2	表示上标 2
\U+2220	表示角度符号“∠”

4．创建多行文字

单行文字虽然可以在输入过程中按<Enter>键换行，但换行之后就被系统认为是一个新的单行文字对象。要创建单一对象的多行文字段落，就需要使用多行文字。多行文字又称为段落文字，多行文字对象可以包含一个或多个文字段落，所有的段落都被看做一个对象处理。在AutoCAD 制图中，经常使用多行文字来创建较为复杂的文字说明，如图样的技术要求等。

使用“绘图”→“文字”→“多行文字”菜单命令，或在“功能区”选项板中选择“注释”选项卡，在“文字”选项面板中单击“多行文字”按钮A，也可以直接在命令行中输入 MTEXT 命令，命令行提示如下：

```
命令: _mtext 当前文字样式: “Standard” 文字高度: 2.5 注释性: 否
指定第一角点:
```

用户指定第一角点后，命令行继续出现如下提示：

```
指定对角点或 [高度(H)/对正(J)/行距(L)/旋转(R)/样式(S)/宽度(W)/栏(C)]:
```

通过指定对角点，在绘图窗口中指定一个用来放置多行文字的矩形区域，系统将打开创建多行文字的在位文字编辑器，如图 4-8 所示，同时打开“文字编辑器”选项卡，如图 4-9 所示。

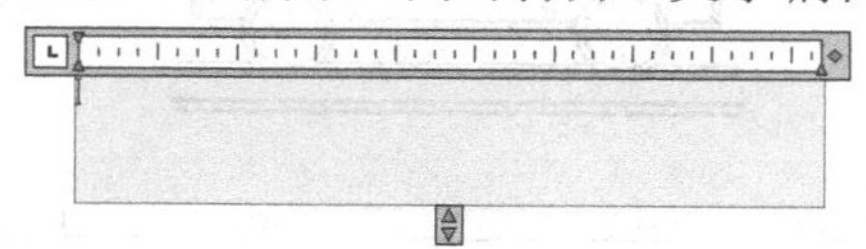

图 4-8　在位文字编辑器

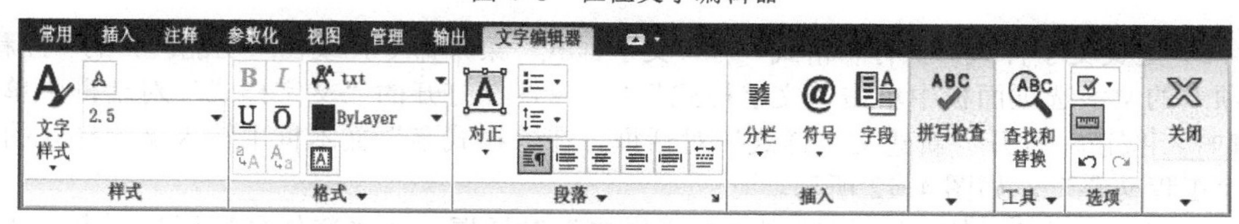

图 4-9 “文字编辑器”选项卡

“文字编辑器”选项卡提供了各种编辑操作功能，该选项卡会随着文字编辑关闭而自动关闭。

绘制流程

绘制或打开图形文件→定义文字样式→标注文字，效果如图 4-10 所示。

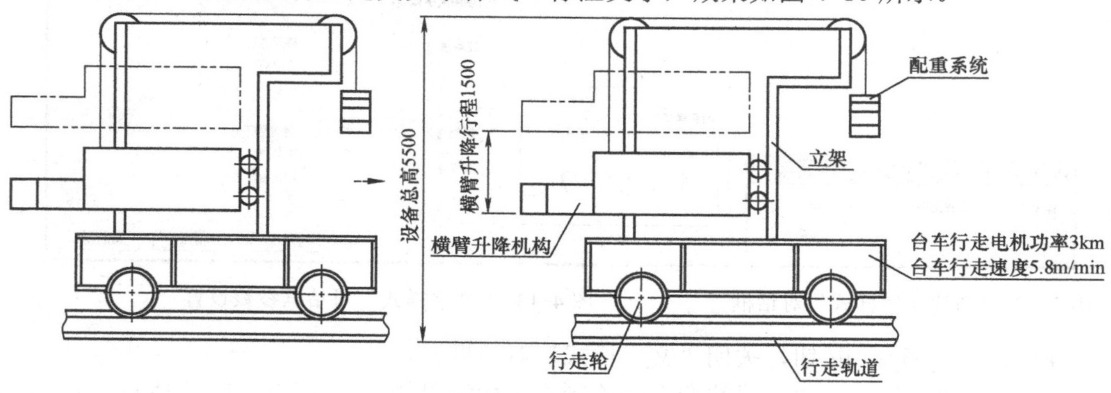

图 4-10　文字标注流程

步骤详解

1）启动 AutoCAD 2013，选择“草图与注释”工作空间，打开素材文件“源文件\项目4\行走台车.dwg”，如图 4-11 所示。

说明：本任务的主要目的是如何为 AutoCAD 的图形添加文字说明，因此，这里直接选择事先绘制好的“行走台车”立面图，为其各部分添加文字说明。

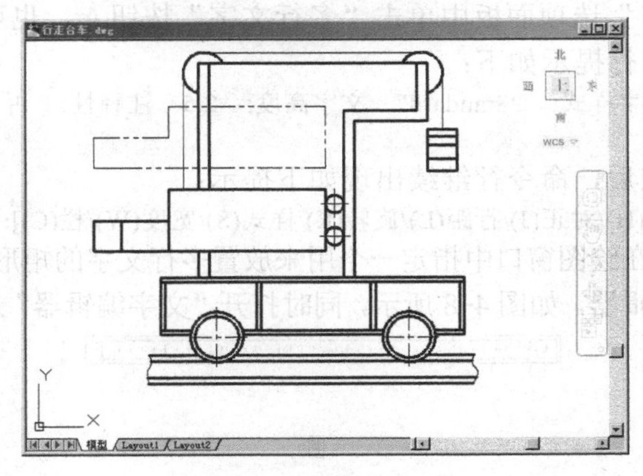

图 4-11　打开源文件

2）定义文字样式。执行“格式”→“文字样式”菜单命令，或在“功能区”的“注释”选项卡的文字选项面板中单击“文字样式”按钮，在打开的“文字样式”对话框中单击新建(N)...按钮，打开“新建文字样式”对话框。在“样式名”文本框中输入文字样式的名称“工程文字”，如图 4-12 所示。

3）单击确定按钮，返回到“文字样式”对话框，在“字体名”下拉列表中选择“gbeitc.shx”。再选择“使用大字体”复选框，然后在“大字体”下拉列表中选择“gbcbig.shx”，其他选项的设置如图 4-13 所示。

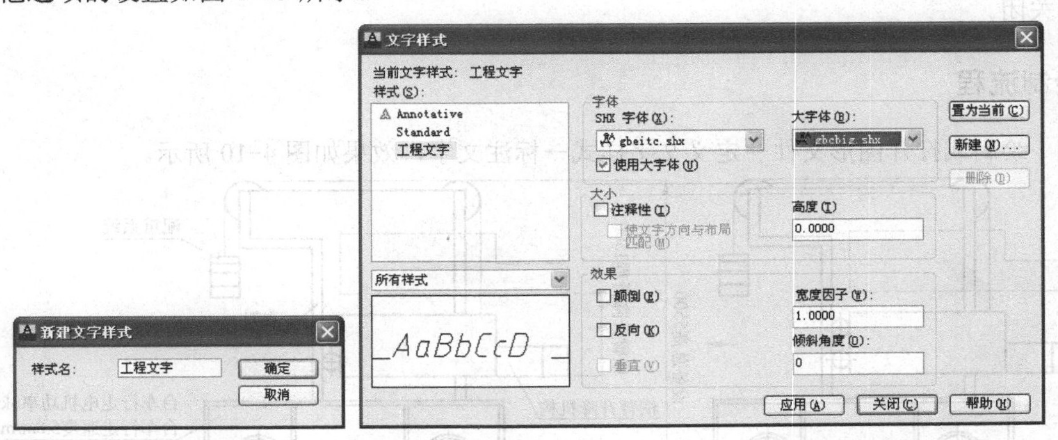

图 4-12　“新建文字样式”对话框　　　　图 4-13　“文字样式”对话框参数设置

4）单击应用(A)按钮，关闭“文字样式”对话框。

5）利用“直线”和“多段线命令”绘制文字标注引线，结果如图 4-14 所示。

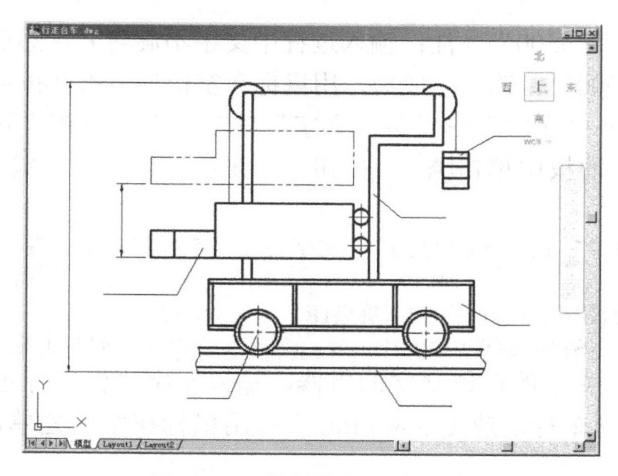

图 4-14　绘制文字标注引线

6）标注文字，结果如图 4-15 所示。具体操作如下：

① 执行“绘图”→“文字”→“单行文字”菜单命令，或在“功能区”的“常用”选项卡中的“注释”选项面板中单击 A 单行文字 按钮，或在命令行中直接输入命令 DTEXT，命令行提示与操作如下：

```
命令: _text
当前文字样式: “工程字”  文字高度: 2.5000  注释性: 否
指定文字的起点或 [对正(J)/样式(S)]:          单击 A 点（见图 4-15）
指定高度 <2.5000>: 5                         输入文字高度值并按<Enter>键
指定文字的旋转角度 <0>:                      直接按<Enter>键，文字不旋转
```

此时，系统等待用户输入文字内容，输入“横臂升降机构”后，用鼠标在 B 点处单击（注：不要按<Enter>键），接着输入文字“行走轮”，然后依次用鼠标在 C、D、E 处单击并输入相应的文字，当在 E 点处输入完文字“配重系统”后，用鼠标在空白处单击并按<Enter>键，结束操作。

② 再次执行“绘图”→“文字”→“单行文字”菜单命令，命令行提示与操作如下：

```
命令: _text
当前文字样式: “工程字”  文字高度: 5.0000  注释性: 否
指定文字的起点或 [对正(J)/样式(S)]:          单击 F 点（见图 4-15）
指定高度 <5.0000>:                           直接按回车，使用默认高度值
指定文字的旋转角度 <0>: 90                   输入文字的旋转角度
```

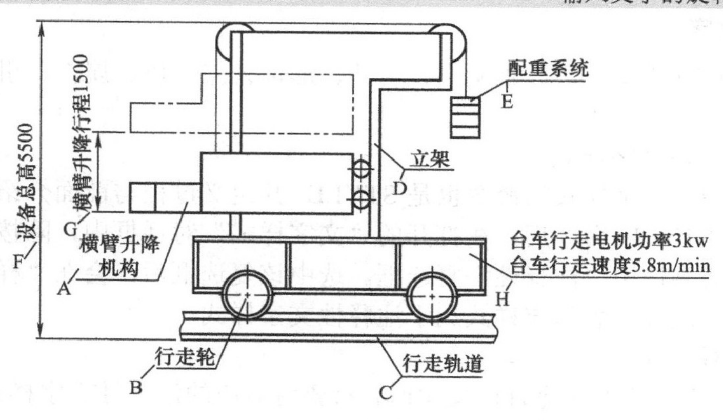

图 4-15　标注文字

输入文字“设备总高 5500”（注：输入过程中文字不旋转），然后在 G 点处单击并输入文字“横臂升降行程 1500”，输入完成后，用鼠标在空白处单击并按<Enter>键，结束操作。

③ 执行“绘图”→“文字”→“多行文字”菜单命令，或在“功能区”的“常用”选项卡中的“注释”选项面板中单击 A 多行文字 按钮，或在命令行中直接输入命令 MTEXT，命令行提示与操作如下：

```
命令: _mtext 当前文字样式: "工程文字" 文字高度: 5 注释性: 否
指定第一角点:                                          单击 H 点（见图 4-15）
指定对角点或 [高度(H)/对正(J)/行距(L)/旋转(R)
            /样式(S)/宽度(W)/栏(C)]:                   向右上拖动鼠标到适当位置后单击
```

系统打开创建多行文字的在位文字编辑器，输入文字“台车行走电机功率 3kw”后按<Enter>键，再输入“台车行走速度 5.8m/min”后用鼠标在空白处单击，结束操作。

说明：

1）在输入文字内容的操作过程中如果发现输入的内容没有正确地显示出来，则大多数情况是因所使用的文字样式所连接的字体不支持中文字符。修改或更换一下文字样式即可。

2）该文字标注也可以用多重引线标注来完成，但本任务主要介绍 AutoCAD 中文字的使用方法，因此，采用先绘制引线再标注文字的方法。有关多重引线的内容，后面会详细介绍。

知识拓展

1. 编辑文字

在 AutoCAD 2013 中可以对标注好的文字进行编辑。执行“修改”→“对象”→“文字”→“编辑”菜单命令，或单击“文字”工具栏上的“编辑文字”命令按钮，或直接输入 DDEDIT 命令，AutoCAD2013 命令行提示如下：

```
    选择注释对象或 [放弃(U)]:
```

用户可根据需要选择编辑的文字。在 AutoCAD 2013 中，标注文字时使用的标注方法不同，选择文字后给出的响应也不相同。

如果所选择的文字是用 DTEXT 命令标注的，则选择文字对象后，AutoCAD 2013 会在该文字四周显示出一个方框，此时用户可以直接修改对应的文字。

如果选择的文字是用 MTEXT 命令标注的，则会弹出在位文字编辑器，并在该对话框中显示出所选择的文字，供用户编辑、修改。

2. 注释性文字

在 AutoCAD 2013 中，可以将文字、尺寸、形位公差、块、属性、引线等对象指定为注释性对象。

（1）定义注释性文字样式

用于定义注释性文字样式的命令也是 STYLE，其定义过程与前面介绍的文字样式定义过程类似。执行 STYLE 命令后，在打开的“文字样式”对话框中，除按前面介绍的过程设置样式外，还必须选中“注释性”复选框。选中该复选框后，会在“样式”列表框中的对应样式名前显示图标，表示该样式属于注释性文字样式。

（2）标注注释性文字

用 DTEXT 或 MTEXT 命令标注文字时，只要将对应的注释性文字样式设为当前样式，或选择标注注释性文字，然后按前面介绍的标注方法进行标注即可。

实战演练

1．起步

学生自己动手，利用单行文字命令，标注如下说明文字。结果如图 4-16 所示。

操作提示：

1）设置文字样式。字体：宋体；文字高度：5，其他默认。

2）一行输入完成后，直接按<Enter>键即可输入下一行。

3）使用控制代码“\U+00B2”输入上标 2。

2．进阶

学生自己动手，利用多行文字命令，标注如图 4-17 所示的技术要求说明文字。

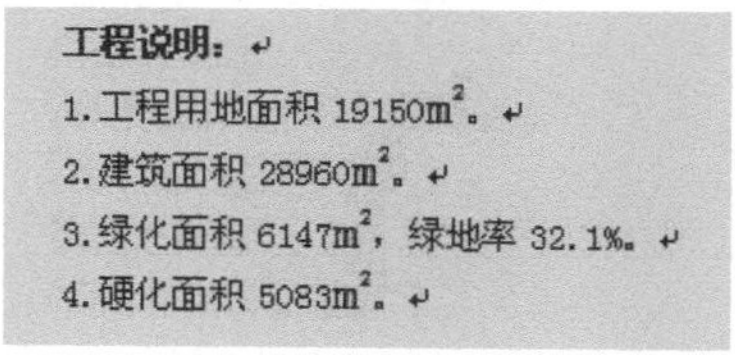

工程说明：

1.工程用地面积 19150m²。

2.建筑面积 28960m²。

3.绿化面积 6147m²，绿地率 32.1%。

4.硬化面积 5083m²。

图 4-16　说明文字

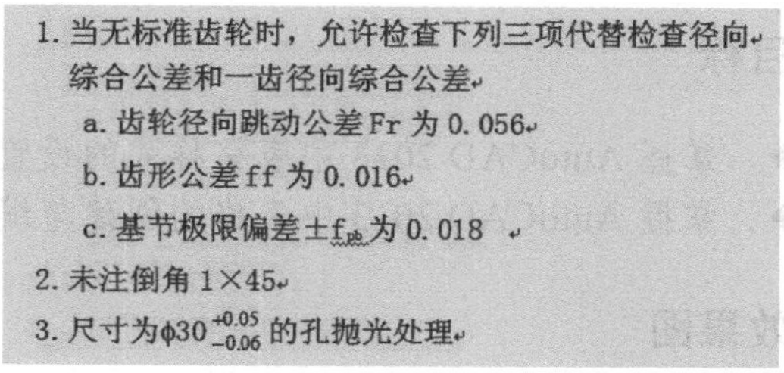

1. 当无标准齿轮时，允许检查下列三项代替检查径向综合公差和一齿径向综合公差

a. 齿轮径向跳动公差 Fr 为 0.056

b. 齿形公差 ff 为 0.016

c. 基节极限偏差 $\pm f_{pb}$ 为 0.018

2. 未注倒角 1×45

3. 尺寸为 $\phi 30^{+0.05}_{-0.06}$ 的孔抛光处理

图 4-17　技术要求说明文字

操作提示：

1）设置文字样式。字体：宋体；文字高度：5，其他默认。

2）使用“多行文字”命令进行标注。

3）使用“文字编辑器”中的插入符号功能或使用右键快捷菜单中的“符号”命令输入特殊符号“±”和“ϕ”。

4）输入尺寸公差的方法是在 30 的后面输入“+0.05^-0.06”，然后选中这些文字，单击鼠标右键，在弹出的快捷菜单中选择“堆叠”命令。

3．提高

学生自己动手绘制如图 4-18 所示的图形并进行文字标注。

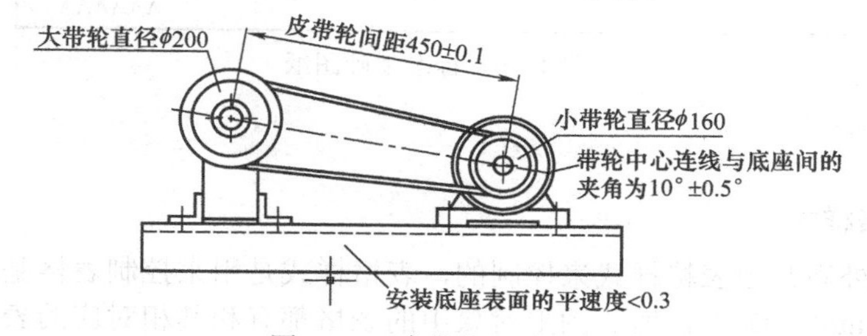

图 4-18　皮带传动效果图

操作提示：

1）用矩形命令绘制安装底座。

2）绘制辅助线，确定传动轴的位置。

3）用画圆命令绘制大小带轮。

4）设置文字样式。中文字体采用“gbcbig.shx”，西文字体采用“gbeitc.shx”宋体，文字高度为 3.5，其他默认。

5）使用“直线”与“多段线”命令绘制引线。

6）使用“单行文字”命令进行文字标注。

任务 9　绘制标准图纸图框

本任务是根据图形的大小使用表格绘制功能绘制一个表格作为图纸的图框，然后在各个表格单元内输入文字对象。

任务目标

- ◆ 掌握 AutoCAD 2013 中表格样式的设置方法
- ◆ 掌握 AutoCAD 2013 中表格的创建与编辑方法

任务效果图

任务的最终效果如图 4-19 所示。

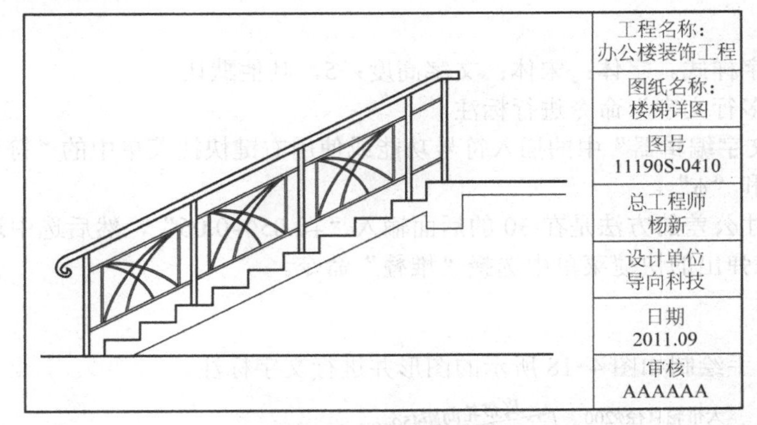

图 4-19　标准基础图纸

相关知识

1. 定义表格样式

表格对象的外观是由表格样式来控制的，表格样式是用来控制表格基本形状和间距的一组设置。在 AutoCAD 中，所有图形对象中的表格都有和其相对应的表格样式。默认情况下，表格样式是“Standard”。使用“Standard”样式所创建的表格的外观如图 4-20 所示，第一行是标题行，第二行是表头行，其他行是数据行。

与文字样式一样，用户可以根据需要自己定义新的表格样式。

执行“格式”→“表格样式”菜单命令，或在“功能区”选项板中选择“注释”选项卡，单击“表格”选项面板右下角的“表格样式”按钮，打开“表格样式”对话框，如图 4-21 所示。通过该对话框用户可以新建、修改及删除表格样式。

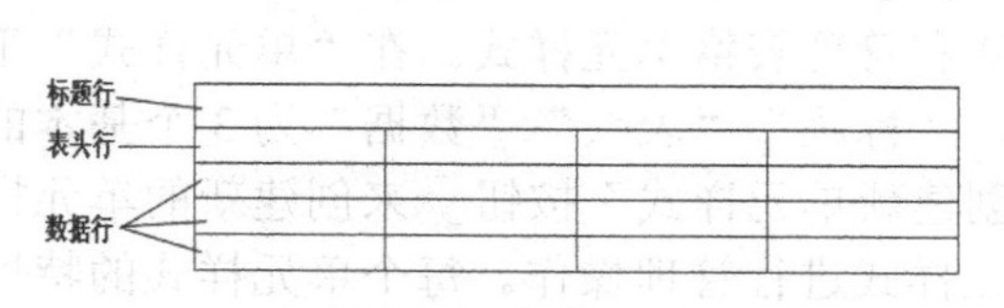

图 4-20　表格对象

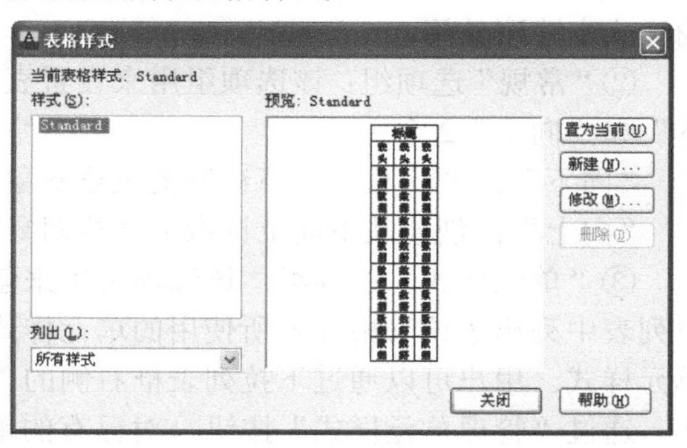

图 4-21　“表格样式”对话框

对话框中各选项的功能如下。

1）“样式”列表框：显示表格样式列表，当前样式被亮显。

2）“列出”下拉列表框：控制“样式”列表框中显示的内容。通常包括“所有样式”和“正在使用的样式”2 种类型。

3）“置为当前”按钮：单击该按钮，将“样式”列表中选定的表格样式设定为当前样式。所有新建表格都将使用此表格样式创建。

4）“新建”按钮：单击该按钮，打开“创建新的表格样式”对话框，如图 4-22 所示。

在“基础样式”下拉列表中选择一个新样式的原始样式，如“Standard”，该原始样式为新样式提供默认设置；在“新样式名”文本框中输入新的样式名（如“我的表格”）后，单击 继续 按钮，将打开“新建表格样式”对话框，如图 4-23 所示。

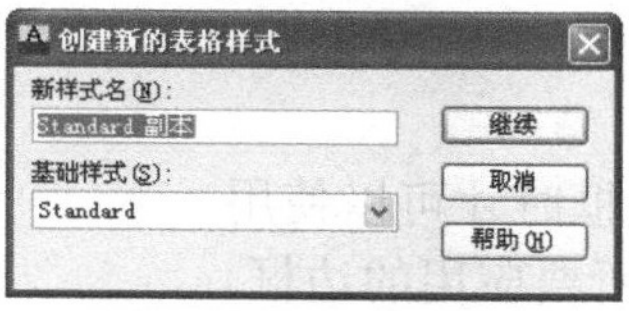

图 4-22　“创建新的表格样式”对话框

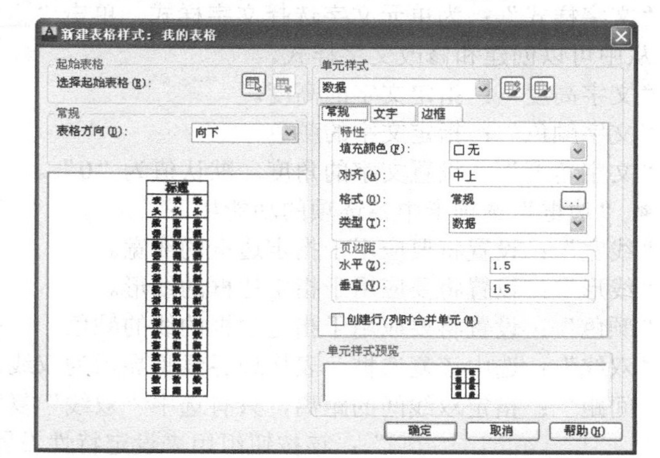

图 4-23　“新建表格样式”对话框

对话框中各选项的功能如下。

①“起始表格”选项组：该选项组包含 2 个按钮。

按钮：单击该按钮，返回到绘图区，用户可以在图形中指定一个表格作为样例来设置此表格样式的格式，选择表格后，可以指定要从该表格复制到表格样式的格式和内容。

按钮：单击该按钮，从此表格样式中删除起始表格。此按钮只有在选择了起始表格的样式中才可使用。

②“常规”选项组：该选项组用来设置表格的方向，在“表格方向”下拉列表中有“向下”和“向上”2个选项。

“向下”：创建从上向下读取的表格对象。标题行和表头行位于表格的顶部。

“向上”：创建从下向上读取的表格对象。标题行和表头行位于表格的底部。

③“单元样式”选项组：该选项组用来创建和管理表格单元样式。在“单元样式”下拉列表中列出了该表格样式所使用的单元样式，“标题”“表头”“数据”为3个基本的单元样式。用户可以通过下拉列表框右侧的“创建新单元样式”按钮来创建新的单元样式。通过“管理单元样式”按钮对已有的单元样式进行管理操作。每个单元样式的特性通过“常规”“文字”和“边框”3个选项卡来设置。

- “常规”选项卡中各选项的功能如下。

“填充颜色”：指定表格单元的背景颜色。默认值为“无”。

“对齐”：设置表格单元中文字的对齐方式。

“格式”：为表格中的“数据”“表头”或“标题”行设置数据类型和格式。

“类型”：为单元样式指定类型、数据或标签。

“水平”：设置单元中的文字与左右单元边框之间的距离。

“垂直”：设置单元中的文字与上下单元边框之间的距离。

“创建行/列时合并单元”：该复选框用于将使用当前单元样式创建的所有新行或新列合并为一个单元。可以使用此选项在表格的顶部创建标题行。

- “文字”选项卡中各选项的功能如下。

“文字样式”：为单元文字选择文字样式。单击“...”按钮，打开“文字样式”对话框，从中可以创建和修改文字样式。

“文字高度”：指定文字的高度。

“文字颜色”：指定文字的颜色。

“文字角度”：设置文字的角度。默认值为“0”。

- “边框”选项卡中各选项的功能如下。

“线宽”：设置将要应用于指定边框的线宽。

“线形”：设置将要应用于指定边框的线形。

“颜色”：设置将要应用于指定边框的线的颜色。

“双线”：选中该复选框，表格边界线将显示为双线。

“间距”：指定双线间的距离，只有选中“双线”复选框时才可以使用。

“”：该按钮组用来设定特性设置所要应用的边框。

5）“修改”按钮：单击该按钮，将打开“修改表格样式”对话框，对话框中的选项及功能与“新建表格样式”对话框相同。这里不再详述。

6）“删除”按钮：单击该按钮，删除“样式”列表中选定的表格样式，但不能删除图形中正在使用的样式。

7）“关闭”按钮：单击该按钮，关闭该对话框。

2. 插入表格

执行“绘图”→“表格”菜单命令，或在“功能区”选项板中选择“注释”选项卡，单击“表格”选项面板上的按钮，或直接在命令行中输入 table 命令，打开“插入表格”对话框，如图 4-24 所示。

对话框中各选项的功能如下。

1）“表格样式”选项组：该选项组用于设置要插入表格所使用的表格样式。在“表格样式”下拉列表中列出了当前可用的表格样式，也可以单击下拉列表框右侧的按钮，打开“表格样式”对话框，新建和修改表格样式。

2）“插入选项”选项组：该选项组包含 3 个单选按钮，即“从空白表格开始”，选择此单选按钮，创建可以手动填充数据的空表格；“自数据链接”，选择此单选按钮，根据外部电子表格中的数据创建表格；“自图形中的对象数据（数据提取）”，选择此单选按钮，启动“数据提取”向导，根据从对象中选取的数据创建表格。

3）“插入方式”选项组：该选项组包含 2 个单选按钮，即“指定插入点”，选择此单选按钮，插入时需要指定一点作为表格左上角的位置，如果表格样式将表格的方向设定为由下向上读取，则指定点为表格的左下角；“指定窗口”，选择此单选按钮，插入时需通过窗口来指定表格的大小和位置，此时，表格的行数、列数，行高和列宽取决于窗口的大小及列与行的设置。

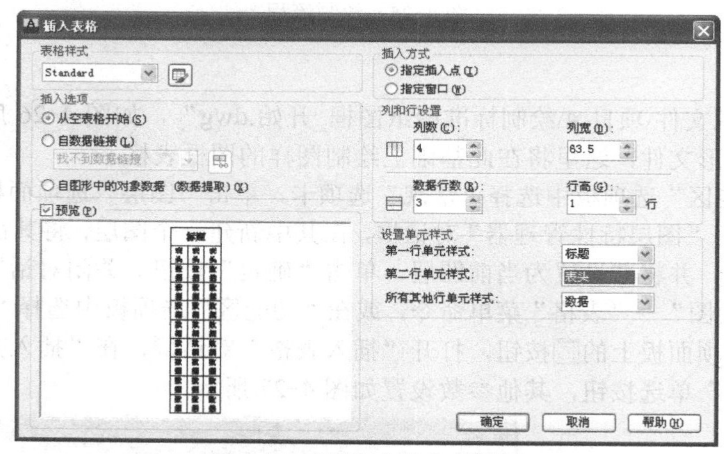

图 4-24 “插入表格”对话框

4）“列和行设置”选项组：该选项组用于设置表格的行数和列数及行高和列宽。

5）“设置单元样式”选项组：该选项组用于为表格的第一行、第二行及其他行来设置单元样式，在默认情况下，第一行使用“标题”单元样式；第二行使用“表头”单元样式；其他行使用“数据”单元样式。

3. 在表格中添加文字信息

在表格的单元中可以很方便地添加文字信息。使用“表格”命令创建表格后，AutoCAD 2013 会使表格的第一单元亮显，同时打开文字编辑器，此时就可以输入文字了。此外，双击某一单元也能将其激活，从而可在其中填写或修改文字。当要移动到相邻的下一个单元时，只需按<Tab>键或使用方向键<←>、<→>、<↑>或<↓>移动即可。

绘制流程

绘制的主要流程如图 4-25 所示。

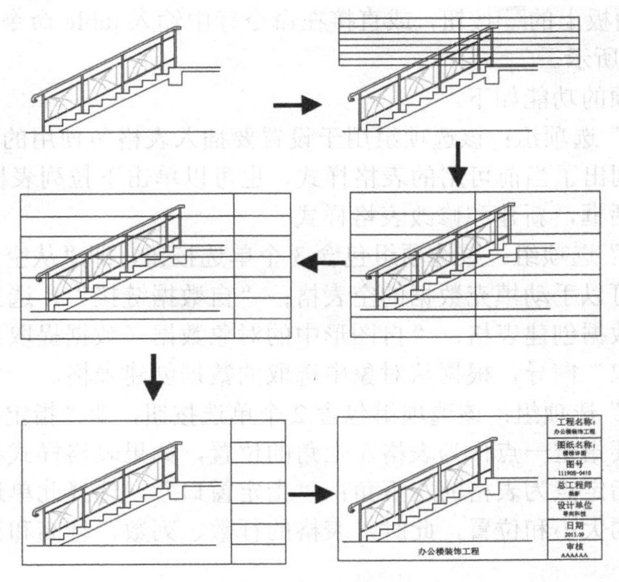

图 4-25　绘制流程

步骤详解

1）打开“源文件\项目 4\绘制标准图纸图框_开始.dwg”，如图 4-26 所示。这是一个已经绘制好的图形文件，这里将在此基础上绘制图样的图框表格。

2）在“功能区”选项板中选择“常规”选项卡，单击“图层”选项面板中的“图层特性”按钮，打开“图层特性管理器”对话框，在其中新建一个图层，将其命名为“表格”，其他为默认设置，并将其设置为当前图层，单击“确定”按钮，关闭对话框。

3）执行“绘图”→“表格”菜单命令，或在“功能区”选项板中选择“注释”选项卡，单击“表格”选项面板上的按钮，打开“插入表格”对话框，在“插入方式”选项组中选中“指定窗口”单选按钮，其他参数设置如图 4-27 所示。

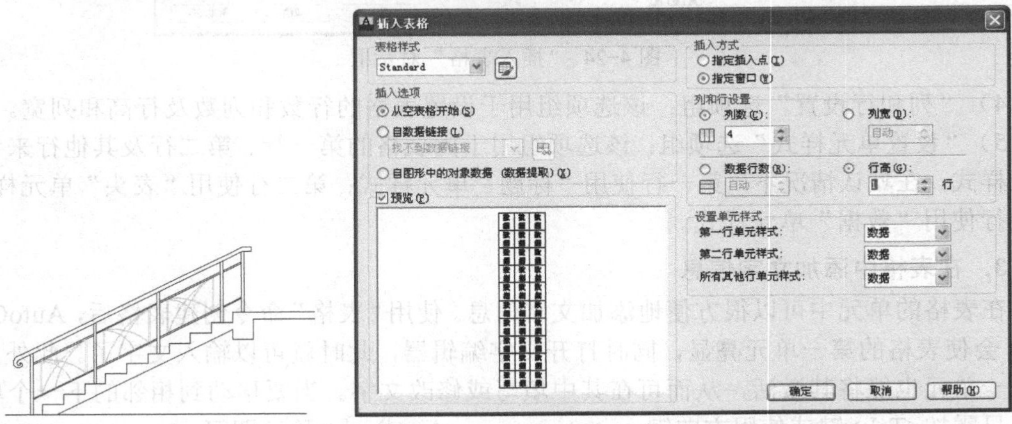

图 4-26　打开图形文件　　　　图 4-27　“插入表格”对话框

4）单击“确定”按钮，关闭对话框。

5）在当前图形左上角位置单击，确定第一角点，向右下方移动鼠标指针后单击，确定表格右下方角点的位置（说明：此时的表格窗口大小并不重要，因为后面将根据需要进一步调整表格属性，包括位置、行和列的尺寸等）。

6）此时进入表格单元输入状态，同时系统自动打开“文字编辑器”选项卡，如图 4-28 所示。

7）因为现在不需要在表格中输入文字内容，所以移动鼠标到表格外并单击，退出输入状态，表格默认形式如图 4-29 所示。

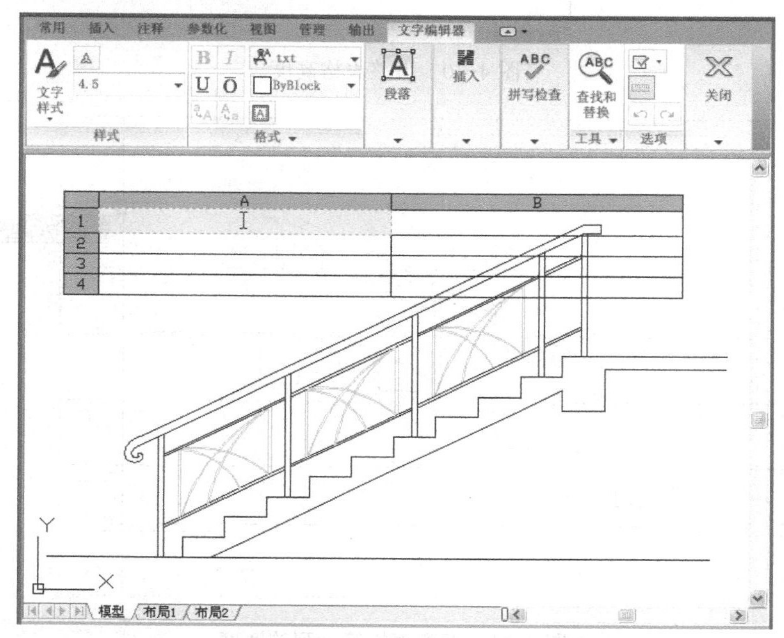

图 4-28 进入表格单元输入状态

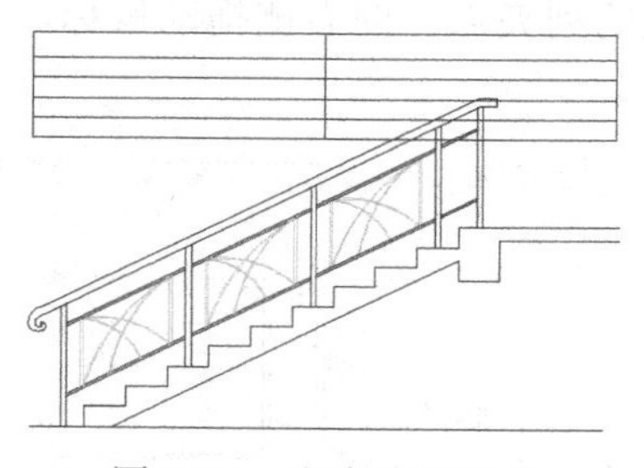

图 4-29 表格默认形式

8）在刚才绘制的表格栅格线上的任意位置单击，选择整个表格对象，表格对象上出现夹点。

9）选择表格左下角的夹点，向下拖动鼠标，调整表格高度，结果如图 4-30 所示。

10）选择表格右上角的夹点，向右侧拖动鼠标，调整表格的宽度。

11）选择表格中间竖线上的列夹点，向右侧拖动鼠标，调整表格第一列的宽度，使当前图形完全位于表格的第一列中，结果如图 4-31 所示。

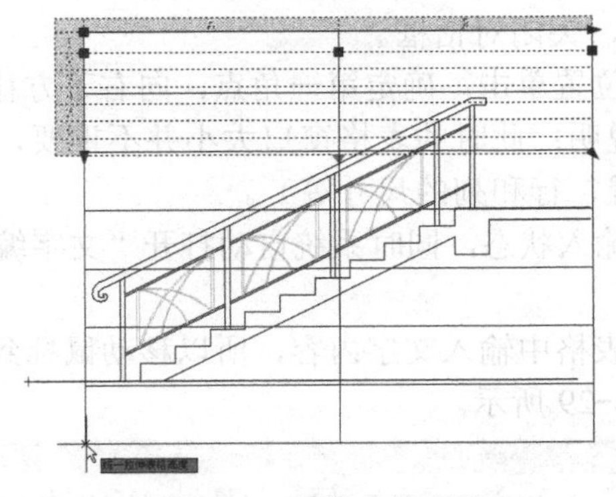

图 4-30　调整表格高度

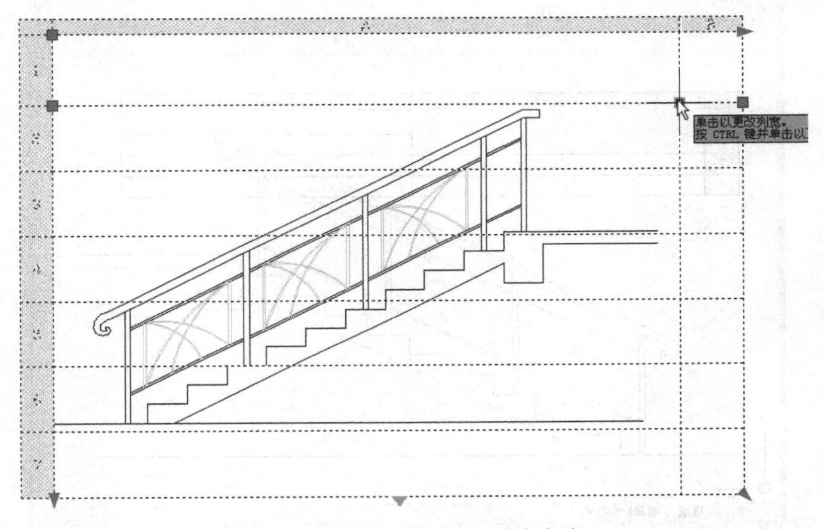

图 4-31　调整表格第一列的宽度

12）选择表格右侧竖线上的列夹点，向右侧拖动鼠标，调整表格第二列的宽度，结果如图 4-32 所示。

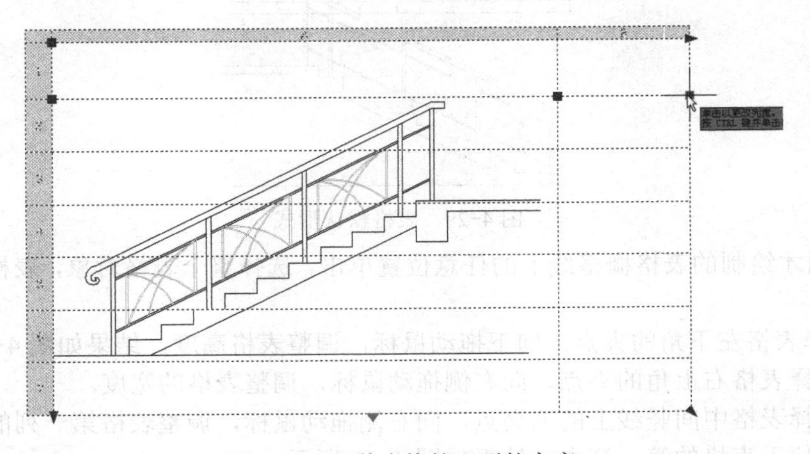

图 4-32　调整表格第二列的宽度

13）单击第一行第一列的单元，然后按住<Shift>键，再单击第一列最后一行的单元，选中第一列的所有单元格，此时系统会自动显示“表格单元”选项卡，如图 4-33 所示。

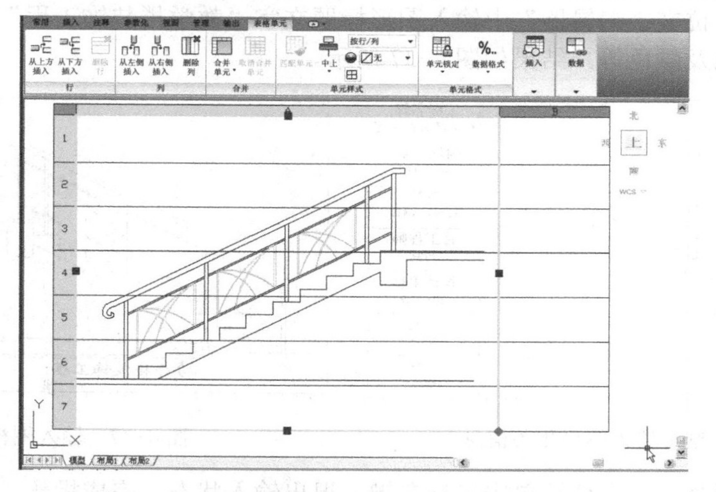

图 4-33　选中第一列的所有单元格

14）单击“表格单元”选项卡中“合并”选项面板中的“合并单元”按钮下面的下拉按钮，在展开的列表中选择“按列合并”命令，将第一列的所有单元合并为一个单元，作为图形单元，结果如图 4-34 所示。

15）双击第二列第一行的单元，进入单元文字输入状态，在其中输入文字“工程名称：”，输入完成后，按<Alt+Enter>组合键，然后继续输入文字“办公楼装饰工程”，然后设置文字的字体、高度以及颜色等格式（“工程名称：”的字体为宋体，字高为 8，颜色为蓝色，加粗；“办公楼装饰工程”的字体为宋体，字高为 6，颜色为黑色，加粗），结果如图 4-35 所示。

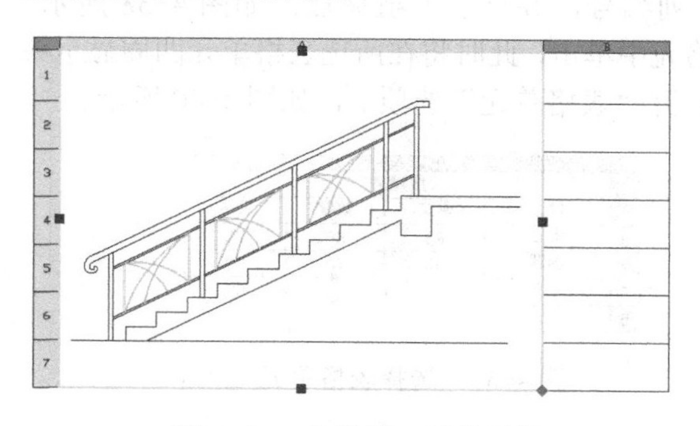

图 4-34　合并第一列单元格

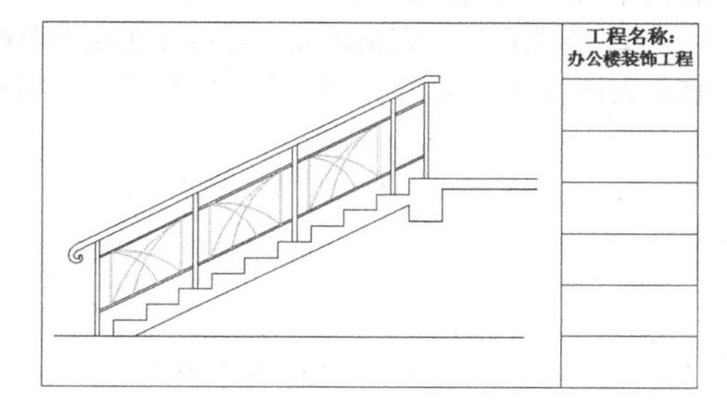

图 4-35　在单元中输入文字

说明：在单元内输入文字时，如果需要换行，则按<Alt+Enter>组合键，如果只按<Enter>键，则会切换到下一个单元格内。

16）按<↓>键、<Enter>键或<Tab>键，切换到下一个单元格，继续输入图纸的相关信息，设置文字的字体、高度以及颜色等，结果如图 4-36 所示。

17）执行“绘图”→“文字”→“多行文字”菜单命令，或在“功能区”选项板中选择“注释”选项卡，在“文字”选项面板中单击“多行文字”按钮，在当前图形下方的适当位置单击，确定多行文字的第一个角点，移动鼠标指针，拖出一个矩形框，再次单击，确定第二个角点，打开“在位文字编辑器”及“文字编辑器”选项卡。

18）在“在位文字编辑器”中输入图形标题文字“教学楼装饰工程”，然后设置文字的字体、高度以及颜色等。结果如图 4-37 所示。

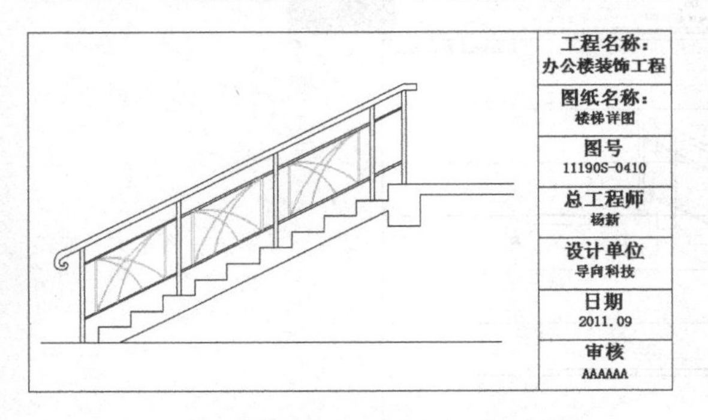

图 4-36 继续输入图样相关信息

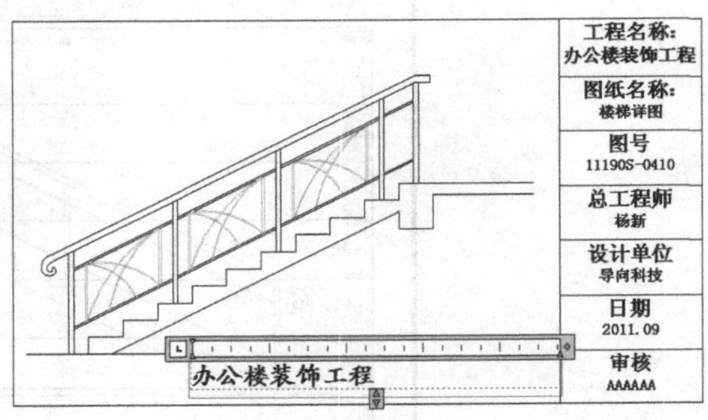

图 4-37 输入图样标题

19）在图形外部任意位置单击鼠标左键，退出输入状态，完成操作。

知识拓展

1. 编辑表格

在 AutoCAD 2013 中，用户可以方便地编辑表格内容，合并表格单元，以及调整表格单元的行高与列宽等。

1）选择表格与表格单元。要对表格进行编辑，首先要选择表格或表格单元。

① 要选择整个表格，可直接单击表线，或利用选择窗口选择整个表格。表格被选中后，表格框线将变为断续线，同时显示表格的行、列编号，并显示一组夹点，如图 4-38 所示。

② 要选择一个表格单元，可直接在该表单格元中单击，此时将在所选表格单元四周显示夹点及表格的行、列编号，如图 4-39 所示。同时打开“表格单元”选项卡，如图 4-40 所示。

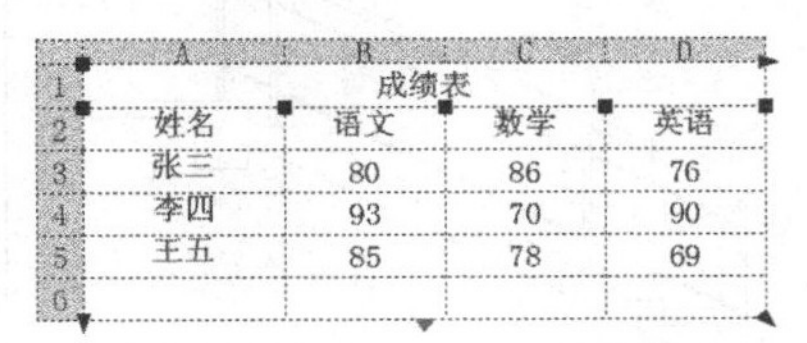

	A	B	C	D
1	成绩表			
2	姓名	语文	数学	英语
3	张三	80	86	76
4	李四	93	70	90
5	王五	85	78	69
6				

图 4-38 选择整个表格

	A	B	C	D
1	成绩表			
2	姓名	语文	数学	英语
3	张三	80	86	76
4	李四	93	70	90
5	王五	85	78	69
6				

图 4-39 选择表格单元

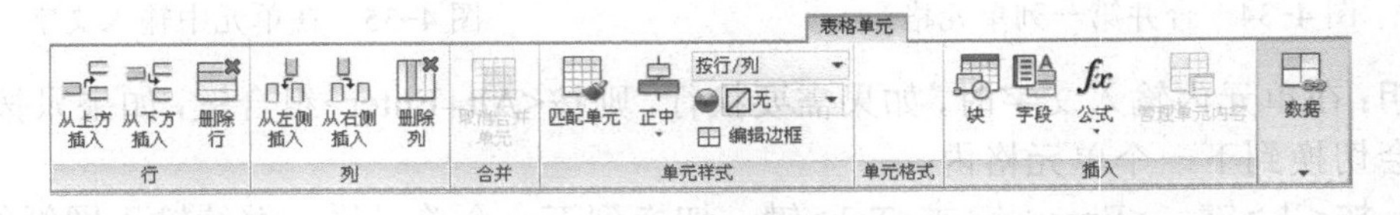

图 4-40 “表格单元”选项卡

③ 要选择表格单元区域，可利用选择窗口来选择，选择框所包含的以及和选择框相交的表格单元均被选中，或先单击要选中的表格单元区域中某个角点的表格单元，然后按住

<Shift>键，在要选择的表格单元区域的对角表格单元中单击，如图 4-41 所示。

④ 要取消表格单元的选择状态，可按<Esc>键，或者直接在表格外单击。

2）编辑表格内容。要编辑表格内容，只需双击表格单元进入文字编辑状态即可。要删除表格单元中的内容，可首先选中表格单元，然后按<Delete>键删除。

3）调整表格的行高与列宽。在表格编辑过程中，经常需要临时调整表格的宽度和高度，以适应输入内容的需要。选中表格后，可通过拖动不同夹点来移动表格的位置，或者调整表格的行高与列宽，这些夹点的功能如图 4-42 所示。

	A	B	C	D
1	成绩表			
2	姓名	语文	数学	英语
3	张三	80	86	76
4	李四	93	70	90
5	王五	85	78	69
6				

图 4-41 选择表格单元区域

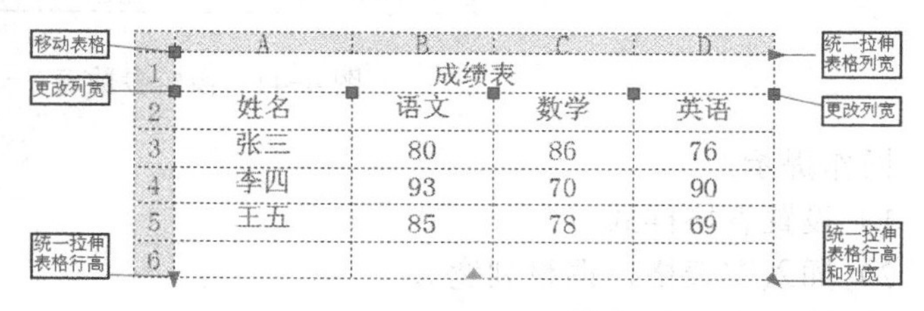

图 4-42 选中表格后各夹点的功能

4）利用“表格单元”选项卡编辑表格。在选中表格单元或表格单元区域后，“表格单元”选项卡被自动打开，通过该选项卡，可对表格进行行或列的删除与插入操作、取消合并单元、设置表格背景、修改表格及单元格的边框等各种编辑操作。

5）另外，还可以在选中表格或表格单元后，单击鼠标右键，在弹出的快捷菜单中对表格进行编辑操作，如合并单元格等。

2. 表格计算

在 AutoCAD 2013 中，可通过在表格中插入公式，来对表格单元执行求和、均值、计数等各种运算。例如，求出图 4-42 中三人的数学部分的成绩，其操作如下：

1）选中要存放部分的单元格 C6，在打开的“表格单元”选项卡中单击“插入”选项面板中的“公式” fx ▾ 按钮，从弹出的公式列表中选择“求和”命令。

2）根据命令行提示分别在 C3 和 C5 表格单元中单击，确定选取表格单元范围的第一个角点和第二个角点，此时，单元格 C6 中显示“=SUM（C3:C5）”，并进入公式编辑状态，可以对公式进行编辑，然后按<Enter>键即可完成求和操作。结果如图 4-43 所示。

成绩表			
姓名	语文	数学	英语
张三	80	86	76
李四	93	70	90
王五	85	78	69
		234	

图 4-43 单元格求和

实践演练

1. 起步

学生自己动手绘制下面的齿轮参数表并添加数据，如图 4-44 所示。

齿　数	Z	24
模　数	M	3
压力角	α	30
公差等级及配合类别	6H-GE	T3478.1-1995
作用齿槽宽最小值	Evmin	4.712
作用齿槽宽最大值	Evmax	4.790
实际齿槽宽最小值	Emin	4.759
实际齿槽宽最大值	Emax	4.837

图 4-44　齿轮参数表

操作提示：

1）设置表格样式。

2）插入空表格，调整列宽。

3）输入文字和数据。

2．进阶

学生自己动手绘制下面的标准图样图框，结果如图 4-45 所示。

<table>
<tr><td colspan="4">XXXX 装饰工程有限公司</td><td>工程总称</td><td colspan="3">办公楼</td></tr>
<tr><td>批准</td><td></td><td>校对</td><td></td><td rowspan="2">工程项目</td><td rowspan="2">外墙干挂</td><td>工程编号</td><td></td></tr>
<tr><td>审定</td><td></td><td>计算</td><td></td><td>比　例</td><td></td></tr>
<tr><td>审核</td><td></td><td>设计</td><td></td><td rowspan="3">图名</td><td rowspan="3">图纸目录</td><td rowspan="3">图号</td><td rowspan="3">首页</td></tr>
<tr><td>工程主持</td><td></td><td>绘图</td><td></td></tr>
<tr><td>工程负责</td><td></td><td>日期</td><td></td></tr>
</table>

图 4-45　标准图样图框

操作提示：

1）设置表格样式。

2）插入空表格，调整列宽。

3）合并单元格（先选择要合并的单元，然后根据需要在“表格单元”选项卡中选择合并方式，也可通过快捷菜单来实现）。

4）输入文字（对小号字，可先输入一个，如“批准”设置好文字格式后，进行复制、粘贴，然后再进行修改；对竖排文字，可用多行文字编辑命令进行输入）。

3．提高

学生自己动手绘制如图 4-46 所示的工程图样标题栏。

操作提示：

1）绘制或打开图形文件（见源文件\项目 4\实战演练 3.dwg）。

2）设置表格样式，插入空表格，调整表格大小及列宽。

3）合并单元格。

4）输入文字并设置文字格式。

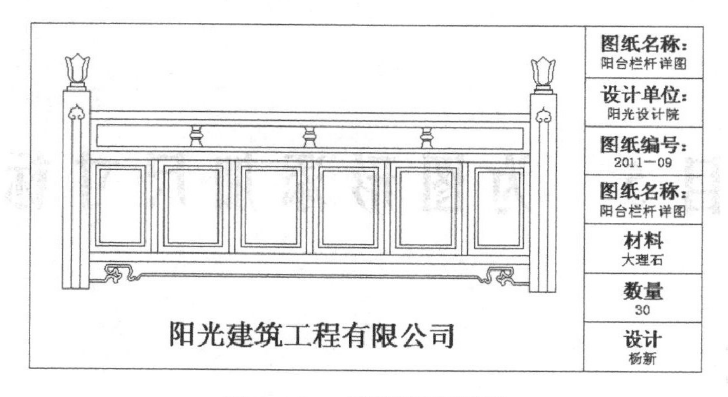

图纸名称：
阳台栏杆详图
设计单位：
阳光设计院
图纸编号：
2011－09
图纸名称：
阳台栏杆详图
材料
大理石
数量
30
设计
杨新
阳光建筑工程有限公司

图 4-46　工程图纸标题栏

项目小结

在利用 AutoCAD 设计和绘制图形的实际工作中，一幅完整的 CAD 图样，不仅需要使用相关的绘图命令、编辑命令以及绘图辅助工具绘制出所需的图形，用以清楚表达设计者的总体思想和意图，另外还需要加注一些必要的文字和尺寸标注，由此来增加图形的可读性，使图形本身不易表达的内容和信息变得准确和容易理解。本项目通过 2 个任务，详细介绍了 AutoCAD 2013 中的文字和表格的使用方法及编辑技巧，重点介绍了创建文字样式、创建单行文字和多行文字、输入特殊字符、文字修改、表格应用等内容。

通过本项目的学习，读者基本上能够熟练掌握 AutoCAD 2013 中的文字和表格的使用方法及编辑技巧；能够比较灵活地应用文字和表格的编辑功能来进一步说明图形代表的意义，完善设计思路，使图样更加整洁、清晰。

项目5 为图形添加尺寸标注

能力目标

1）了解 AutoCAD 2013 中尺寸标注的组成。
2）掌握尺寸标注样式管理器的使用。
3）掌握尺寸标注的几种方法。
4）掌握编辑和更新尺寸标注的方法。

尺寸标注是绘图设计过程的一个重要组成部分，图形的主要作用是表达物体的形状，因此，物体各部分的形状、实际尺寸大小以及各部分间的确切位置都要通过尺寸标注的形式在图样中准确地表示出来。

任务10 绘制V形拉柄平面图并进行尺寸标注

任务目标

- 了解尺寸标注的功能和特点
- 掌握 AutoCAD 2013 中标注样式的设置方法
- 掌握 AutoCAD 2013 中各种类型尺寸标注的方法
- 进一步熟练掌握 AutoCAD 2013 中二维图形的绘制与编辑的基本方法

任务效果图

任务的最终效果如图 5-1 所示。

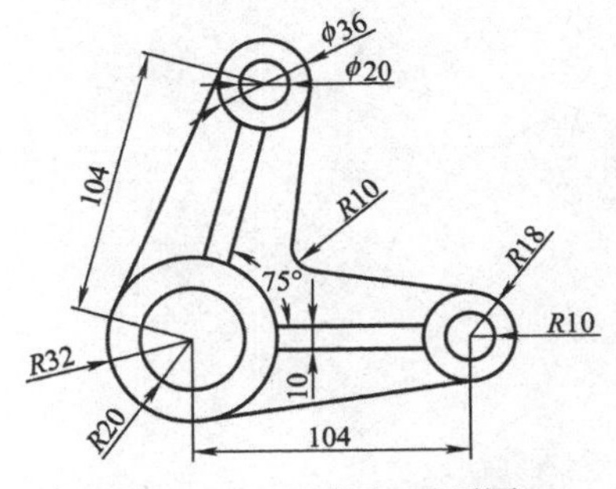

图 5-1 V形拉柄平面图

相关知识

1. 尺寸标注的规则

在我国的国家标准“CAD 工程制图标准”中，对尺寸标注作出了一些规定，要求尺寸标注必须遵守以下基本规则。

1）物体的真实大小应以实际设计的物体的尺寸大小为依据，与图形的显示大小和绘图的精确度无关。

2）当图形中的尺寸以 mm 为单位时，不需要标注尺寸单位的代号或名称，如果使用其他单位，则必须在图中注明尺寸单位的代号或名称，如 cm、in 等。

3）图形中所标注的尺寸应为图形所示的物体的最后完工尺寸，如是中间过程的尺寸，则必须另加说明。

4）尺寸标注要简明，一般情况下，一个尺寸只标注一次，并要标注在最能清晰反映该结构的图形上。

2. 尺寸标注的组成

AutoCAD 2013 中一个完整的尺寸标注由尺寸线、尺寸界线、标注文本和尺寸线终端标记等几部分组成，如图 5-2 所示。

尺寸标注各组成部分的含义如下。

1）尺寸线：用来表明尺寸标注的范围。在尺寸线的末端通常带有尺寸线终端标记，如箭头，用以指出尺寸线的起点与终点。对于角度型标注对象，尺寸线为圆弧线，对于非角度型标注对象，尺寸线为直线。

图 5-2　尺寸标注的组成

2）尺寸界线：从被标注的对象延伸到尺寸线上的线。尺寸界线一般与尺寸线垂直，但在特殊的情况下也可以将尺寸界线倾斜。为了标注清晰，AutoCAD 中通常通过尺寸界线将尺寸线引到被标注对象之外。但有时也用几何图形的轮廓线或中心线代替尺寸界线。

3）标注文本：用来表明标注对象的尺寸值的字符串，其中包含前缀、后缀和公差。它可以放在尺寸线之上，也可以放在尺寸线之间，如果尺寸界线内放不下标注文本时，系统会自动将其放在尺寸界线的外面。

4）尺寸线终端标记：位于尺寸线的两端，用于表明测量的开始与结束位置。系统默认的标记是闭合的填充箭头符号。AutoCAD 2013 中还提供了许多其他符号供用户选择，其中包括点、建筑标记、斜线箭头等。而且还允许用户通过块来创建自定义的符号。

3. 标注样式的设置

由于组成尺寸标注的尺寸线、尺寸界线、标注文本和尺寸界线终端标记等可以采用多种多样的形式，具体在标注一个几何对象的尺寸时，它的尺寸标注以什么样的形态出现，取决于当前所采用的尺寸标注样式。所谓标注样式就是标注设置的集合。它决定尺寸标注的形式，包括尺寸线、尺寸界线、标注文本和尺寸界线终端标记以及标注文本的位置、特性等。不同的国家、不同的行业以及不同的标注对象对标注样式的要求也是不同的。在 AutoCAD 2013 中用户可以利用“标注样式管理器”对话框方便地设置自己所需的尺寸标注样式，来确保标注形式符合行业或项目的标准和要求。

执行菜单中的“格式”→“标注样式”命令，或在“功能区”的“常用”选项卡中的“注释”选项面板的展开选项板中单击“标注样式”按钮，打开“标注样式管理器”对话框，如图 5-3 所示。

对话框中各选项的具含义如下。

1）“样式”列表框：该列表框显示当前图形所使用的所有标注样式的名称。在绘制新图时，如果用户使用的是英制单位，系统默认的标注样式是 Standard（美国国家标准协会）；

如果用户使用的是公制单位，则系统默认的标注样式是 ISO-25（国际标准化组织）。

2）“列出”列表框：在该列表框中提供了显示标注样式的选项，包括所有样式和正在使用的样式。

3）“不列出外部参照中的样式”复选框：该复选框用于控制在“样式”的显示区中是否显示外部参照图形中的标注样式。不使用外部参照图形时不可使用此复选框。

4）“预览”文本框：该文本框显示用户选中样式进行标注时所能达到的效果。

5）“说明”显示区：用于显示“样式”区中所选定的标注样式与当前所使用的样式在格式上的异同。

6）“置为当前”按钮：单击该按钮，系统将用户选中的标注样式设置为当前标注样式。

7）“新建”按钮：用于创建新的标注样式。单击该按钮，弹出如图 5-4 所示的“创建新标注样式”对话框。

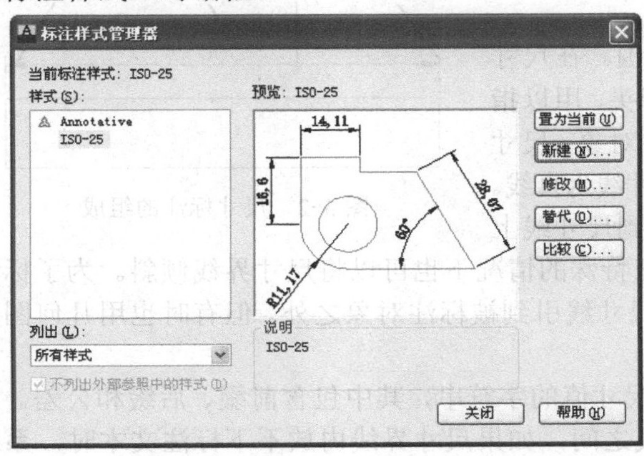

图 5-3 “标注样式管理器”对话框

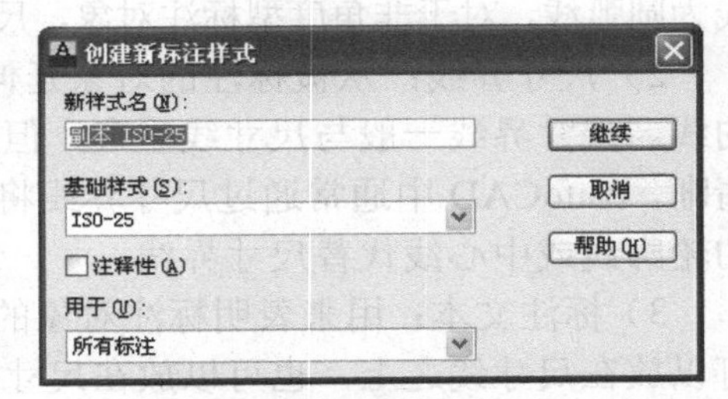

图 5-4 “创建新标注样式”对话框

“创建新标注样式”对话框中的各选项含义如下。

①“新样式名”文本框：用来指定新建标注样式的名称。

②“基础样式”列表框：用于选择创建新样式所基于的标注样式。单击右侧的下三角按钮，出现已有的样式列表，从中选择一个作为新样式的基础，新的样式是在这个样式的基础上修改一些特性所得到的。

③“用于”列表框：用于指定新建标注样式的适用范围。可适用的范围包括“所有标注”“线性标注”“角度标注”“半径标注”“直径标注”和“坐标标注”等。

④“继续”按钮：当各选项设置好后，单击该按钮，AutoCAD 将打开“新建标注样式”对话框，利用该对话框可以对新样式的各项特性进行设置。该对话框将在后面详细介绍。

⑤“取消”按钮：取消新建操作并关闭该对话框。

⑥“帮助”按钮：打开 AutoCAD 2013 的帮助页面。

8）“修改”的按钮：单击该按钮，AutoCAD 2013 将打开“修改标注样式”对话框，利用该对话框可以对所选标注样式进行修改。该对话框将在后面详细介绍。

9）“替代”按钮：单击该按钮，AutoCAD 2013 将打开“替代当前样式”对话框，如图 5-5 所示。使用该对话框，可以设置当前使用的标注样式的临时替代值。

10）“比较”按钮：单击该按钮，AutoCAD 将打开“比较标注样式”对话框，如图 5-6 所示。通过该对话框可以比较两种标注样式的特性或浏览一种标注样式的全部特性，并可以将比较结果输出到 Windows 的剪贴板上，然后再粘贴到其他应用程序中。

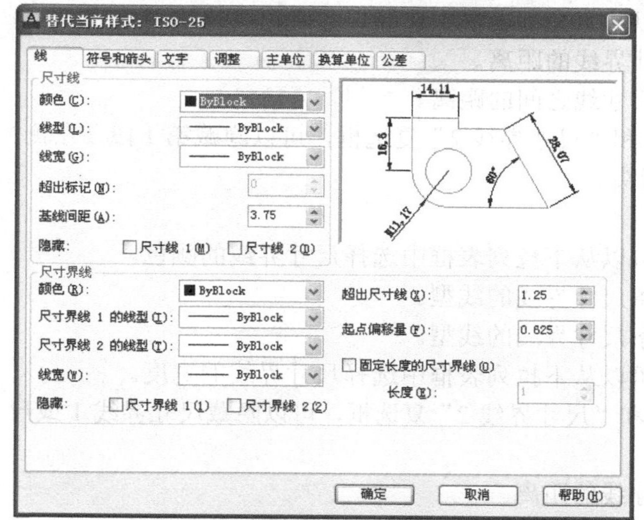

图 5-5 “替代当前样式”对话框

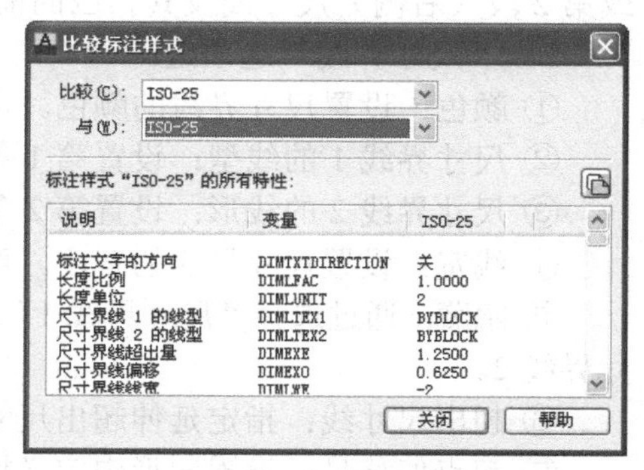

图 5-6 “比较标注样式”对话框

4. 新建标注样式

打开“标注样式管理器”对话框，单击“新建”按钮，在打开的“创建新标注样式”对话框中，给出一个新样式名，如“NEW”，并选择一个基础样式，如 ISO-25，在“用于”列表框中选择“所有标注”后，单击“继续”按钮，打开“新建标注样式”对话框，如图 5-7 所示（该图为对话框中的“线”选项卡）。用户可以通过该对话框对新标注样式进行设置。

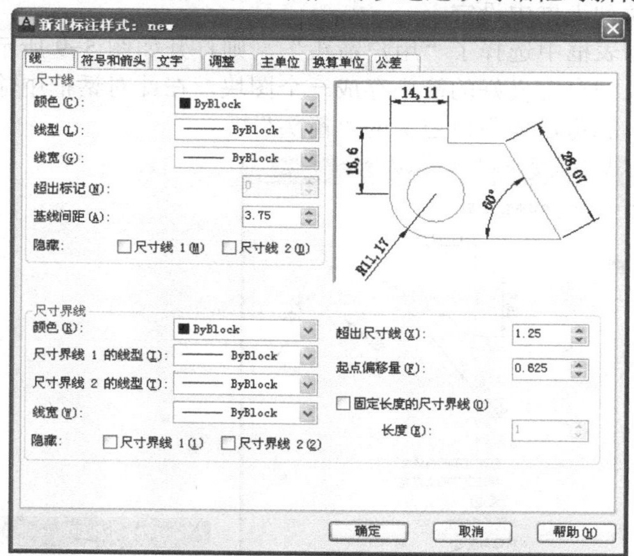

图 5-7 “新建标注样式”对话框

“新建标注样式”对话框的“线”选项卡中的各项功能如下。

1）“尺寸线”选项组。

① 颜色：设置尺寸线的颜色。可以从下拉列表框中选择尺寸线的颜色。

② 线型：设置尺寸线的线型。可以从下拉列表框中选择尺寸线的线型。

③ 线宽：设置尺寸线的线宽。可以从下拉列表框中选择尺寸线的线宽。

④ 超出标记：设置尺寸线超出尺寸界线的距离。

⑤ 基线间距：设置基线标注时各尺寸线之间的距离。

⑥ 隐藏：通过选择“尺寸界线 1”和“尺寸界线 2”复选框，可以隐藏第 1 段（左侧）或第 2 段（右侧）尺寸线及其相应的箭头。

2）“尺寸界线”选项组。

① 颜色：设置尺寸界线的颜色。可以从下拉列表框中选择尺寸界线的颜色。

② 尺寸界线 1 的线型：设置第 1 条尺寸界线的线型。

③ 尺寸界线 2 的线形：设置第 2 条尺寸界线的线型。

④ 线宽：设置尺寸界线的宽度。可以从下拉列表框中选择尺寸界线的宽度。

⑤ 隐藏：通过选择“尺寸界线 1”和“尺寸界线 2”复选框，可以隐藏尺寸界线 1 或尺寸界线 2。

⑥ 超出尺寸线：指定延伸超出尺寸线的距离。

⑦ 起点偏移量：设置图形中定义标注的点到尺寸界线的偏移距离。

⑧“固定长度的尺寸界线”复选框：是否启用固定长度的尺寸界线。

“新建标注样式”对话框中的“符号和箭头”选项卡中的各选项如图 5-8 所示。选项卡中各选项功能如下。

1）“箭头”选项组。

① 第一个：设置第一条尺寸线的箭头样式，用户可以在下拉列表中选择箭头样式。当确定了第一个箭头的类型后，第二个箭头自动与其匹配，要想第二个箭头取不同的形状，可在“第二个”下拉列表框中设定。

当用户在下拉列表框中选择了“用户箭头”，则打开如图 5-9 所示的“选择自定义箭头块”对话框，可以把自定义好的箭头存成一个图块，在此对话框中输入该图块的名称后单击“确定”按钮，就可以使用自定义的“箭头”。

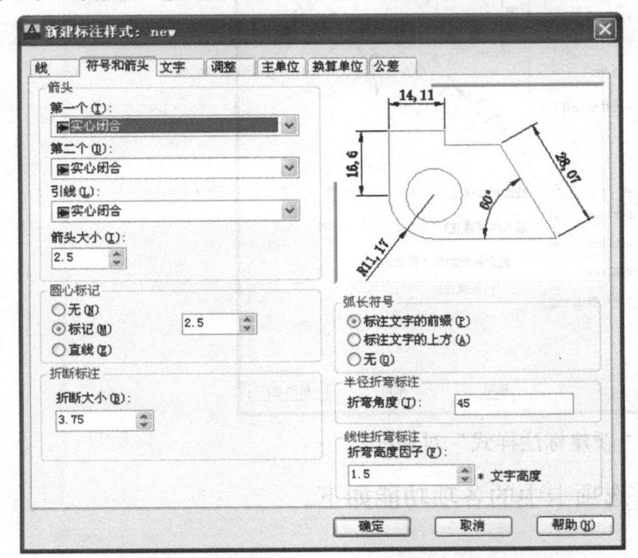

图 5-8 “新建标注样式”对话框

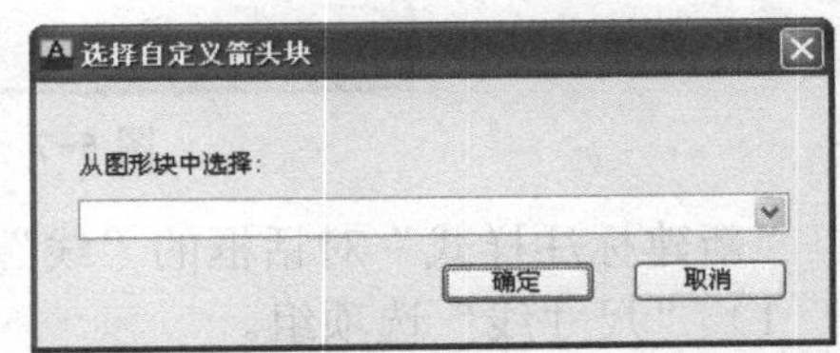

图 5-9 “选择自定义箭头块”对话框

② 第二个：设置第二条尺寸线的箭头样式，用户可以在下拉列表中选择箭头样式。

③ 引线：设置引线箭头。

④ 箭头大小：设置箭头的大小，可以直接输入表示箭头大小的数值。

2）“圆心标记”选项组。

① 无：设置圆心标记类型选项，在标注中不创建圆心标记和中心线。

② 标记：设置圆心标记类型选项，在标注中创建圆心标记。并且可以在右侧的列表框中设置标记的大小。

③ 直线：设置圆心标记类型选项，在标注中创建中心线。并且可以在右侧的列表框中设置标记的大小。

3）“折断标注”选项组。

折断大小：用于显示和设置折断标注的间距大小。

4）“弧长符号”选项组。该选项组用于控制弧长标注中圆弧符号的显示。包括 3 个单选按钮。

①“标注文字的前缀”单选按钮：选中该单选按钮，在进行弧长标注时，将弧长符号放在标注文字的前面，如图 5-10a 所示。

②“标注文字的上方”单选按钮：选中该单选按钮，在进行弧长标注时，将弧长符号放在标注文字的上方，如图 5-10b 所示。

③“无”单选按钮：选中该单选按钮，在进行弧长标注时，不显示弧长符号，如图 5-10c 所示。

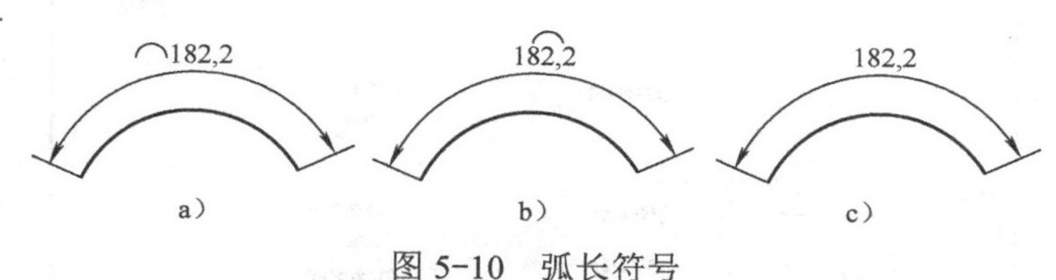

图 5-10　弧长符号

5）“半径折弯标注”选项组。用于控制折弯（Z 字型）半径标注的显示。折弯半径标注通常在中心点位于页面外部时创建。可以在“折弯角度”文本框中输入在折弯半径标注中尺寸线的横向线段的角度。

6）“线性折弯标注”选项组。通过形成折弯的角度的两个顶点间的距离确定折弯高度。

“新建标注样式”对话框中的“文字”选项卡中的选项如图 5-11 所示。选项卡中各选项的功能如下。

1）“文字外观”选项组。

①“文字样式”下拉列表框：设置当前标注文字的样式。可在下拉列表框中选择一个样式，也可以单击右侧的□按钮，打开“文字样式”对话框，如图 5-12 所示。在该对话框中可以创建新的文字样式，也可以对当前的文字样式进行修改。

②“文字颜色”下拉列表框：设置标注文字的颜色。

③“填充颜色”下拉列表框：设置标注文字的背景颜色。

④“文字高度”微调框：设置标注文字的字高，如果选用的文字样式中已设置了具体的字高（不是 0），则此处的设置无效。只有文字样式中设置的字高为 0 时，此处的设置才起作用。

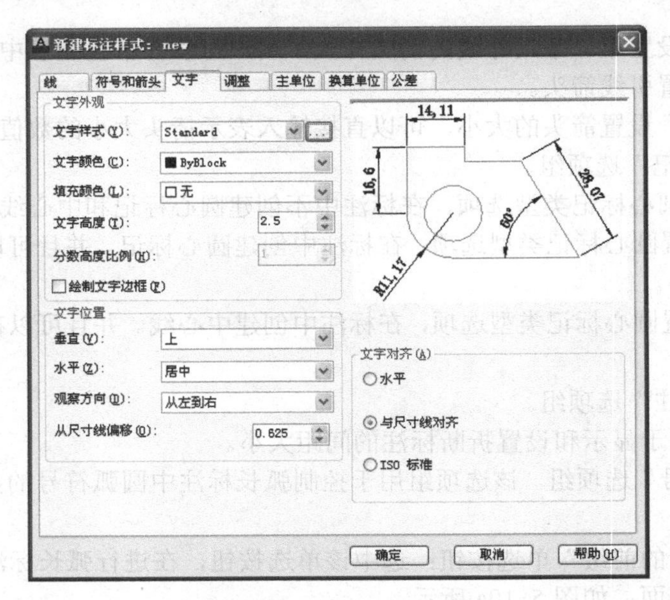

图 5-11 “新建标注样式”对话框的“文字”选项卡

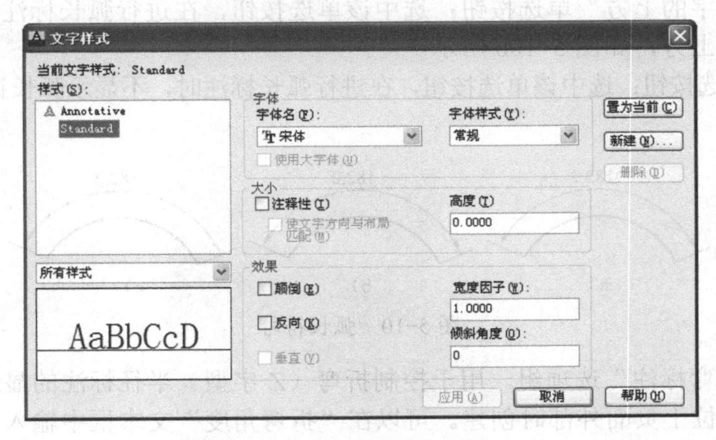

图 5-12 “文字样式”对话框

⑤“分数高度比例”微调框：设置标注文字中分数高度的比例因子。输入比例值后，系统将把文字的高度按一定倍数放大，以确保与标注文字相关的那部分标注的高度。

⑥“绘制文字边框”复选框：设置是否在标注文字的周围绘制一个边框。

2）“文字位置”选项组。

①“垂直”下拉列表框：设置标注文字相对尺寸线的垂直位置。可供用户选择的位置有 5 种。

上：将标注文字放在尺寸线上方。

下：将标注文字放在尺寸线下方。

居中：将标注文字放在尺寸线的两部分中间。

外部：将标注文字放在尺寸线上远离第一定义点的一侧。

JIS：按照日本工业标准放置标注文字。

②“水平”下拉列表框：设置标注文字相对尺寸线和尺寸界线的水平位置。可供用户

选择的位置有 5 种。

居中：把标注文字沿尺寸线放在两条尺寸界线的中间。

第一条尺寸界线：沿尺寸线与第一条尺寸边线左对正。

第二条尺寸界线：沿尺寸线与第二条尺寸边线右对正。

第一条尺寸界线上方：沿着第一条尺寸界线放置标注文字。

第二条尺寸界线上方：沿着第二条尺寸界线放置标注文字。

③“观察方向”下拉列表框：设置标注文字的观察方向是从左到右还是从右到左。默认是从左到右的方向。

④“从尺寸线偏移”微调框：当标注文字放在断开的尺寸线中间时，此微调框用来设置标注文字与尺寸线之间的距离。

3）“文字对齐”选项组。该选项组用于设置标注文字在尺寸界线内或外时的方向。选项组内有 3 个单选按钮。

①“水平”单选按钮：选择该单选按钮，水平放置文字。

②“与尺寸线对齐”单选按钮：选择该单选按钮，标注文字与尺寸线对齐。

③“ISO 标准”单选按钮：选择该单选按钮，若文字在尺寸界线内，文字与尺寸线对齐。若文字在尺寸界线外，水平放置文字。

“新建标注样式”对话框中的“调整”选项卡中的各选项如图 5-13 所示。选项卡中各选项功能如下。

1）“调整选项”选项组。

①“文字或箭头（最佳效果）”单选按钮：选中该单选按钮，将按照下列方式放置文字和箭头，当尺寸界线间的距离足够放置文字和箭头时，文字和箭头都放在尺寸界线内，否则，AutoCAD 将按最佳布局移动文字或箭头；当尺寸界线间的距离仅够容纳文字时，将文字放在尺寸界线内，而箭头放在尺寸界线外；当尺寸界线间的距离仅够容纳箭头时，将箭头放在尺寸界线内，而文字放在尺寸界线外；当尺寸界线间的距离既不够放文字，又不够放箭头时，文字和箭头都放在尺寸界线外。

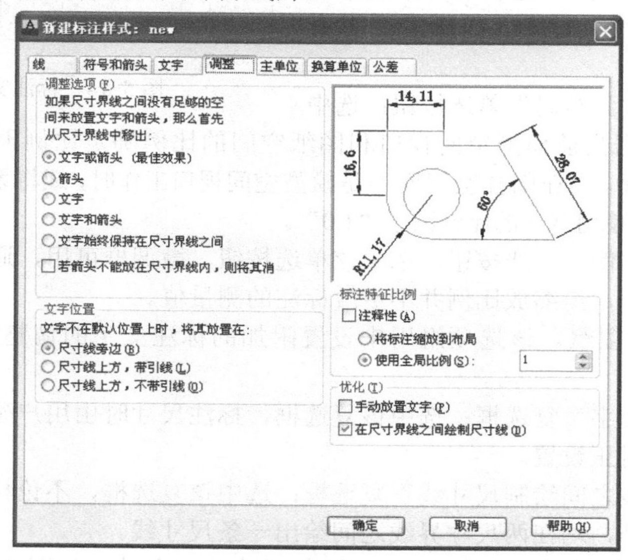

图 5-13　“新建标注样式”对话框的“调整”选项卡

②“箭头”单选按钮：选中该单选按钮，将按照下列方式放置文字和箭头，当尺寸界线间的距离足够放置文字和箭头时，文字和箭头都放在尺寸界线内；当尺寸界线间的距离仅够容纳箭头时，将箭头放在尺寸界线内，而文字放在尺寸界线外；当尺寸界线间的距离不够放箭头时，文字和箭头都放在尺寸界线外。

③“文字”单选按钮：选中该单选按钮，将按照下列方式放置文字和箭头，当尺寸界线间的距离足够放置文字和箭头时，文字和箭头都放在尺寸界线内；当尺寸界线间的距离仅够容纳文字时，将文字放在尺寸界线内，而箭头放在尺寸界线外；当尺寸界线间的距离不够放文字时，文字和箭头都放在尺寸界线外。

④“文字和箭头”单选按钮：选中该单选按钮，将按照下列方式放置文字和箭头，当尺寸界线间的距离足够放置文字和箭头时，文字和箭头都放在尺寸界线内，否则，文字和箭头都放在尺寸界线外。

⑤“文字始终保持在尺寸界线之间”单选按钮：选中该单选按钮，始终将文字放在尺寸界线之间。

⑥“若箭头不能放在尺寸界线内，则将其消除”复选框：选中该复选框，如果尺寸界线内没有足够的空间，则不显示箭头。

2）“文字位置”选项组。该选项组用来设置当标注文字不在默认位置上时，标注文字所放置的位置，共有 3 个单选按钮。

①“尺寸线旁边”单选按钮：选中该单选按钮，将标注文字放在尺寸线旁边，如图 5-14a 所示。

②“尺寸线上方，带引线”单选按钮：选中该单选按钮，将标注文字放在尺寸线的上方并用引线与尺寸线相连，如图 5-14b 所示。

③“尺寸线上方，不带引线”单选按钮：选中该单选按钮，将标注文字放在尺寸线的上方，标注文字与尺寸线间没有连线，如图 5-14c 所示。

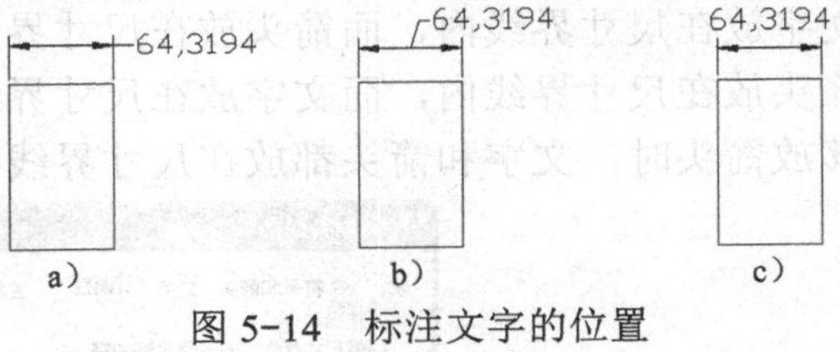

图 5-14 标注文字的位置

3）“标注特征比例”选项组。该选项组用来设置全局标注比例或图纸空间比例。共有 2 个单选按钮。

①“将标注缩放到布局”单选按钮：选中该单选按钮，将根据当前模型空间视口和图纸空间的比例确定比例因子。此时系统变量 DIMSCALE 的值是 0。当在图样空间而不是模型空间视口工作时，或将系统变量 DIMSCALE 的值设置为 1 时，将使用默认的比例因子“1.0”。

②“使用全局比例”单选按钮：选中该单选按钮，微调框可用，通过微调框为标注样式设置一个比例因子，该缩放比例并不更改标注的测量值。

4）“优化”选项组。该选项组用来设置附加的标注文字的调整选项，共有 2 个复选框。

①“手动放置文字”复选框：选中该复选框，标注尺寸时由用户确定标注文字的放置位置，忽略前面的对正设置。

②“在尺寸界线之间绘制尺寸线”复选框：选中该复选框，不论标注文字在尺寸界线内还是在尺寸界线外，均在两尺寸界线之间绘出一条尺寸线。

“新建标注样式”对话框中的“主单位”选项卡中的各选项如图 5-15 所示。

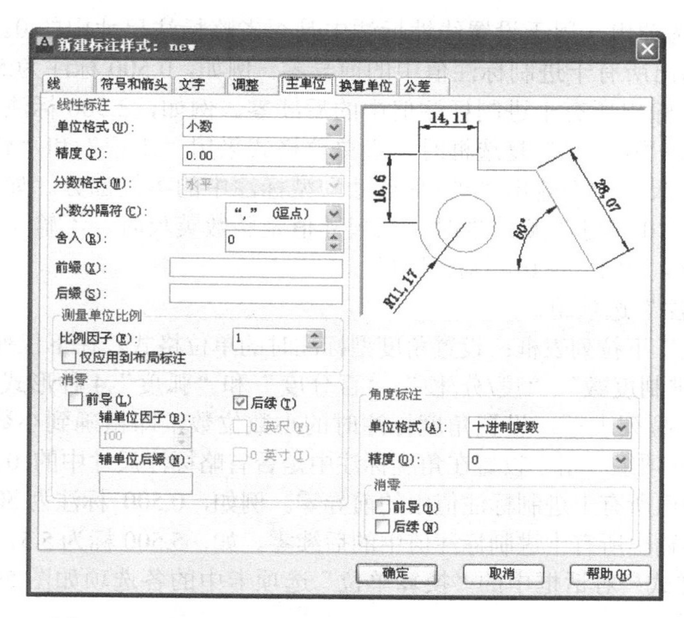

图 5-15 “新建标注样式”对话框的“主单位”选项卡

该选项卡的功能是用来设置尺寸标注的主单位和精度，以及给标注文本添加固定的前缀和后缀。其中含有 2 个选项组，分别对长度型标注和角度型标注进行设置。

1）“线性标注”选项组。

①“单位格式”下拉列表框：为除角度型标注之外的所有标注类型设置标注时的单位格式。在下拉列表框中 AutoCAD 2013 提供了 6 种单位制，分别是“科学”“小数”“工程”“建筑”“分数”和“Windows 桌面”。用户可以根据需要选择一种单位格式。默认为“小数”格式。

②“精度”下拉列表框：设置尺寸标注的精度，也就是精确到小数点后面几位。

③“分数格式”下拉列表框：用来设置尺寸标注时分数的格式。只有当“单位格式”设置为“分数”和“建筑”两种单位格式时才可使用。在下拉列表框中 AutoCAD 2013 提供了“水平”“对角”和“非堆叠”3 种形式。

④“小数分隔符”下拉列表框：设置小数的分隔符。只有当“单位格式”设置为“小数”格式时才可使用。AutoCAD 2013 提供了“句点（.）”“逗号（,）”和“空格”3 种形式。

⑤“舍入”微调框：为除角度型标注之外的所有标注类型设置标注测量值的舍入规则。例如，输入“0.25”，则标注值都以“0.25”为单位进行舍入；输入“1.0”，则标注值都用整数表示。小数点后面显示的位数，取决于“精度”的设置。

⑥“前缀”文本框：给标注文本指定一个前缀。可以直接输入文本，也可以使用控制代码显示特殊字符。

⑦“后缀”文本框：给标注文本指定一个后缀。可以直接输入文本，也可以使用控制代码显示特殊字符。

2）“测量单位比例”选项组。用于确定自动测量尺寸中的比例因子。其中“比例因子”微调框用来设置除角度之外的所有尺寸测量的比例因子。如果选中“仅应用到布局标注”复选框，则设置的比例因子只适用于布局标注。

3）“消零”选项组。用于设置线性标注中是否省略标注尺寸中的 0。选中“前导”复选框，标注时不输出所有十进制标注值中的前导零。例如，0.500 标注为.500；选中“后续”复选框，标注时不输出所有十进制标注值中的后续零。例如，2.500 标注为 2.5，30.000 变成 30。另外，选中“0 英尺”复选框时，当单位格式采用“工程”和“建筑”单位制时，如果尺寸值小于 1 尺时，不输出“英尺-英寸”型标注中的英尺部分。如 0′ –6 1/2″ 标注为 6 1/2″；选中“0 英寸”复选框时，当尺寸值是整数英尺时，不输出“英尺-英寸”型标注中的英寸部分。如 1′ - 0″ 标注为 1′。

4）“角度标注”选项组。

①“单位格式”下拉列表框：设置角度型标注时的单位格式。在下拉列表框中 AutoCAD 2013 提供了“十进制度数”“度/分/秒”“百分度”和“弧度”4 种形式的角度单位。

②“精度”下拉列表框：设置角度标注时的小数位数，即精确到小数点后面多少位。

5）“消零”选项组。用于设置在角度标注中是否省略标注尺寸中的 0。选中“前导”复选框，标注时不输出所有十进制标注值中的前导零。例如，0.500 标注为.500；选中“后续”复选框，标注时不输出所有十进制标注值中的后续零。如，5.500 标为 5.5，50.000 标为 50。

“新建标注样式”对话框中的“换算单位”选项卡中的各选项如图 5-16 所示。选项卡中各选项功能如下。

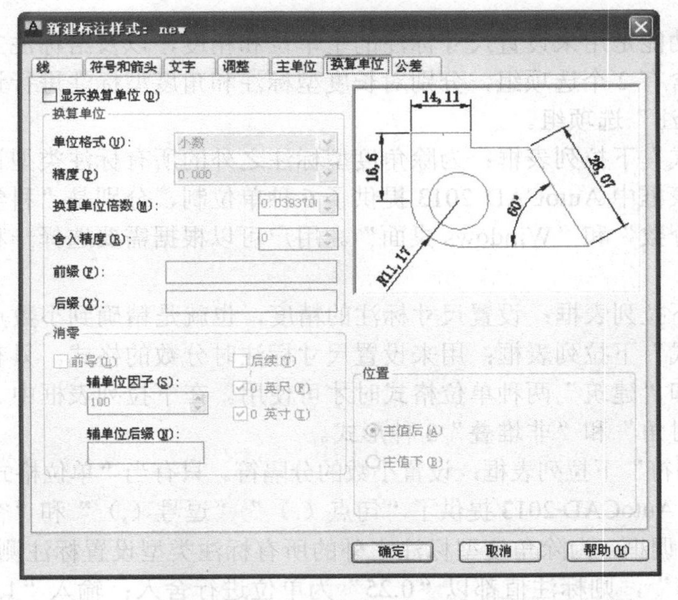

图 5-16 “新建标注样式”对话框的“换算单位”选项卡

1）“显示换算单位”复选框。选中该复选框，为标注文本添加换算测量单位。

2）“换算单位”选项组。是指为除角度型标注之外的所有标注类型设置当前换算单位格式。选项组中包含的选项除“换算单位倍数”微调框外，各选项的功能与“主单位”选项卡中的“线性标注”相同。其中“换算单位倍数”微调框用来指定一个倍数，作为主单位与换算单位之间的换算因子。AutoCAD 2013 中用线性距离与当前线性比例值相乘，来确定换算单位的值。

3）“消零”选项组。该选项组中的选项及功能与“主单位”选项卡中的“消零”选项组相同。这里不再详细说明。

4）“位置”选项组。该选项组用来控制换算单位的显示位置，包含“主值后”和“主值下”2 个单选按钮。分别控制将换算单位放在主单位之后和主单位之下。

“新建标注样式”对话框中的“公差”选项卡中的各选项如图 5-17 所示。选项卡中的各选项功能如下。

1）“公差格式”选项组。

①“方式”下拉列表框：用来设置计算公差的方法。下拉列表框中提供了“无”“对称”“极限偏差”“极限尺寸”和“基本尺寸”5 种方法。这 5 种标注方式的标注情况如图 5-18 所示（上、下偏差值均为 0.02）。

②“精度”下拉列表框：确定公差标注的精度。

③“上偏差”微调框：设置上偏差值。

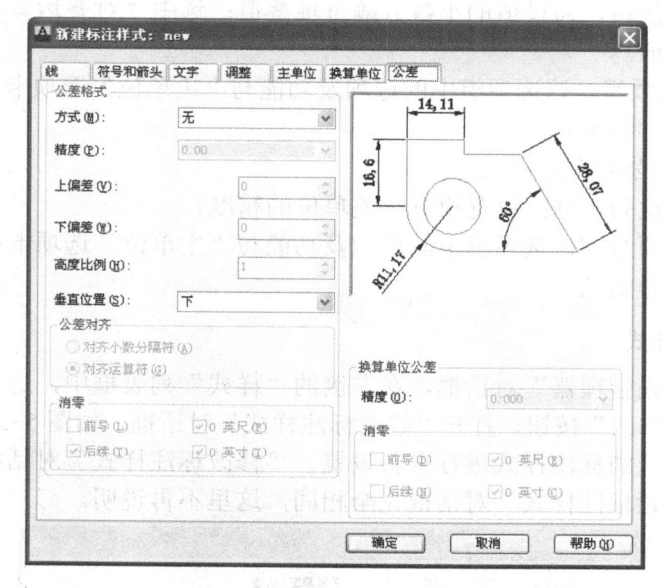

图 5-17　“新建标注样式”对话框的“公差”选项卡

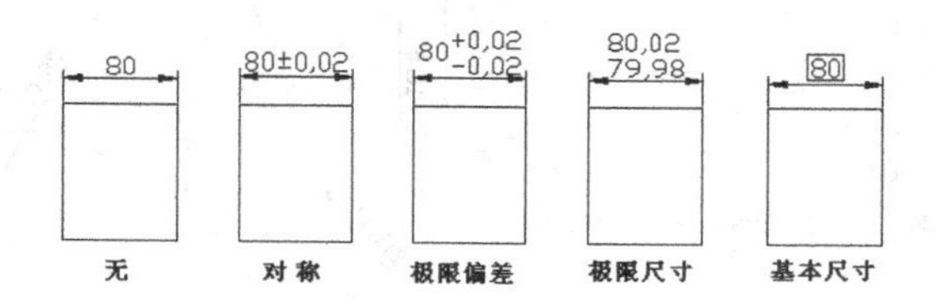

图 5-18　公差标注的 5 种方式

④“下偏差”微调框：设置下偏差值。

⑤“高度比例”微调框：设置公差文本的高度比例，即公差文本的高度与一般尺寸标注的文本的高度之比。

⑥“垂直位置”下拉列表框：用来设置当使用“对称”和“极限偏差”2 种方式进行公差标注时文本的对齐方式。下拉列表框中提供了“上”“中”和“下”3 种方式。“上”表示公差文本的顶部与一般尺寸文本的顶部对齐，如图 5-19a 所示；“中”表示公差文本

的中线与一般尺寸文本的中线对齐，如图 5-19b 所示；“下”表示公差文本的底线与一般尺寸文本的底线对齐，如图 5-19c 所示。

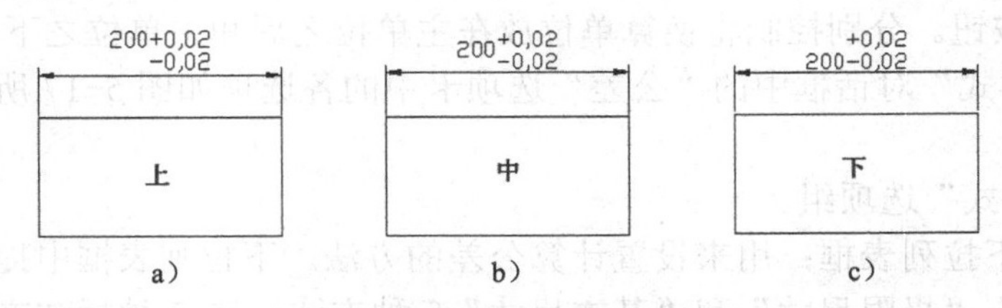

图 5-19　公差文本的对齐方式

2）“公差对齐”选项组。当在“方式”下拉列表框中选择“极限偏差”或“极限尺寸”时可用，该选项组包含“对齐小数分隔符”和“对齐运算符”两个单选按钮。选中“对齐小数分隔符”单选按钮，通过值的小数分隔符堆叠值；选中“对齐运算符”单选按钮，通过值的运算符堆叠值。

3）“消零”选项组。该选项组中的选项及功能与“主单位”选项卡中的“消零”选项组相同。这里不再详细说明。

4）“换算单位公差”选项组。

①“精度”下拉列表框：设置换算公差单位的精度。

②“消零”选项组：该选项组中的选项及功能与“主单位”选项卡中的“消零”选项组相同。这里不再详细说明。

5. 修改标注样式

打开“标注样式管理器”对话框，在左侧的“样式”列表框中，选择要修改的样式名称后单击右侧的“修改”按钮，打开“修改标注样式”对话框，如图 5-20 所示。用户可以通过该对话框对所选的标注样式进行重新设置。“修改标注样式”对话框的选项卡及各个选项的功能与“新建标注样式”对话框完全相同，这里不再说明。

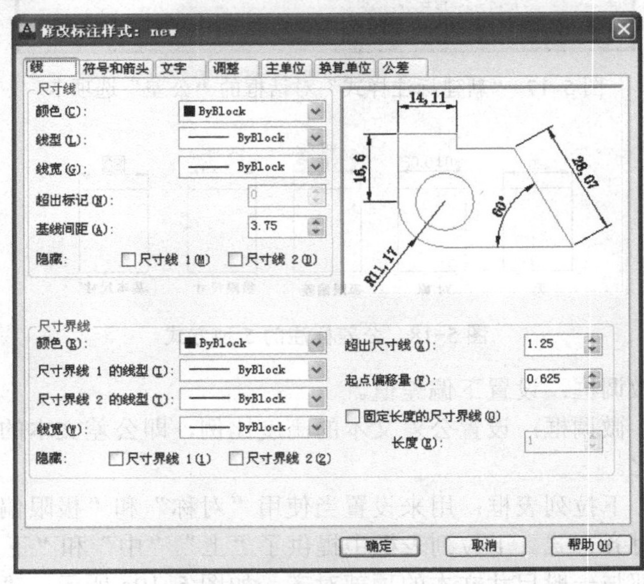

图 5-20　“修改标注样式”对话框

6．常用尺寸标注

（1）线性标注

线性标注用于水平尺寸、垂直尺寸及旋转尺寸等长度类尺寸的标注。执行“标注”→“线性”菜单命令，或在“功能区”选项板中选择“注释”选项卡，在“标注”选项板中单击“线性”按钮（注：所有尺寸标注的命令执行方式与线性标注命令执行方法相似，下面不再详述）。命令行将出现如下提示信息：

```
命令: _dimlinear
指定第一个尺寸界线原点或 <选择对象>:
指定第二条尺寸界线原点:
指定尺寸线位置或
[多行文字(M)/文字(T)/角度(A)/水平(H)/垂直(V)/旋转(R)]:
```

其命令行中各项的具体含义如下。

① 指定第一条尺寸界线原点：指定第一条尺寸界线的起点。

② 指定第二条尺寸界线原点：指定第二条尺寸界线的起点。

③ 尺寸线位置：AutoCAD 2013 使用指定点来定位尺寸线，并且确定绘制尺寸界线的方向。AutoCAD 2013 指定尺寸线位置后，再绘制尺寸标注。

④ 多行文字：选中该项后，系统将进入多行文字编辑模式，可以使用“多行文字编辑器”对话框输入并设置标注文字。

⑤ 文字：在命令行自定义标注文字。AutoCAD 2013 在尖括号中显示生成的标注尺寸。

⑥ 角度：修改标注文字的角度。

⑦ 水平：创建水平线性标注。

⑧ 垂直：创建垂直线性标注。

⑨ 旋转：创建旋转线性标注。

（2）对齐标注

对齐标注是指使标注尺寸线与被标注的图形对象的边界平行。多用于对象斜线边的尺寸标注。命令的执行方式和提示信息与线性标注相似，提示行中的各项含义与线性标注相同。

（3）半径标注和直径标注

半径标注和直径标注通常用于圆与圆弧的尺寸标注。命令的执行方式与线性标注相似。如图 5-21 所示为用“半径标注”和“直径标注”对圆和圆弧进行标注的实例。

（4）角度标注

角度标注用于标注圆和圆弧的包含角度，两条直线所成的角度，或三点间角度。如图 5-22 所示为用“角度标注”对圆弧和两直线间的夹角进行标注的实例。

文字在圆或圆弧内部的半径标注

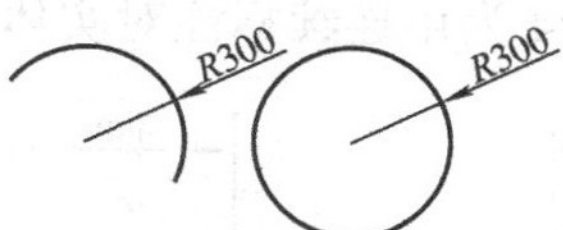

文字在圆或圆弧外部的半径标注

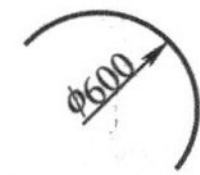

文字在圆或圆弧内部的直径标注

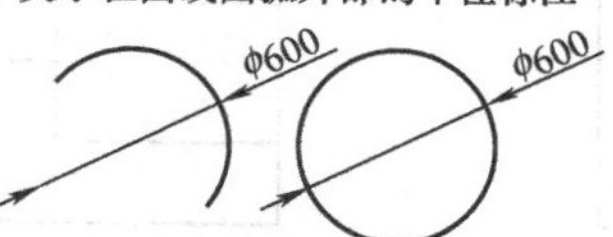

文字在圆或圆弧外部的直径标注

图 5-21 “半径标注”与“直径标注”实例

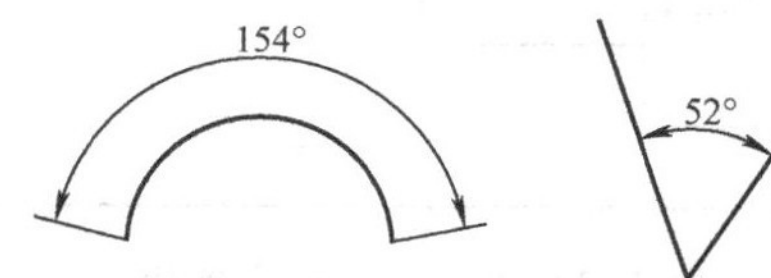

图 5-22 “角度标注”实例

（5）弧长标注

弧长标注用于测量圆弧或多段线圆弧上的距离。弧长标注的尺寸界线可以正交或径向。在标注文字的上方或前面将显示圆弧符号。命令执行后，命令行将出现如下提示信息：

```
选择圆弧或多段线圆弧:
指定弧长标注位置或[ Mtext(M)/ Text(T)/ Angle(A)/ Partial(P)/ Leader(L)]: 指定点或输入选项。
```

命令行中各项的具体含义如下。

① 弧长标注位置：指定尺寸线的位置并确定尺寸界线的方向。

② 多行文字：显示在位文字编辑器，可用它来编辑标注文字。

③ 文字：在命令提示下，自定义标注文字。生成的标注测量值显示在尖括号中。要包括生成的测量值，则用尖括号（<>）表示生成的测量值。如果标注样式中未打开换算单位，则可以通过输入方括号（[ ]）来显示换算单位。

④ 角度：修改标注文字的角度。

⑤ 部分：缩短弧长标注的长度。

⑥ 引线：添加引线对象。仅当圆弧（或圆弧段）大于 90° 时才会显示此选项。引线是按径向绘制的，指向所标注圆弧的圆心。

⑦ 无引线：创建引线之前取消“引线”选项。要删除引线，则删除弧长标注，然后重新创建不带引线选项的弧长标注。

（6）基线标注

基线标注是对一个图形对象的不同部分的尺寸，均以基准标注的第一条界线为基准线，所有尺寸线都以该基准线为标注的起始位置。命令执行后，若当前任务中未创建标注，命令提示行将出现“选择基准标注：”的提示信息，用户需选择线性标注、坐标标注或角度标注作为基准标注。否则，AutoCAD 2013 将跳过该提示，并在当前任务中使用上一次创建的标注对象作为基准标注。如果基准标注是线性标注或角度标注，则将显示下列提示：

```
指定第二条尺寸界线原点或 [放弃(U)/选择(S)] <选择>:
指定点或输入选项或按<Enter>键重新选择基准标注。
```

如果是坐标标注，则将显示下列提示：

```
指定点坐标或 [放弃(U)/选择(S)] <选择>:
```

要结束此命令，可按两次<Enter>键，或直接按<Esc>键。图 5-23 为用基线标注对实体进行标注的实例。

（7）连续标注

连续标注是对一个图形对象的不同部分的尺寸，均以前一个标注的第二条界线为基准进行多个连续标注。连续标注与基线标注一样，标注之前，必须先创建或选择一个线性、角度或坐标标注作为基准标注。图 5-24 为用连续标注对实体进行标注的实例。

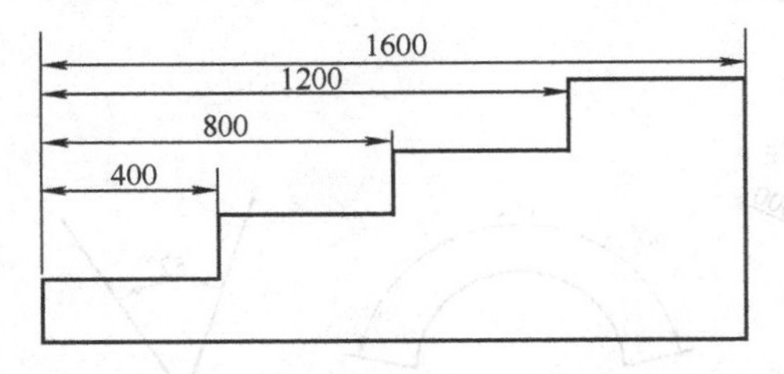

图 5-23 “基线标注”实例

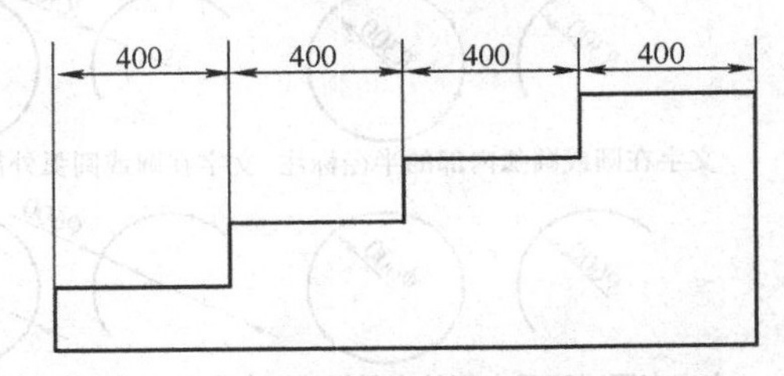

图 5-24 “连续标注”实例

（8）坐标标注

坐标标注用于标注图形对象中的某些特殊点相对于用户坐标原点的坐标。命令执行后，命令提示行首先出现如下提示信息。

```
指定点坐标：
```

用户选择目标点后，命令提示行接着提示如下信息：

```
指定引线端点或 [X 基准(X)/Y 基准(Y)/多行文字(M)/文字(T)/角度(A)]:
```

此时，如果相对于标注点上下移动鼠标，则将标注点的 X 轴坐标；如果相对于标注点左右移动鼠标，则将标注点的 Y 轴坐标。也可以通过“X 基准（X）/Y 基准（Y）”选项来标注指定点的 X 轴坐标或 Y 轴坐标。其余选项与其他标注选项的意义相同。

（9）折弯标注

折弯标注用于创建大圆弧的折弯半径标注（也称为缩放半径标注）。该命令常用于当圆和圆弧的中心位于图样尺寸之外而无法显示其实际位置时。命令执行后，命令提示行首先出现如下提示信息。

```
命令: _dimradius
选择圆弧或圆：
```

用鼠标单击选择一个圆弧或圆对象后出现下面的提示。

```
指定图示中心位置：
```

用来指定尺寸线的起点（非箭头端）后出现后面的两行提示。

```
标注文字 =500
指定尺寸线位置或 [多行文字(M)/文字(T)/角度(A)]:
```

用来指定尺寸线的位置，若选择“多行文字（M）”选项，则系统进入文字编辑状态，允许用户输入多行文字，输入完成后，用鼠标在编辑框外单击结束；若选择“文字（T）”选项，则允许用户修改标注文字内容；若选择“角度（A）”选项，则可以给标注文字指定倾斜角。

折弯标注也是一种半径标注，但折弯标注的尺寸线并没有指向圆心，而半径标注的尺寸线则指向圆心。折弯标注与半径标注的具体效果如图 5-25 所示。

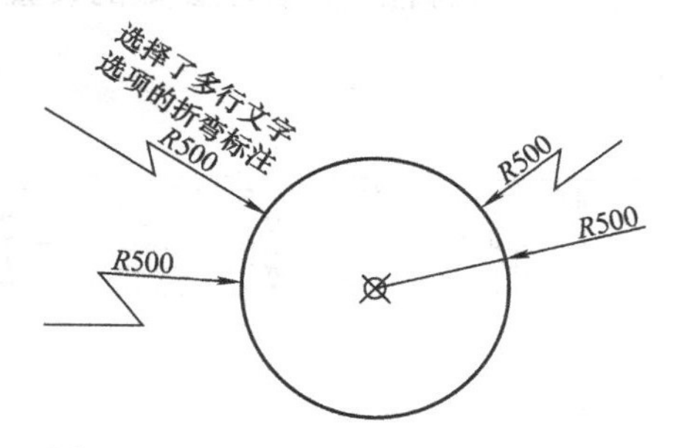

图 5-25　折弯标注与半径标注的效果

（10）快速标注

快速标注可以快速创建成组的基线、连续和坐标标注，快速标注多个圆、圆弧以及编辑现有标注的布局，但不能进行圆心标注和标注公差。

绘制流程

图形绘制的主要流程如图 5-26 所示。

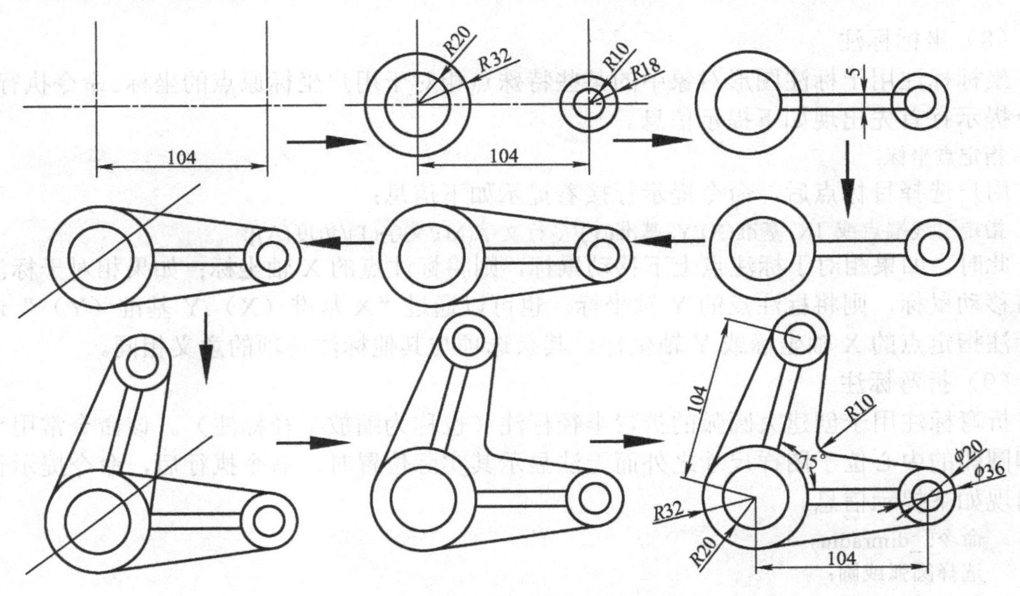

图 5-26　V 形拉柄的绘制流程

步骤详解

1）启动 AutoCAD 2013，选择“草图与注释”工作空间，再切换到“二维草图与注释”工作空间，设置绘图的长度单位的类型为“小数”，单位为 mm，保留一位小数，图纸大小为 A4 类型。

2）执行“格式”→“图层”菜单命令，或在“功能区”选项板中选择“常用”选项卡，在“图层”选项板中单击“图层特性”按钮，打开“图层特性管理器”窗口，新建 3 个图层，即“辅助线”“绘图”和“尺寸标注”，各项参数的设置如图 5-27 所示。并将“辅助线”层设置为当前图层。

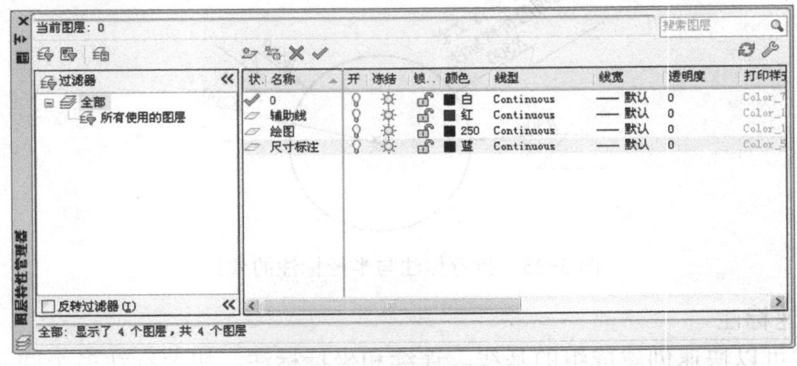

图 5-27　新建图层

3）利用“构造线”命令，绘制一条水平直线，再绘制一条垂直的直线，并将垂直直线向右偏移复制，偏移距离为 104。结果如图 5-28 所示。

4）将“绘图”层设置为当前层，利用“画圆”命令，分别以辅助线的两个交点为圆心，绘制两组同心圆，每组两个圆。左侧交点对应的两个圆的半径分别为 20 和 32，右侧交点对应的两个圆的半径分别为 10 和 18。结果如图 5-29 所示。

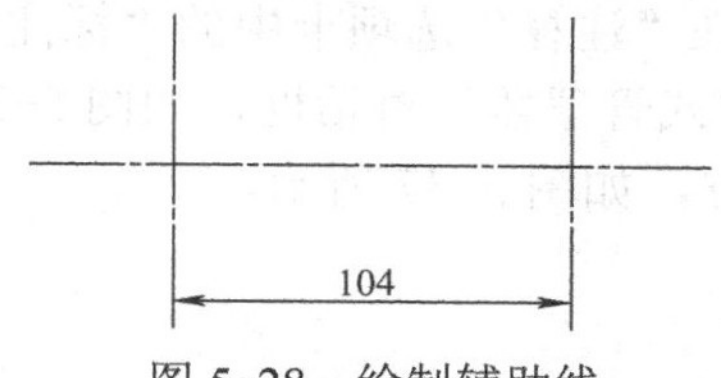

图 5-28　绘制辅助线

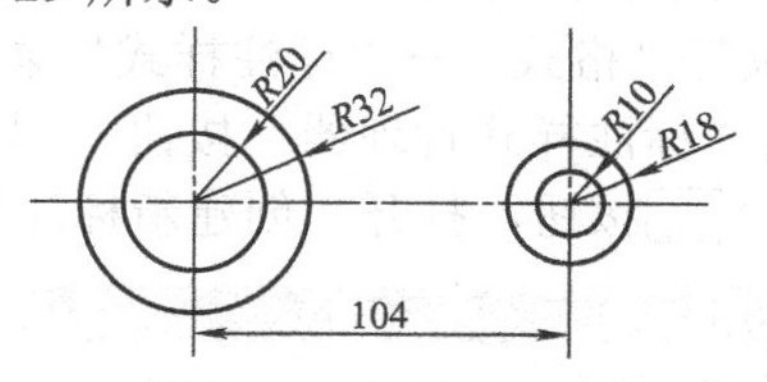

图 5-29　绘制同心圆

5）关闭“辅助线”层，利用“直线”命令，将左侧一组同心圆中的小圆右侧象限点与右侧一组同心圆中的小圆左侧象限点连接，并使用“偏移”命令将所得到的连线向上偏移复制，偏移距离为 5，结果如图 5-30 所示。

6）再一次使用“偏移”命令，将所得到的连线向下偏移复制，偏移距离为 5，然后将中间的连线删除，并利用“修剪”工具，将偏移所得到的两条直线在圆内的部分修剪掉。结果如图 5-31 所示。

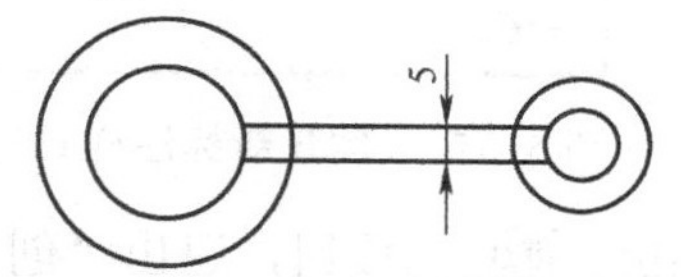

图 5-30　绘制直线并偏移复制

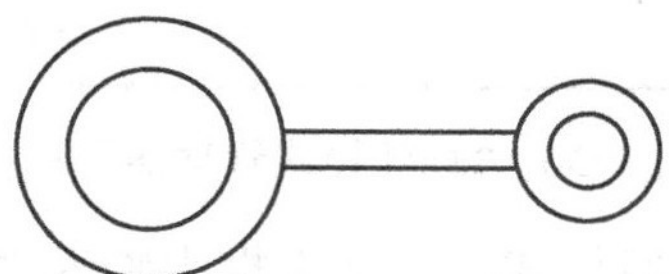
图 5-31　修剪直线

7）利用“直线”命令，绘制左右两组同心圆中外面两个大圆的外切线（绘制时，分别捕捉两个圆的切点），结果如图 5-32 所示。

8）再利用“构造线”命令，绘制一条倾斜角为 37.5°，过左侧同心圆的圆心的临时辅助线（也可以在前面绘制辅助线时一并绘制出），结果如图 5-33 所示。

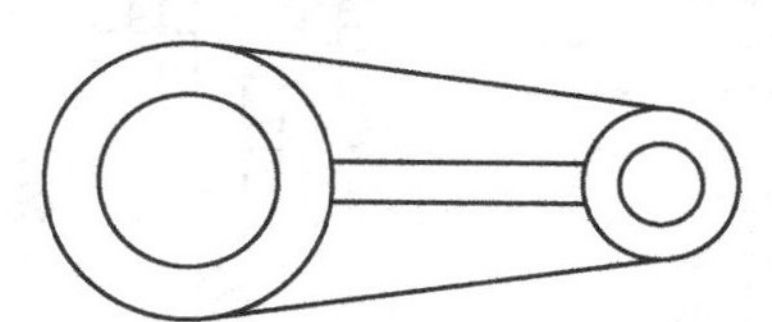
图 5-32　绘制圆的切线

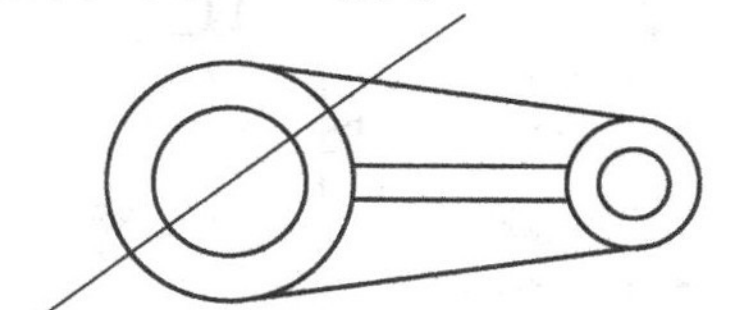
图 5-33　绘制临时辅助线

9）利用“镜像”命令，对除了左侧一组同心圆和临时的倾斜辅助线以外的其他对象进行镜像复制，其镜像线为刚绘制的倾斜辅助线，结果如图 5-34 所示。

10）删除临时辅助线，并利用“圆角”工具，对两条相交的圆的切线进行倒圆角操作，圆角半径为 10，结果如图 5-35 所示。

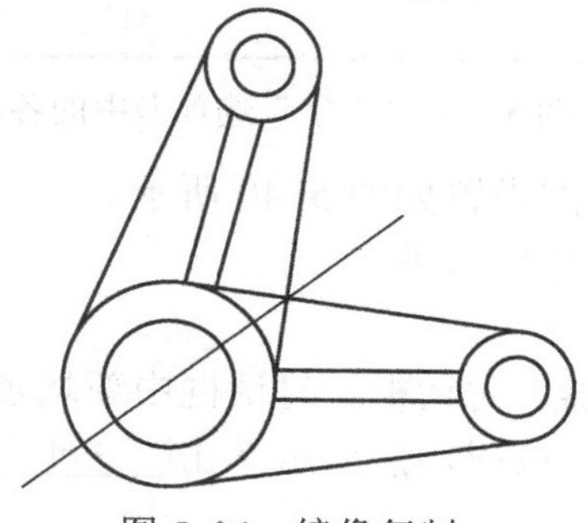
图 5-34　镜像复制

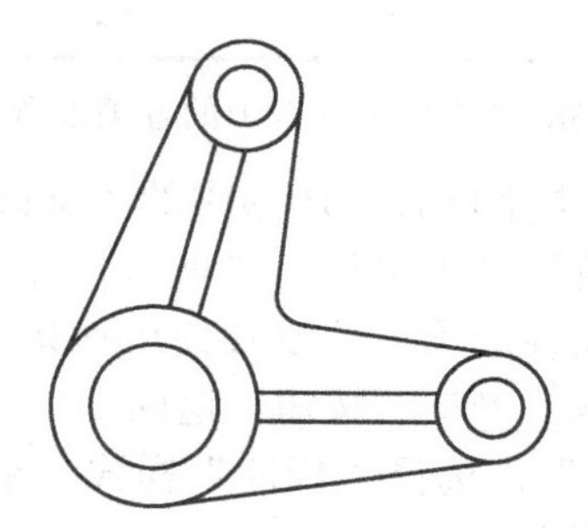
图 5-35　倒圆角

11）设置标注样式。

① 执行“格式”→“标注样式”菜单命令，或在“注释”选项卡中的“标注”选项面板中单击“标注样式管理器”按钮，打开“标注样式管理器”对话框，如图 5-36 所示。单击[新建(N)...]按钮，打开“创建新标注样式”对话框，如图 5-37 所示。

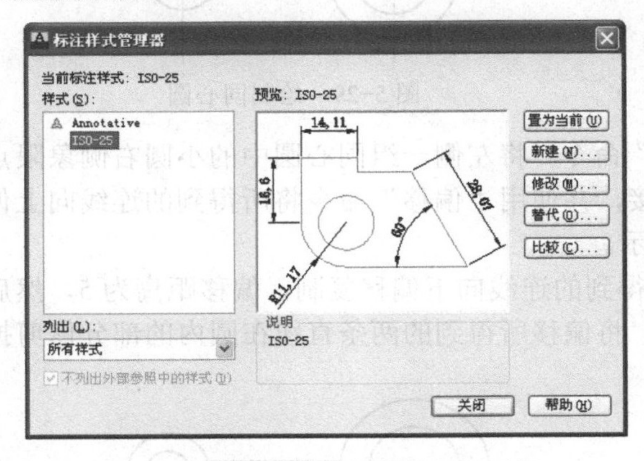

图 5-36 “标注样式管理器”对话框

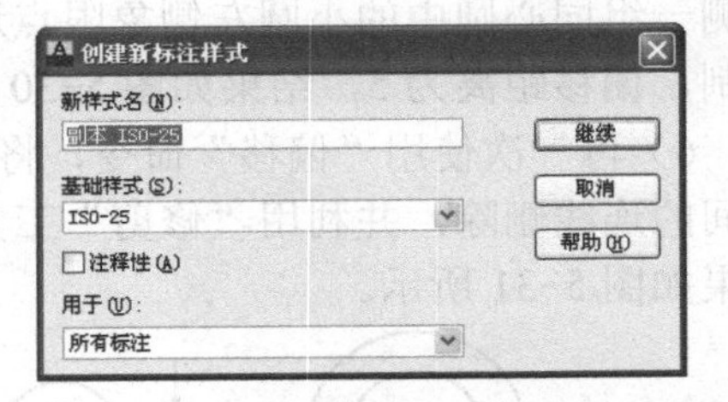

图 5-37 “创建新标注样式”对话框

② 在“新样式名”文本框中输入“标注”，单击[继续]按钮，退出“创建新标注样式”对话框，同时打开“新建标注样式”对话框，并切换到“线”选项卡，选项卡中各选项设置如图 5-38 所示。

③ 切换到“文字”选项卡，选项卡中各选项设置如图 5-39 所示。

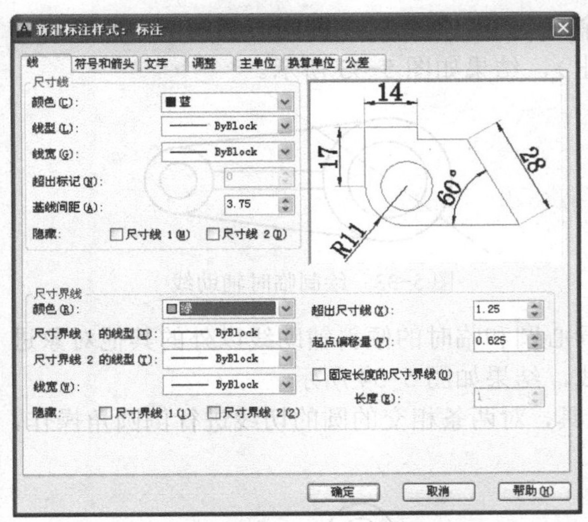

图 5-38 “线”选项卡中的各项设置

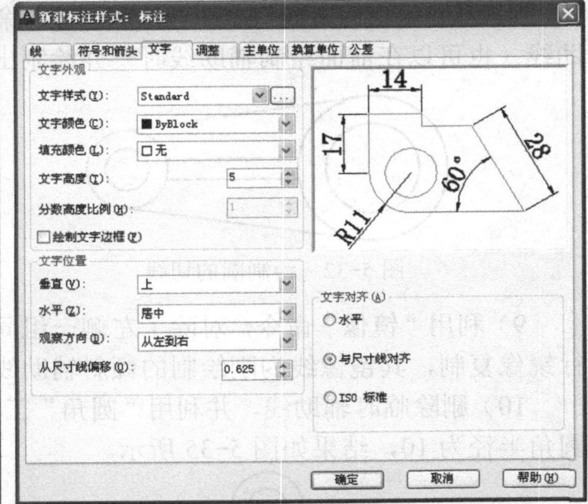

图 5-39 “文字”选项卡中的各项设置

其中“文字样式”选项中的“Standard”样式的设置如图 5-40 所示。

④ 切换到“主单位”选项卡，各选项设置如图 5-41 所示。

⑤ 其他各选项卡的参数使用默认设置。

⑥ 单击[确定]按钮，返回“标注样式管理器”对话框，对话框中新增加了一个标注样式“标注”，选择“标注”样式，单击[置为当前(U)]按钮，然后再单击[关闭]按钮完成标注样式的设置。

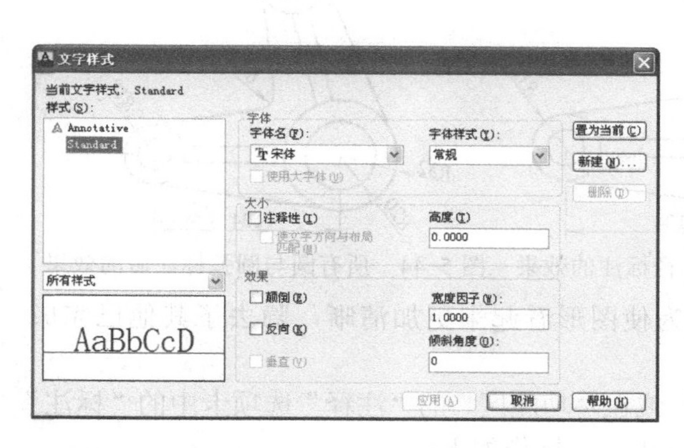

图 5-40　“文字样式”中“Standard”样式设置

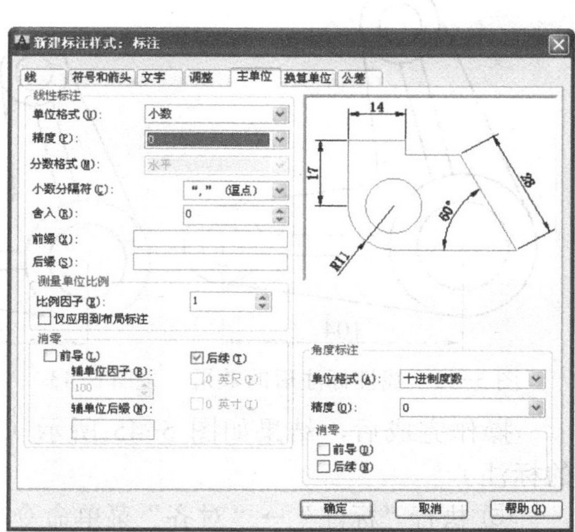

图 5-41　“主单位”选项卡中的各项设置

12）进行尺寸标注。

① 执行“标注”→“线性”菜单命令，或在“功能区”的“注释”选项卡中的“标注”选项板中单击“线性标注”按钮，命令行提示与操作如下：

命令: _dimlinear
指定第一个尺寸界线原点或 <选择对象>:　　选择水平方向上左侧同心圆的圆心
指定第二条尺寸界线原点:　　选择水平方向上右侧同心圆的圆心
指定尺寸线位置或　　向下拖动鼠标到适当位置后单击
[多行文字(M)/文字(T)/角度(A)/水平(H)/垂直(V)/旋转(R)]:
标注文字 ＝104

操作完成后，结果如图 5-42 所示。

② 执行“标注”→“半径”菜单命令，或在“功能区”的“注释”选项卡中的“标注”选项板中单击“半径标注”按钮，命令行提示与操作如下：

命令: _dimradius
选择圆弧或圆:　　选择水平方向上右侧同心圆的大圆
标注文字 ＝18
指定尺寸线位置或 [多行文字(M)/文字(T)/角度(A)]:　　拖动鼠标到适当位置后单击

操作完成后，结果如图 5-43 所示。

③ 用同样方法，对图形中的其他圆和圆弧进行半径标注或直径标注，效果如图 5-44 所示。

④ 执行“标注”→“对齐”菜单命令，或在“功能区”的“注释”选项卡中的“标注”选项板中单击“对齐标注”按钮，命令行提示与操作如下：

命令: _dimaligned
指定第一个尺寸界线原点或 <选择对象>:　　选择垂直方向上右上侧同心圆的圆心
指定第二条尺寸界线原点:　　选择垂直方向上左下侧同心圆的圆心
指定尺寸线位置或[多行文字(M)/文字(T)/角度(A)]:　　拖动鼠标到适当位置后单击
标注文字 ＝104

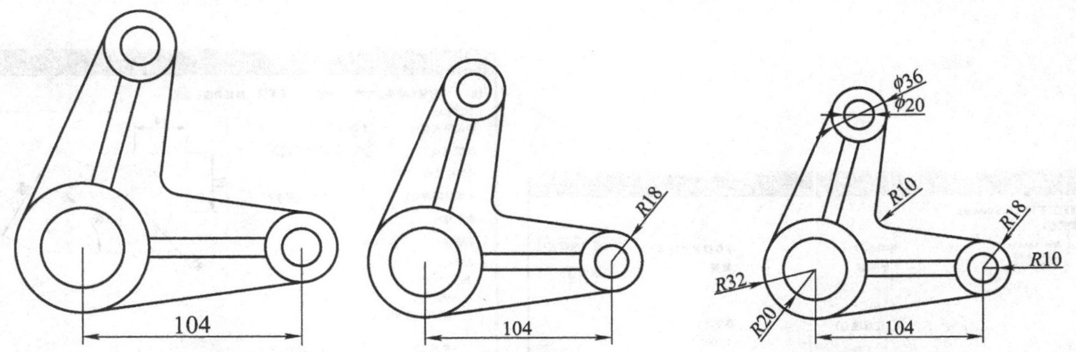

图 5-42　线性标注后的效果　　图 5-43　半径标注的效果　　图 5-44　所有圆与圆弧标注后的效果

操作完成后，结果如图 5-45 所示（为使图形看起来更加清晰，隐去了其他已完成的标注）。

⑤ 执行“标注”→“对齐”菜单命令，或在“功能区”的“注释”选项卡中的“标注”选项板中单击“角度标注”按钮，命令行提示与操作如下：

```
命令: _dimangular
选择圆弧、圆、直线或 <指定顶点>:                              选择如图 5-46 所示的直线 a
选择第二条直线:                                               选择如图 5-46 所示的直线 b
指定标注弧线位置或 [多行文字(M)/文字(T)/角度(A)/象限点(Q)]:   在 a 与 b 间拖动鼠标到适当位置单击
标注文字 = 75
```

操作完成后，结果如图 5-46 所示（隐去了其他已经完成的标注）。

⑥ 再次执行“线性”标注命令，标出水平方向上两组同心圆之间两条连线之间的距离，这样整个尺寸标注就完成了，结果如图 5-47 所示。

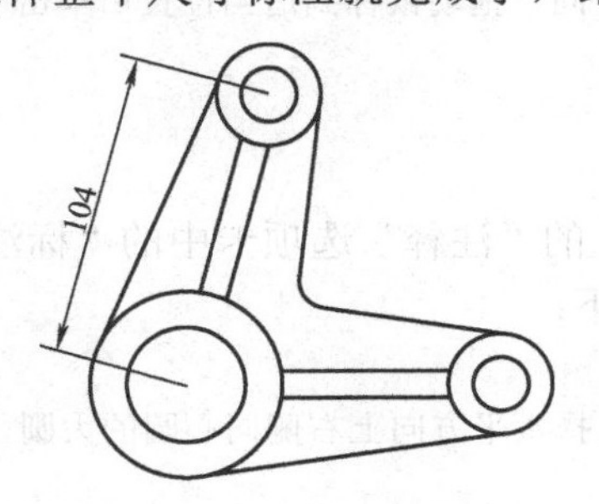

图 5-45　对齐标注的效果

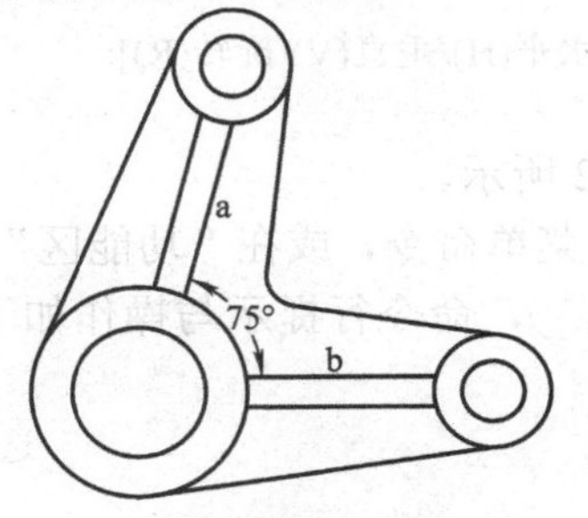

图 5-46　角度标注的效果

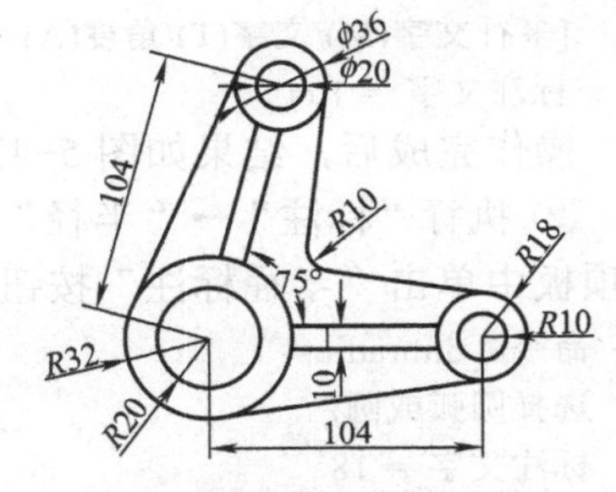

图 5-47　完成后的效果

知识拓展

1. 多重引线标注

在绘制图形时，有时需要对图形添加一些说明或注释。可使用“多重引线标注”来实现。多重引线标注由一条带箭头或不带箭头的直线或样条曲线（又称引线）和一条短水平线（又称基线）以及处于引线末端的文字或块组成，如图 5-48 所示。

（1）多重引线样式

在 AutoCAD 2013 中，多重引线的外观，可以通过多重引线的样式来控制，用户可以通过“多重引线样式管理器”来创建、修改和删除多重引线样式。

1）新建多重引线样式。执行“格式”→“多重引线样式”菜单命令，或单击“注释”选项卡中的“引线”选项面板右下角的斜箭头，打开“多重引线样式管理器”对话框，如图 5-49 所示。

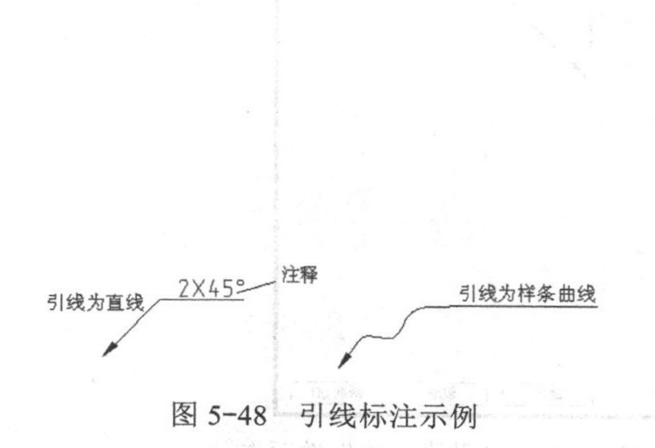

图 5-48 引线标注示例

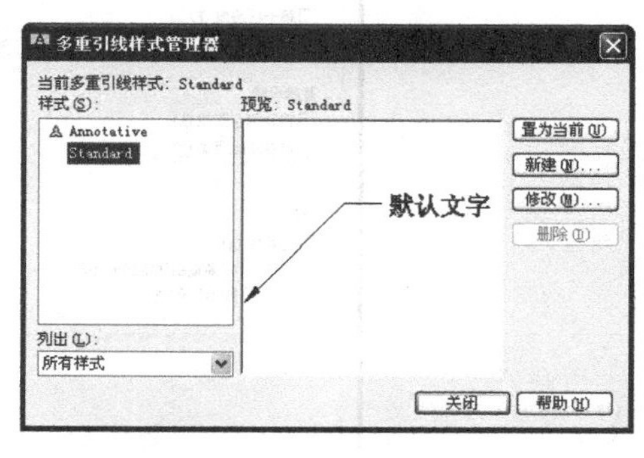

图 5-49 “多重引线样式管理器”对话框

单击“新建”按钮，打开“创建新多重引线样式”对话框，如图 5-50 所示。

在“新样式名”文本框中输入新样式的名称（新建样式），然后单击“继续”按钮，打开“修改多重引线样式”对话框，默认为“引线格式”选项卡，如图 5-51 所示。

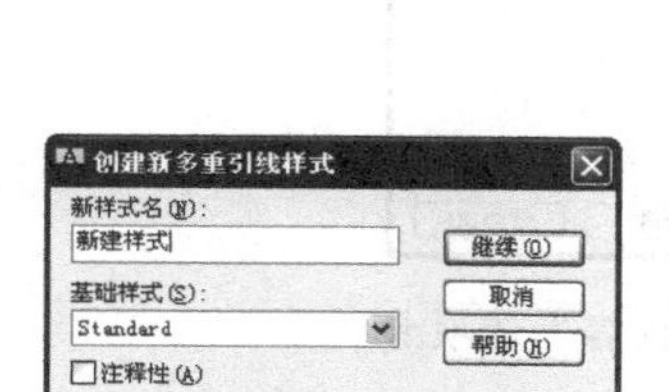

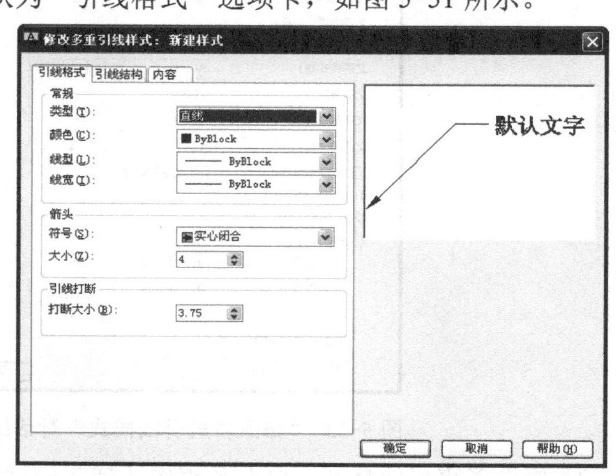

图 5-50 “创建新多重引线样式”对话框 图 5-51 “修改多重引线样式”对话框中的“引线格式”选项卡

在“引线格式”选项卡中可设置引线的类型、颜色、线型和线宽，引线前端箭头符号和箭头大小等。

在“引线结构”选项卡中可设置“最大引线点数”、是否包含基线以及基线长度等，如图 5-52 所示。

在“内容”选项卡中可设置“多重引线类型”，包括多行文字、块和无 3 个选项，如图 5-53 所示。如果选择多行文字选项，则包括“文字选项”和“引线连接”两个选项组，其中，“文字选项”选项组用来设置默认文字、文字的样式、角度、颜色、高度、是否左对正以及是否为文字加边框；“引线连接”选项组用来设置文字与引线的连接方式，即水平连接或垂直连接。如果选择块，则可设置块源、附着、颜色、比例，如果选择无选项，则无文字内容。

设置完成后，单击“确定”按钮完成新样式的创建。

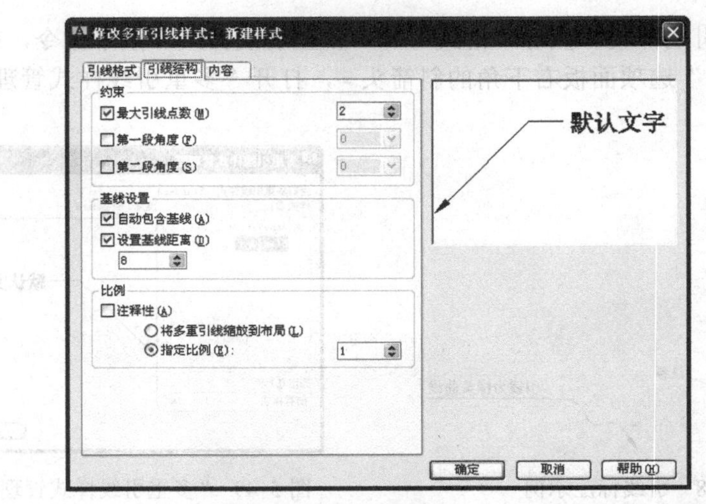

图 5-52 “修改多重引线样式”对话框中的“引线结构”选项卡

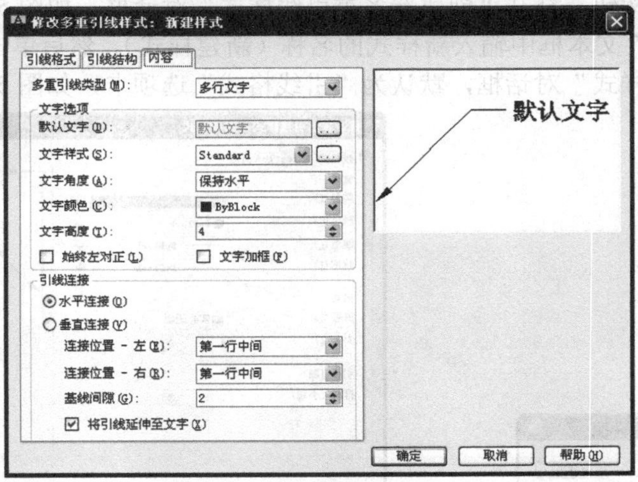

图 5-53 “修改多重引线样式”对话框中的“内容”选项卡

2）修改多重引线样式。要对多重引线样式进行修改操作，则同样执行“格式”→“多重引线样式”菜单命令，或单击“注释”选项卡中的“引线”选项面板右下角的斜箭头，打开“多重引线样式管理器”对话框后，在对话框的左侧“样式”列表框中列出了已有的多重引线样式，选中要修改的多重引线样式，单击右侧的“修改”按钮，同样打开“修改多重引线样式”对话框，根据需要进行各项修改设置后单击“确定”按钮完成修改操作。

3）删除多重引线样式。用户可以将不用的多重引线样式删除，方法是打开“多重引线样式管理器”对话框，在左侧“样式”列表框中选中要删除的多重引线样式，单击右侧的“删除”按钮，即可完成删除操作。但不能删除 Standard 样式和图形中正在使用的样式。

（2）创建多重引线标注

执行“标注”→“多重引线”菜单命令，或单击“常用”选项卡中的“注释”选项面板中的“引线”按钮，或单击“注释”选项卡中的“引线”选项面板中的“多重引线”命令按钮，命令提示行出现如下提示信息：

指定引线箭头的位置或 [引线基线优先(L)/内容优先(C)/选项(O)] <选项>:

在图形中单击确定引线箭头的位置后继续出现如下提示信息：

指定引线基线的位置：

当指定引线基线位置后，系统自动在指定位置处打开在位文字编辑器，输入说明文字或注释内容后，在空白处单击完成操作。

单击“注释”选项卡中的“引线”选项板中的“添加引线”按钮，可为图形继续添加引线标注；使用“删除引线”按钮，可以将引线标注从现有的多重引线对象中删除；使用“对齐”按钮，可将选定的多重引线对象对齐并按一定的间距排列；使用“合并”按钮，可将包含块的选定多重引线组织到行或列中，并使用单引线显示结果。

2．关联标注

对图形对象进行标注后，如果移动了图形对象的位置或修改了对象的长度等，则图形对象将与标注尺寸分离。但是将标注与对象进行关联后，在修改对象的同时标注也将随之改变。在 AutoCAD 2013 中使用“重新关联标注”命令，可将选定的标注关联或重新关联至对象或对象上的点。

执行“标注”→“重新关联标注”菜单命令，或单击功能区“注释”选项卡的“标注”选项面板上的“重新关联”按钮，命令行提示信息如下：

选择要重新关联的标注...
选择对象或 [解除关联(D)]:

选择要重新关联的标注对象，或输入 D 选择所有已解除关联的标注。按<Esc>键终止命令，而不会丢失已指定的更改。使用 UNDO 可恢复修改标注的上一个状态。

所选标注类型不同，提示的信息也不相同，具体的提示如下：

线性标注

指定第一个尺寸界线原点或 [选择对象(S)] <下一个>：	指定对象捕捉位置，输入 s 并选择几何对象，或按<Enter> 键跳到下一个提示
指定第二个尺寸界线原点 <下一个>：	指定对象捕捉位置，或按<Enter>键跳到下一个标注对象（如果有）

对齐标注

指定第一个尺寸界线原点或 [选择对象(S)] <下一个>：	指定对象捕捉位置，输入 s 并选择几何对象，或按<Enter>键跳到下一个提示
指定第二个尺寸界线原点 <下一个>：	指定对象捕捉位置，或按<Enter>键跳到下一个标注对象（如果有）

角度（三点）标注

指定角的顶点或 [选择圆弧或圆(S)] <下一个>：	指定对象捕捉位置，输入 s 并选择圆弧或圆，或按<Enter>键跳到下一个提示
指定第一个角端点 <下一个>：	指定对象捕捉位置或者按<Enter>键跳到下一个提示
指定第二个角端点 <下一个>：	指定对象捕捉位置或按<Enter>键跳到下一个标注对象（如果有）

角度（两线）标

选择第一条直线 <下一个>：	选择直线，或按<Enter>键跳到下一个提示
选择第二条直线 <下一个>：	选择另一条直线，或按<Enter>键跳到下一个标注对象（如果有）

直径标注

选择圆弧或圆 <下一个>：	选择圆弧或圆或按<Enter>键跳到下一个标注对

	象（如果有）
引线标注	
指定引线关联点 <下一个>:	指定对象捕捉位置或按<Enter>键跳到下一个标注对象（如果有）
坐标标注	
指定特征位置 <下一个>:	指定对象捕捉位置或按<Enter>键跳到下一个标注对象（如果有）
半径标注	
选择圆弧或圆 <下一个>:	选择圆弧或圆或按<Enter>键跳到下一个标注对象（如果有）

实战演练

1．起步

学生自己动手绘制如图 5-54 所示的机械零件平面图形，并进行尺寸标注。

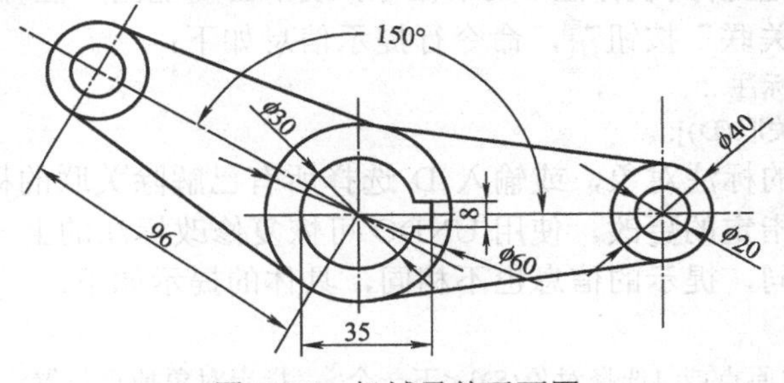

图 5-54　机械零件平面图

操作步骤提示：

1）新建一个辅助线图层并置为当前，利用“直线”命令和“偏移”命令绘制辅助线（一横、两竖 3 条虚线）。

2）新建一个绘图图层并置为当前，利用“圆”命令，分别以辅助线的两个交点为圆心，绘制两组同心圆。

3）用直线分别将左侧一组同心圆中小圆的水平两个象限点和垂直两个象限点连接。将得到的垂直直线向右进行偏移复制，偏移距离为 20，并将原直线删除。将得到的水平直线分别向下和向上进行偏移复制，偏移距离为 4，并将原直线删除。

4）使用“修剪”命令进行修剪操作，得到“缺口”。

5）使用“直线”命令绘制两组同心圆中两个大圆的外切线（只绘制下面的）。

6）使用“构造线”命令绘制一条倾斜角为 75°、过左侧一组同心圆圆心的辅助线。

7）用直线将斜线与左侧一组同心圆中大圆的上面的交点与右侧一组同心圆的大圆上面的切点进行连接。

8）使用“镜像”命令，将右侧一组同心圆及两条连线进行镜像复制，镜像线倾斜角为 75°的辅助线。然后删除该辅助线。

9）新建一个标注样式并置为当前，进行尺寸标注。

2．进阶

学生自己动手绘制如图 5-55 所示的吊钩平面图，并进行尺寸标注。

操作步骤提示：

1）新建一个辅助线图层，绘制辅助线，结果如图 5-56 所示。

2）再新建一个绘图层，分别以图 5-57 中所示的 A 和 B 两点为圆心，以 24 和 50 为半径绘制两个圆，结果如图 5-57 所示。

3）复制小圆（以小圆右象限点为基点，大圆左象限点为目标点进行复制），使用“相切、相切、半径”法画圆（在切点选取时，在左侧小圆的上部单击，在右侧小圆的左侧单击，其半径为 40），结果如图 5-58 所示。

4）再使用“相切、相切、半径”画圆法再绘制一个半径为 4 的小圆，位置如图 5-59 所示。

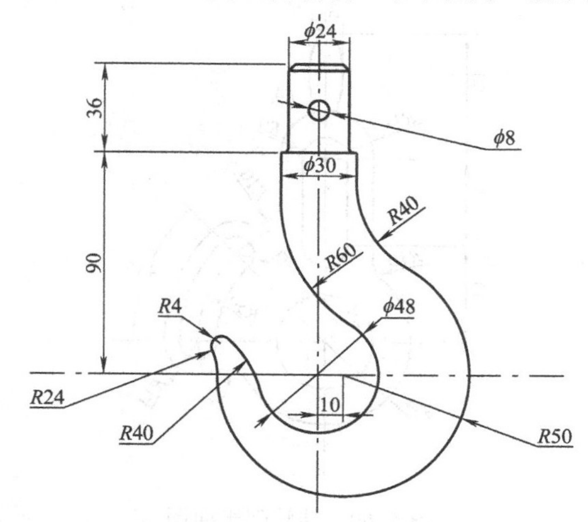

图 5-55　吊钩平面图

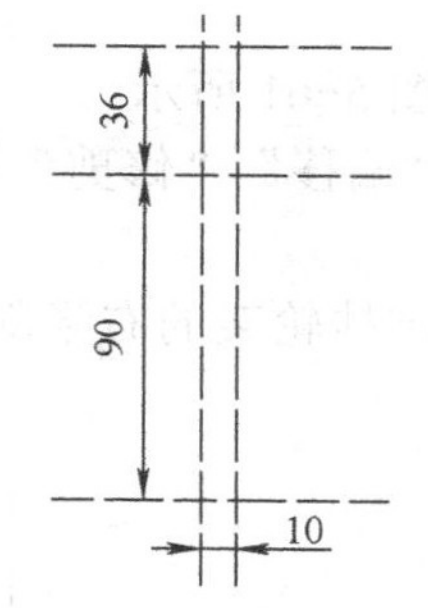

图 5-56　绘制辅助线

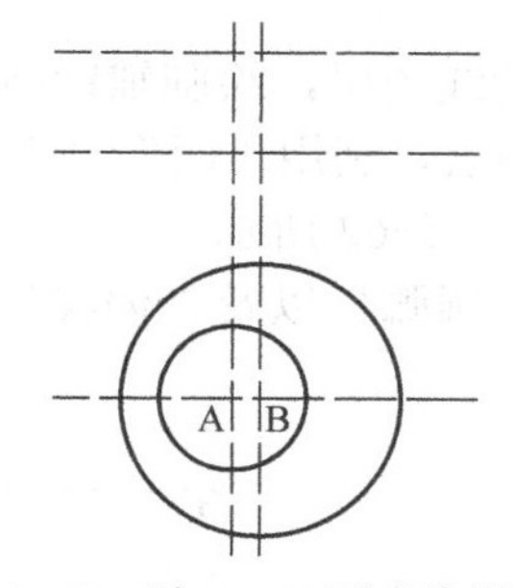

图 5-57　以 A、B 两点为圆心画圆

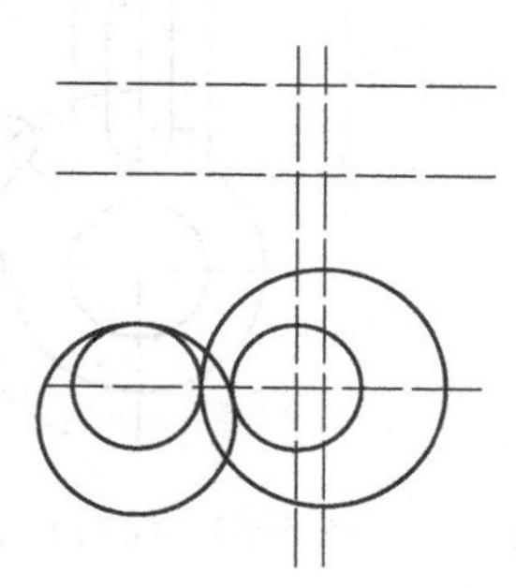

图 5-58 “相切、相切、半径”法画圆

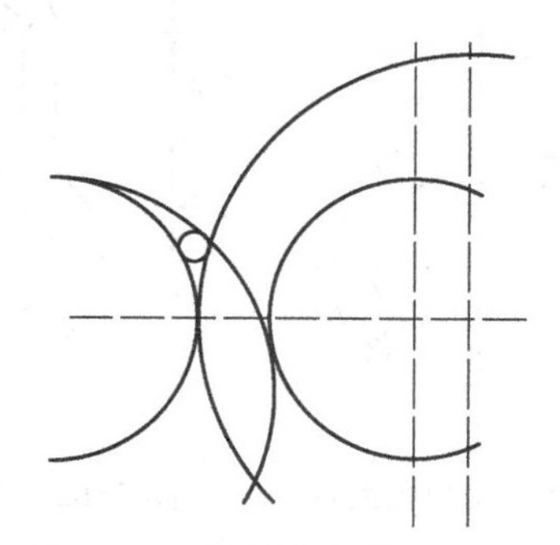

图 5-59　绘制半径为 4 的小圆

5）在空白区绘制两个矩形（24，36和30，50）并以上边线中点为基点移动。

6）将大矩形分解，将下面的横边删除，将两条竖边分别与以A点和B点为圆心的小圆与大圆进行圆角处理。

7）使用“修剪”命令进行修剪。

8）新建标注图层，设置标注样式，进行尺寸标注。

3．提高

学生自己动手绘制如图5-60所示的挂轮架平面图，并进行尺寸标注。

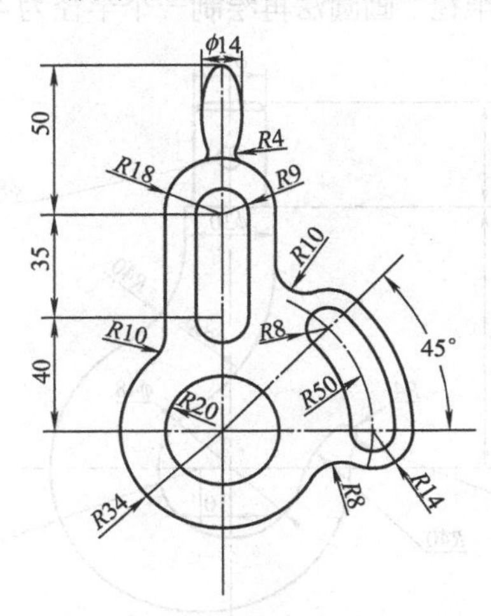

图5-60　挂轮架平面图

操作步骤提示：

1）新建一个辅助线图层，绘制辅助线，结果如图5-61所示。

2）新建一个绘图层，利用“圆”“直线”以及“偏移”“修剪”等命令，绘制挂轮架的中间部分，结果如图5-62所示。

3）使用“圆”“圆弧”以及“偏移”命令，绘制挂轮架的右半部分，结果如图5-63所示。

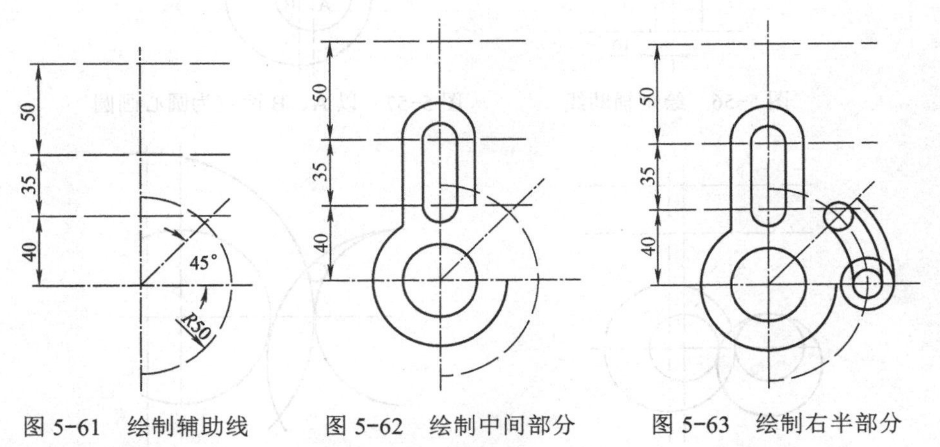

图5-61　绘制辅助线　　图5-62　绘制中间部分　　图5-63　绘制右半部分

4）使用“圆角”“修剪”命令，对挂轮架的右半部分进行编辑处理。

5）使用“椭圆”“圆角”“修剪”等命令，绘制挂轮架的把手（注：以“轴、端点”方式绘制椭圆；倒圆角时将“模式”设为不修剪）。

6）新建标注图层，设置标注样式，进行尺寸标注。

项目小结

尺寸标注是绘图过程中一项十分重要的内容，因为标注图形中的数字和其他符号，可以传达有关设计元素的尺寸信息，对施工或制造工艺进行注解。尺寸标注决定着图形对象的真实大小以及各部分对象之间的相互位置关系。本项目通过一个任务，重点介绍了尺寸样式的设置、线性尺寸的标注、角度标注、弧长标注、直径和半径尺寸的标注、连续及基线尺寸标注、折弯标注、引线标注等内容。通过本项目的学习，学生能够掌握 AutoCAD 2013 中常用尺寸标注的功能及使用方法，能快速熟练地标注 AutoCAD 图样中的各种尺寸。能对已经绘制好的图样进行尺寸标注修改。

项目6　使用图块

能力目标

1）掌握 AutoCAD 中图块的功能及作用。
2）掌握 AutoCAD 2013 中图块的定义方法。
3）掌握 AutoCAD 2013 中图块的编辑与使用方法。

“图块”是 AutoCAD 软件的一个特色功能。在使用 AutoCAD 进行实际绘图的过程中会发现，有些图形中存在大量相同或相似的内容，经常要重复使用某些图形，如电路图中的电阻、电容等元件，建筑图中的门、窗、家具以及电器等图形元件。在 AutoCAD 中，可以将那些需要重复使用的图形定义成图块，而且，还可以根据需要为块创建属性，用来指定块的名称、用途及设计者等信息，需要时直接插入使用。

任务11　绘制某多层住宅标准层单元平面图

任务目标

- 掌握多层住宅平面图绘制的基本方法与步骤
- 掌握内部块与外部块的功能及定义方法
- 掌握块的插入及编辑方法

任务效果图

本任务所绘制的是多层住宅的标准层单元平面图，该单元平面图为对称的一梯两户式，套型为两室一厅。平面图中主要包括墙体、门、窗、家具、楼梯及文字标注和尺寸标注等。最终效果如图6-1所示。

相关知识

1. 图块的基本概念

图块是用一个“块名”命名的一个或多个图形对象的总称。在一个图块中，各图形实体均有自己的图层、线型、颜色、透明度等特征。在 AutoCAD 2013 中把图块作为一个单独的、完整的对象来处理。用户可以根据实际需要，将图块按给定的缩放比例和旋转角度插入到指定的任一位置，也可以对整个图块进行复制、移动、缩放和阵列等处理。

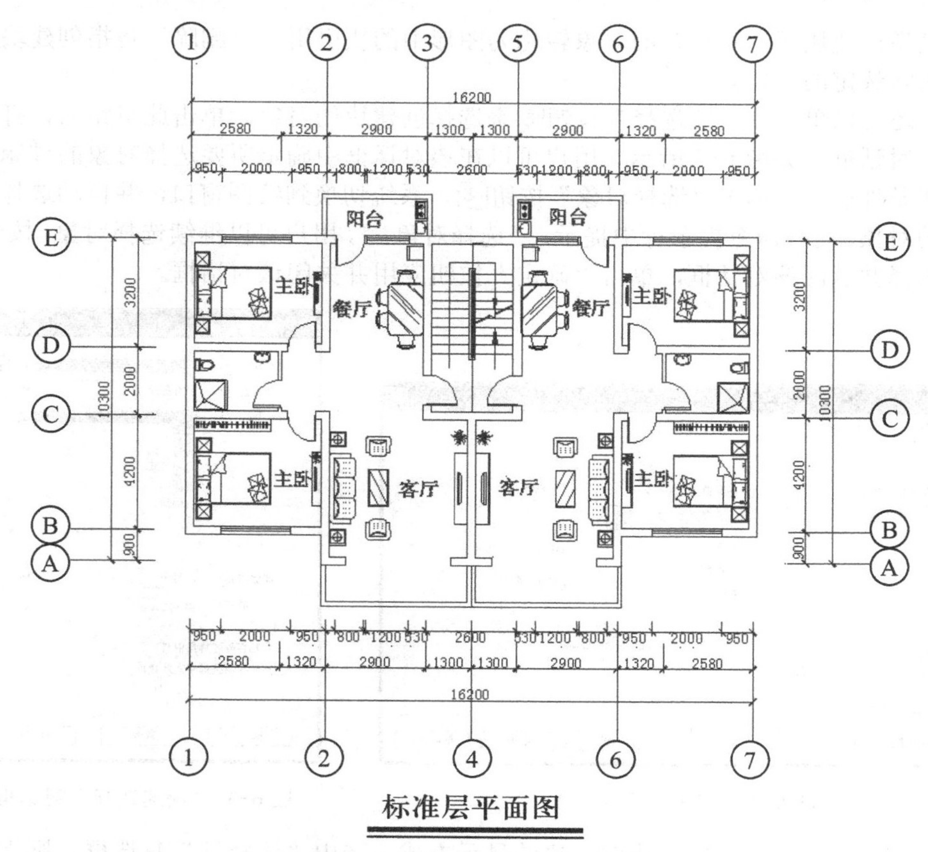

图 6-1　多层住宅标准层单元平面图

2．图块的创建与存储

图块可以是绘制在几个图层上的具有不同颜色、线型、线宽和透明度等特性的对象的组合。尽管图块总是在当前图层上，但它保存了有关包含在该块中的对象的原图层、颜色、线型及透明度等特性的信息。用户可以控制图块中的对象是保留其原特性还是继承当前的图层、颜色或线宽等设置。

（1）创建图块

要创建图块，首先要准备好在图块中使用的图形对象，然后执行“绘图”→“块”→“创建”菜单命令，或在“功能区”选项板中选择“常用”选项卡，在“块”选项面板中单击“创建块”按钮，也可以直接在命令行中输入 block 命令，打开“块定义”对话框，如图 6-2 所示。

对话框中的各选项主要功能如下。

①“名称”：供用户输入图块的名称。

②“基点”：用来设定图块的基点。即可以用“拾取点”按钮来选取，也可以直接在 X、Y、Z 3 个文本框中输入基点坐标，若选中“在屏幕上指定”复选框，则在关闭对话框时，将提示用户指定基点。

③“对象”：通过“选择对象”按钮来确定要在图块中使用的对象。对选中的对象有 3 种处理方式，“保留”是指创建块后，将选定对象保留在图形中作为区别对象；“转换

为块”是指创建块后，将选定的对象转化为图形中的块引用；“删除”是指创建块后，从图形中删除选定的对象。

用户还可以单击“快速选择”按钮来选择创建块的对象。单击此按钮后，打开“快速选择”对话框，如图 6-3 所示。用户可以在该对话框中确定所要选择对象的过滤条件。确定过滤条件后，再单击“选择对象”按钮，系统切换到绘图窗口，并自动选择满足过滤条件的对象，同时命令提示行中提示：“选择对象：”，用户可以继续选择对象，按<Enter>键结束选择并返回该对话框，单击“确定”按钮应用并关闭该对话框。

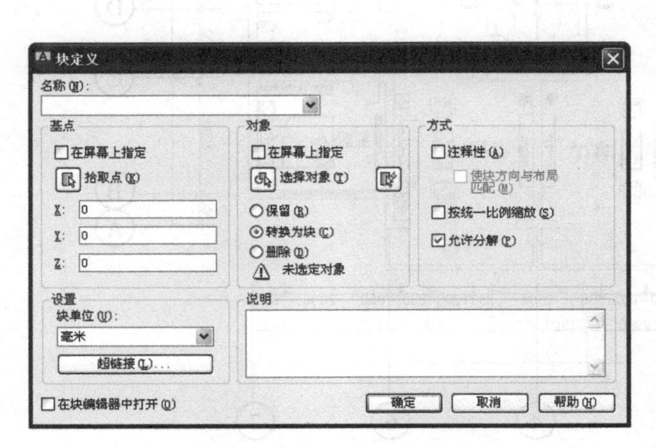

图 6-2 “块定义”对话框

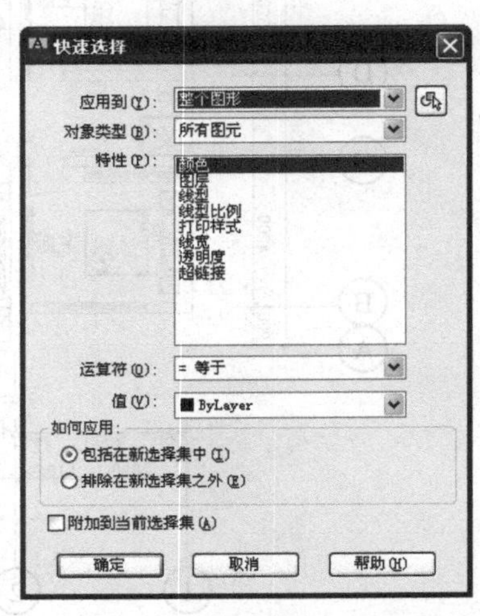

图 6-3 “快速选择”对话框

④“方式”：设置组成图块的对象的显示方式。选中“注释性”复选框，则指定块为注释性。使用此特性，用户可以自动完成缩放注释的过程，从而使注释能够以正确的大小在图纸上打印或显示；选中“按统一比例缩放”复选框，设置对象按统一比例进行缩放；选中“允许分解”复选框，设置对象允许被分解。

⑤“设置”：用来指定块参照插入单位。

⑥“说明”：设置块的说明文字，方便以后使用时查询。

输入块的名称、选择好对象并完成其他选项的设置后，单击“确定”按钮便完成了图块的创建。用这种方法创建的图块，被称作内部图块，只能在图块所在的当前图形文件中使用，不能被其他图形引用。而在实际应用中，通常需要共享定义好的图块，使所有的用户都能很方便地引用。这就需要使图块成为公共图块，使其可供其他图形文件引用。AutoCAD 2013 提供了“Wblock”写块命令，可将图块单独以图形文件的形式存盘。用“Wblock”写块命令保存的图块文件与其他图形文件完全相同。

（2）保存图块

前面定义的图块，只能在当前图形文件中使用，如果需要在其他图形中使用已经定义的图块，如标题栏、图框以及一些通用的图形对象等，则可以将图块以图形文件形式保存下来。这时，它就和一般图形文件没有什么区别，可以被打开、编辑，也可以以图块形式方便地插入到其他图形文件中。“保存图块”也是通常所说的“写块”。

要使图块成为公共图块，供其他图形文件引用，必须使用“Wblock”写块命令，将图块以图形文件的形式存盘。在命令行中输入 Wblock 或 W 后按<Enter>键，打开“写块”对话框，如图 6-4 所示。

对话框中各选项的主要功能如下。

①“源”：该选项组用于选择图块和图形对象，将其保存为文件并为其指定插入点。选项组中有 3 个单选按钮，两个选项面板。选中“块”单选按钮，可将用 Block 命令创建的图块以图形文件的形式保存，用户可从对应的下拉列表框中选择要保存的图块，若当前的图形文件中没有定义图块，则该选项不可使用；若选中“整个图形”单选按钮，则将当前图形文件中的全部图形对象以图块的形式保存到块文件中；若选择“对象”单选按钮，则下方的“基点”和“对象”选项面板成为可用，两个选项面板的功能和操作与创建图块相同，需用户选择对象，指定基点。

图 6-4 “写块”对话框

②“基点和对象”：这两个选项面板只有在选中“对象”单选按钮时可用，其功能和操作与“块定义”对话框中的相同。

③“目标”：该选项组用于设置保存图块的文件名、路径和插入单位。

根据需要完成对话框中的各项设置后，单击“确定”按钮，便可将图块以图形文件的形式保存。用这种方法创建的图块被称为外部图块，可以被其他图形文件引用。

说明：利用“写块”命令创建的图块是 AutoCAD 2013 的一个 DWG 文件，属于外部文件，它不会保留原图形未用的图层、线型等属性。

3. 图块的引用

引用图块，就是将定义好的图块插入到当前的图形文件中。执行“插入”→“块”命令，或在“功能区”的“常用”选项卡中的“块”选项面板中单击“插入块”按钮，打开“插入”对话框，如图 6-5 所示。

对话框中各选项的主要功能如下。

①“名称”：该选项用于指定要插入图块的名称或图形文件的名字。用户可以从下拉列表框中列出的当前图形的所有块中选择要插入的图块，也可以单击“浏览”按钮，从弹出的对话框中，浏览要指定插入到当前图形的外部图块文件或其他图形文件。

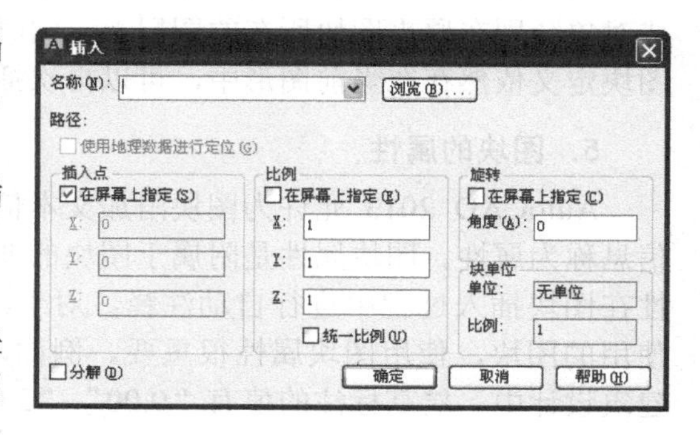

图 6-5 “插入”对话框

②“插入点”：该选项组用于设置图块插入时的插入点。用户可以选中“在屏幕上指定”复选框，然后在绘图区用光标指定插入点。也可以直接在 X、Y、Z 3 个文本框中输入插入点的坐标。

③“比例”：该选项组用于设置图块插入时的比例。用户可以选中“在屏幕上指定”复选框，然后在绘图区指定缩放比例，也可以直接在 X、Y、Z 3 个文本框中输入图块在 3 个方向上的缩放比例。比例取值大于“1”，表示放大图块；比例取值等于“1”，表示对

图块不进行缩放；比例取值小于“1”，表示缩小图块。如果是选中了“统一比例”复选框，则插入的图块在X、Y、Z3个方向的比例是一致的，这时Y、Z两个文本框低亮度显示，表示不能输入值，用户只需在X文本框中输入比例值即可。

④“旋转”：该选项组用于设置图块插入时的旋转角度。用户可以选中“在屏幕上指定”复选框，然后在绘图区指定旋转角度，也可以直接在“角度”文本框中输入角度值。

⑤“分解”：该复选框用于设置是否将插入的图块分解成各个独立的对象。若选择该选项，则插入的块不是一个整体，而是被分解为各个单独的图形对象。

如果插入图块的插入点、比例、旋转角度等选项均选择“在屏上指定”，那么单击“确定”按钮后，命令行提示如下：

指定插入点或 [基点(B)/比例(S)/X/Y/Z/旋转®]:

其各个选项的含义和对话框中的相似。

当图块插入到当前图形后，其内含的所有块定义也同时带入当前图形，并生成同名的当前图块，以后可以在该图形中调用。如果该图块中包含的块定义和当前图形中的某个块定义同名，则当前图形的块定义覆盖块文件中包含的块定义。如果选中了“分解”复选框，则插入图块后该图块会自动分解成实体，其特性如图层、线型、颜色、透明度等，也会恢复成创建块之前所具有的特性。

4. 图块的分解

图块是一个整体。如果用户想对图块的其中一个对象进行处理，则需要将图块分解。执行“修改”→“分解”命令，或在“功能区”的“常用”选项卡中的“修改”选项面板中单击“分解”按钮，命令行提示：

选择对象：

用户使用对象选择方式，选择所要分解的图块后，按<Enter>键即可。分解后，各个组成对象分别在原来图块所在的图层上，同时也失去其整体性，不再具有图块的特性。但是图块定义依然存在当前图形中，可以再次插入使用。

5. 图块的属性

AutoCAD 2013 允许为图块附加文本信息，以增强图块的通用性和可读性，这些文本信息称为属性。图块属性是附属于图块的非图形信息，也是图块的组成部分。通常图块属性在图块插入过程中进行自动注释。对于经常使用的图块，使用图块属性很重要。例如，在建筑设计中，层高标注的值有“0.00”“3.00”“6.00”等，用户可以在层高标注图块中将高度值定义为属性，每次插入层高标注时，AutoCAD 2013 会自动提示用户输入高度值。

（1）定义图块属性

执行“绘图”→“块”→“定义属性”命令，或在“功能区”的“常用”选项卡中的“块”选项面板的展开选项面板中，单击“定义属性”按钮，打开“属性定义”对话框，如图6-6所示。

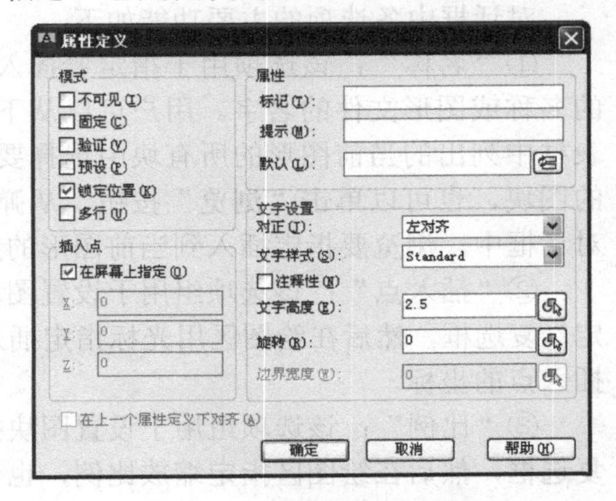

图6-6 “属性定义”对话框

对话框中各选项的主要功能如下。

①“模式”：该选项组用于设置属性的模式，共有 6 个复选框。“不可见”复选框，用于设置插入图块后是否显示属性的值；“固定”复选框，用于设置属性是否是常数；“验证”复选框，用于在插入图块时提示输入的属性值是否正确；“预设”复选框，用于是否将属性值为它的默认值；“锁定位置”复选框，用于设置插入图块的坐标位置是否固定；“多行”复选框，用于设置是否使用多段文字来标注图块的属性值。

②“属性”：该选项组用于设置属性的标记、插入图块时的提示信息及属性的默认值。共有 3 个文本框。“标记”文本框，用于识别图形中出现的属性。可以使用除空格外的任何字符组合作为属性标记；“提示”文本框，用于指定在插入包含该属性定义的图块时显示的提示信息。如果不输入提示信息，则属性标记内容将用作提示信息，如果选择“固定”模式，则此文本不可用；“默认”文本框，用于指定默认属性值。

③“插入点”：该选项组用于设置属性的插入点，即属性文字排列的起点。用户可以直接在 X、Y、Z3 个文本框中输入插入点的坐标；也可以单击“拾取点”按钮，临时切换到命令提示行并提示“起点：”在该提示下指定插入点后，返回到“属性定义”对话框。

④“文字设置”：该选项组用于设置属性文字的格式，包括 4 个选项。“对正”下拉列表框，用于设置属性文字相对于插入点的排列方式；“文字样式”下拉列表框，用于设置属性文字的样式；“文字高度”文本框，用于设置属性文字的高度，用户可直接在文本框输入文字高度值，也可以单击“高度”按钮，在绘图区以两点来确定文字高度；“旋转”文本框，用于设置属性文字的旋转角度，用户可直接在文本框中输入角度值，也可以单击“旋转”按钮，在绘图区中指定。

⑤“在上一个属性定义下对齐”：选中该复选框，表示当前属性采用上一个属性的文字样式、文字高度以及旋转角度，并且另起一行，按上一个属性的对正方式排列。此时，“插入点”和“文字设置”两个选项组不可用。

（2）使用图块属性

在定义好图块属性后，用户就可以使用该属性了，即可以将属性附加到块定义中。一个图块可以有多个属性定义。属性的使用方法是：在定义图块的时候，同时选择图块属性，作为定义块的成员对象。下面通过一个具体的实例说明带属性图块的定义与使用的操作过程。

① 绘制一个如图 6-7 所示的层高标注符号图形。

② 定义层高标注值属性。打开“属性定义”对话框，对话框中各选项的设置如图 6-8 所示。

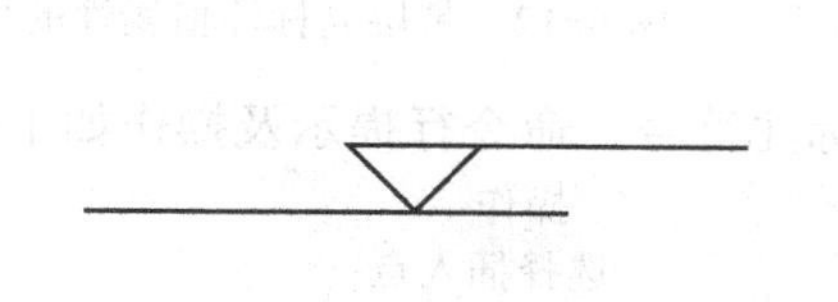

图 6-7　层高标注符号图形

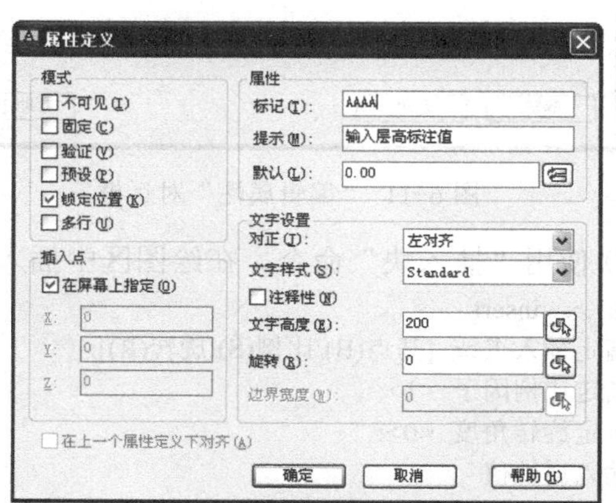

图 6-8　定义图块属性

③ 单击“属性定义”对话框中的“确定”按钮，在绘图区指定插入点，完成属性定义，结果如图 6-9 所示（其中 AAAA 为属性标记）。

④ 使用“定义图块”命令，打开“块定义”对话框，创建一个名为“带层高标注值的层高标注”图块，对话框中各选项的设置如图 6-10 所示（其中，基点为层高线左端点，对象为整个图形和层高标注值属性，这里共有 6 个）。

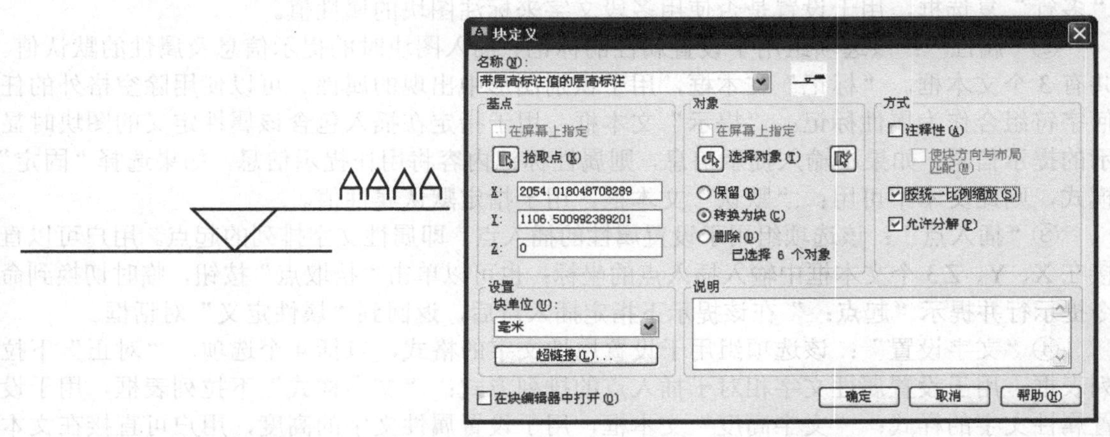

图 6-9　定义了层高标注值属性后的图形　　　图 6-10　定义带属性的块

⑤ 单击对话框中的“确定”按钮，弹出“编辑属性”对话框，如图 6-11 所示。

用户可在该对话框的“输入层高标注值”的文本框中输入高度值。如果不输入，则使用属性的默认值。单击“确定”按钮，完成图块的创建。结果如图 6-12 所示。

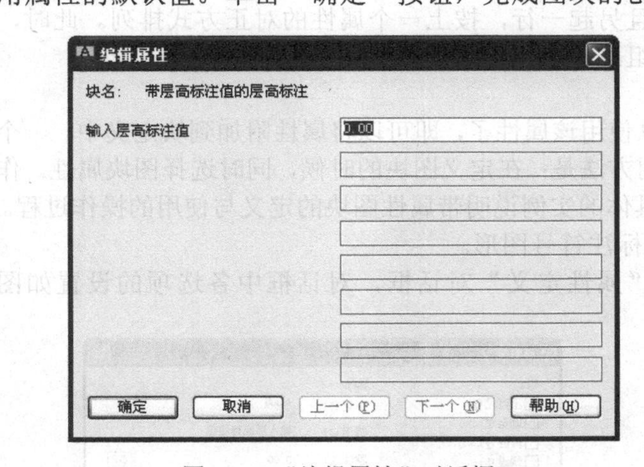

图 6-11　“编辑属性”对话框

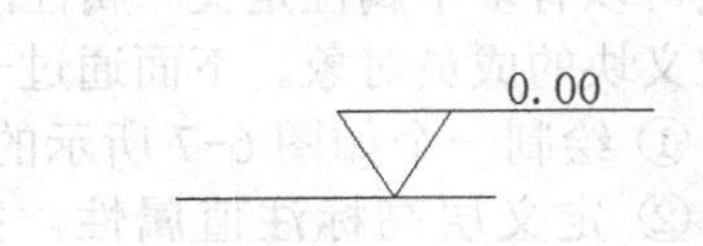

图 6-12　带层高标注值属性的块

⑥ 使用“插入块”命令，在绘图区中插入层高标注符号，命令行提示及操作如下：

命令: _insert	操作
指定插入点或 [基点(B)/比例(S)/旋转(R)]:	选择插入点
指定比例因子 <1>:	回车使用默认比例值 1
指定旋转角度 <0>:	回车使用默认角度值 0
输入属性值	回车使用默认值
输入层高标注值 <0.00>: 3.00	输入层高标注值 3.00

插入后的效果如图 6-13 所示。

（3）修改图块属性

如果用户对图块属性不满意，则可以对图块的属性定义进行修改。执行“修改”→“对象”→“文字”→“编辑”命令，按提示选择要修改的属性定义标记；或直接双击要修改的图块属性，打开“增强属性编辑器”对话框，如图 6-14 所示。该对话框的左上角显示了用户选择的图块的名称和属性标记名。

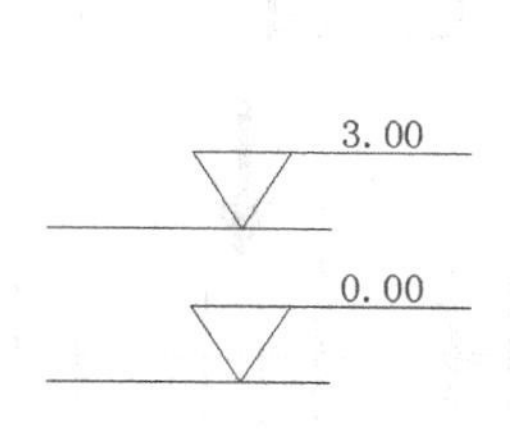

图 6-13　插入带属性块后的效果（上面为插入的块）

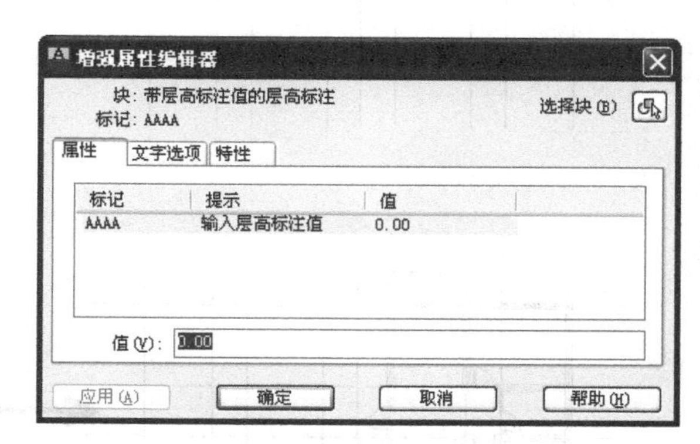

图 6-14　“增强属性编辑器”对话框

对话框中各选项的主要功能如下。

①“选择块”：该按钮用于选择其他的图块进行属性编辑，单击此按钮，返回到绘图区，提示用户选择要修改的图块，选择后，对话框便显示刚才选中的图块的属性。

②“属性”选项卡：该选项卡列出了当前图块对象的属性标记、提示和值。用户可以直接在“值”文本框中输入数值。

③“文字选项”选项卡：该选项卡显示图块属性的文字的特性，包括文字样式、高度、倾斜角度等信息，如图 6-15 所示，用户可以对相关属性值进行修改。

④“特性”选项卡：该选项卡显示图块的图形特性，包括图层、颜色、线型、线宽等，如图 6-16 所示，用户可以对相关属性值进行设置。

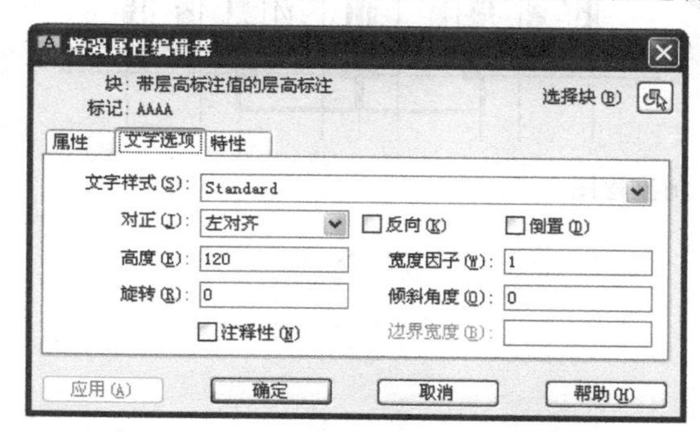

图 6-15　“文字选项”选项卡

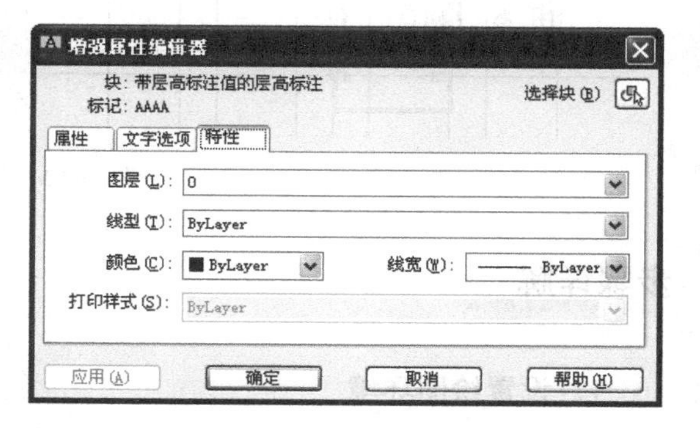

图 6-16　“特性”选项卡

绘制流程

本任务绘制的主要流程如图 6-17 所示。

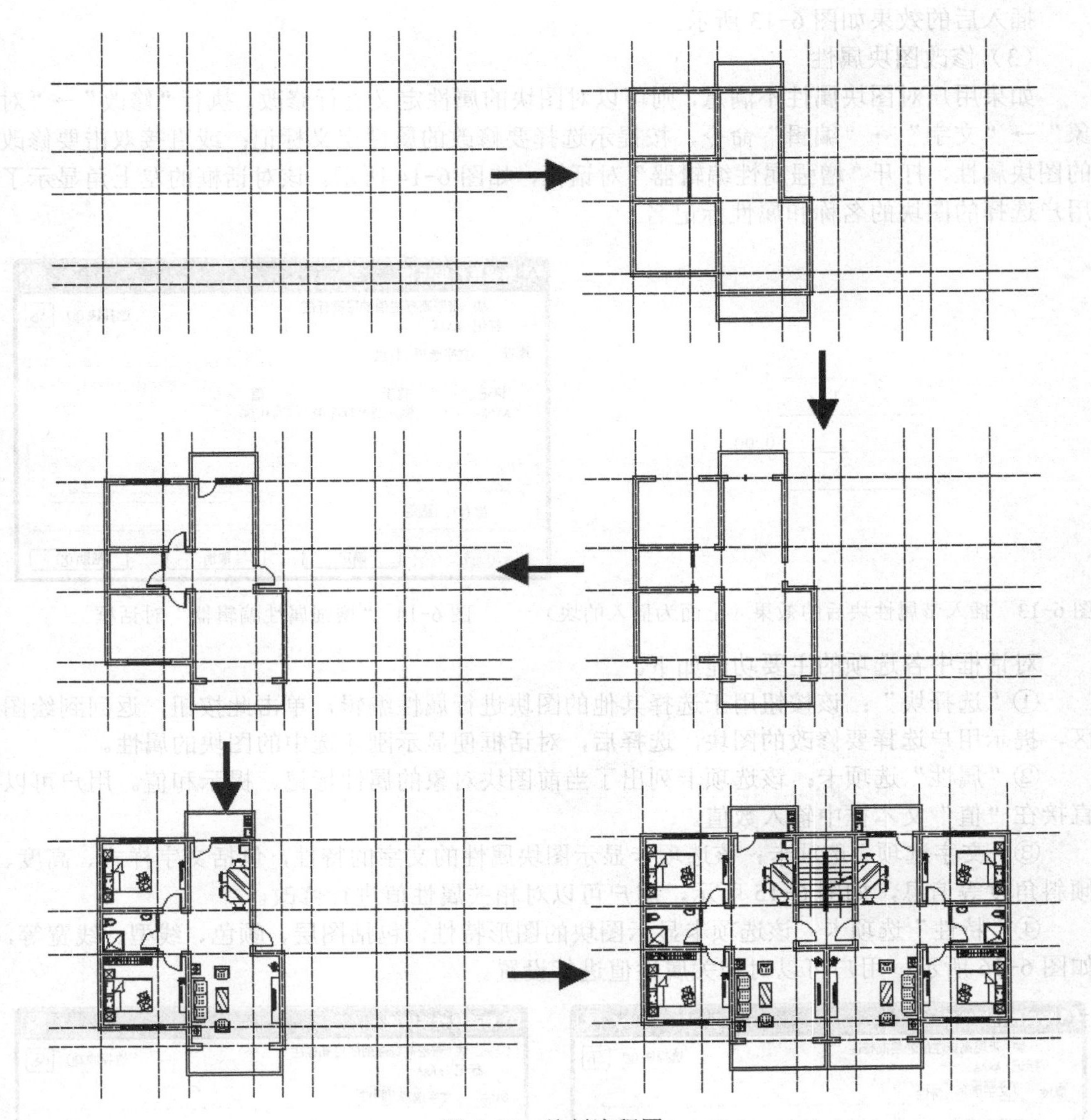

图 6-17 绘制流程图

步骤详解

1. 设置绘图环境

1）启动 AutoCAD 2013，选择“草图与注释”工作空间，设置绘图的长度单位的类型为“小数”，插入时缩放单位为 mm，精度设置成“0.00”，图纸大小为 A4 类型。其他设置成默认值。

2）新建一个图层，将其命名为“定位轴线”，颜色为“红色”，线型为“ACAD_ISOO2W100”，其他为默认值，并将其设置为当前图层。

2．绘制定位轴线

1）使用“直线”命令，绘制第一条竖直轴线，命令行提示及操作如下：

命令: _line	操作
指定第一点:	在绘图区靠近原点处单击任意一点
指定下一点或 [放弃(U)]: @0, 14100	输入下一点的相对坐标值
指定下一点或 [放弃(U)]:	回车结束操作

2）使用“偏移”命令，将第一条竖直轴线向右偏移 2580，然后将偏移得到的竖直轴线再向右偏移 1320，重复上一步操作，再依次偏移 2900、1300，从而得到左边的竖直轴线，结果如图 6-18 所示。

3）使用“镜像”命令，将图 6-18 中的左侧的四条竖直轴线以最右侧的竖直轴线为镜像线进行镜像复制，结果如图 6-19 所示。

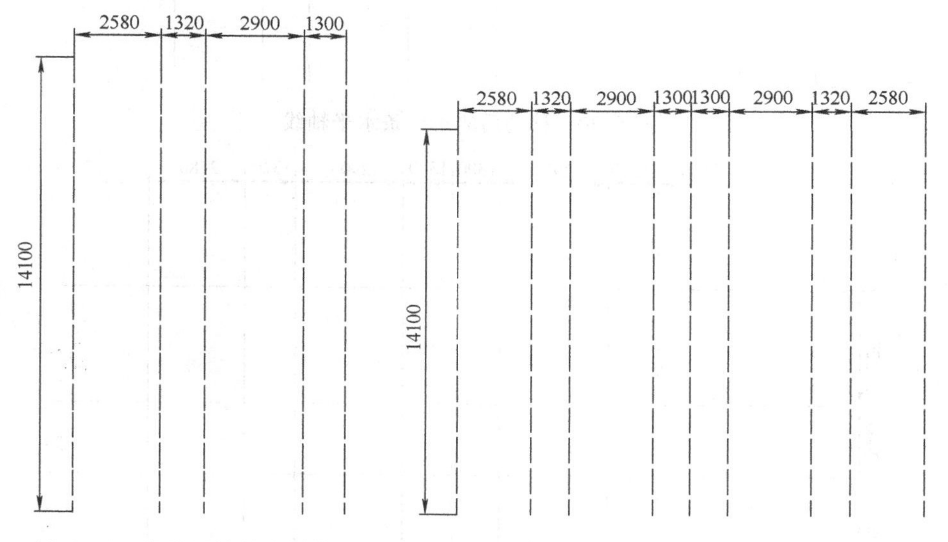

图 6-18　偏移后的竖直轴线　　　　图 6-19　镜像后的竖直轴线

4）使用“直线”命令，绘制第一条水平轴线，命令行提示及操作如下：

命令: _line	操作
指定第一点:	捕捉图 6-19 中最左侧竖直轴线的上端点
指定下一点或 [放弃(U)]: @20800,0	输入下一点的相对坐标值
指定下一点或 [放弃(U)]:	回车结束操作

5）使用“移动”命令，对刚绘制的水平轴线进行移动操作，命令行提示及操作如下：

命令: _move	操作
选择对象: 找到 1 个	选择刚绘制的水平轴线
选择对象:	回车结束选择
指定基点或 [位移(D)] <位移>:	在绘图区任选一点作基点
指定第二个点或 <使用第一个点作为位移>: @-2300,-2300	输入相对坐标值并回车确定

移动后的结果如图 6-20 所示。

6）使用“偏移”命令，将第一条水平轴线向下偏移3200，然后将偏移得到的水平轴线再向下偏移 2000，重复上一步操作，再依次偏移 4200、900，结果如图 6-21 所示。

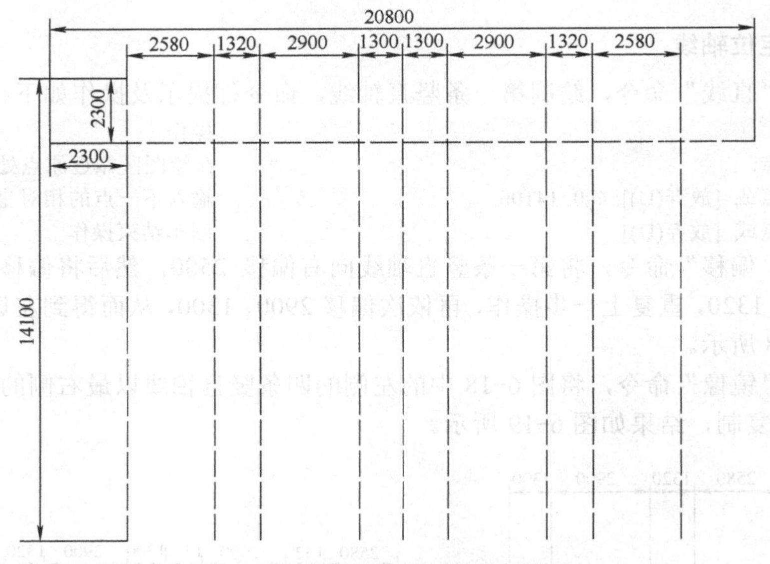

图 6-20 移动后的第一条水平轴线

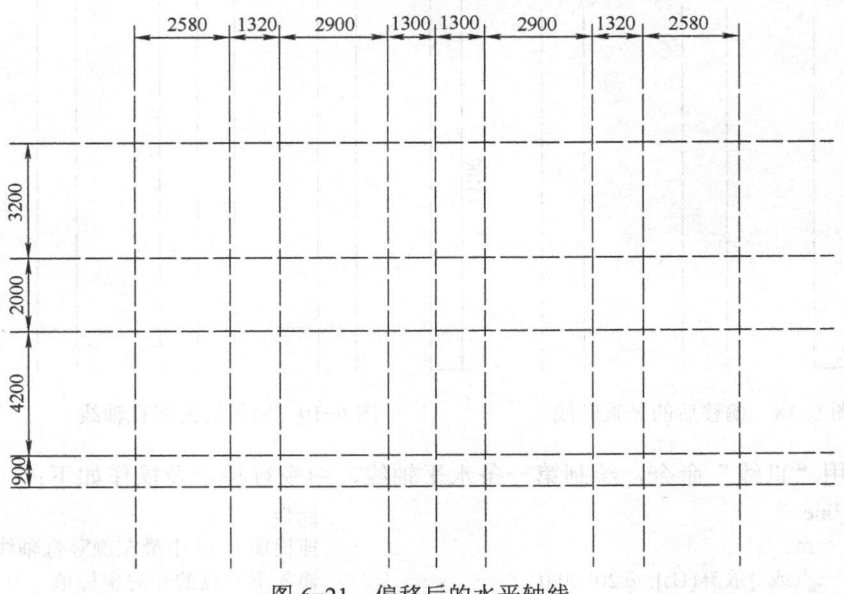

图 6-21 偏移后的水平轴线

3. 绘制墙线

1）新建一个图层，将其命名为“墙”，颜色设为蓝色，其他设置均为默认值，并将该图层置为当前层。

2）使用“多线”命令，绘制外墙线，命令行提示及操作如下：

命令: _mline	操作
当前设置: 对正 = 上，比例 = 20.00，样式 = STANDARD	
指定起点或 [对正(J)/比例(S)/样式(ST)]: s	选择“比例”选项
输入多线比例 <20.00>: 240	输入多线比例值
当前设置: 对正 = 上，比例 = 6.00，样式 = STANDARD	

指定起点或 [对正(J)/比例(S)/样式(ST)]:　j　　选择“对正”选项
输入对正类型 [上(T)/无(Z)/下(B)] <上>:　z　　选择“无”选项
当前设置: 对正 = 无，比例 = 6.00，样式 = STANDARD
指定起点或 [对正(J)/比例(S)/样式(ST)]:　　捕捉图 6-22 中的点 1
指定下一点:　　捕捉图 6-22 中的点 2
指定下一点或 [放弃(U)]:　　捕捉图 6-22 中的点 3
指定下一点或 [闭合(C)/放弃(U)]:　　捕捉图 6-22 中的点 4
……　　依次捕捉图 6-22 中的点 5、点 6、点 7、点 8
指定下一点或 [闭合(C)/放弃(U)]:　c　　选择“闭合”选项并回车

结果如图 6-22 所示。

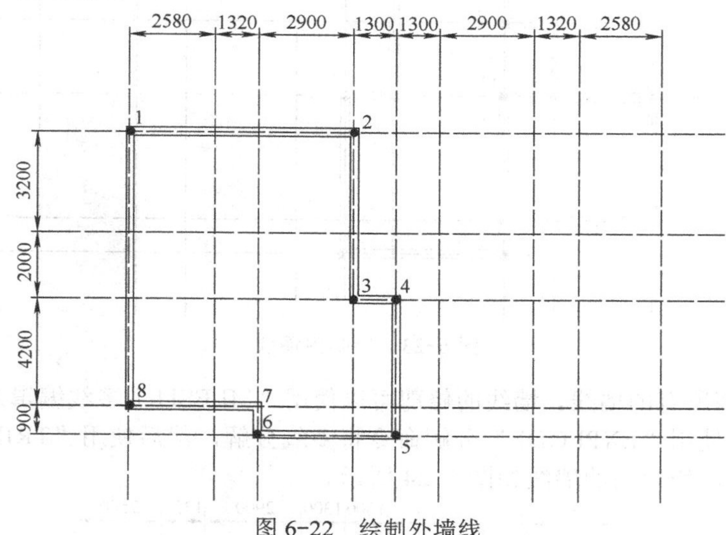

图 6-22　绘制外墙线

3）再次使用“多线”命令，绘制内墙线，命令行提示及操作如下：

命令: _mline　　操作
当前设置: 对正 = 无，比例 = 240，样式 = STANDARD
指定起点或 [对正(J)/比例(S)/样式(ST)]:　　捕捉图 6-23 中的点 9
指定下一点:　　捕捉图 6-23 中的点 10
指定下一点或 [放弃(U)]:　　捕捉图 6-23 中的点 11
指定下一点或 [闭合(C)/放弃(U)]:　　回车结束操作
命令:　　回车重复执行多线命令
mline
当前设置: 对正 = 无，比例 = 240，样式 = STANDARD
指定起点或 [对正(J)/比例(S)/样式(ST)]:　　捕捉图 6-23 中的点 12
指定下一点:　　捕捉图 6-23 中的点 13
指定下一点或 [放弃(U)]:　　捕捉图 6-23 中的点 7
指定下一点或 [闭合(C)/放弃(U)]:　　回车结束操作
命令:　　回车重复执行多线命令
mline
当前设置: 对正 = 无，比例 = 240，样式 = STANDARD
指定起点或 [对正(J)/比例(S)/样式(ST)]:　s　　选择“比例”选项
输入多线比例 <20.00>:　120　　输入多线比例值
当前设置: 对正 = 无，比例 = 120，样式 = STANDARD
指定起点或 [对正(J)/比例(S)/样式(ST)]:　　捕捉图 6-23 中的点 14

指定下一点: 捕捉图 6-23 中的点 15
指定下一点或 [放弃(U)]: 回车结束操作

结果如图 6-23 所示。

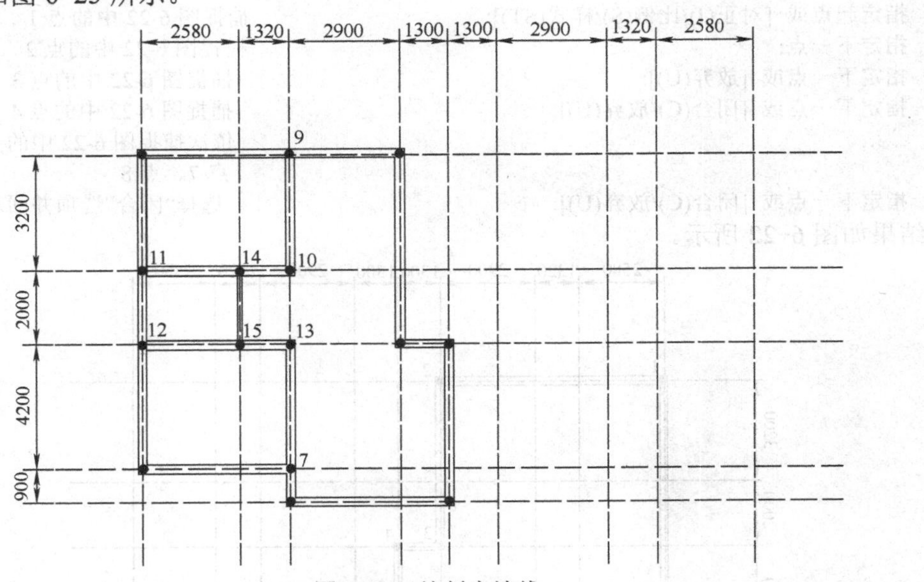

图 6-23　绘制内墙线

4）编辑修剪所有的墙线。墙线的修剪可以使用“MLESIT”多线编辑命令直接对其进行修剪，也可以使用“EXPLODE”分解命令将多线分解，然后使用“TRIM”修剪命令对其进行逐一修剪。修剪后的墙线如图 6-24 所示。

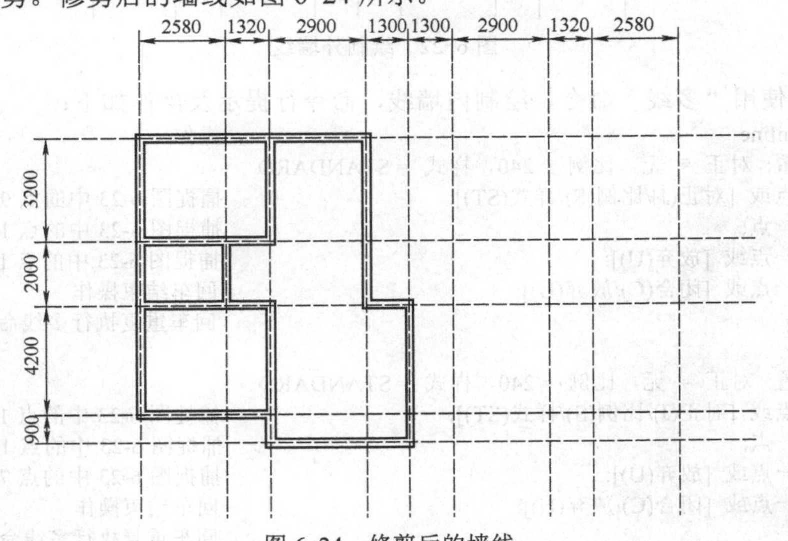

图 6-24　修剪后的墙线

4．绘制阳台

1）新建一个图层，将其命名为“阳台”，颜色设为青色，其他设置均为默认值，并将该图层置为当前层。同时关闭“定位轴线”层。

2）使用“多段线”命令，绘制阳台的外轮廓线，再使用“偏移”命令，将其向内偏移复制得到阳台线，命令行提示及操作如下：

命令行提示	操作
命令: _pline	操作
指定起点:	捕捉图 6-25 中的点 A
当前线宽为 0.00	
指定下一点或 [圆弧(A)/半宽(H)/长度(L)/放弃(U)/宽度(W)]: <正交 开> 1200	打开正交功能，向上移动鼠标，输入 1200 后回车
指定下一点或 [圆弧(A)/闭合(C)/半宽(H)/长度(L)/放弃(U)/宽度(W)]: 3140	向左移动鼠标，输入 3140 后回车
指定下一点或 [圆弧(A)/闭合(C)/半宽(H)/长度(L)/放弃(U)/宽度(W)]: 1200	向下移动鼠标，输入 1200 后回车
指定下一点或 [圆弧(A)/闭合(C)/半宽(H)/长度(L)/放弃(U)/宽度(W)]:	回车结束操作
命令:	回车重复执行多段线命令
pline	
指定起点:	捕捉图 6-25 中的点 B
当前线宽为 0.00	
指定下一点或 [圆弧(A)/半宽(H)/长度(L)/放弃(U)/宽度(W)]: <正交 开> 1200	向下移动鼠标，输入 1200 后回车
指定下一点或 [圆弧(A)/闭合(C)/半宽(H)/长度(L)/放弃(U)/宽度(W)]: 4320	向右移动鼠标，输入 4320 后回车
指定下一点或 [圆弧(A)/闭合(C)/半宽(H)/长度(L)/放弃(U)/宽度(W)]: 1200	向上移动鼠标，输入 1200 后回车或捕捉垂足点
指定下一点或 [圆弧(A)/闭合(C)/半宽(H)/长度(L)/放弃(U)/宽度(W)]:	回车结束操作
命令: _offset	操作
当前设置: 删除源=否 图层=源 OFFSETGAPTYPE=0	
指定偏移距离或 [通过(T)/删除(E)/图层(L)] <0.00>: 120	输入偏移距离 120
选择要偏移的对象，或 [退出(E)/放弃(U)] <退出>:	单击第一次绘制的多段线
指定要偏移的那一侧上的点，或 [退出(E)/多个(M)/放弃(U)] <退出>:	在该多段线的内侧单击
选择要偏移的对象，或 [退出(E)/放弃(U)] <退出>:	单击第二次绘制的多段线
指定要偏移的那一侧上的点，或 [退出(E)/多个(M)/放弃(U)] <退出>:	在该多段线的内侧单击
选择要偏移的对象，或 [退出(E)/放弃(U)] <退出>:	回车结束操作

结果如图 6-25 所示。

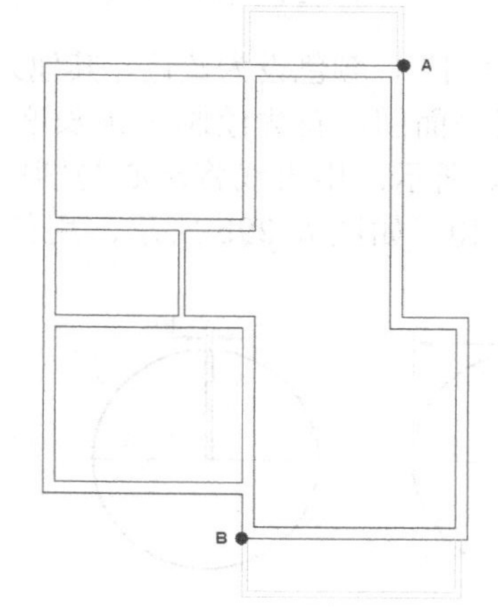

图 6-25 绘制阳台

5．绘制门、窗并插入门、窗

1）将图层“墙”置为当前层，使用“直线”命令和“偏移”命令绘制出如图 6-26 所示的两条竖线。命令行提示及操作如下：

```
命令: _line
指定第一点: from                                              输入 from 命令
基点: <偏移>:                                                 拾取图 6-26 中的 A 点
指定下一点或 [放弃(U)]: @1010,0                               输入相对坐标值
指定下一点或 [放弃(U)]: @0,-240                               输入相对坐标值
指定下一点或 [闭合(C)/放弃(U)]:                               回车结束操作
命令: _offset
当前设置: 删除源=否   图层=源   OFFSETGAPTYPE=0
指定偏移距离或 [通过(T)/删除(E)/图层(L)] <通过>:   2000        输入偏移距离
选择要偏移的对象，或 [退出(E)/放弃(U)] <退出>:                 选择刚绘制的竖线
指定要偏移的那一侧上的点，或 [退出(E)/多个(M)/放弃(U)] <退出>:  在竖线的右侧单击
选择要偏移的对象，或 [退出(E)/放弃(U)] <退出>:                 回车结束操作
```

2）使用“修剪”命令，将两条竖线内的墙线删除，结果如图 6-27 所示。

3）参照上面的绘制方法，绘制出其他门窗的位置，结果如图 6-28 所示。

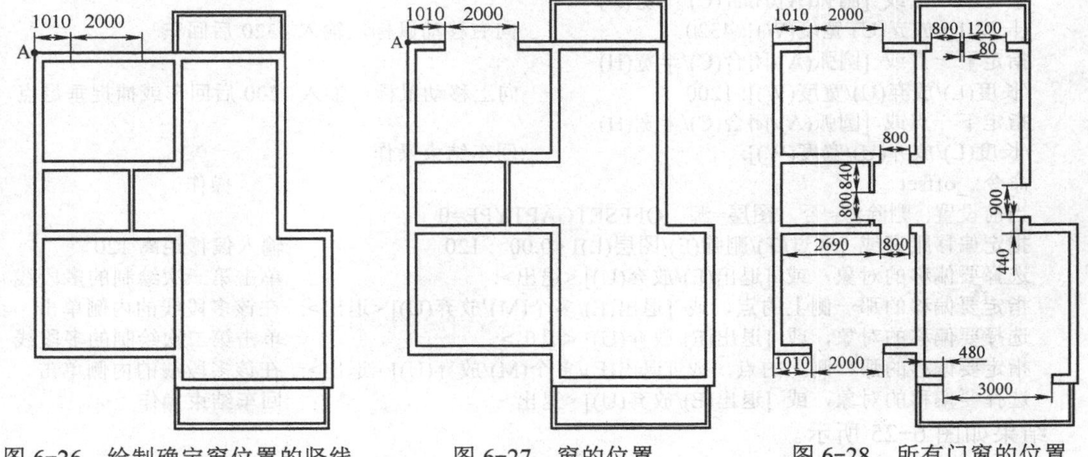

图 6-26 绘制确定窗位置的竖线　　图 6-27 窗的位置　　图 6-28 所有门窗的位置

4）新建一个图层，命名为“门”，颜色设为蓝色，其他为默认值，并将其置为当前图层。

5）绘制宽为 800 的单扇门平面图。首先绘制一条长度为 1520 的水平直线，以该直线为直径绘制一个圆，如图 6-29a 所示。用直线将圆心与圆的上象限点连接，将刚绘制的竖线向左偏移复制，偏移距离为 40，如图 6-29b 所示。用修剪命令进行修剪操作，结果如图 6-29c 所示。

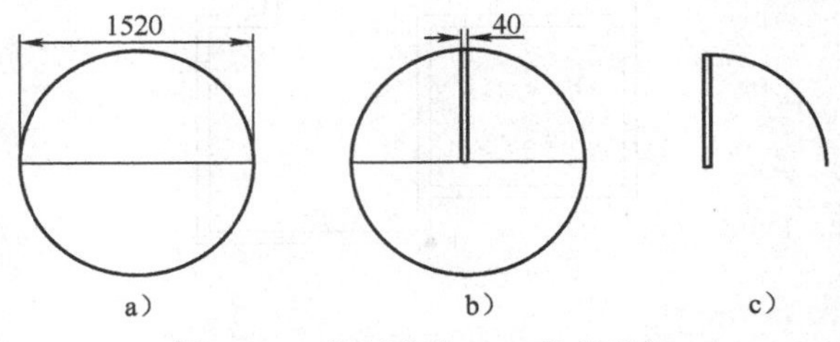

图 6-29 绘制宽为 800 的单扇门

6）按照第 5）步的操作方法，再绘制一个宽为 900 的单扇门（用作进户门），结果如图 6-30 所示。

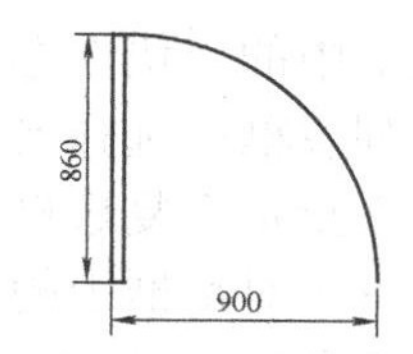

图 6-30　宽为 900 的单扇门

7）再新建一个图层，将其命名为“窗”，颜色设为绿色，其他设置为默认值，并将其置为当前图层。绘制宽为 1200 的窗户。首先绘制一个长为 1200、宽为 600 的矩形，如图 6-31a 所示。然后将该矩形分解，并使用偏移命令将两个长边分别向内进行偏移复制，偏移距离为 80，完成宽为 1200 的窗户的绘制，结果如图 6-31b 所示。

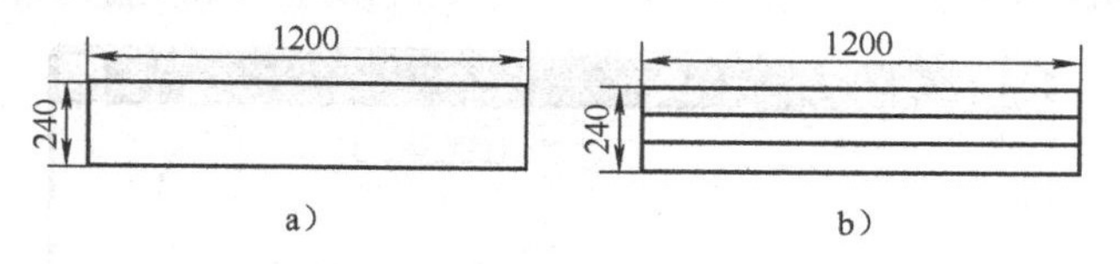

图 6-31　绘制宽为 1200 的窗户

8）使用同样的方法，绘制一个宽为 1600 的窗户（楼道窗户），结果如图 6-32 所示。

9）使用同样的方法，绘制一个宽为 2000 的窗户，结果如图 6-33 所示。

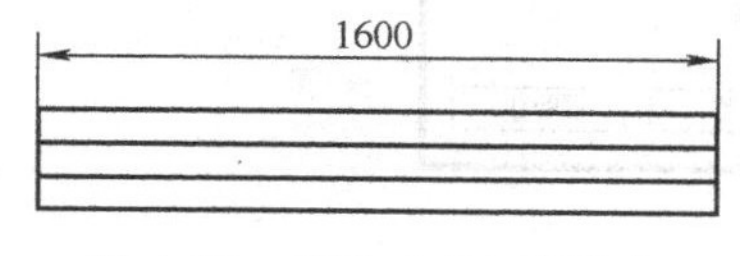

图 6-32　宽为 1600 的窗户

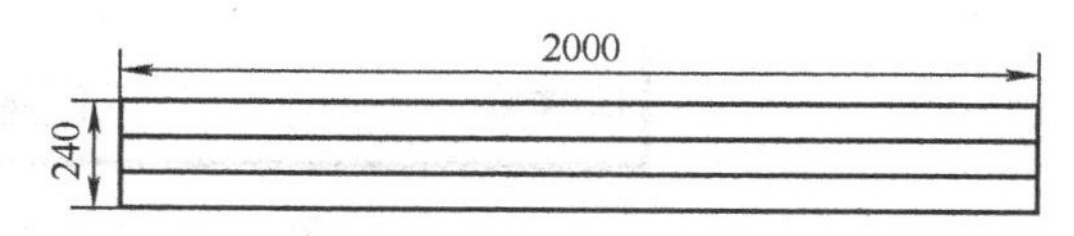

图 6-33　宽为 2000 的窗户

10）执行“绘图”→“块”→“创建”菜单命令或在命令行中输入 block 命令，打开“块定义”对话框，在“名称”下拉列表框中输入“door800”，其他设置如图 6-34 所示。单击“基点”下面的“拾取点”按钮，返回到绘图区，捕捉宽为 800 的门的左下角点，返回对话框后，再单击“对象”下的“选择对象”按钮，再次返回到绘图区，框选宽为 800 的门，然后按<Enter>键返回对话框，单击“确定”按钮，完成 door800 图块的定义。

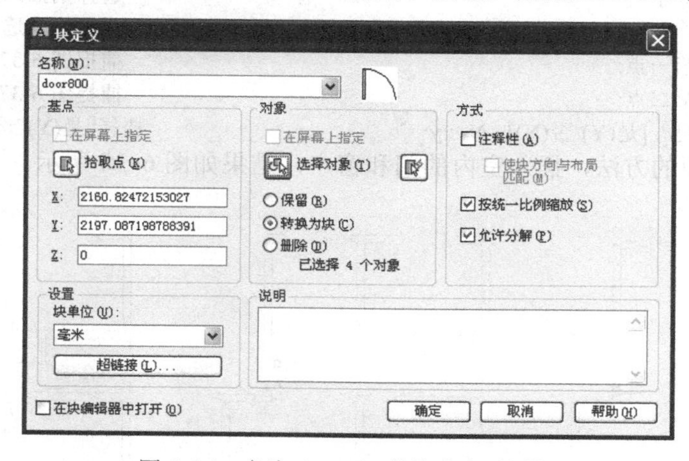

图 6-34　名为 door800 的块定义对话框

11）参照上面的方法，将其他的门窗分别定义成块，块名分别为 door900、window1200、window1600 和 window2000。

12）插入宽为 900 的进户门。执行“插入”→“块”命令，或在“功能区”的“常用”

选项卡中的“块”选项面板中单击“插入块”按钮，打开“插入”对话框，在“名称”下拉列表框中选择名为“door900”的块，在插入点、比例、旋转 3 个选项组中，均选中“在屏幕上指定”复选框，其他为默认值，如图 6-35 所示。

单击对话框中的“确定”按钮，返回绘图区，命令行提示与操作如下：

```
命令: _insert
指定插入点或 [基点(B)/比例(S)/旋转(R)]:        捕捉图 6-36 中的 A 点
指定比例因子 <1>:                              回车使用 1 作为比例因子
指定旋转角度 <0>: 90                           输入旋转角度 90° 后回车
```

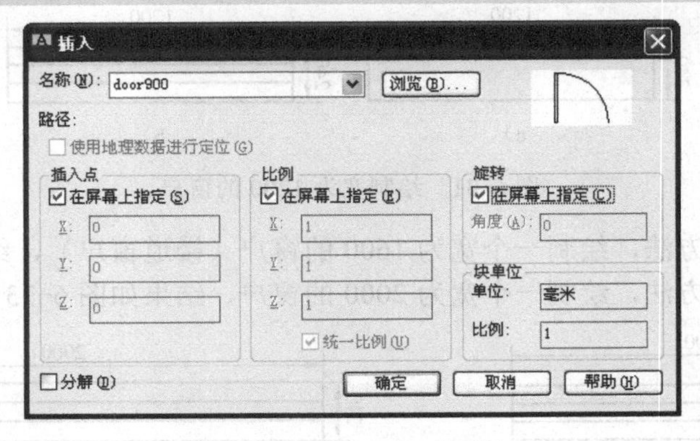

图 6-35 “插入”对话框

结果如图 6-36 所示。

13）使用“镜像”命令，对插入的图块进行镜像操作（注：该操作是为了改变开门的方向，当不需要改变方向时可省略此操作），结果如图 6-37 所示。

命令行提示与操作如下：

```
命令: _mirror
选择对象: 找到 1 个                            选择刚插入的门
选择对象:                                      回车结束选择
指定镜像线的第一点:                            捕捉图 6-37 中的 A 点
指定镜像线的第二点:                            捕捉图 6-37 中的 B 点
要删除源对象吗? [是(Y)/否(N)] <N>: y           选择“是(Y)”选项，删除源对象
```

14）参照上面的方法，插入室内的门和窗户，结果如图 6-38 所示。

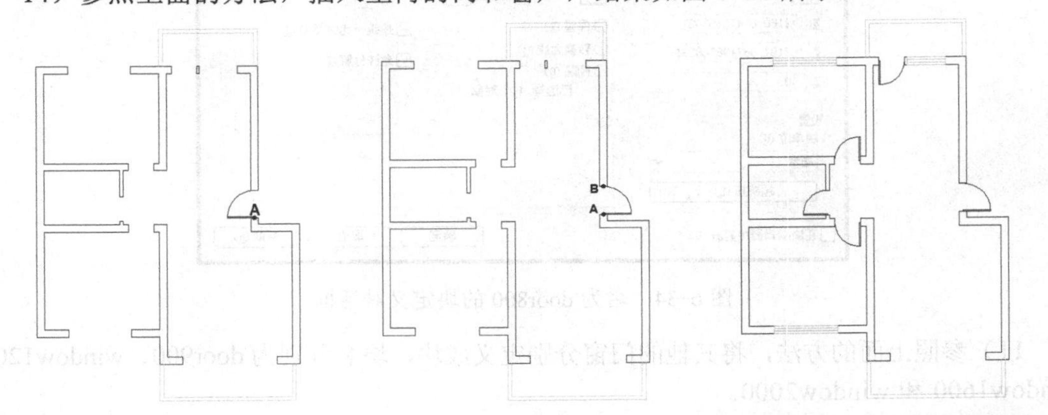

图 6-36 插入 door900 的块　　图 6-37 镜像后的效果　　图 6-38 插入门窗后的效果图

6．布置家具

1）新建一个图层，命名为“家具”，颜色设为 8，其他为默认值，并将其置为当前图层。

2）绘制并插入家具（主要包括客厅沙发、茶几、电视柜、餐桌、马桶炉具等，其具体的绘制方法和步骤详见前面章节和有关书籍，也可以从相关的 CAD 图库里面直接调用，家具的样式不一定要和此图中的样式完全相同，只要能表达出相同的意义即可），具体效果如图 6-39 所示。

7．绘制右边的户型及楼梯

1）打开图层管理器，取消“轴定位线”层的“隐藏”设置（即显示轴定位线）。

2）使用修剪命令，将图 6-39 中最右边的墙线剪去一半，以方便下一步的镜像操作，结果如图 6-40 所示。

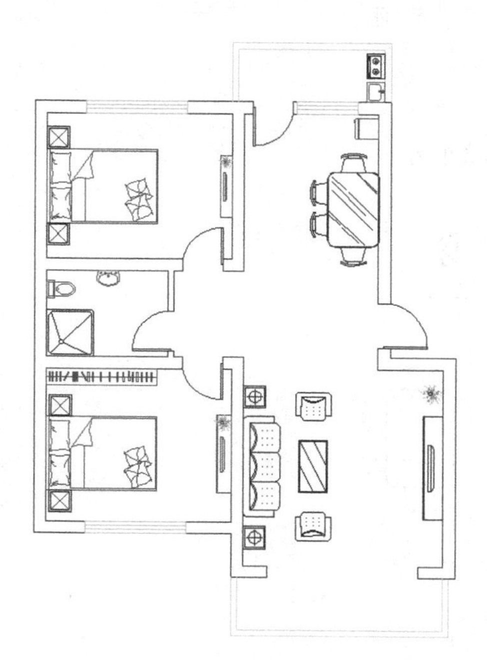

图 6-39　插入家具后的效果图

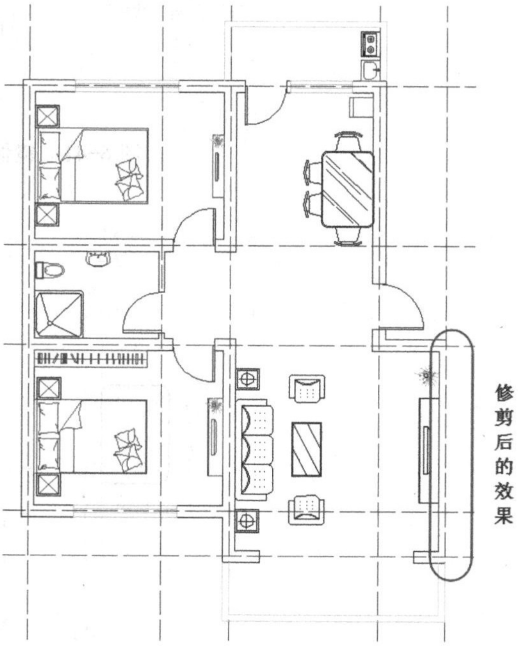

图 6-40　修剪后的效果图

3）使用镜像命令，将图 6-40 中的户型镜像复制，结果如图 6-41 所示。

4）新建一个图层，将其命名为“楼梯”，将其颜色值设为 160，其他设置为默认值，并将该层置为当前层。

5）使用“绘制直线”命令，绘制楼梯的平台边界线，命令行提示及操作如下：

```
命令: _line
指定第一点: from                              输入 from 命令
基点: <偏移>:                                 拾取图 6-42 中的 A 点
指定下一点或 [放弃(U)]: @0,1740               输入相对坐标值
指定下一点或 [放弃(U)]:                       在对面外墙线上捕捉垂足
指定下一点或 [闭合(C)/放弃(U)]:               回车结束操作
```

完成后的结果如图 6-42 所示。

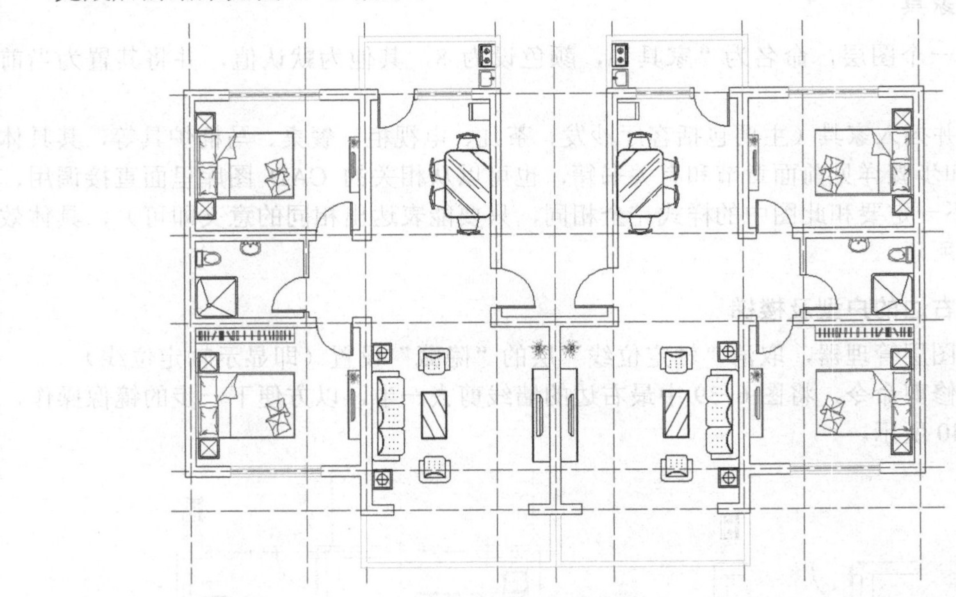

图 6-41　镜像后的效果图

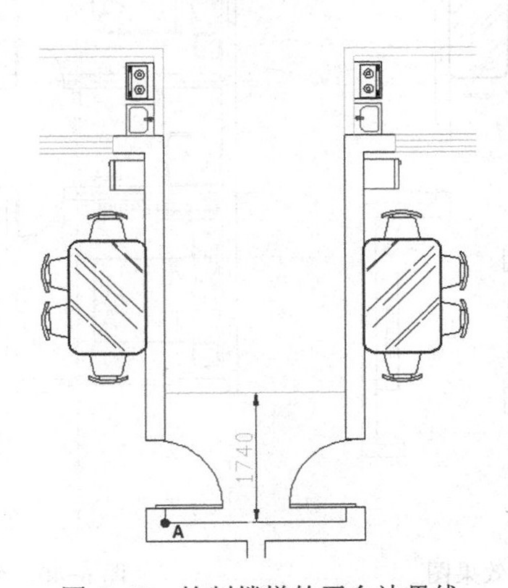

图 6-42　绘制楼梯的平台边界线

6）使用“矩形阵列”命令，对刚绘制的边界线进行阵列复制，绘制楼梯的踏步。“阵列创建”选项卡中的各选项面板中的选项设置如图 6-43 所示。

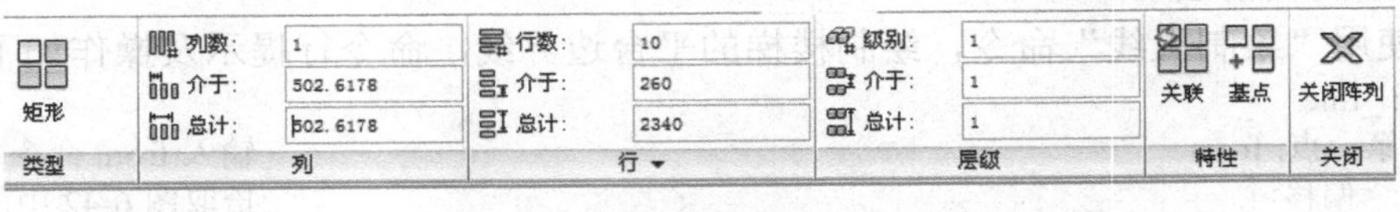

类型	列		行		层级		特性	关闭
矩形	列数:	1	行数:	10	级别:	1	关联	关闭阵列
	介于:	502.6178	介于:	260	介于:	1	基点	
	总计:	502.6178	总计:	2340	总计:	1		

图 6-43　“阵列”对话框中的参数设置

阵列后的效果如图 6-44 所示。

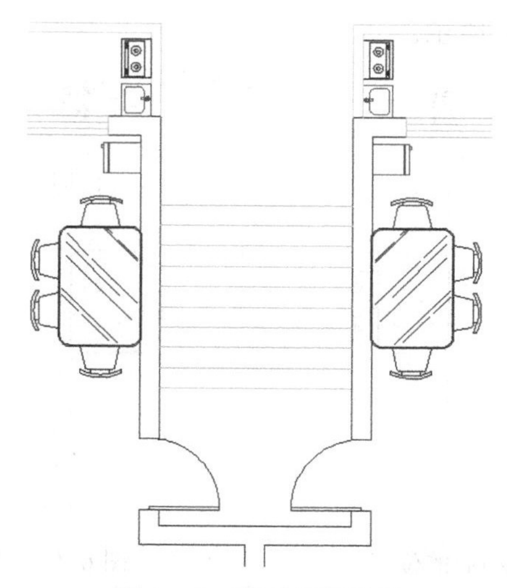

图 6-44 阵列后的效果

7）绘制楼梯扶手，具体步骤如下。

① 绘制矩形并进行偏移复制，命令行提示及操作如下：

命令: _rectang	操作
指定第一个角点或 [倒角(C)/标高(E)/圆角(F)/厚度(T)/宽度(W)]:	单击空白区域任意一点
指定另一个角点或 [面积(A)/尺寸(D)/旋转(R)]: @180,2660	输入相对坐标
命令: _offset	
当前设置: 删除源=否 图层=源 OFFSETGAPTYPE=0	
指定偏移距离或 [通过(T)/删除(E)/图层(L)] <0>: 60	输入偏移距离
选择要偏移的对象，或 [退出(E)/放弃(U)] <退出>:	选择刚绘制的矩形
指定要偏移的那一侧上的点，或 [退出(E)/多个(M)/放弃(U)] <退出>:	在矩形内部单击
选择要偏移的对象，或 [退出(E)/放弃(U)] <退出>:	回车结束操作

② 移动矩形，命令行提示及操作如下：

命令: _move	
选择对象: 指定对角点: 找到 2 个	选择刚绘制的两个矩形
选择对象:	回车结束选择
指定基点或 [位移(D)] <位移>:	捕捉大矩形下边的中点
指定第二个点或 <使用第一个点作为位移>:	捕捉平台边界线的中点
命令: _move	回车继续执行移动命令
选择对象: 指定对角点: 找到 2 个	再次选择两个矩形
选择对象:	回车结束选择
指定基点或 [位移(D)] <位移>:	单击任意一点作为基点
指定第二个点或 <使用第一个点作为位移>: @0,160	输入相对坐标值

操作完成后，结果如图 6-45 所示。

8）使用“修剪”命令，对扶手（两个矩形）与楼梯踏步相交处进行修剪，结果如图 6-46 所示。

9）使用“绘制多段线”命令，按 30° 或 60° 绘制楼梯的踏步和扶手轮廓线的折断线以及楼梯走向指示箭头，结果如图 6-47 所示。

10）使用“绘制直线”命令、“偏移”命令和“修剪”命令并配合捕捉功能将楼道的墙封闭起来，结果如图 6-48 所示。

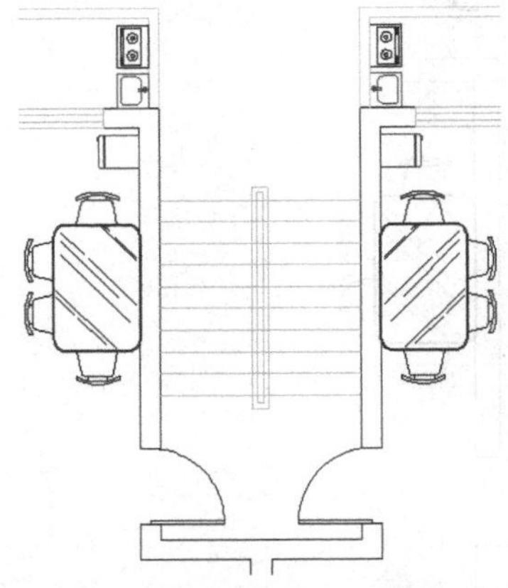

图 6-45　矩形移动后的位置

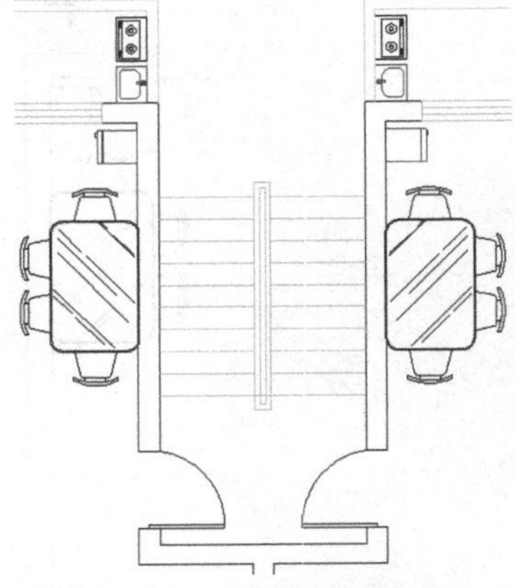

图 6-46　修剪后的效果图

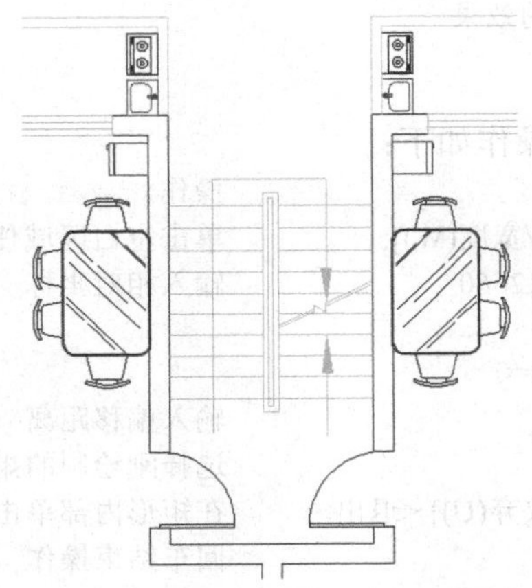

图 6-47　折断线以及楼梯走向指示箭头

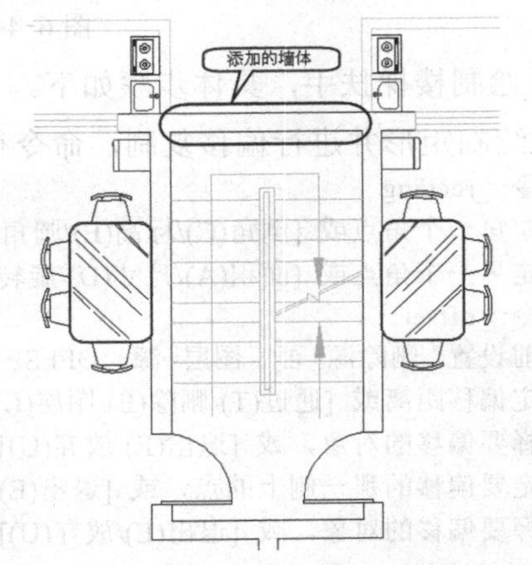

图 6-48　楼道的墙体封闭后的效果图

8．文字标注与尺寸标注

1）根据前面章节所讲授的方法，对图形进行文字标注，结果如图 6-49 所示。

2）根据前面章节所讲授的方法，对图形进行尺寸标注，结果如图 6-50 所示。

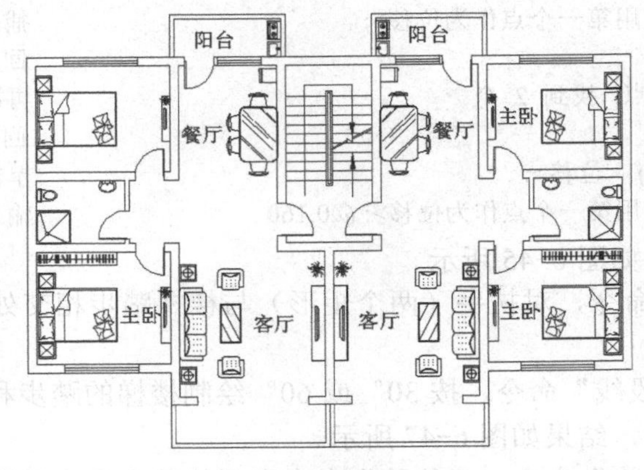

图 6-49　文字标注

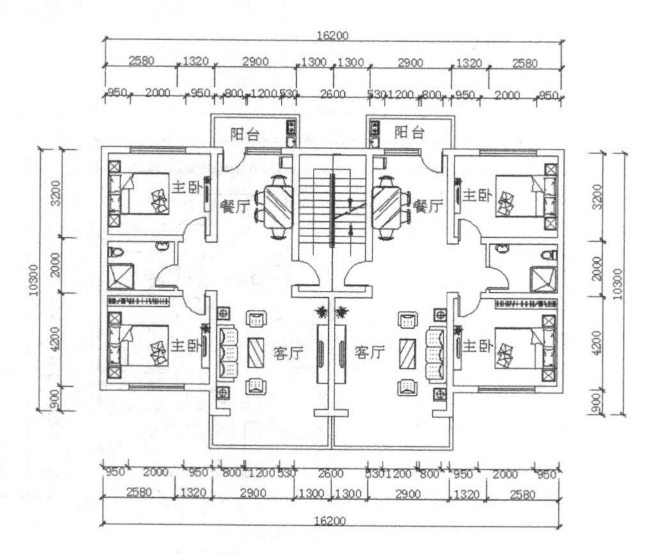

图 6-50 尺寸标注

9. 标注轴线编号

标注轴线编号就是注明每条轴线的轴号，轴号水平方向编号为数字①、②、③……，垂直方向编号为字母Ⓐ、Ⓑ、Ⓒ……。

1）新建一个图层，将其命名为“轴线编号”，图层颜色为绿色，其他设置为默认值，并将其设置为当前图层。

2）选择“格式”→“文字样式”命令，打开“文字样式”对话框，单击“新建”按钮，新建一个样式为“ZXBH-FONT”，字体名为“宋体”，高度为480，单击“应用”按钮。

3）使用“绘制圆”命令，在绘图区绘制一个半径为400的圆。

4）选择“绘图”→“块”→“定义属性”命令，打开“属性定义”对话框，对话框中各选项的设置如图6-51所示，设置完成后，单击“确定” 按钮，在绘图区捕捉刚才绘制的圆的圆心，结果如图6-52所示。

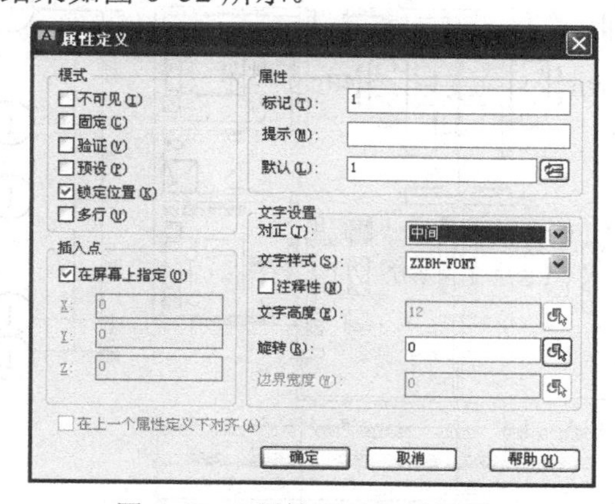

图 6-51 “属性定义”对话框

1

图 6-52 绘制的轴号

5）使用“直线”命令和“复制”命令，绘制出所有的轴号标注线，其中水平轴号标注线长为2400，垂直轴号标注线长为3600，结果如图6-53所示。

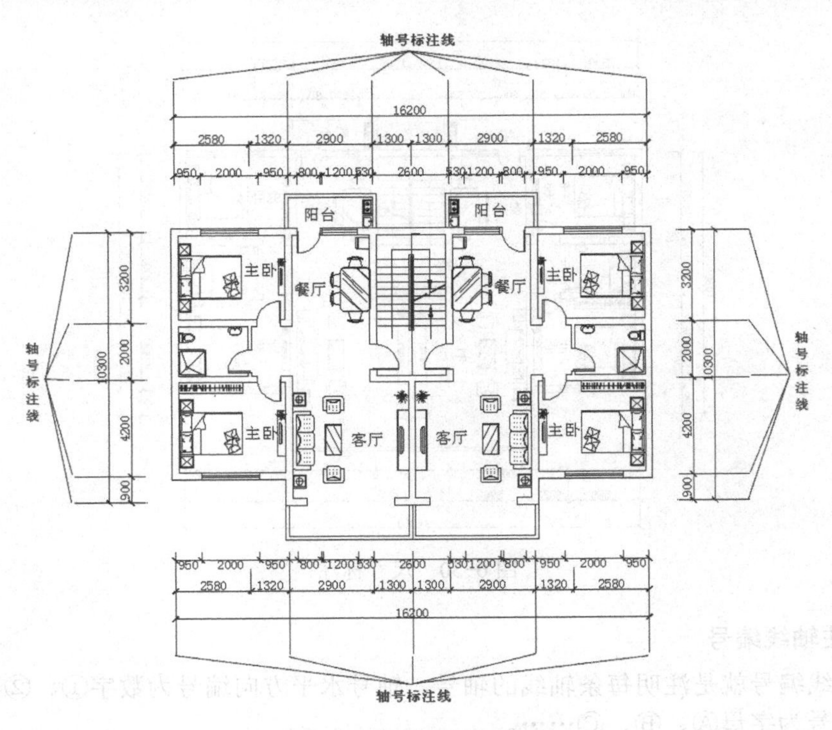

图 6-53　绘制轴号标注线

6）使用“复制”命令，对如图 6-52 所示的轴线编号进行多重复制，得到如图 6-54 所示的效果。

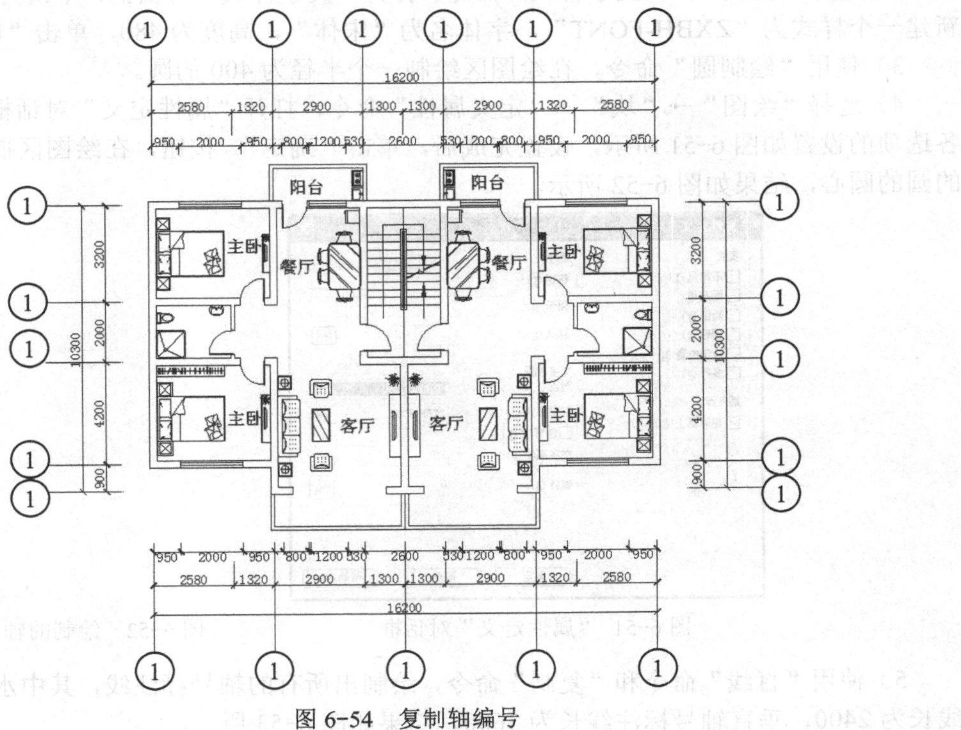

图 6-54　复制轴编号

7）用鼠标依次双击图 6-54 中复制得到的轴号，在打开的“编辑属性定义”对话框中进行修改，结果如图 6-55 所示。

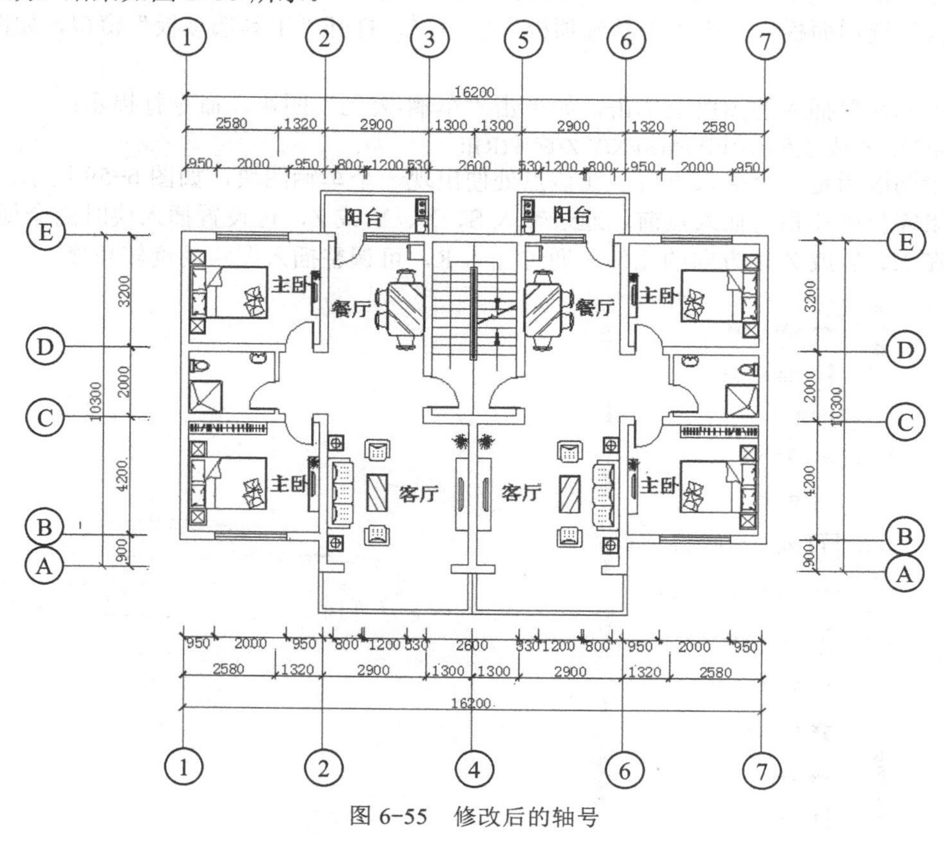

图 6-55 修改后的轴号

10. 标注平面图名称

1）使用“绘制多段线”命令，制作平面图名称的下划线，结果如图 6-56 所示。

图 6-56 平面图名称的下划线

2）参照上面的文字输入方法，在横线上输入文字“标准层单元平面图”，结果如图 6-57 所示。

标准层单元平面图

图 6-57 平面图的名称

知识拓展

1. 使用“工具选项板”中的块

在 AutoCAD 2013 中，用户可以利用“工具选项板”窗口方便地使用系统内置的图块。

如螺钉、螺母、轴承等机械零件块；门、窗、荧光灯等建筑图块。具体操作方法如下。

执行“工具”→“选项板”→“工具选项板”命令，或在功能区的“视图”选项卡中的“选项板”选项面板中单击“工具选项板”按钮，打开“工具选项板”窗口，如图 6-58 所示。

用鼠标在要插入的图块上单击，如单击“车辆-公制”图块，命令行提示：

指定插入点或 [基点(B)/比例(S)/X/Y/Z/旋转(R)]:

在绘图区指定一个插入点后，在该点处便出现一个车辆图块，如图 6-59 所示。

如果需要则在指定插入点前，通过输入 S、X、Y 或 Z，可设置插入块时的全局比例，或者块在 X、Y 或 Z 轴方向的比例。通过输入 R，可调整插入图块的旋转角度。

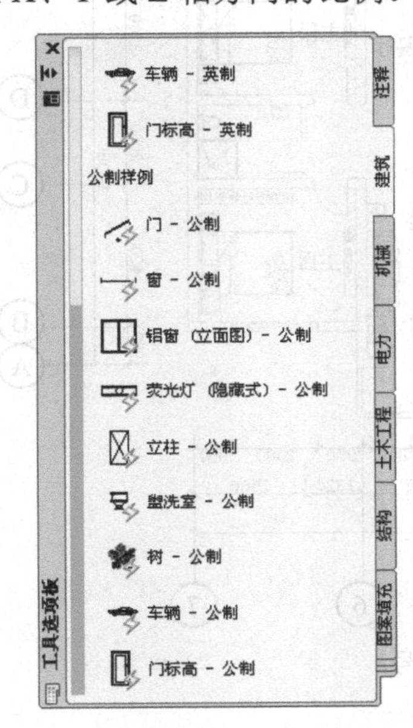

图 6-58 “工具选项板”中的“建筑”选项卡窗口

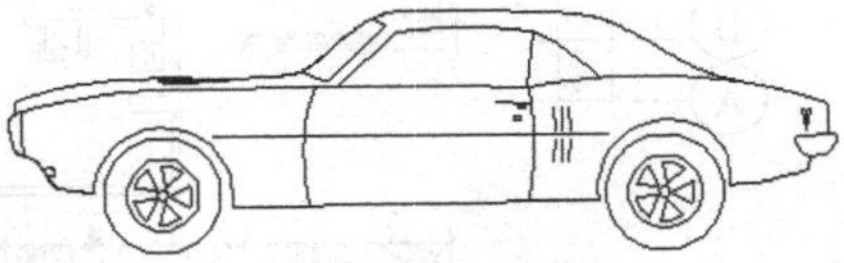

图 6-59 插入的车辆图块

2．使用“设计中心”中的块

在 AutoCAD 2013 中，“设计中心”为用户提供了一种管理图形的有效手段。使用“设计中心”，用户可以很方便地重复利用和共享图形。主要有以下几个方面：

1）浏览本地及网络中的图形文件，查看图形文件中的对象（如块、外部参照、图像、图层、文字样式、线型等），将这些对象插入、附着、复制和粘贴到当前图形中。

2）在本地和网络驱动器上查找图形。例如，可以按照特定图层名称或上次保存图形的日期来搜索图形。

3）打开图形文件，或者将图形文件以块方式插入到当前图形中。

4）可以在大图标、小图标、列表和详细资料等显示方式之间切换。

使用“设计中心”面板插入图块的具体操作方法如下：

① 执行“工具”→“选项板”→“设计中心”命令，或在功能区的“视图”选项卡中的“选项板”选项面板中单击“设计中心”按钮，打开“设计中心”窗口，如图 6-60 所示。系统自动打开文件夹选项卡下的自带的图块库（如果没有自动打开，则用户可自己选择，

AutoCAD 的自带图块库位于安装文件夹下的 AutoCAD2013\Sample\zh-CN\DesignCenter 文件夹中）。

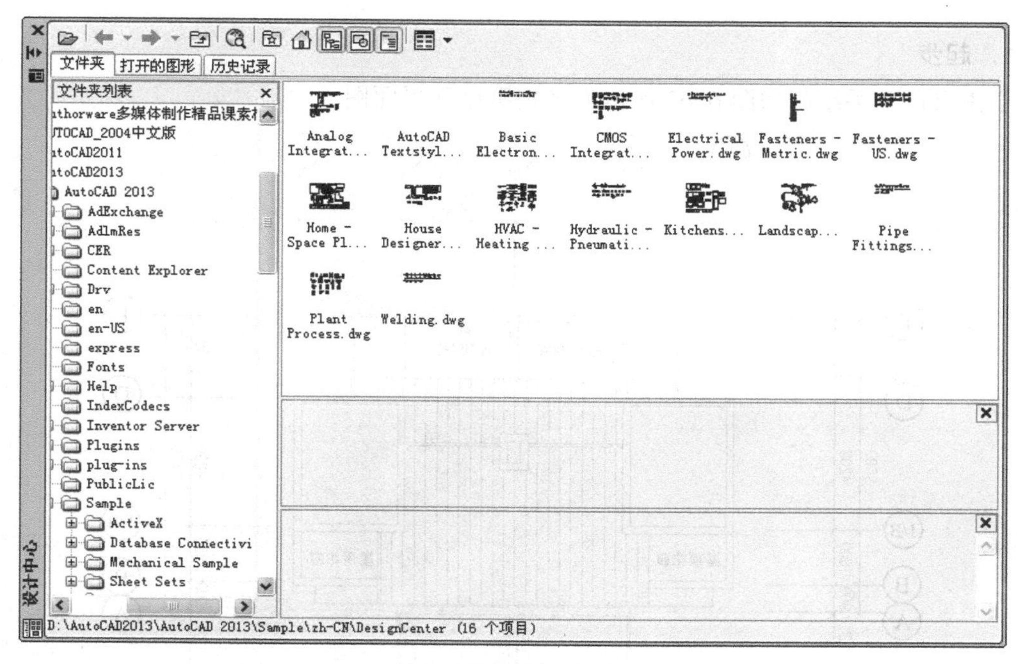

图 6-60 “设计中心”的“文件夹”选项卡窗口

② 在“设计中心”面板中双击 House Designer. dwg 文件，展开其内容列表，然后双击其中的“块”图标，打开所包含的块对象，如图 6-61 所示，选中“浴缸”，并将其拖入到当前视图中，即可完成“浴缸”图块的插入操作。

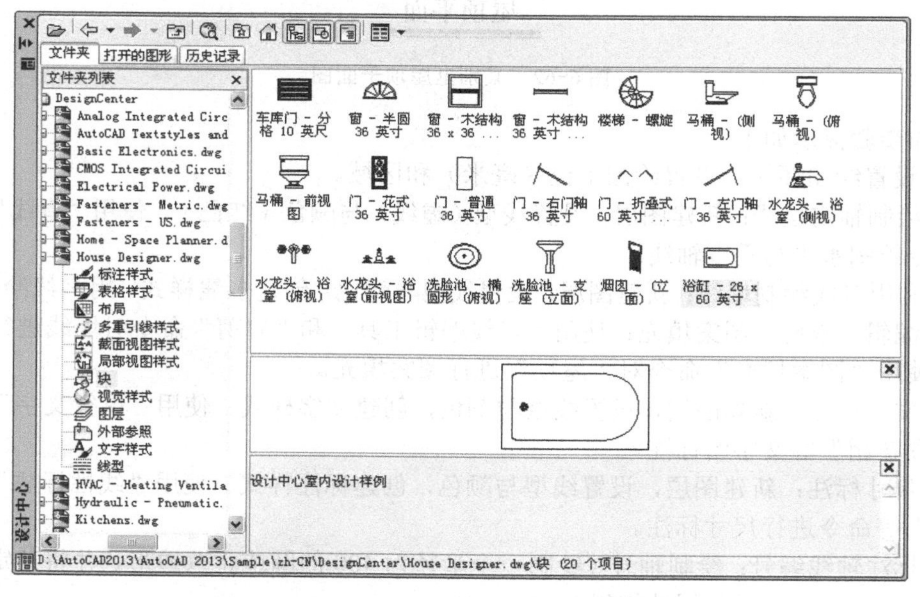

图 6-61 House Designer. dwg 文件包含的图块

实践演练

1．起步

学生自己动手绘制如图 6-62 所示的某别墅屋顶平面图。

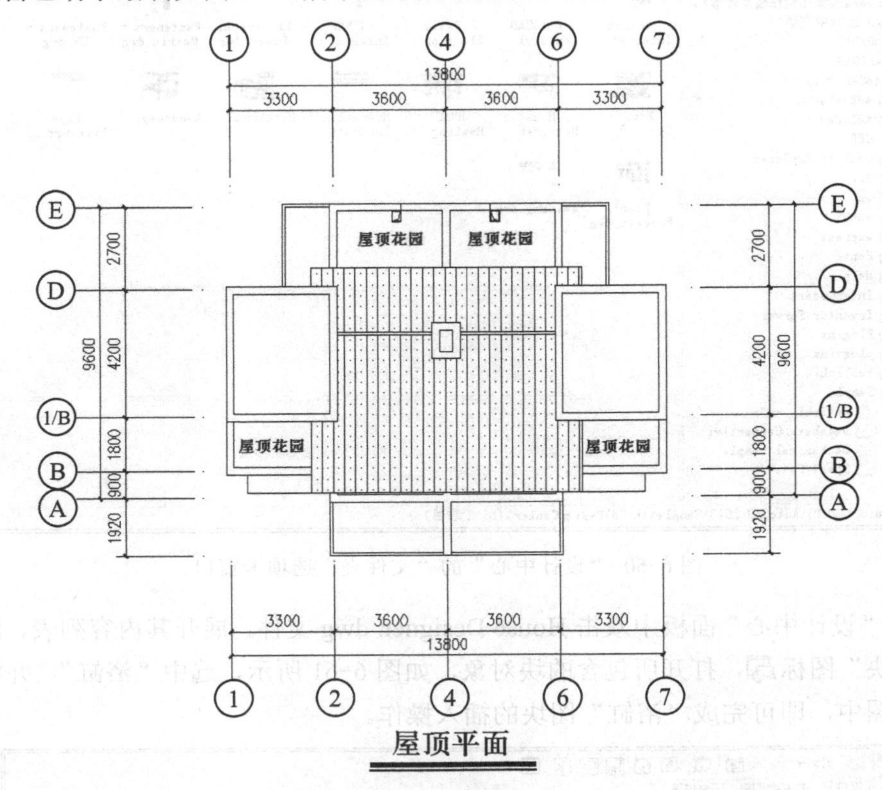

图 6-62　某别墅屋顶平面图

操作步骤提示如下。

1）设置绘图环境：设置绘图单位（毫米）和区域。

2）绘制轴定位线：新建图层，设置线型（虚线）与颜色（红色），使用“直线”与“偏移”命令绘制水平与垂直轴线。

3）利用多线绘制墙线：新建图层，设置线型与颜色，创建多线样式。用多线绘制墙线。

4）编辑、修剪与图案填充：使用“多线编辑工具”和“修剪”命令对墙线进行编辑与修剪，使用“图案填充”命令对“屋顶”进行图案填充。

5）文字标注：新建图层，设置线型与颜色，创建文字样式。使用“单行文字”命令进行“屋顶花园”等文字的标注。

6）尺寸标注：新建图层，设置线型与颜色，创建标注样式。使用“线性标注”和“连续标注”等命令进行尺寸标注。

7）标注轴线编号：绘制轴号（绘制一个半径为 400 的圆或正八边形，并将其定义为属性块），标注轴号并进行属性编辑。

2．进阶

学生自己动手绘制如图 6-63 所示的某别墅一层单元平面图。

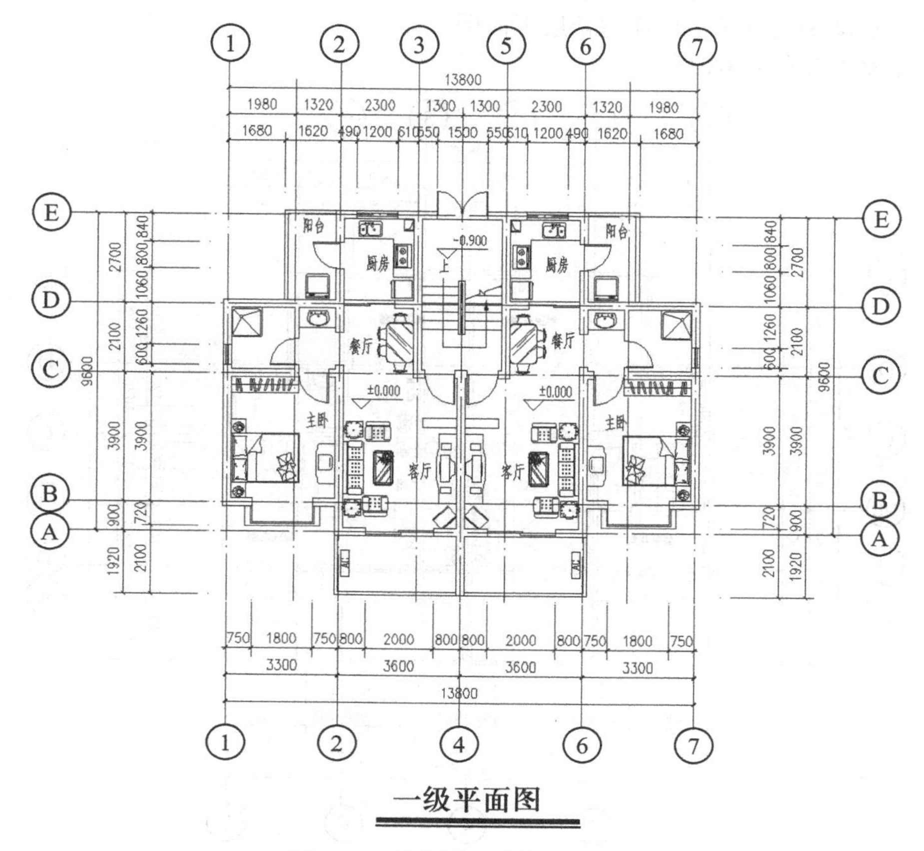

图 6-63　某别墅一层单元平面图

操作步骤提示如下。

1）设置绘图环境：设置绘图单位（毫米）和区域。

2）绘制轴定位线：新建图层，设置线型（虚线）与颜色（红色），使用“直线”与“偏移”命令绘制水平与垂直轴线。

3）利用多线绘制墙线：新建图层，设置线型与颜色，创建多线样式。使用多线绘制左侧单元的墙线。使用“多线编辑工具”和“修剪”命令对墙线进行编辑与修剪。

4）绘制门窗、插入家具。

5）使用“镜像”命令进行镜像复制，完成右侧单元的绘制。

6）绘制楼梯与楼道门。

7）文字标注：新建图层，设置线型与颜色，创建文字样式。使用“单行文字”命令进行“屋顶花园”等文字的标注。

8）尺寸标注：新建图层，设置线型与颜色，创建标注样式。使用“线性标注”和“连续标注”等命令进行尺寸标注。

9）标注轴线编号：绘制轴号（绘制一个半径为400的圆或正八边形，并将其定义成属性块），标注轴号并进行属性编辑。

3．提高

学生自己动手绘制某多层住宅跃层平面图。

跃层上平面如图6-64所示。

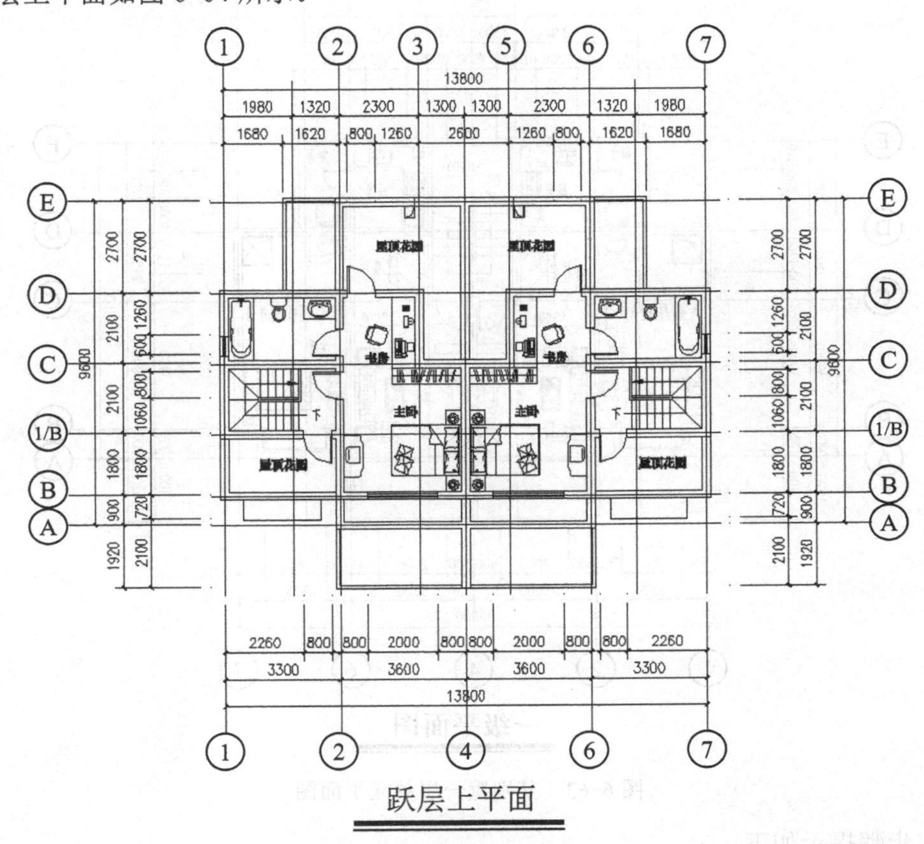

图6-64　跃层上平面

跃层下平面如图6-65所示。

操作步骤提示如下：

1）跃层下平面的绘制方法和步骤与标准层相似。绘制时请参考标准层绘制的方法与步骤。

2）绘制跃层上平面。

① 使用复制命令，将跃层下平面复制一份。然后隐藏轴线，删除其中的家具、文字标注、主楼梯。

② 将部分门窗删除，再将墙线进行局部修改。并进行图层转换。

③ 参照标准层中门窗的插入方法，插入门窗。

④ 参照标准层中楼梯的绘制方法，绘制楼梯。

⑤ 布置家具。

⑥ 标注文字。

⑦ 标注尺寸与轴号。

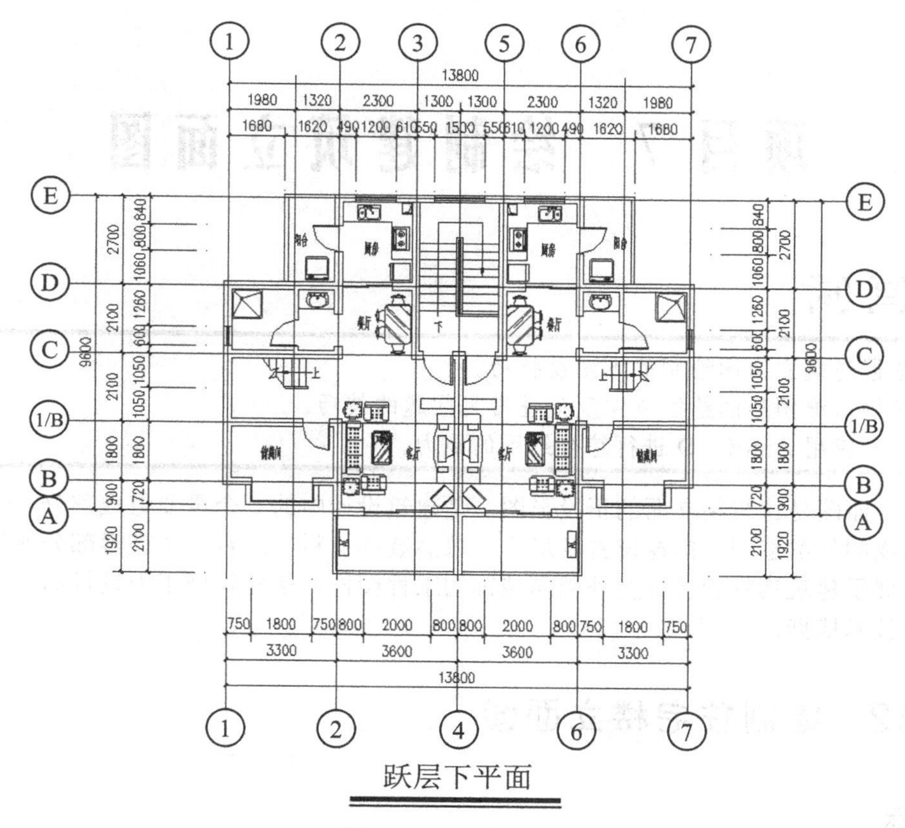

图 6-65　跃层下平面

项目小结

本项目以绘制多层住宅的标准层平面单元图为范例，详细介绍了 AutoCAD 2013 中图块的创建、插入和保存的基本方法，带属性图块的创建、应用和编辑方法以及系统自带图块的插入方法和步骤。

在 AutoCAD 中，图块是一个或多个对象的集合，是一个整体。利用图块可以简化绘图过程并可以系统地组织任务。例如，一张装配图，可以分成若干个块，由不同的人员分别绘制，最后通过块的插入及更新形成装配图。

项目 7　绘制建筑立面图

能力目标

1）掌握建筑立面图绘制的方法及技巧。
2）掌握二维图形的绘制方法及处理常见问题的技巧。
3）培养应用 AutoCAD 进行综合绘图的能力。

建筑立面图是建筑物立面的正投影图，是建筑设计中的一个重要组成部分，主要用来表达建筑物的外部造型、门窗位置及形式、墙面装饰材料、阳台、雨篷等部分的材料和做法。它是展示建筑物外貌特征及外墙面装饰的工程图样，是建筑施工中进行高度控制与外墙装修的技术依据。

任务 12　绘制住宅楼立面图

任务目标

- ◆ 掌握建筑立面图绘制的基本方法及步骤
- ◆ 能灵活运用图层和线型进行复杂二维图形的绘制
- ◆ 能综合运用各种绘图命令和编辑命令来绘制比较复杂的图形

任务效果图

本任务的最终效果如图 7-1 所示。

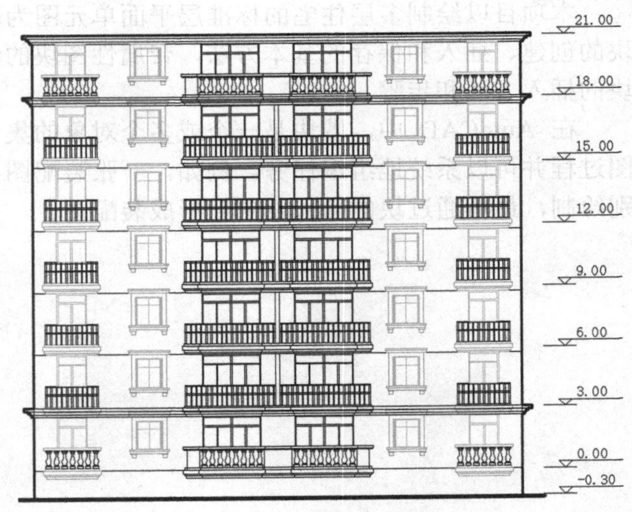

图 7-1　建筑立面图

相关知识

1．建筑立面图的类型

1）根据房屋特征来划分。反映主要出入口或比较显著地反映出房屋外貌特征的那一面的立面图称为正立面图，其余的立面图相应地称为背立面图和侧立面图。

2）根据房屋的朝向来划分。按房屋的朝向将其分为南立面图、北立面图、东立面图、西立面图等。

3）根据轴线的编号来划分。如：①—⑤立面、⑤—①立面等。国标规定，有定位轴线的建筑物，宜根据两端轴线编号标注立面图的名称。

2. 绘制立面图的方法

利用 AutoCAD 绘制立面图主要有以下 2 种方法。

1）传统设计方法：采用手动方式绘图的思想，直接调用平面图，利用“长对正”方法做一些辅助线来帮助准确定位，然后绘制图形。

2）三维模型投影法：根据平面图中的外墙、门窗的位置和尺寸，创建建筑物的三维模型，然后通过不同的视点方向观察模型并进行消隐处理，即可得到不同方向的建筑立面图。

本任务采用第一种方法来绘制。

绘制流程

1. 绘制第一层

第一层的效果如图 7-2 所示。

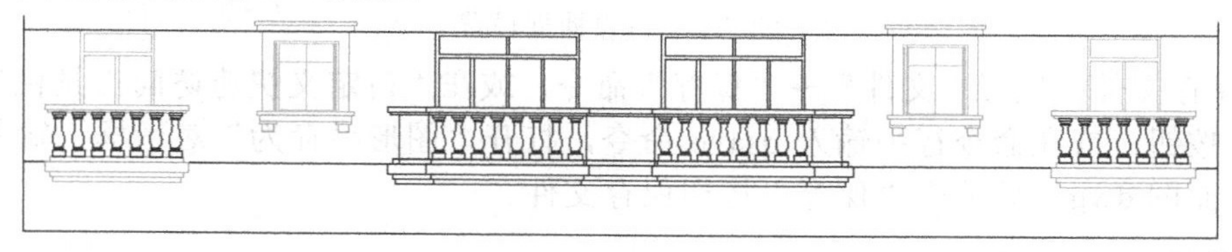

图 7-2　一层立面图

2. 绘制标准层

标准层的效果如图 7-3 所示。

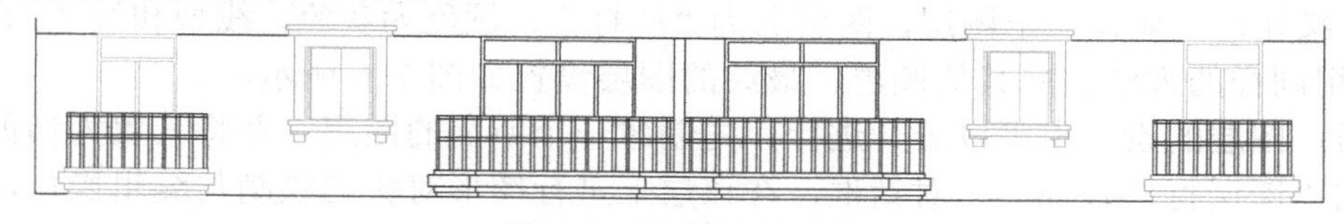

图 7-3　标准层立面图

3. 绘制顶层

顶层的效果如图 7-4 所示。

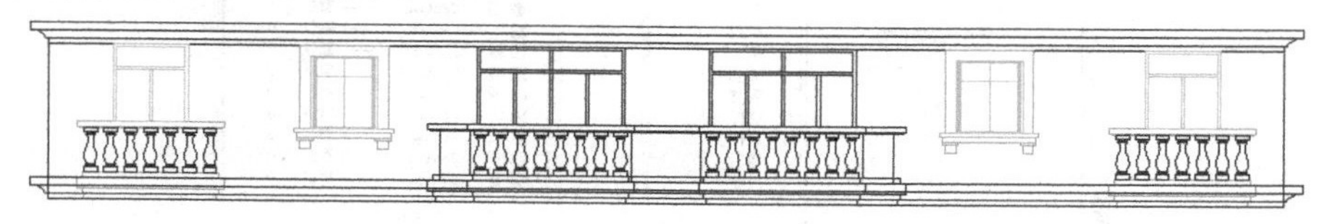

图 7-4　顶层立面图

步骤详解

1. 设置绘图环境

1）绘图单位设置：启动 AutoCAD 2013 后，执行“格式”→“单位”命令，或在命令行中输入 units 命令，打开“图形单位”对话框，进行绘图单位设置，这里将精度设置为“0”，其余参数设为默认值。

2）对象捕捉设置：执行“工具”→“绘图设置”菜单命令，打开“草图设置”对话框，选择“对象捕捉”选项卡，将“启用对象捕捉”和“启用对象捕捉追踪”两个复选框选中，并在“对象捕捉模式”选项组中勾选“端点”“中点”“圆心”“节点”“交点”“垂足”“延长线”复选框，如图 7-5 所示。完成后单击“确定”按钮。

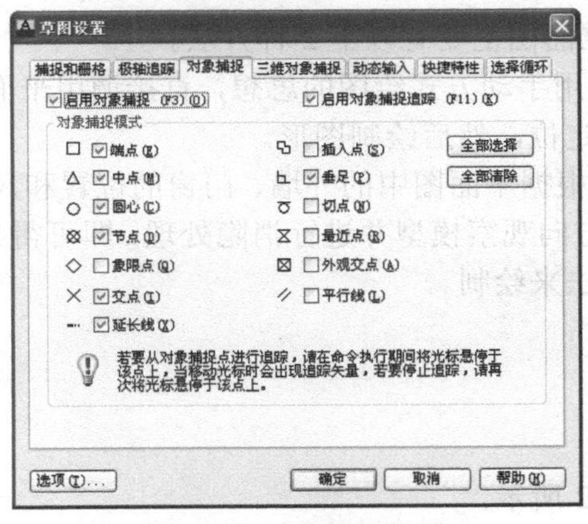

图 7-5　对象捕捉设置

3）保存文件：执行“文件”→“保存”命令，或在“自定义快速访问工具栏”中单击“保存”按钮，或在命令行中输入 qsave 命令，打开“图形另存为”对话框，输入文件名“建筑立面图.dwg”后单击“保存”按钮保存文件。

2. 设置图层及线型

1）执行“格式”→“图层”命令，或单击“功能区”中“常用”选项卡中的“图层”选项面板中的“图层特性”按钮，打开“图层特性管理器”对话框。单击对话框中的“新建图层”按钮，新建一个图层，图层名为“栏杆”，颜色为灰色，线型和线宽为默认值。

2）用同样的方法建立其他图层，最终的图层设置如图 7-6 所示。

说明：图层的设置也可以分开进行，先创建一个所需的图层，并将其置为当前图层，然后关闭“图层特性管理器”对话框，在该层上进行图形对象的绘制与编辑操作，当再需要建立新图层时再建立新的图层并进行相关属性的设置。

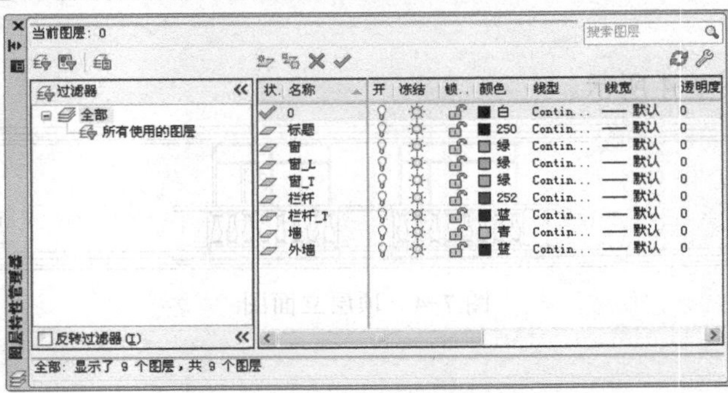

图 7-6　图层设置

3. 绘制图形

（1）第一层的绘制

1）一层普通阳台的绘制。绘制后的效果如图 7-7 所示。

第 1 步：绘制阳台板。将当前层设置为“窗_T”图层。利用“矩形”绘图工具，绘制出

3 个矩形，长度分别为 2740、2540 和 2440，宽度分别为 200、400 和 100，如图 7-8 所示。

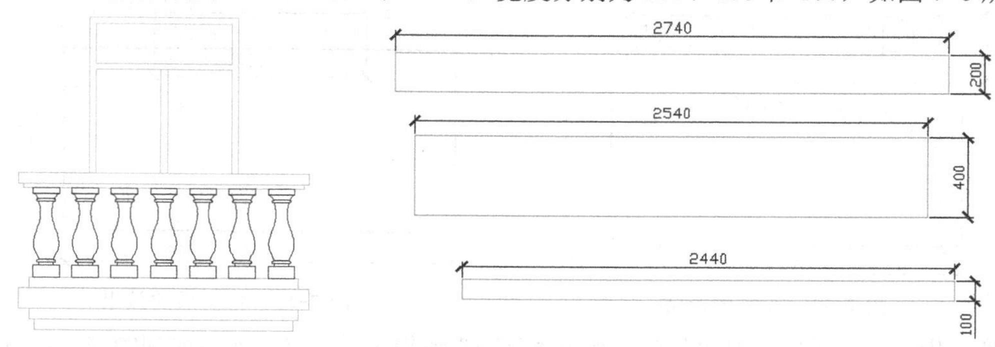

图 7-7　一层普通阳台效果图　　　　图 7-8　构成阳台板的 3 个矩形

使用移动命令，移动上面的长矩形与中间的宽矩形中心对齐，下面的小矩形上边与中间的宽矩形下边中心对齐，命令行提示及操作如下：

```
选择对象:                                    选择上面的长矩形
选择对象:                                    回车结束选择
指定基点或 [位移(D)] <位移>:                  选择上边的中点
指定第二个点或 <使用第一个点作为位移>:          选择中间宽矩形上边的中点
命令:                                        回车继续执行移动命令
MOVE
选择对象:                                    再次选择刚才选择的长矩形
选择对象:                                    回车结束选择
指定基点或 [位移(D)] <位移>:                  选择长矩形上边的中点
指定第二个点或 <使用第一个点作为位移>:          输入相对坐标　　@0, -100
命令:                                        回车继续执行移动命令
MOVE
选择对象:                                    选择下面的小矩形
选择对象:                                    回车结束选择
指定基点或 [位移(D)] <位移>:                  选择小矩形上边的中点
指定第二个点或 <使用第一个点作为位移>:          选择中间宽矩形下边的中点
```

使用修剪命令，将大矩形在长矩形中间的部分删除，完成后的效果如图 7-9 所示。

第 2 步：绘制栏杆的底部。将当前层设置为“0”图层，利用“矩形”绘图工具，分别绘制出 3 个长度和宽度分别为 250、120，136、50，180、27 的矩形。它们之间的位置关系如图 7-10 所示。

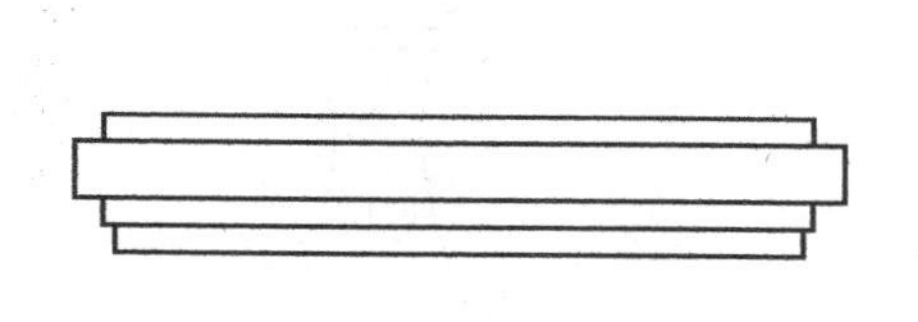

图 7-9　移动和修剪后的 3 个矩形位置关系

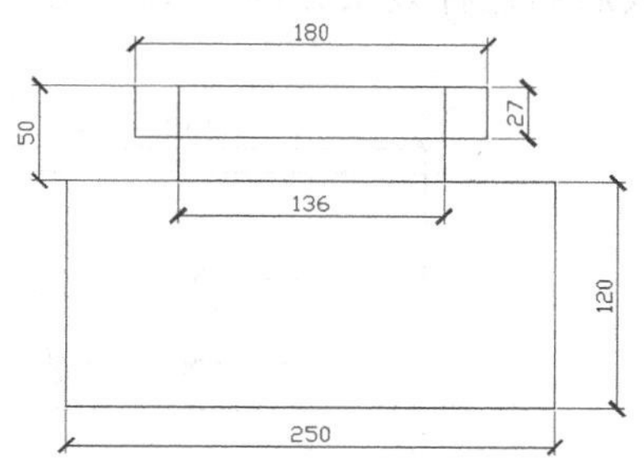

图 7-10　3 个矩形位置关系图

利用“椭圆”绘图工具绘制两个椭圆，效果如图 7-11 所示。利用“修剪”编辑工具，将图形修剪成如图 7-12 所示的效果。

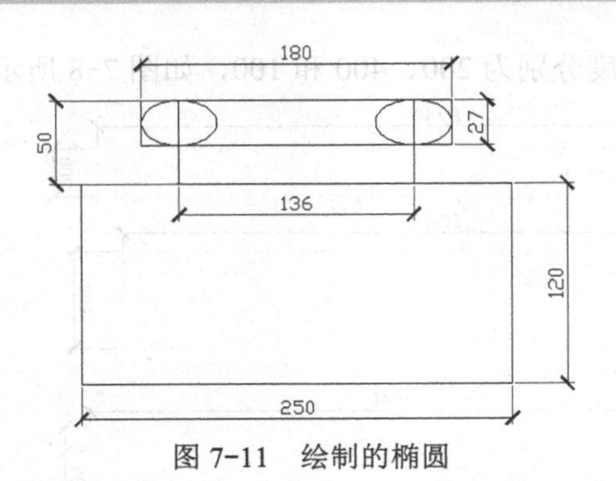

图 7-11　绘制的椭圆

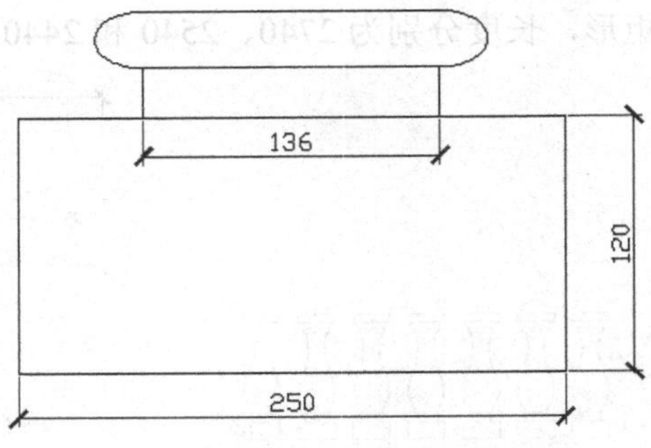

图 7-12　修剪后的效果

第 3 步：绘制栏杆的中间部分。利用“复制”编辑工具，将修剪后得到的扁圆状图形竖直向上复制，偏移距离为 580。利用“样条曲线”绘图工具绘制出一条样条曲线，其形状及位置如图 7-13a 所示。

利用“镜像”编辑工具，对刚才绘制的样条曲线进行镜像复制，镜像线为两个扁圆状图形上下边中点的连线。结果如图 7-13b 所示。

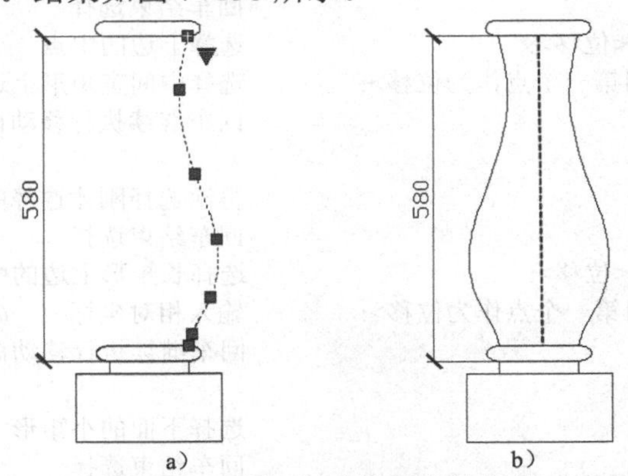

图 7-13　栏杆的中间部分的绘制

第 4 步：绘制栏杆顶部。利用“矩形”绘图工具，在空白区再绘制一个长为 250，宽为 60 的矩形。利用“移动”命令，将刚绘制的矩形下边的中点与上面的扁圆状图形的上边中点对齐，然后再将其竖直向上移动，移动距离为 48。

利用“圆弧”绘图工具绘制一条圆弧，并镜像复制，其形状与位置如图 7-14 所示。

完成后的栏杆效果如图 7-15 所示。

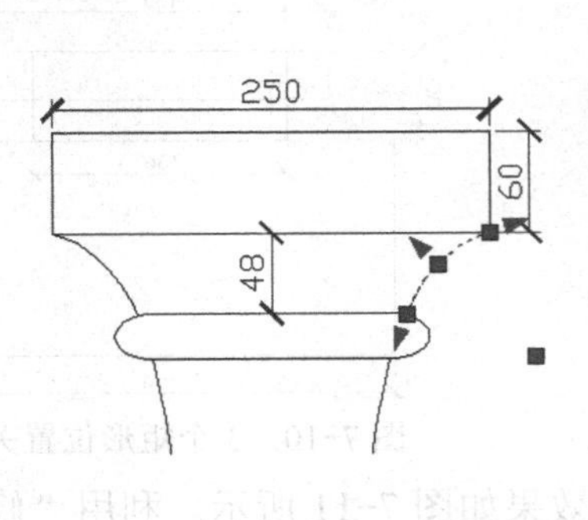

图 7-14　栏杆的顶部效果图

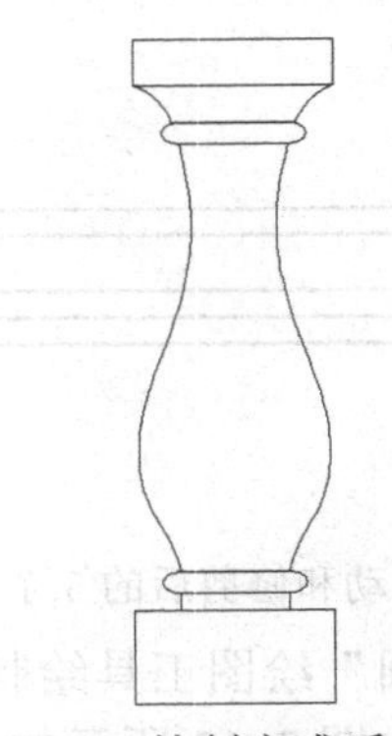

图 7-15　绘制完成后的栏杆

第 5 步：将绘制好的栏杆定义成块。执行“绘图”→“块”→“创建”命令，或单击“功能区”中“块”选项选项板中的“创建块”按钮 创建，打开“块定义”对话框。输入块的名称为“langan”；单击“选择对象”按钮，选择整个栏杆后按<Enter>键返回对话框；单击“拾取点”按钮，选择栏杆最下边线的中点为基点；选择“转化为块”单选项，其他为默认设置，结果如图 7-16 所示。单击“确定”按钮，完成块的定义。

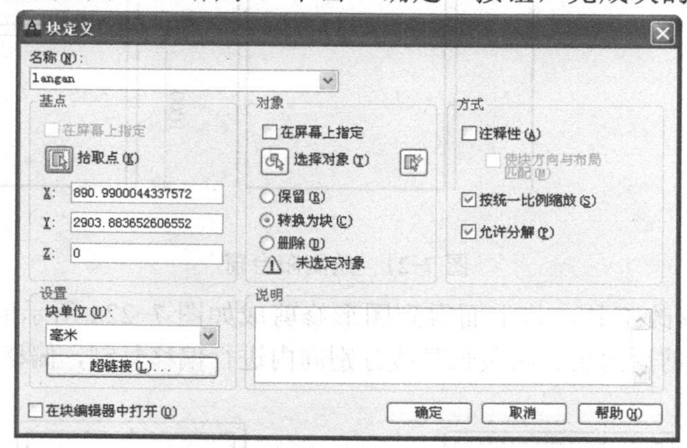

图 7-16　“块定义”对话框

第 6 步：移动复制栏杆。使用移动命令，将块“langan”移动到第 1 步绘制的阳台板上，其位置是块的基点与阳台板上边线的中点对齐，结果如图 7-17 所示。

利用“复制”编辑工具，将块“langan”分别向左右各复制 3 个，间距为 370，结果如图 7-18 所示。

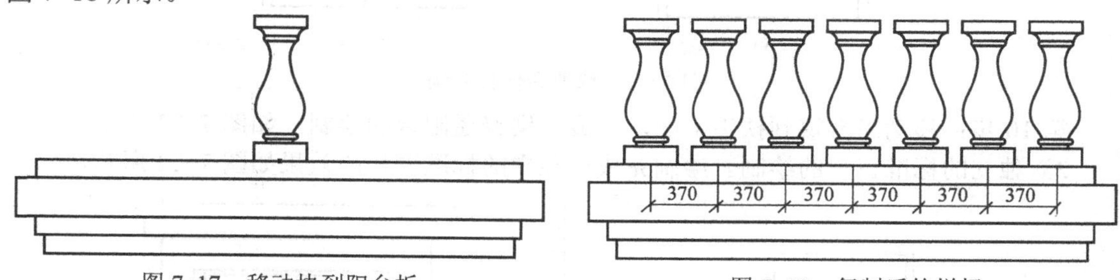

图 7-17　移动块到阳台板　　图 7-18　复制后的栏杆

第 7 步：绘制扶手。将当前层设置为“墙”图层，利用“矩形”绘图工具，分别绘制出两个长度和宽度分别为 2740、100 和 2640、40 的矩形。它们之间的位置关系如图 7-19 所示。

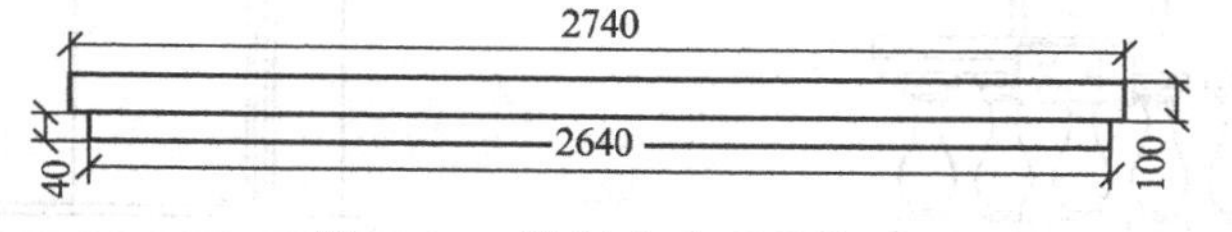

图 7-19　绘制完成后的扶手

第 8 步：移动扶手到栏杆上。使用“移动”命令，将刚才绘制的扶手移动到栏杆上，其位置是扶手下边的中点与中间栏杆上边的中点对齐。结果如图 7-20 所示。

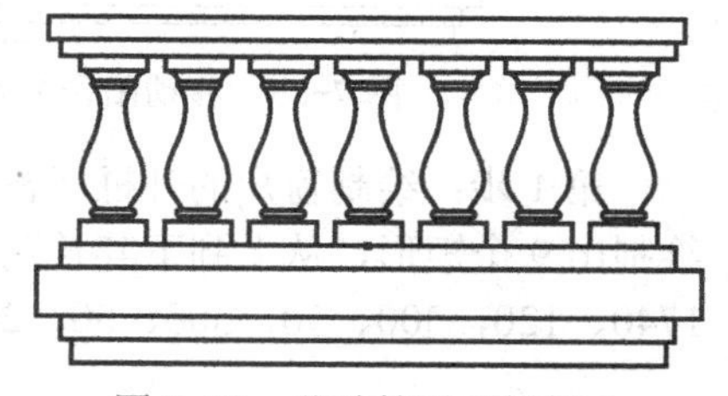

图 7-20　移动扶手到栏杆上

第 9 步：绘制阳台窗。将当前层设置为“窗_L”，利用“多段线”绘图工具，绘制如图 7-21a 所示的线段。使用“偏移”修改工具，将刚才绘制的线段向外偏移复制，偏移距离为 60。利用“直线”绘图工具，将刚才绘制的多段线闭合，结果如图 7-21b 所示。再使用“偏移”修改工具，将刚才绘制的直线向上偏移复制，偏移距离为 1000。将刚偏移得到的直线再向上偏移复制，距离为 60，结果如图 7-21c 所示。

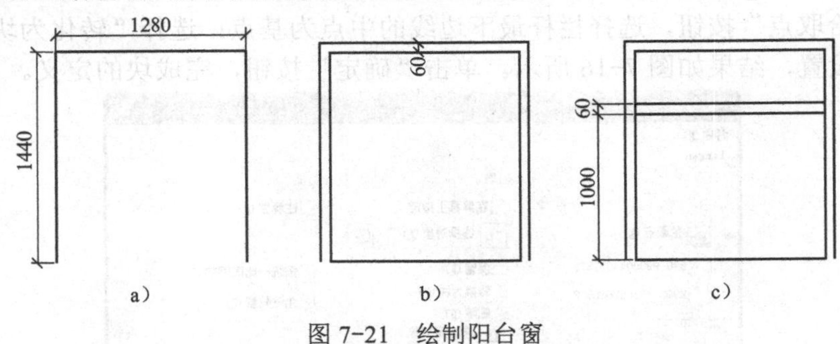

图 7-21　绘制阳台窗

使用“修剪”修改工具，将上面得到图形修剪成如图 7-22a 所示的效果。再使用“偏移”修改工具，将修剪后内层的两条长竖线分别向内进行偏移复制，偏移距离为 610，结果如图 7-22b 所示。

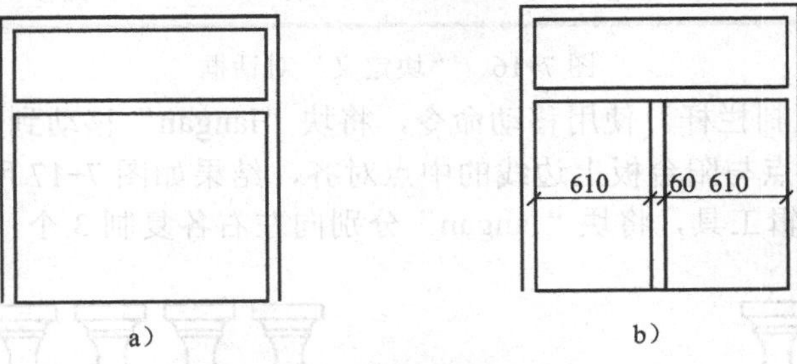

图 7-22　修剪和偏移复制

第 10 步：移动阳台窗到扶手上面，完成一层普通阳台的绘制，如图 7-23 所示。

2）独立的标准窗户的绘制。绘制完成后独立的标准窗户的效果如图 7-24 所示。

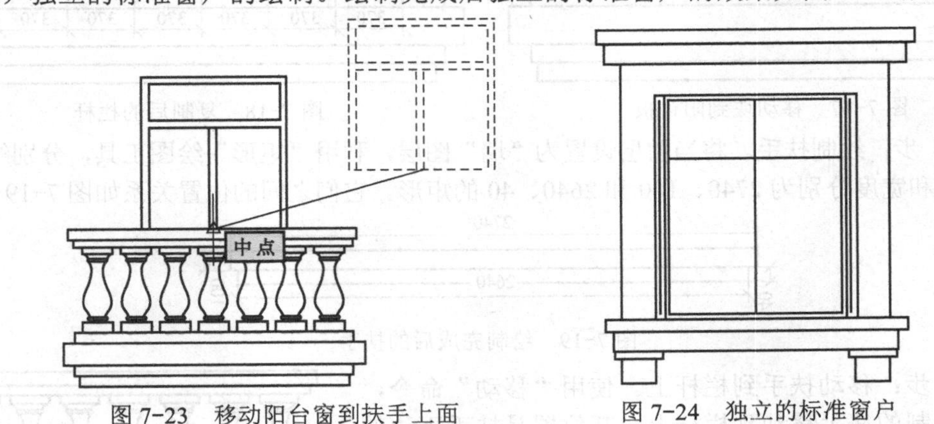

图 7-23　移动阳台窗到扶手上面　　图 7-24　独立的标准窗户

第 1 步：绘制窗户的外框（窗框）。将当前层设置为“窗_T”，利用“矩形”绘图工具，绘制出 9 个矩形，从上到下其长宽分别为：1940、80，1840、120，1640、1600，1840、80，1740、120，300、50，300、50，200、150，200、150。对齐后各图形的位置如图 7-25 所示。

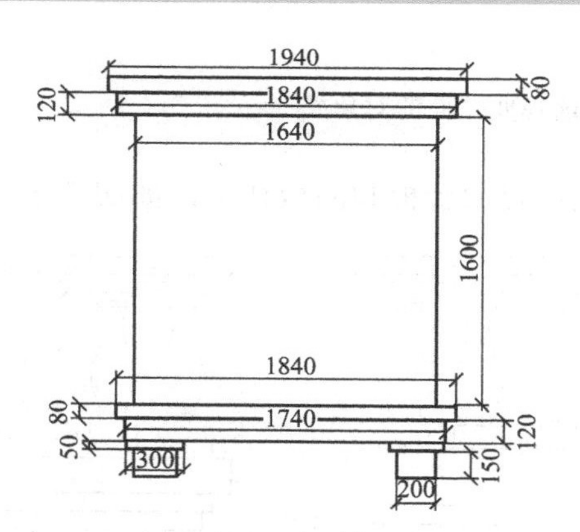

图 7-25　绘制矩形

第 2 步：绘制内部窗体（窗户）。将当前层设置为“窗_L”，利用“矩形”绘图工具，再绘制出 3 个矩形，从左到右其长宽分别为：70、1400，1100、1400 和 70、1400。对齐后各图形的位置如图 7-26a 所示。使用“偏移”修改工具，将中间大矩形向内偏移复制，偏移距离为 30。使用“直线”绘图工具，将偏移得到的小矩形的上下边中点连接起来，使用“偏移”工具，将中线分别向左、右各复制一条，偏移距离为 580。结果如图 7-26b 所示。再使用“直线”绘图工具，将偏移得到的小矩形的左右两条边的中点连接起来，然后将其向上移动，移动距离为 300。结果如图 7-26c 所示。

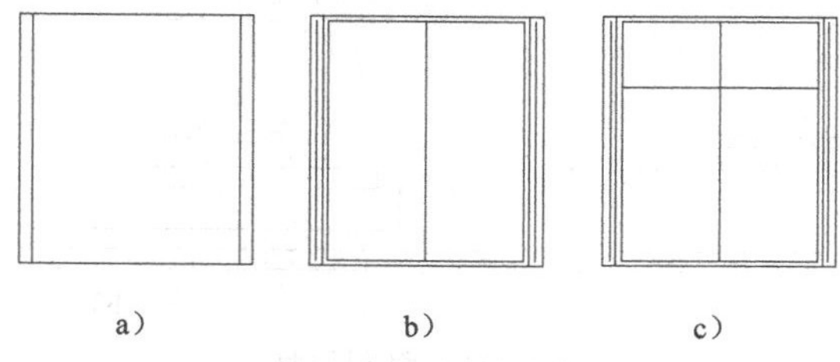

a)　　b)　　c)

图 7-26　绘制窗体

第 3 步：将所绘制的窗户移动到窗框内，如图 7-27 所示。独立标准窗户绘制完成。

3）一层中间阳台的绘制。中间阳台比较复杂，但是可以利用前面绘制完成的一些图形来帮助完成绘制，从而提高绘图的效率。绘制完成后一层中间阳台的效果如图 7-28 所示。

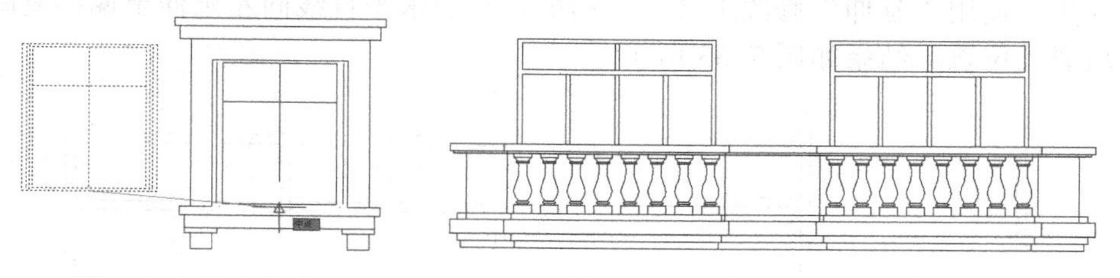

图 7-27　移动窗户　　图 7-28　一层中间阳台的效果

第 1 步：把前面绘制的一层普通阳台不带窗户部分复制一份，并把复制部分的最右边的栏杆删除，如图 7-29 所示。

第 2 步：使用“拉伸”修改工具，对阳台板和阳台扶手进行向右拉伸。执行拉伸命令后，命令行提示如下：

```
命令: _stretch
以交叉窗口或交叉多边形选择要拉伸的对象...
选择对象:
```

用从右向左框选的方式选择阳台板和阳台扶手，如图 7-30 所示。

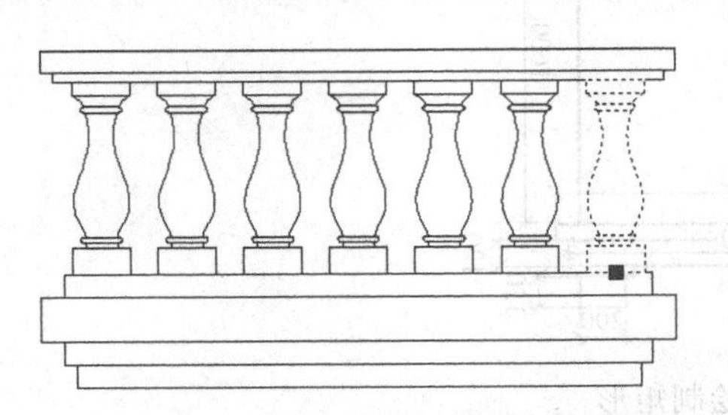

图 7-29　删除最右边的栏杆

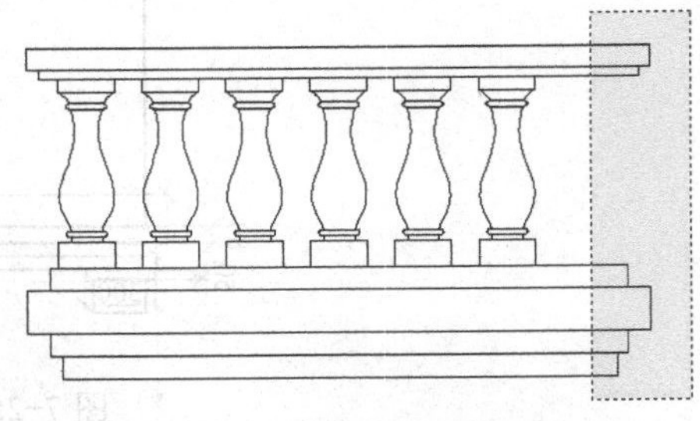

图 7-30　选择要拉伸的对象

按<Enter>键结束选择后命令行提示及操作如下：

```
指定基点或 [位移(D)] <位移>:                     用鼠标在选中的图形上任选一点
指定第二个点或 <使用第一个点作为位移>:            输入相对坐标 @370,0 后回车
```

结果如图 7-31a 所示。

第 3 步：复制栏杆。选择右侧两个连续的栏杆，向右复制（注：复制时，以右侧未选中栏杆的右下角端点为基点，以右侧选中栏杆的右下角端点为目标点）。结果如图 7-31b 所示。

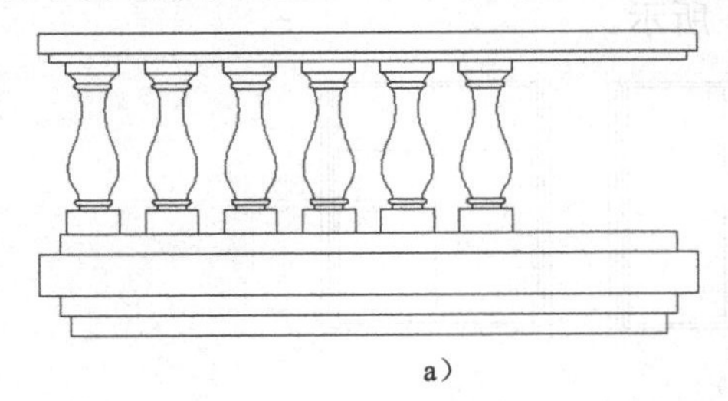

a）　　b）

图 7-31　复制栏杆

第 4 步：绘制一层中间阳台的窗户。将前面绘制的普通阳台上的窗户复制一个到空白区域，使用“分解”修改工具，将复制过来的窗户分解。然后使用“偏移”修改工具，将左边的 3 条竖线向左偏移复制，偏移距离为 1340。结果如图 7-32 所示。

第 5 步：使用“延伸”修改工具，将构成窗户的水平直线向左延伸至偏移复制所得到的最左边竖线位置。结果如图 7-33 所示。

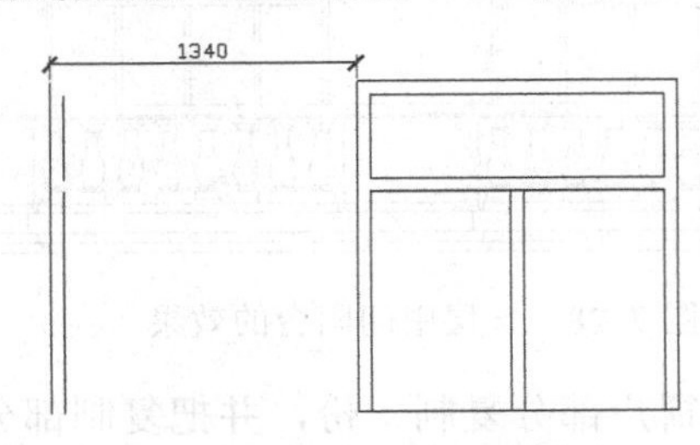

图 7-32　偏移复制 3 条竖线

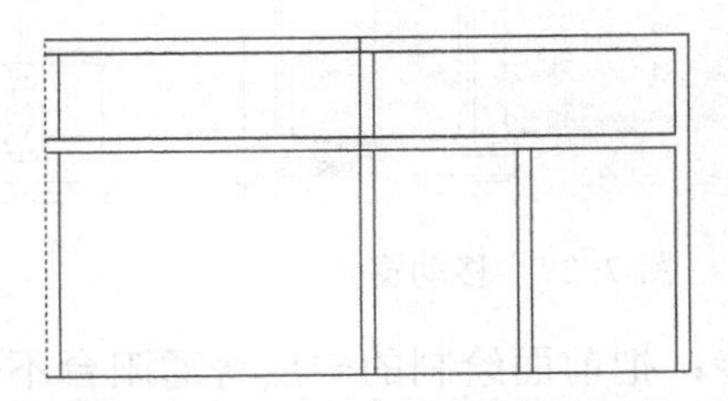

图 7-33　向左延伸矩形的水平线

第 6 步：使用“偏移”修改工具，将第 4 步偏移得到的右下方的竖线向右偏移复制，偏移距离为 610。再次使用“偏移”修改工具，将刚才偏移得到的竖线再向右偏移复制，

偏移距离为 60。结果如图 7-34 所示。使用修剪命令，将图形修剪成如图 7-35 所示的图形。

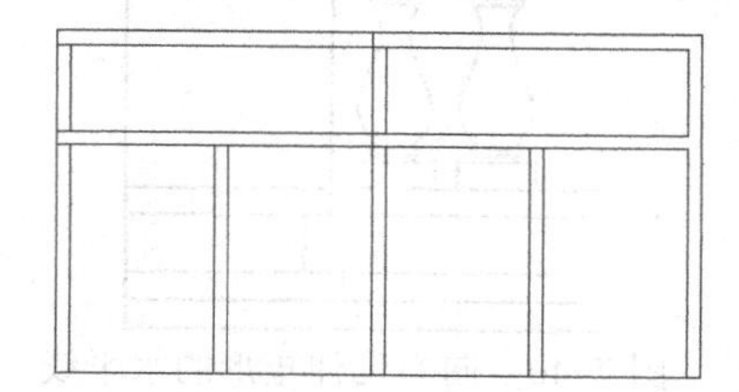

图 7-34　两次偏移竖线

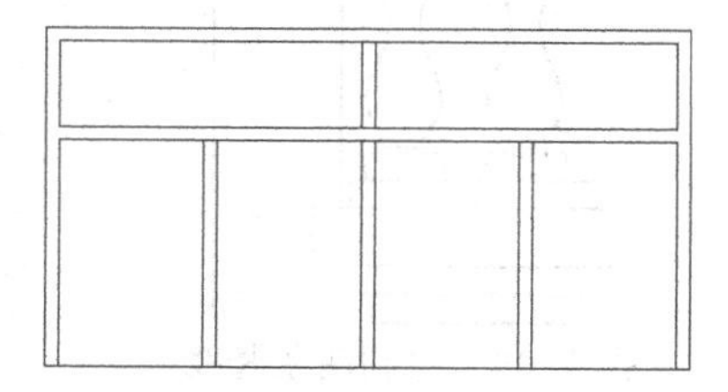

图 7-35　修剪后的窗户

第 7 步：移动窗户到阳台的扶手上面。使用“移动”命令，将修剪后的窗户图形移动到阳台扶手的上面，并与扶手上边线的中心点对齐，如图 7-36 所示。

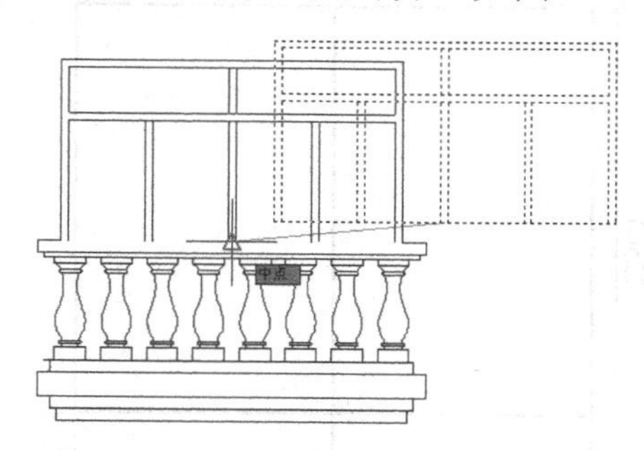

图 7-36　移动窗户到阳台扶手上面

第 8 步：使用“分解”修改工具，将构成阳台板和阳台扶手的矩形进行分解。然后使用“偏移”修改工具，将构成阳台板和阳台扶手所有矩形的左边线向左进行偏移复制，偏移距离为 740，结果如图 7-37 所示。

第 9 步：使用“延伸”修改工具，将构成阳台板和阳台扶手的所有矩形的水平线向左延伸至偏移复制所得到的对应的竖线位置。然后使用“直线”绘图工具，绘制出两条竖线。结果如图 7-38 所示。

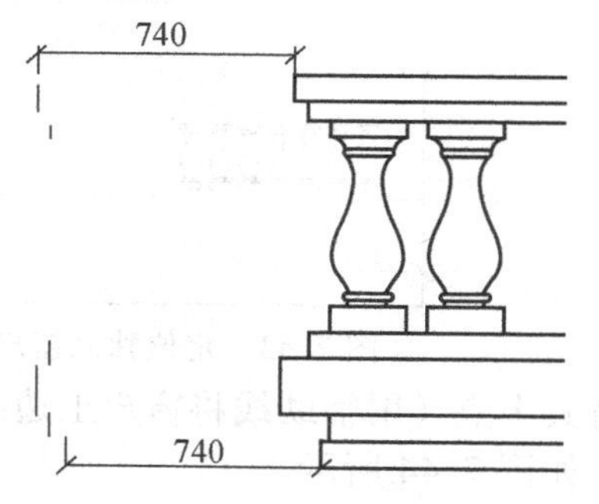

图 7-37　偏移复制所有左边线

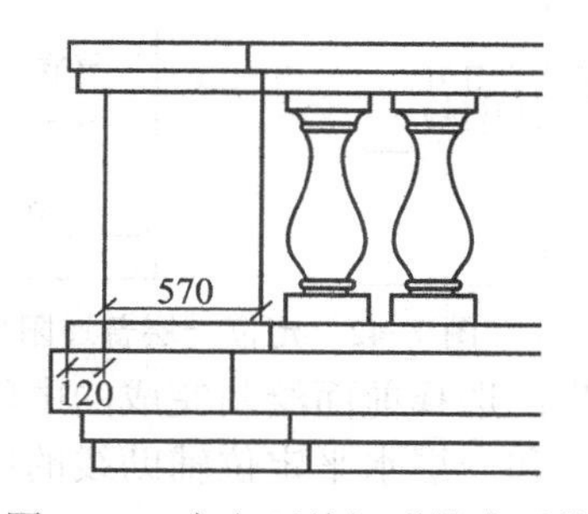

图 7-38　向左延伸矩形的水平线

第 10 步：使用“直线”绘图工具，在构成阳台板和阳台扶手矩形的右边绘制两条竖线，其位置如图 7-39 所示。然后使用“延伸”修改工具，将构成阳台板和阳台扶手所有矩形的水平线向右延伸至刚绘制的最右边的竖线位置并将多余部分修剪掉。结果如图 7-40 所示。至此完成了一层中间阳台左半部分的绘制。通过镜像复制即可得到整个一层中间阳台。

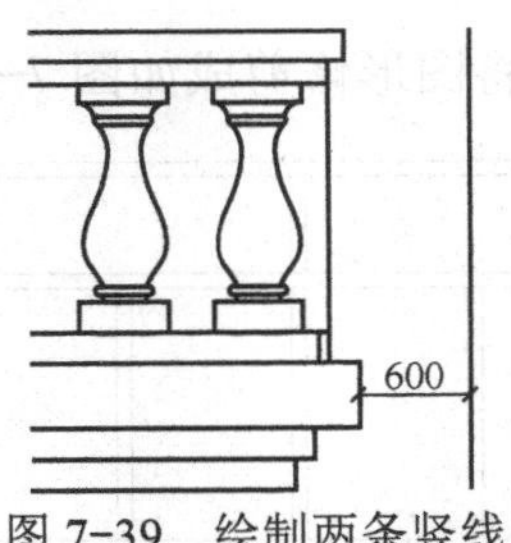

图 7-39　绘制两条竖线

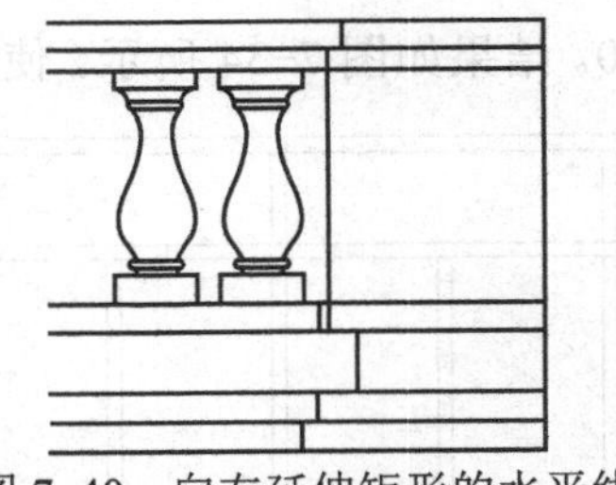

图 7-40　向右延伸矩形的水平线

4）完成一层的绘制。

第 1 步：将当前图层设为“0”层，使用“直线”绘图工具，绘制整幢楼的定位线。结果如图 7-41 所示。

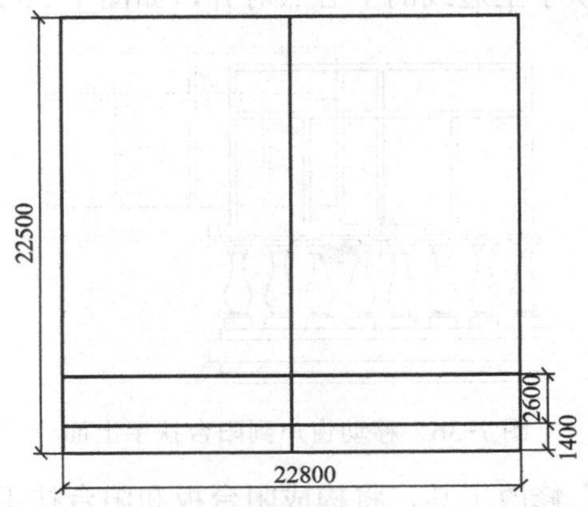

图 7-41　整幢楼的定位线

第 2 步：选择前面绘制的一层普通阳台，以上边线中点为基点，先使其与一层定位辅助线的左边线对齐，然后再将其向右移动 1800，如图 7-42 所示。

第 3 步：选择独立的窗户，用同样的方法将其移动到如图 7-43 所示的位置。

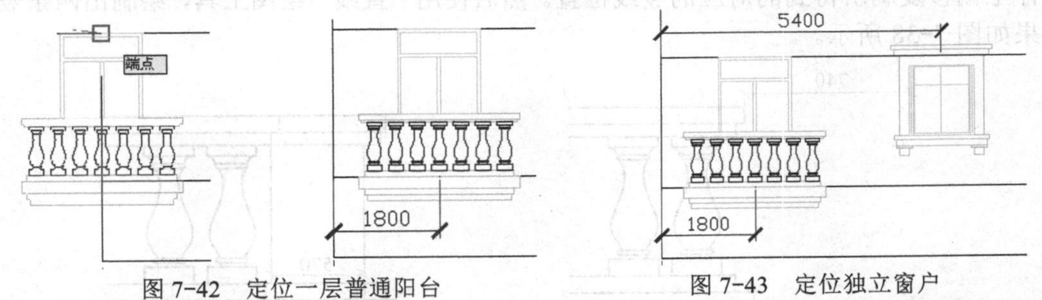

图 7-42　定位一层普通阳台　　　　图 7-43　定位独立窗户

第 4 步：选择前面绘制完成的中间阳台，将其中点（用辅助线将窗户上边线连接，选择其中点）和一层水平定位辅助线的中点对齐，如图 7-44 所示。

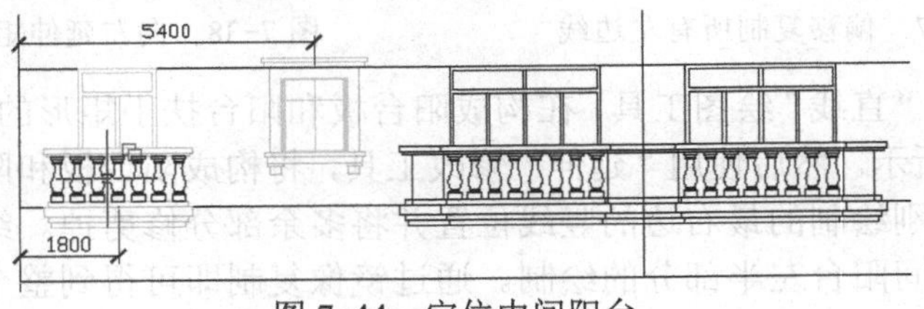

图 7-44　定位中间阳台

第 5 步：使用“镜像”修改工具，将普通阳台与独立窗户进行镜像复制，完成一层立面图的绘制，如图 7-45 所示。

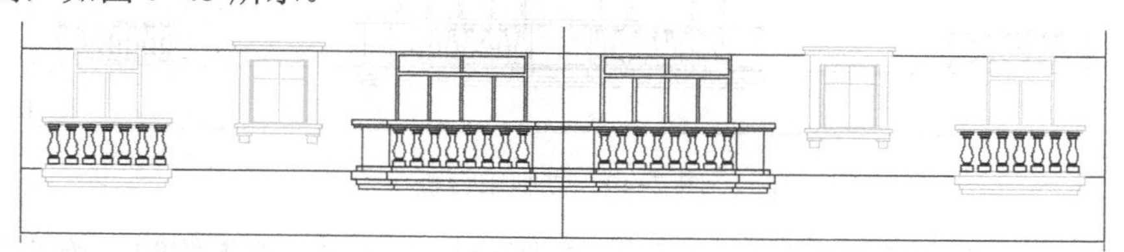

图 7-45　一层立面图

（2）标准层的绘制

标准层的效果如图 7-46 所示。

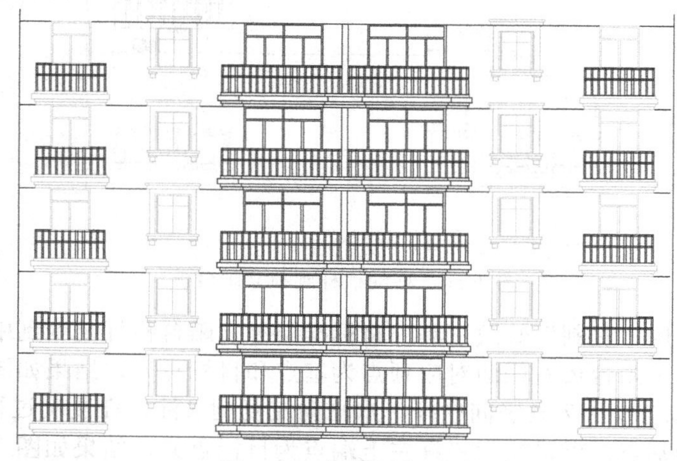

图 7-46　标准层立面图

1）标准层独立阳台栏杆的绘制。

第 1 步：将当前层设置为“langan”层，使用“直线”绘图工具，绘制一条竖直线，其长度为 1000，然后使用“偏移”工具，将其向右偏移复制，偏离距离为 60。使用“矩形阵列”命令，选择刚绘制的两条竖直线为阵列对象，在打开的“阵列创建”选项卡中，设置行数为“1”，列数为“11”，列偏移为“240”，然后按<Enter>键确定。阵列后的图形如图 7-47 所示。

第 2 步：使用“直线”绘图工具，绘制一条直线，将直线的线顶部相连，然后使用“偏移”修改工具，将其向下偏移复制，偏离距离分别为 50、400、450，如图 7-48 所示。

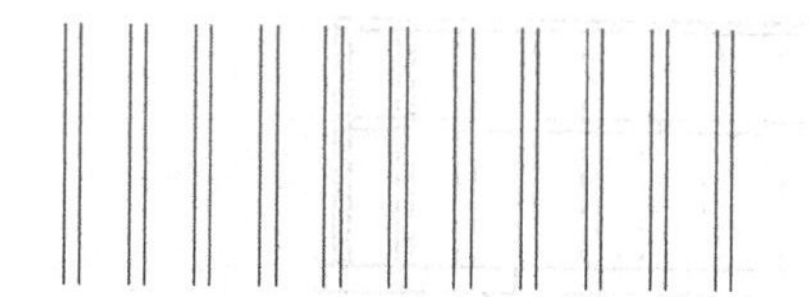

图 7-47　阵列复制后的图形

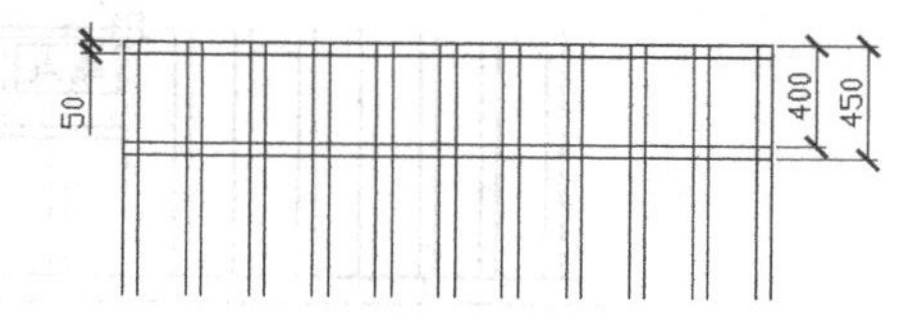

图 7-48　绘制横线并偏移

2）绘制标准层。

第 1 步：使用“复制”工具，将第一层的阳台板复制一份作为第二层的阳台板，结果如图 7-49 所示。

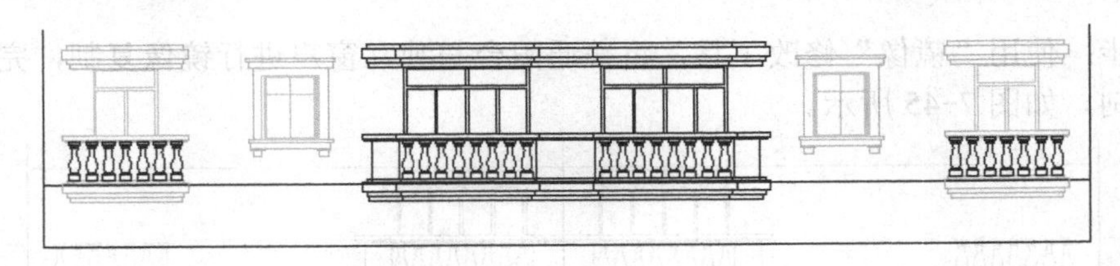

图 7-49　复制阳台板

第 2 步：将绘制的栏杆移到第二层独立的阳台板上（注：首先绘制一条辅助线，用直线将栏杆的两条边线的底部端点连接，移动时中点对齐），结果如图 7-50 所示。

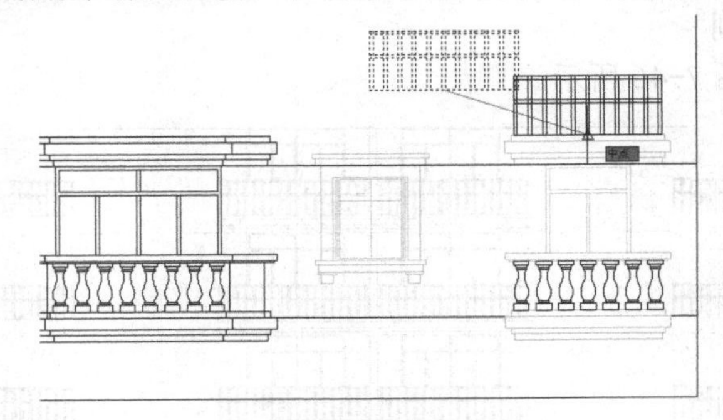

图 7-50　移动栏杆到独立阳台板

第 3 步：再使用“复制”修改工具，将标准层独立阳台栏杆复制到中间阳台上（注：复制过程中，以两个阳台板右侧边对应顶点为基点和目标点），结果如图 7-51 所示。

第 4 步：选择左边的 7 条竖向栏杆，水平向左复制（注：在复制过程中，以左边第 8 杆栏杆左上端点为基点，以最左边栏杆左上端点为目标点），结果如图 7-52 所示。

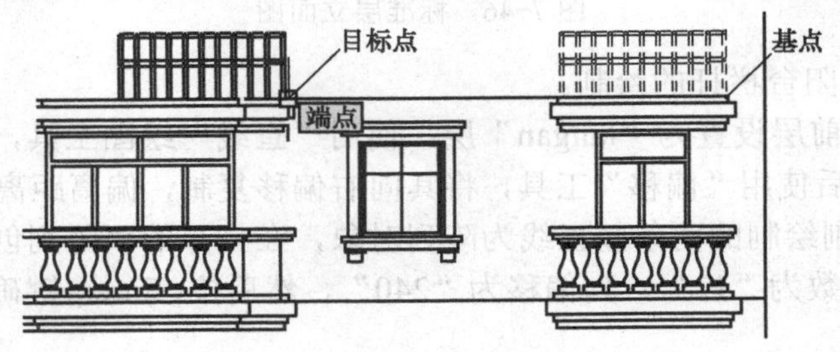

图 7-51　复制独立阳台栏杆到中间阳台

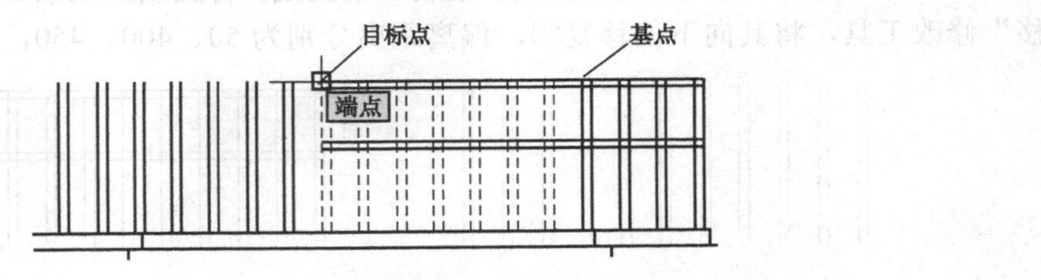

图 7-52　向左复制竖向栏杆

第 5 步：将当前层设为“0”层，在靠近中线辅助线处绘制一条竖线，其长度为 2500，距中间定位辅助线的距离为 100，作为中间阳台的墙线。然后使用“延伸”修改工具，将栏杆的水平线延伸至新绘制的竖线，结果如图 7-53 所示。

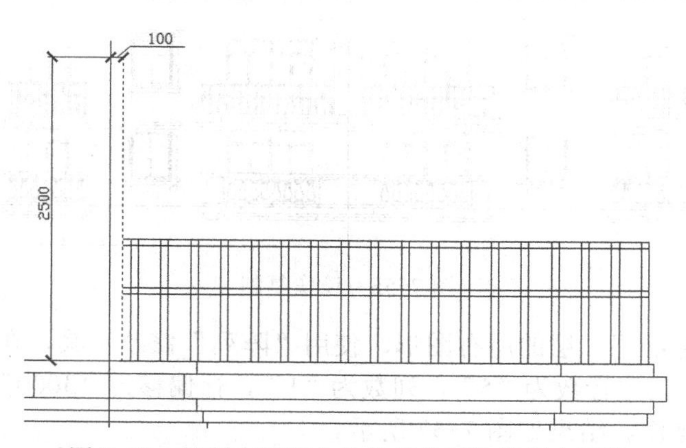

图 7-53　绘制中间阳台的墙线并延伸栏杆水平线

第 6 步：选择一层右侧的独立窗户，将其竖直向上复制一个，复制的距离为 3000。结果如图 7-54 所示。

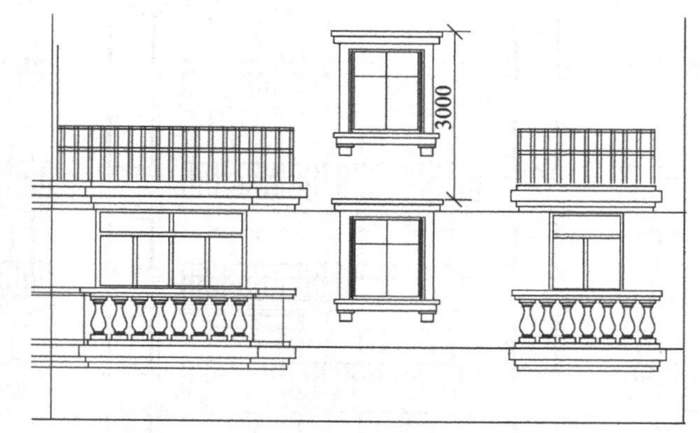

图 7-54　复制独立窗户

第 7 步：选择一层的中间阳台上的窗户和独立阳台上的窗户，将其竖直向上复制，复制的距离为 3000。结果如图 7-55 所示。

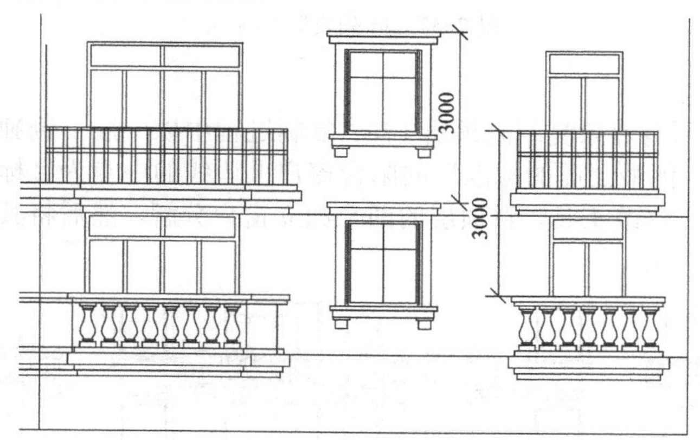

图 7-55　复制阳台窗户

第 8 步：使用“镜像”复制工具，将已经绘制完成的标准层二层右半部分图形以中间定位线为镜像线进行镜像复制，得到标准层第二层的立面图，结果如图 7-56 所示。

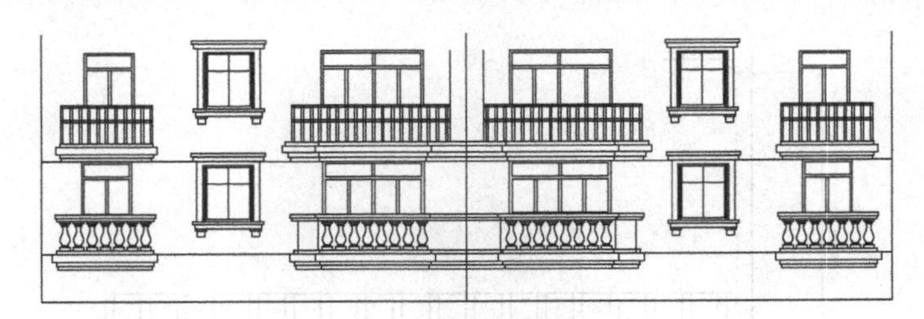

图 7-56　镜像复制

第 9 步：选择标准层二层的所有图形，使用“阵列”修改工具，在弹出的对话框中选择“矩形阵列”，并设置行数为“5”，列数为“1”，行偏移为“3000”，列偏移为“0”，对标准层进行阵列操作。结果如图 7-57 所示。

图 7-57　阵列复制标准层

（3）顶层的绘制

1）将第一层的所有对象复制到顶层（注：复制过程中以一层一侧独立阳台板底边线中点为基点，以对应一侧最上面的标准层的阳台窗户上边线的中点为目标点）。

2）使用“分解”修改工具，将顶层的两个独立窗户分解，然后将其上面的两个矩形删除。结果如图 7-58 所示。

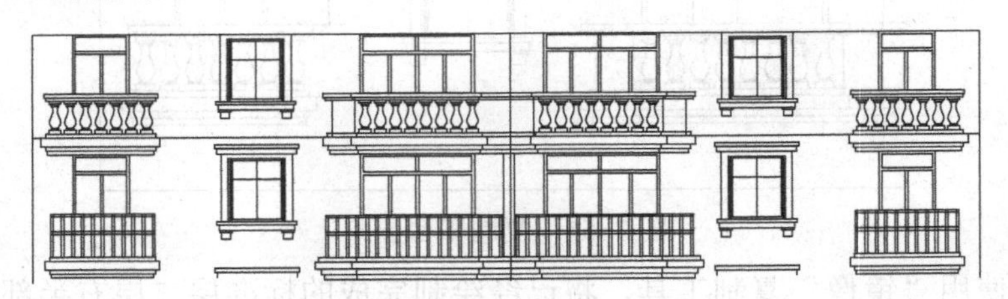

图 7-58　复制一层对象到顶层并删除独立窗户上面的两个矩形

3）利用“矩形”绘图工具，分别绘制出 3 个长度和宽度分别为 450、150，300、150 和 100、100 的矩形，它们之间的位置关系如图 7-59 所示。

4）利用“样条曲线”绘图工具，绘制一条如图 7-60 所示的样条曲线，然后使用“修剪”修改工具，将多余部分删除。结果如图 7-61 所示。

5）利用“移动”工具，将修剪后的图形移动到如图 7-62 所示的位置（注：移动时以图形最下面水平线的右端点为基点，以顶层左上角点为目标点）。

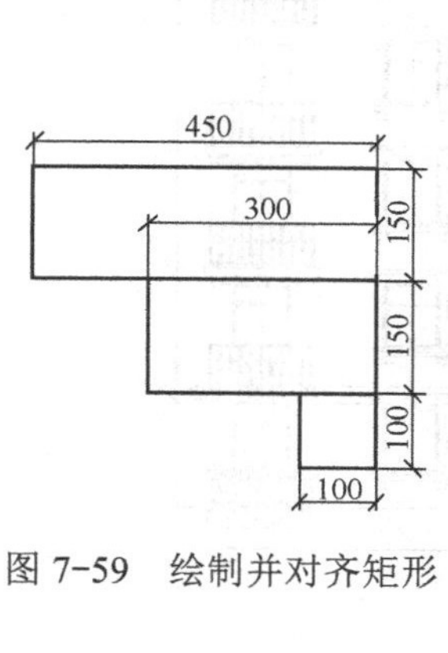

图 7-59　绘制并对齐矩形

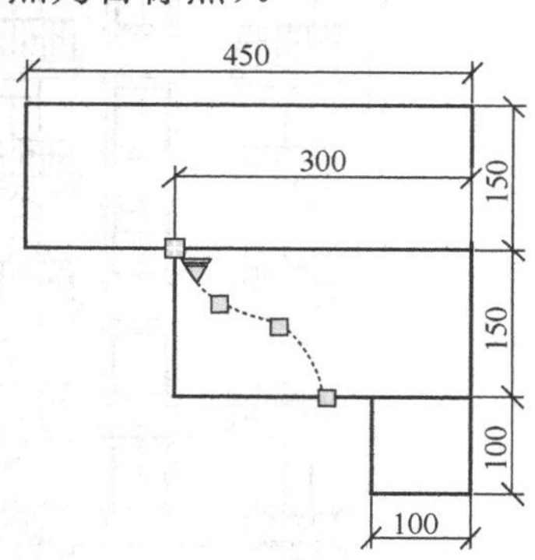

图 7-60　绘制样条曲线

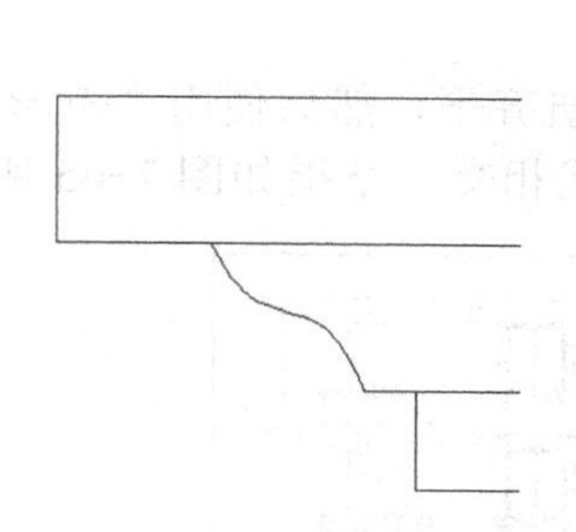

图 7-61　修剪后的效果图

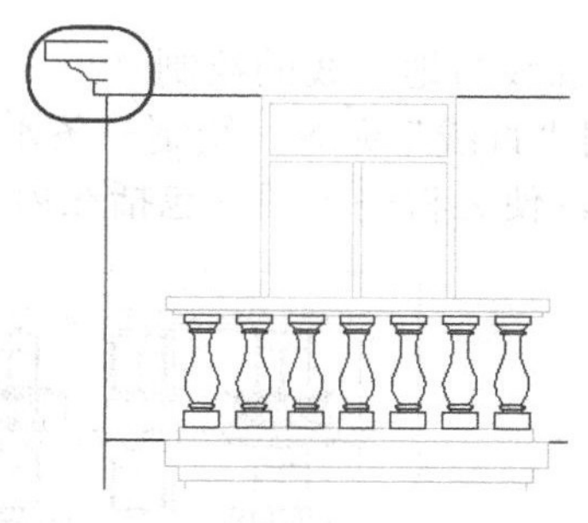

图 7-62　移动矩形

6）利用“镜像”复制工具，将移动后的图形以中间定位线为镜像线进行镜像复制，然后利用“直线”绘图工具，将 4 条水平线连接，完成顶层的绘制。结果如图 7-63 所示。

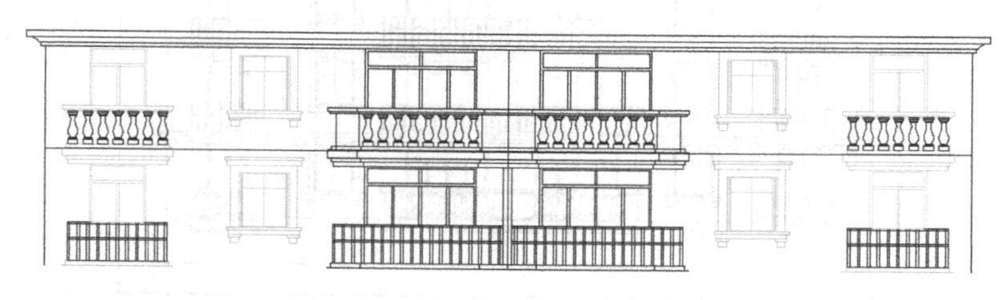

图 7-63　完成后的顶层效果图

7）将第 6）步操作所得到的图形，复制到二层和次顶层，并使用“修剪”命令，将与阳台板相交的部分修剪掉，最后删除中间定位线，至此完成了立面图基本图形的绘制。其效果如图 7-64 所示。

图 7-64 基本立面图

（4）轮廓线与地面线的绘制

1）利用“直线”命令，绘制一条水平辅助线与建筑齐平，然后使用“矩形”命令，绘制一个矩形，使之将整个图形包括在内并与水平辅助线相交。结果如图 7-65 所示。

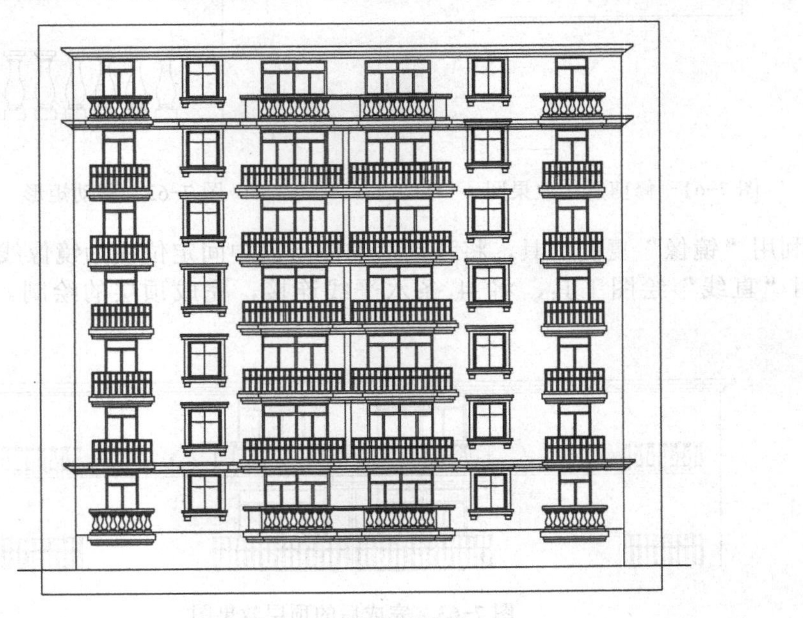

图 7-65 绘制辅助线

2）执行“绘图”→“边界”命令，在打开的“边界创建”对话框中单击“拾取点”按钮，在建筑与辅助矩形之间任取一点，如图 7-66 所示。这是系统经过分析后选择的边界，并且将其转换成的多段线。

图 7-66 创建边界轮廓线

3）执行“修改”→“对象”→“多段线”命令，选择刚才得到的多段线，将其线宽修改为 0.30mm，结果如图 7-67 所示。

图 7-67 加粗轮廓线

4）删除辅助线。使用“直线”命令，绘制一条长为 24 800 的水平直线，将其线宽修改为 0.50mm，按中点对齐方式，将其移动到与建筑齐平，作为地平线，如图 7-68 所示。

图 7-68　地面线

（5）尺寸标注

在建筑立面图形中，通常只对层高进行尺寸标注。

1）绘制层高标注符号。绘制如图 7-69 所示的层高标注符号并将其定义成属性块（具体操作方法参见项目 6 中的图块的属性）。

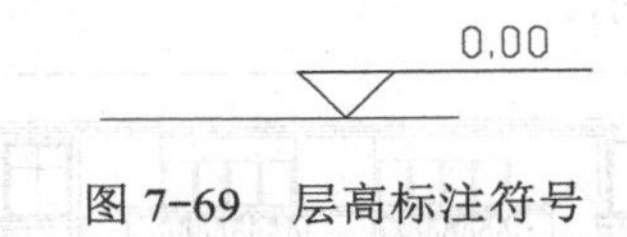

图 7-69　层高标注符号

2）尺寸标注。使用“插入块”命令，在绘图区插入层高标注符号。命令行提示及操作如下：

命令: _insert	操作
指定插入点或 [基点(B)/比例(S)/旋转(R)]:	选择插入点
指定比例因子 <1>:	回车使用默认比例值 1
指定旋转角度 <0>:	回车使用默认角度值 0
输入属性值	
输入层高标注值 <0.00>: －0.30	输入层高标注值-0.30

重复“插入块”命令，完成尺寸标注。

（6）标注外墙面装饰及材料说明

1）新建多重引线样式“标注说明”。执行“标注”→“多重引线”命令，或在“功能区”的“注释”选项卡中的“引线”选项面板中，单击“多重引线样式管理器”按钮，打开“多重引线样式管理器”，并单击“新建”按钮，打开“创建多重引线样式”对话框。在对话框的“新样式名”文本框中输入“标注说明”并单击“继续”按钮，打开“修改多重引线样式”对话框。“内容”选项卡中各项参数的设置如图 7-70 所示（注：其他两个选项卡中的参数使用默认值）。设置完成后，单击“确定”按钮，并将其设置为当前样式。

2）标注内容。使用多重引线标注，对外墙面装饰及使用的材料进行标注，结果如图 7-71 所示。

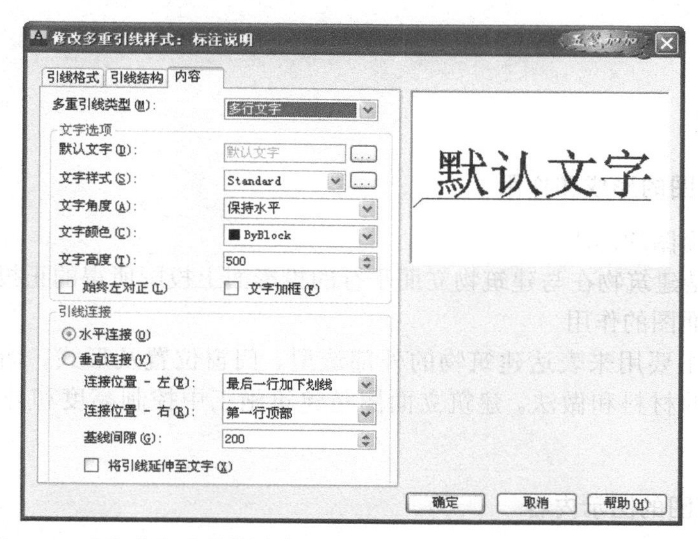

图 7-70 “修改多重引线样式”对话框中“内容”选项卡的参数设置

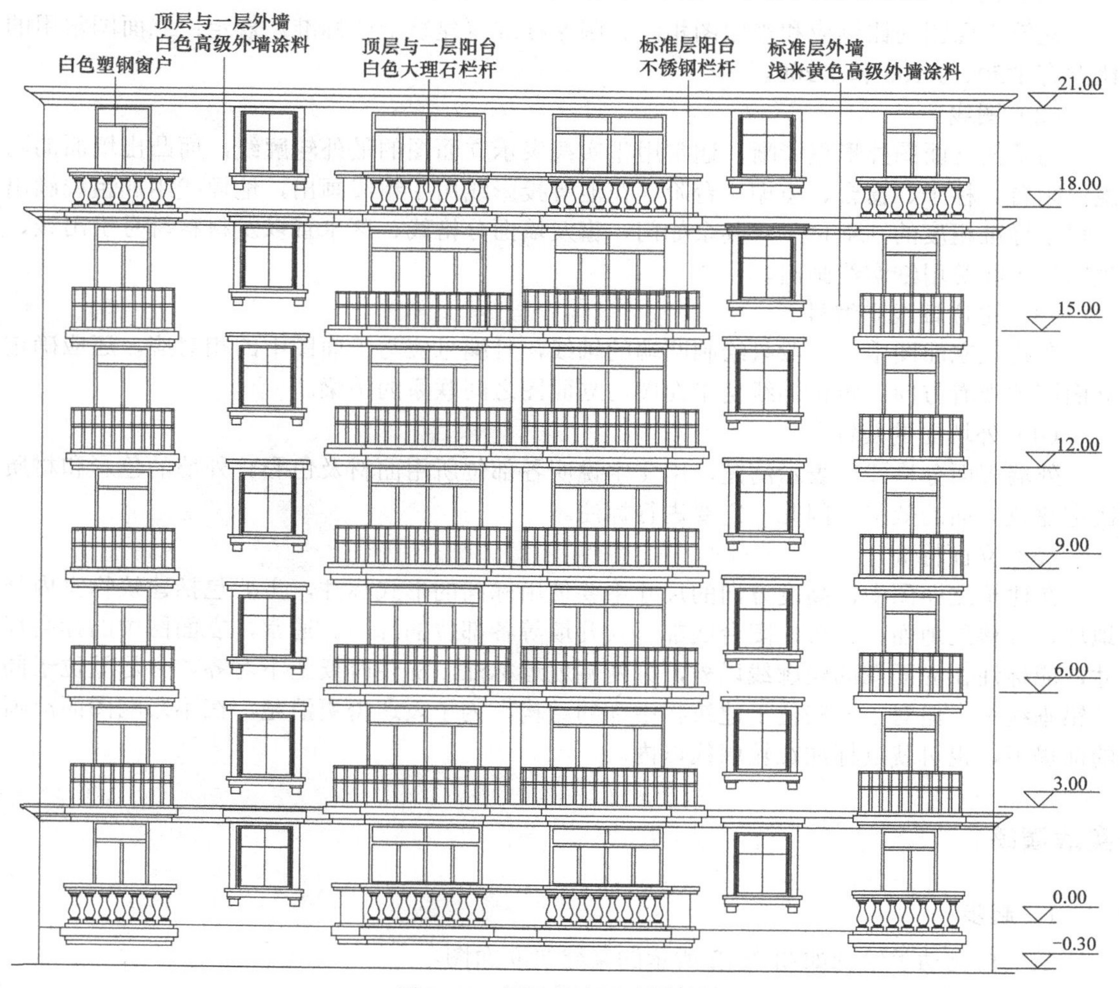

图 7-71　标注外墙面使用材料

知识拓展

1．建筑立面图的形成和作用

（1）建筑立面图的形成

建筑立面图是建筑物在与建筑物立面平行的投影面上投影所得的正投影图。

（2）建筑立面图的作用

建筑立面图主要用来表达建筑物的外部造型、门窗位置及形式、墙面装饰材料、阳台、雨篷等部分的材料和做法。建筑立面图是建筑施工中控制高度和外墙装饰效果的技术依据。

2．建筑立面图的图示内容

（1）比例

建筑立面图的比例应和平面图相同。国家标准《建筑制图标准》规定：立面图常用的比例有 1:50、1:100 和 1:200。

（2）图线

为了使立面图外形更清晰，通常用粗实线表示立面图的最外轮廓线，而凸出墙面的雨篷、阳台、柱子、窗台、窗楣、台阶、花池等投影线用中粗线画出，地坪线用加粗线画出（粗于标准粗度的 1.4 倍），其余如门、窗及墙面分格线、落水管以及材料符号引出线、说明引出线等用细实线画出。

（3）定位轴线和编号

在建筑立面图中，一般只绘制两端的轴线，且编号应与平面图中的相对应，还应确定立面图的观看方向。定位轴线是平面图与立面图之间联系的桥梁。

（4）外墙面的装饰

外墙表面分格线应表示清楚，用文字说明各部位所用面材及色彩。外墙的色彩和材质决定建筑立面的效果，因此一定要进行标注。

（5）立面标高

在建筑立面图中，高度方向的尺寸主要使用标高的形式标注，主要包括建筑物室内外地坪、各楼层地面、窗台、阳台底部、女儿墙等各部位的标高。通常，立面图中的标高尺寸，应标注在立面图的轮廓线以外，分两侧就近标注。标注时要上下对齐，并尽量位于同一铅垂线上。但对于一些位于建筑物中部的结构，为了表达得更清楚，在不影响图面清晰的前提下，也可就近标注在轮廓线以内。

实战演练

1．起步

学生自己动手绘制如图 7-72 所示的某建筑立面图。

操作步骤提示：

1）设置绘图环境。

2）绘制定位线。新建图层，设置线型与颜色，使用“直线”与“偏移”命令绘制水平与垂直定位线。

3）绘制第一层。

① 新建图层，设置线型与颜色并利用“直线”命令和“偏移”命令绘制台阶。

② 利用“直线”和“矩形”命令及“偏移”和“修剪”工具绘制对开门并进行“阵列”。

③ 利用“矩形”命令绘制“腰线”并进行填充，然后复制或阵列得到其他“腰线”。

4）绘制中间标准层窗户。利用“直线”和“矩形”命令及“偏移”和“修剪”工具绘制标准层窗户，然后使用“阵列”工具完成标准层所有窗户的绘制。

5）绘制顶层窗户。利用“直线”“圆弧”和“矩形”命令及“偏移”“修剪”工具绘制顶层窗户，然后使用“阵列”工具完成顶层所有窗户的绘制。

6）利用“直线”和“矩形”命令绘制地平线、屋顶和水箱。

7）标注标高。绘制标高符号并定义为属性块，插入标高属性块，标注各个标高。

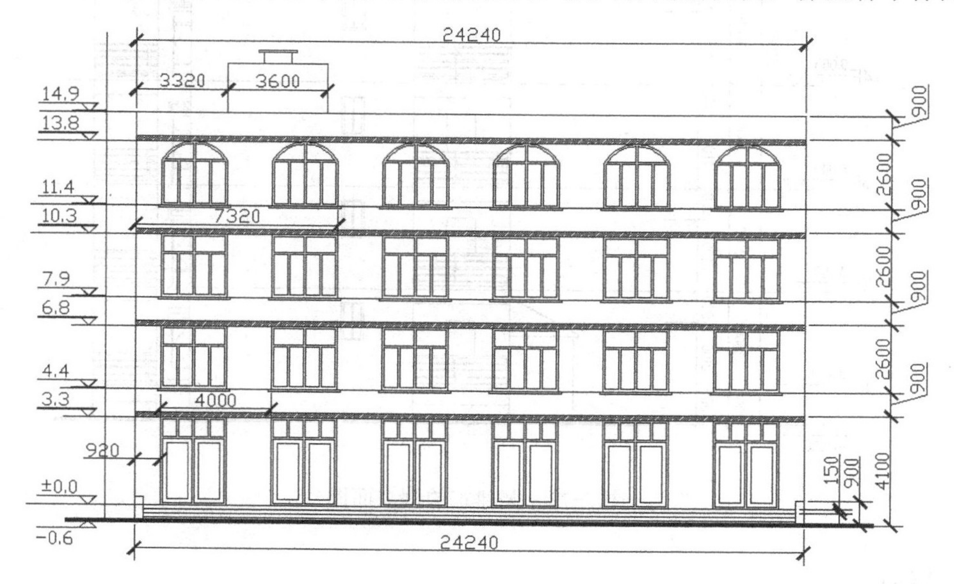

图 7-72　某建筑立面图

2．进阶

学生自己动手绘制如图 7-73 所示的某建筑的侧立面图。

操作步骤提示：

1）设置绘图环境。

2）绘制定位线。新建图层，设置线型与颜色，使用“直线”与“偏移”命令绘制水平与垂直定位线。

3）绘制标准层。新建图层，设置线型与颜色，利用“直线”和“矩形”命令及“偏移”和“修剪”工具绘制标准层，然后使用“阵列”命令进行阵列操作。

4）利用“直线”命令绘制雨篷及地面线。

5）利用“直线”“矩形”及“修剪”命令绘制顶层，并进行图案填充。

6）绘制标高符号并定义为属性块，插入标高属性块，标注各个标高。

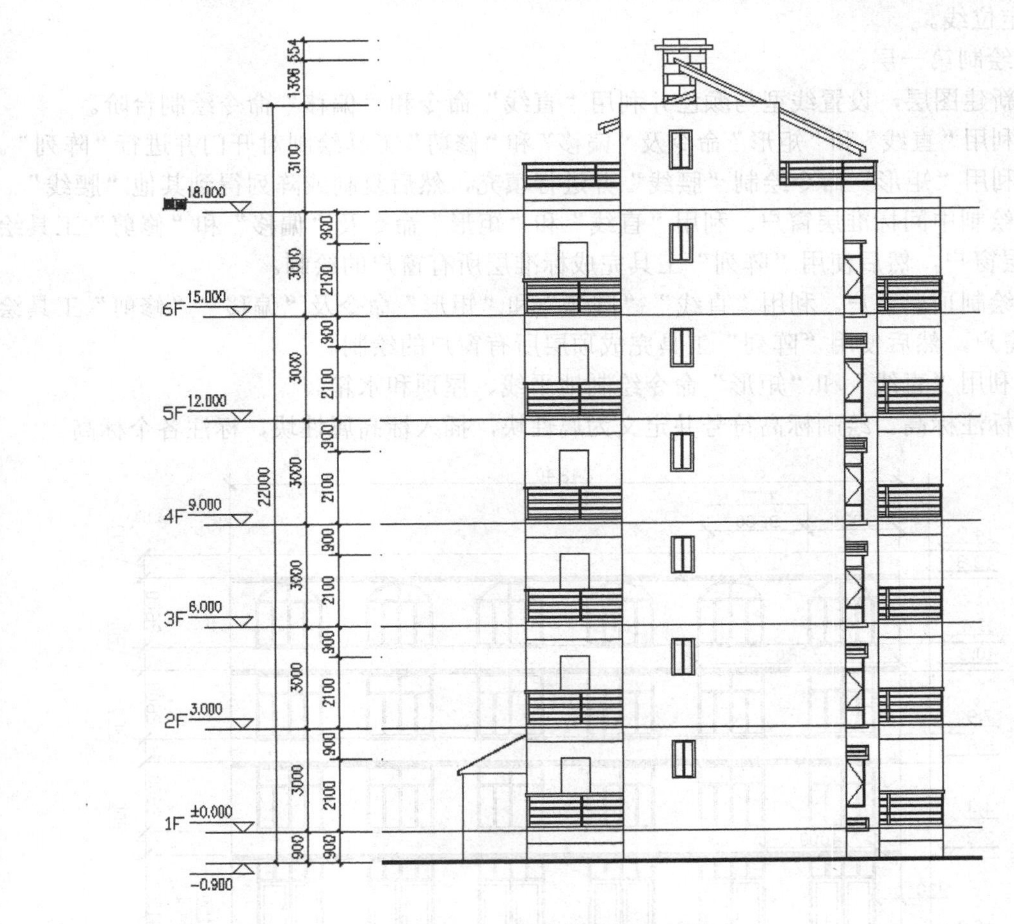

图 7-73　某建筑的侧立面图

3．提高

学生自己动手绘制如图 7-74 所示的某建筑的背立面图。

操作步骤提示：

1）设置绘图环境。

2）绘制定位线。新建图层，设置线型与颜色，使用“直线”与“偏移”命令绘制水平与垂直定位线。

3）绘制标准层。新建图层，设置线型与颜色，利用“直线”和“矩形”命令及“偏移”和“修剪”工具绘制标准层，然后使用“阵列”命令进行阵列操作。

4）利用“直线”“矩形”及“修剪”命令绘制顶层，并进行图案填充。

5）绘制标高符号并定义为属性块，插入标高属性块，标注各个标高。

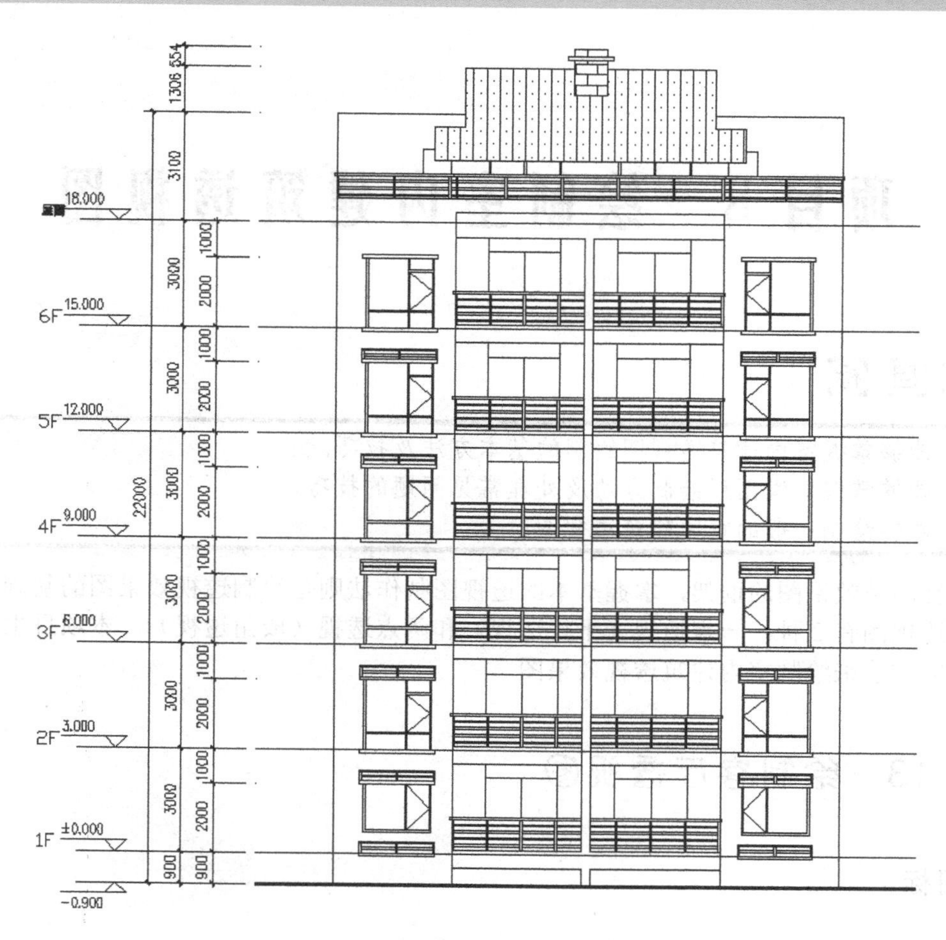

图 7-74　某建筑背立面图

项目小结

本项目详细地介绍了绘制建筑立面图的基本方法、步骤及一些绘制技巧，通过本项目的学习，可以是学生进一步熟练掌握在 AutoCAD 2013 中绘图环境设置的基本方法，图层及线型的设置与应用，图块的定义与使用方法，了解和掌握利用 AutoCAD 绘制复制图形的基本的方法和步骤，为以后从事相关工作奠定基础。

项目 8　绘制室内建筑透视图

能力目标

1）能够掌握室内建筑透视图绘制的基本方法及技巧。
2）能够掌握二维图形绘制方法及处理常见问题的技巧。
3）能够绘制一般的室内建筑透视图。

透视图是效果图的框架，掌握基本的透视图制作法则是绘制透视效果图的基础。目前常用的透视图有 2 种：一点透视（平行透视）和两点透视（成角透视）。本项目主要以一点透视的方法来绘制室内建筑透视效果图。

任务 13　绘制客厅透视图

任务目标

- 掌握建筑立面图绘制的基本方法及步骤
- 能灵活运用图层和线型进行复杂二维图形的绘制
- 能综合运用各种绘图命令和编辑命令来绘制比较复杂的图形

任务效果图

本任务的最终效果如图 8-1 所示。

图 8-1　客厅透视图

相关知识

1. 灭点

灭点又称消失点，在透视投影中，一束平行于投影面的平行线的投影可以保持平行，而不平行于投影面的平行线的投影会聚集到一个点，这个点称为灭点（Vanishing Point）。灭点可以看作是无限远处的一点在投影面上的投影。

2. 透视图的基本特点

透视图一般具有以下几个特点：

1）近大远小，近高远低。

2）近长远短，近疏远密。

3）相互平行的直线的透视图汇交于一点。

3. 透视图的分类

根据物体与画面的不同位置，透视图可分为一点透视、两点透视和三点透视 3 种类型。

（1）一点透视

一点透视也称平行透视，物体上的主要立面（长度和高度方向）与画面平行，宽度方向的直线垂直于画面，所作的透视图只有一个灭点，称为一点透视。效果如图 8-2 所示。

（2）两点透视

两点透视也称成角透视，物体上的主要表面与画面倾斜，但其上的铅垂线与画面平行，所作的透视图有两个灭点，称为两点透视。效果如图 8-3 所示。

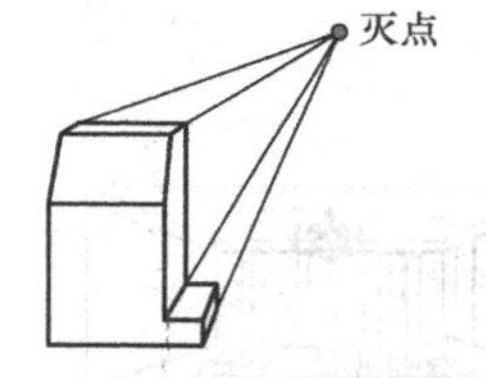

图 8-2　一点透视效果图

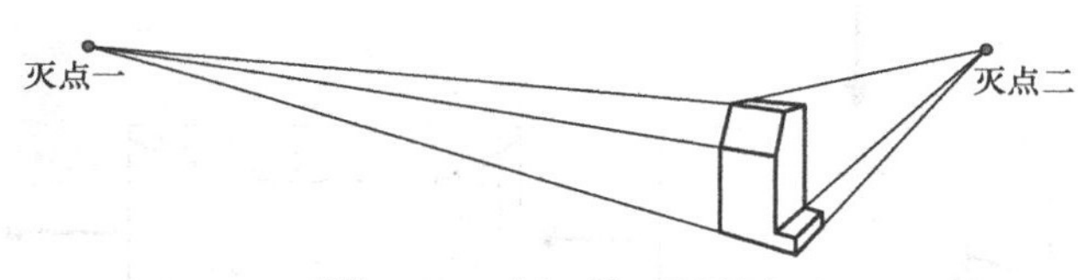

图 8-3　两点透视效果图

（3）三点透视

三点透视也称倾斜透视，物体上长、宽、高 3 个方向与画面均不平行时，所作的透视图有 3 个灭点，称为三点透视。效果如图 8-4 所示。

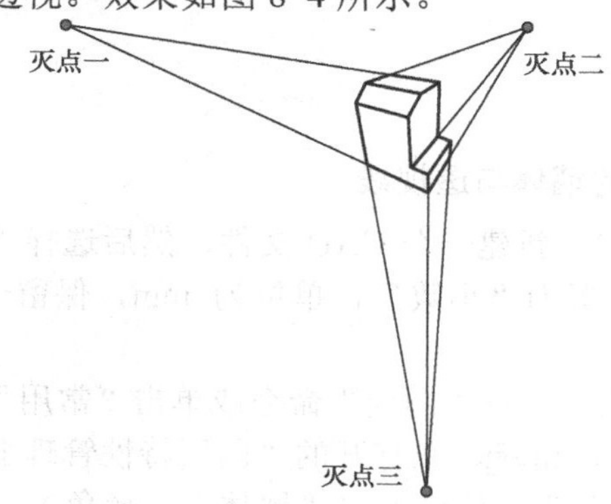

图 8-4　三点透视效果图

在以上 3 种透视图中，两点透视应用得最多；三点透视因作图复杂，在实际应用中很少采用。

4．透视图的制作方法

（1）视线法

视线法即利用视线的水平投影来确定点的透视的作图方法。在实际应用中通常采用此法。

（2）量点法（距点法）

量点法也称作距点法，就是利用量点求作透视长度的作图方法。

绘制流程

本任务绘制的主要流程如图 8-5 所示。

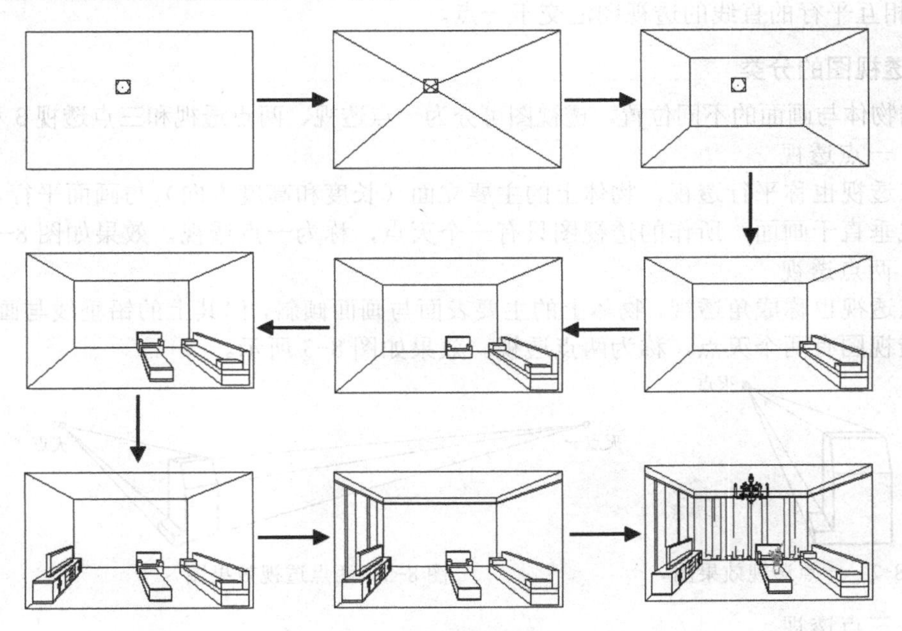

图 8-5　客厅透视图绘制流程图

步骤详解

1．绘制客厅透视图中的墙体与透视线

1）启动 AutoCAD 2013，新建一个 CAD 文件，然后选择“草图与注释”工作空间，并设置绘图的长度单位的类型为“小数”，单位为 mm，保留一位小数，图纸大小为 A4 类型。

2）创建图层。执行“格式”→“图层”命令或单击“常用”选项卡中“图层”选项面板中的“图层特性管理器”按钮，在打开的“图层特性管理器”对话框中，依次创建图层“窗帘”（粉色）、“家具”（洋红）、“墙体”（蓝色）、“植物”（绿色），然后双击“墙体”图层将其设置为当前图层，结果如图 8-6 所示。

3）绘制矩形。执行“绘图”→“矩形”命令，在绘图区的左下方任取一点作为第一个角点，然后输入点（@4500，2800）作为另一个角点，绘制一个矩形。

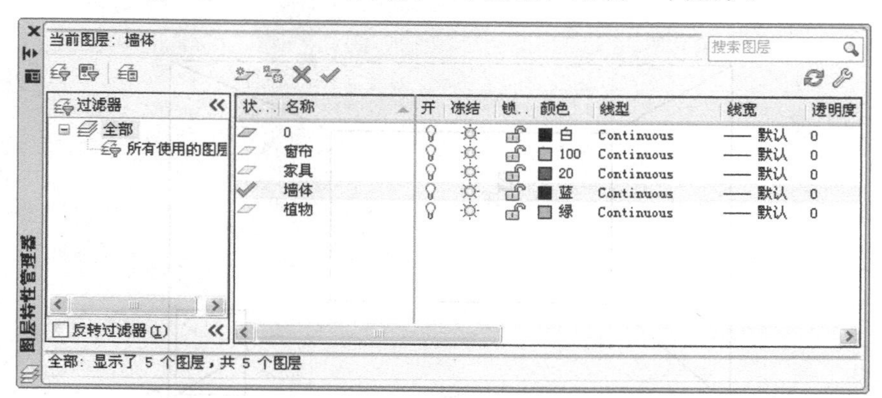

图 8-6 “图层特性管理器”对话框

4）确定“灭点”（透视点的消失点）。执行“绘图”→“点”→“单点”命令，输入 from 命令或单击“对象捕捉”工具栏中的“捕捉自”按钮，捕捉矩形底边中点 A 作为基点，然后输入点（@-330，1680），确定灭点 B，结果如图 8-7 所示。

5）绘制透视线。执行“绘图”→“直线”命令，捕捉灭点 B 作为第一点，然后捕捉矩形左下角的端点 F 为下一点，绘制透视线，结果如图 8-8 所示。

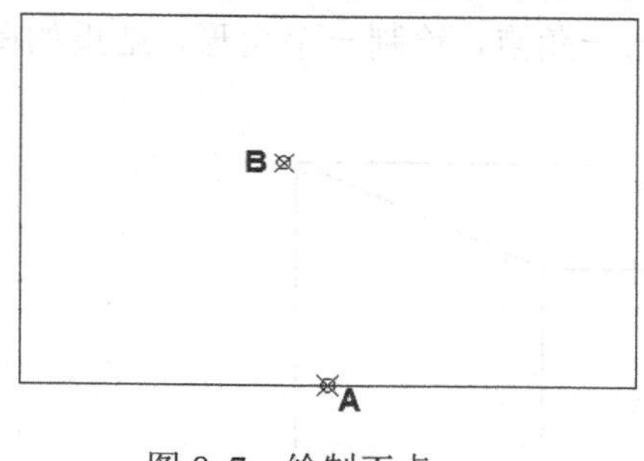

图 8-7　绘制灭点

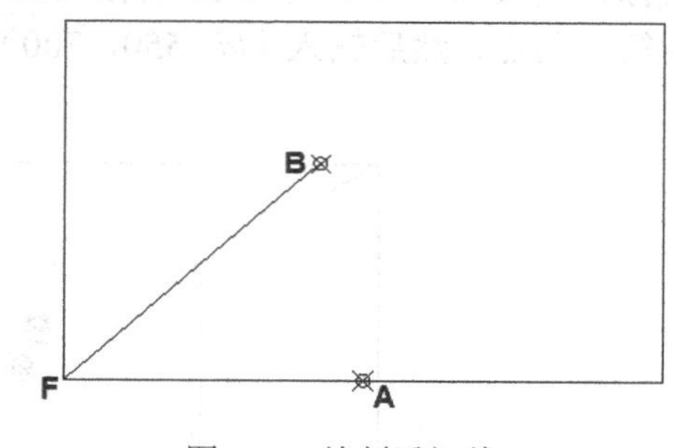

图 8-8　绘制透视线

6）重复第 5）步的操作，绘制其他 3 条透视线，结果如图 8-9 所示。

7）执行“绘图”→“直线”命令，依次连接 4 条透视线的中点，结果如图 8-10 所示。

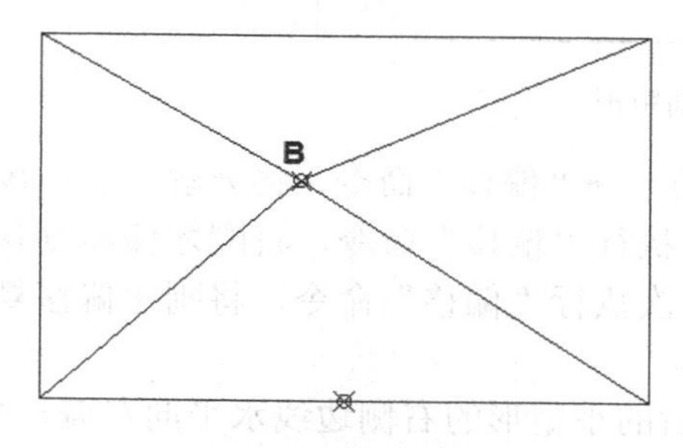

图 8-9　绘制所有透视线

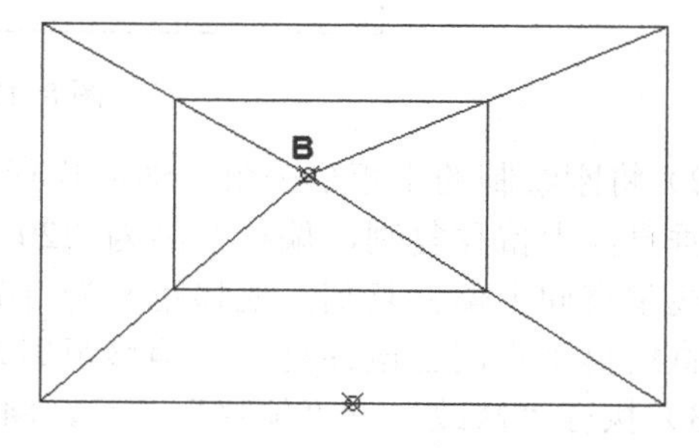

图 8-10　依次连接透视线的中点

8）分解大矩形并修剪。执行“修改”→“分解”命令或单击“常用”选项卡中“修改”选项面板中的“分解”命令按钮，根据提示，选择大矩形，然后按<Enter>键确定，将大矩形分解。执行“修改”→“修剪”命令，修剪多余的透视线，修剪后的效果如图 8-11 所示。

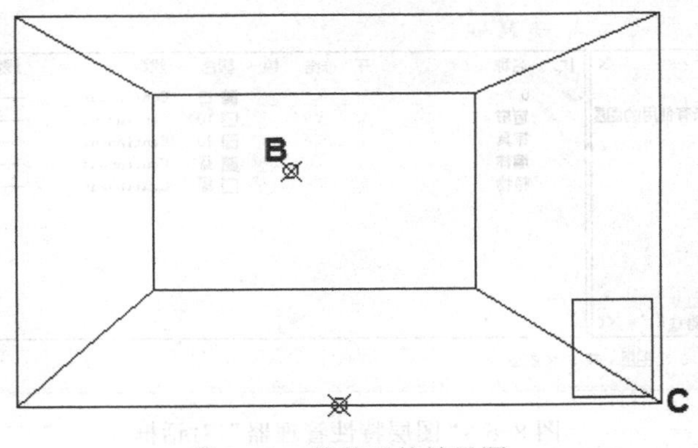

图 8-11　修剪后的效果图

2. 绘制客厅透视图中的三人沙发

1）将“家具”图层置为当前图层，执行“绘图”→“矩形”命令，输入 from 命令或单击“对象捕捉”工具栏中的“捕捉自”按钮，捕捉大矩形的右下角点 C 作为基点，然后将鼠标移到灭点 B 上，输入 80 后按<Enter>键，以距离 C 点为 80 个绘图单位的 CB 上的点作为第一角点，然后输入（@–550，700）作为另一角点，绘制一个矩形，结果如图 8-12 所示。

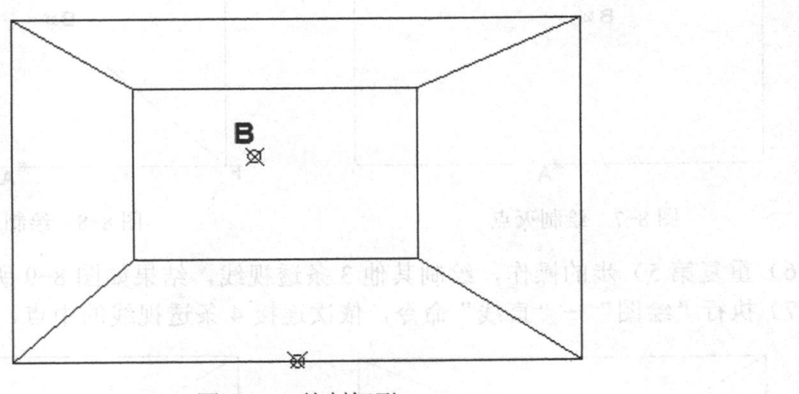

图 8-12　绘制矩形

2）将刚绘制的小矩形分解，然后执行“修改”→“偏移”命令，将分解后的小矩形的底边垂直向上偏移复制，偏移距离为 220。继续执行“偏移”命令，将刚才偏移复制得到的直线垂直向上偏移复制，偏移距离为 100。再次执行“偏移”命令，将刚才偏移复制得到的直线再垂直向上偏移复制，偏移距离为 150。

3）执行“修改”→“偏移”命令，将分解后的小矩形的右侧边线水平向左偏移复制，其偏移距离为 130。结果如图 8-13 所示。

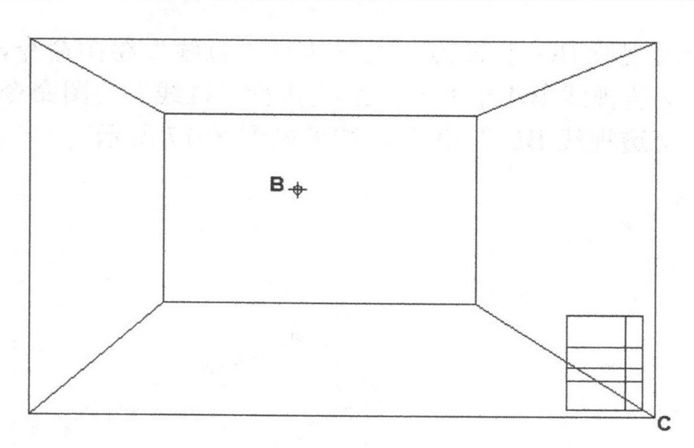

图 8-13　分解并偏移矩形

4）执行“修剪”命令，将多余的部分剪去，得到三人沙发侧视图，如图 8-14 所示。

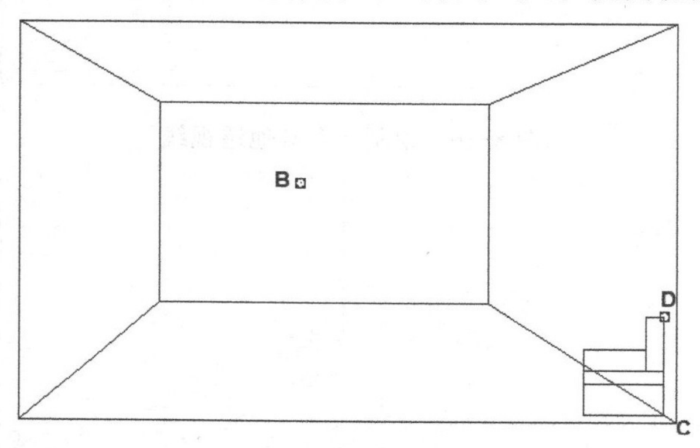

图 8-14　修剪后的矩形

5）执行“绘图”→“直线”命令，拾取图 8-14 中的 D 点为第一点，然后将鼠标移到灭点 B 上，输入 1100 并按<Enter>键确定，得到点 E 作为第二点，绘制直线 DE，结果如图 8-15 所示。

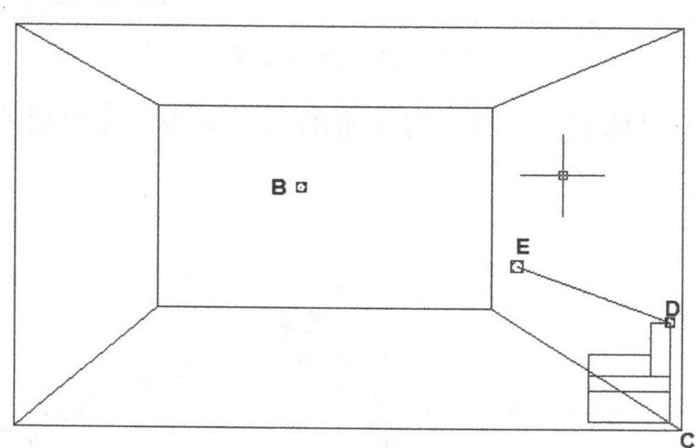

图 8-15　绘制沙发一条透视线

6）执行“绘图”→“直线”绘图命令，分别以灭点 B 为第一点，依次以三人沙发侧视图上的 F、G、H、I、J、K 点为第二点绘制透视线。结果如图 8-16 所示。

7）执行“绘图”→“直线”绘图命令，打开“正交模式”，以 E 点为第一点，向左绘制水平直线，交透视线 BF 于 M 点；继续执行“直线”绘图命令，以 M 点为第一点，向下绘制垂直直线，交透视线 BG 于 N 点；继续执行“直线”绘图命令，以 N 点为第一点，向左绘制水平直线，交透视线 BH 于 P 点；继续执行“直线”绘图命令，以 P 点为第一点，向下绘制垂直直线，交透视线 BL 于 Q 点。结果如图 8-17 所示。

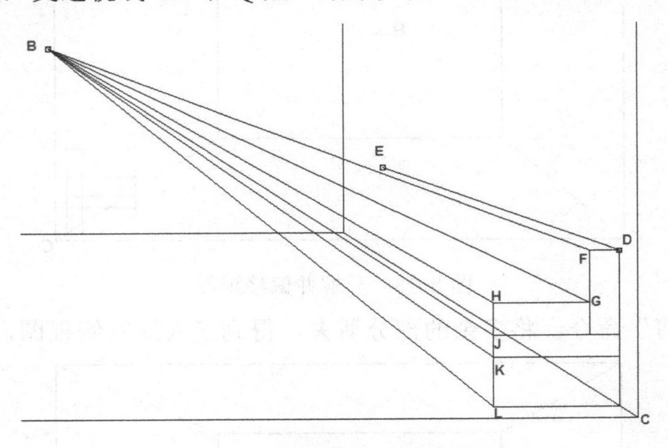

图 8-16　绘制沙发其他透视线

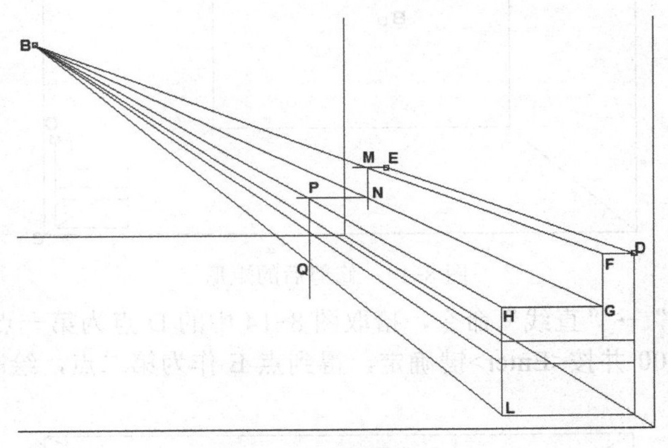

图 8-17　绘制垂线

8）执行“修改”→“修剪”命令，将多余的部分剪去，修剪后的效果如图 8-18 所示。

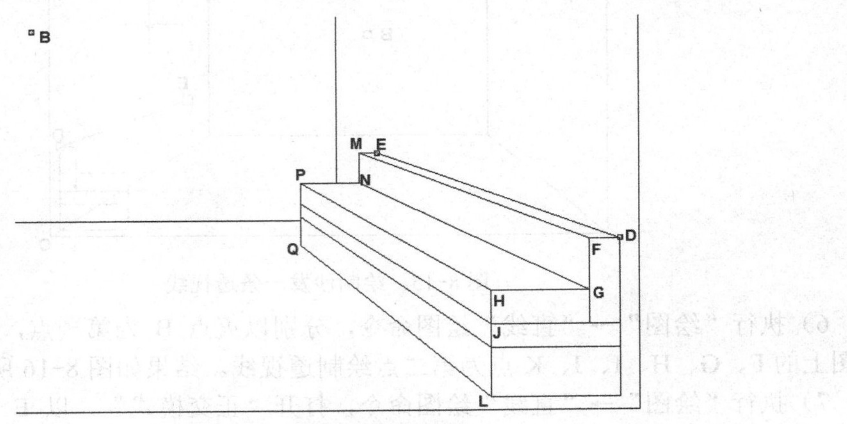

图 8-18　修剪后的效果图

9）执行“绘图”→“直线”绘图命令，输入 from 命令或单击“对象捕捉”工具栏中的“捕捉自”按钮，捕捉图 8-18 中的 H 点作为基点，然后将鼠标移到点 P 上，输入 110 后按<Enter>键确定，得到点 R 作为第一点，向右绘制水平直线 GN 交于 S 点。再次执行“直线”绘图命令，以 R 点为第一点，向下绘制垂直直线 JZ 交于 T 点。

10）继续执行“绘图”→“直线”绘图命令，输入 from 命令或单击“对象捕捉”工具栏中的“捕捉自”按钮，捕捉图 8-18 中的 P 点作为基点，然后将鼠标移到点 H 上，输入 80 后按<Enter>键确定，得到点 R_1 作为第一点，向右绘制水平直线 GN 交于 S_1 点；执行“直线”绘图命令，以 R_1 点为第一点，向下绘制垂直直线 JZ 交于 T_1 点；再执行“直线”绘图命令，以 T_1 点为第一点，向右绘制垂直直线 T_1N_1；再执行“直线”绘图命令，以 S_1 点为第一点，向下绘制垂直直线 T_1N_1 交于 P_1 点；执行“直线”绘图命令，连接 P_1V，结果如图 8-19 所示。

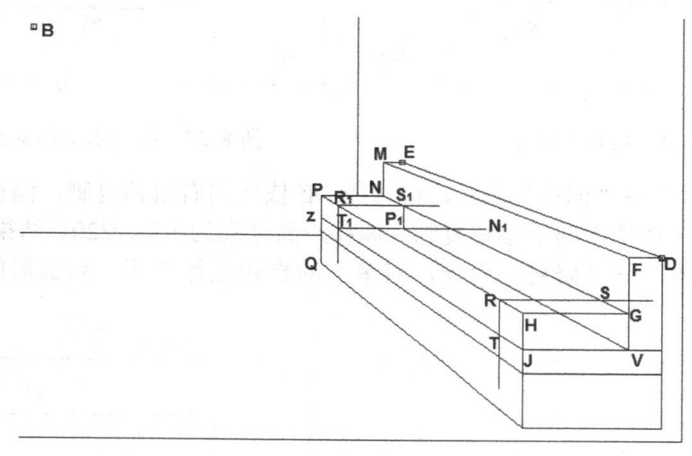

图 8-19　绘制垂线

11）执行“修改”→“修剪”命令，将多余的部分剪去，完成透视图中三人沙发的绘制，结果如图 8-20 所示。

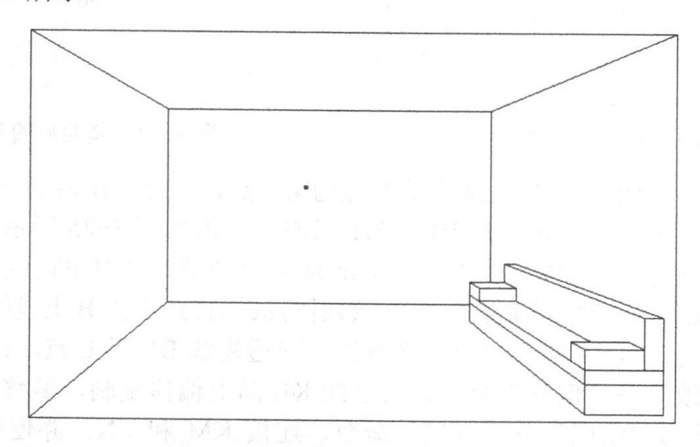

图 8-20　绘制完成后的三人沙发

3. 绘制客厅透视图中的单人沙发

1）执行“绘图”→“直线”绘图命令，输入 from 命令或单击“对象捕捉”工具栏中的“捕捉自”按钮[图标]，捕捉大矩形下边中点为基点，输入（@200，0）为第一点A，捕捉灭点B为下一点绘制透视线AB，如图8-21所示。

2）执行“绘图”→“直线”绘图命令，以图8-21中的C点为第一点，向右绘制水平直线，与刚绘制的透视线AB交于D点。再次执行“直线”绘图命令，以交点D为第一点，向上绘制垂直直线DE，结果如图8-22所示。

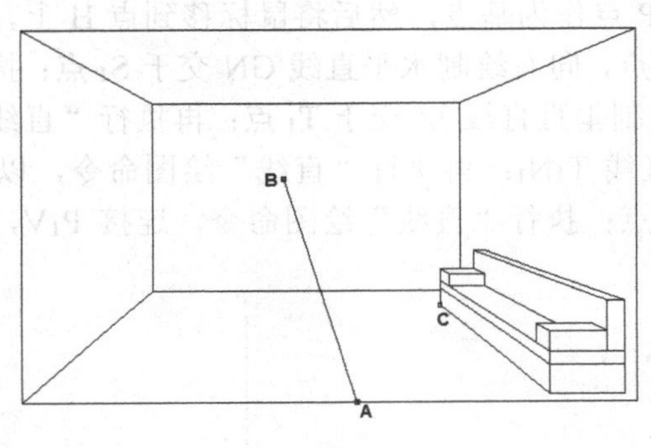

图8-21　绘制透视线

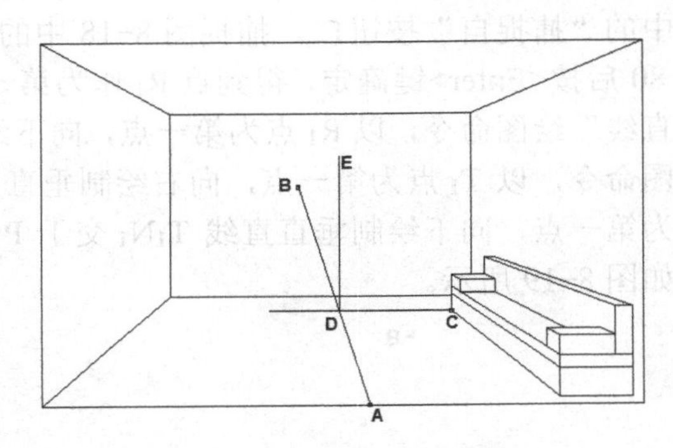

图8-22　绘制水平和垂直直线

3）执行“修改”→“偏移”命令，将直线DE依次向右偏移复制，偏移距离分别为75、400、475；将直线CD依次向上偏移复制，偏移距离分别为140、220。结果如图8-23所示。

4）执行“修改”→“修剪”命令，对多余的直线进行修剪，修剪后的效果如图8-24所示。

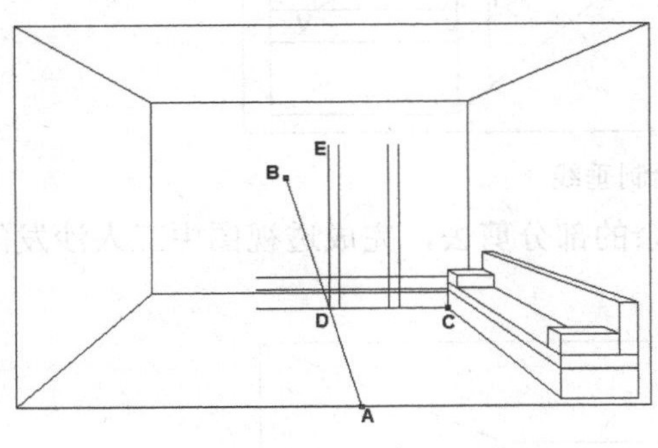

图8-23　偏移直线

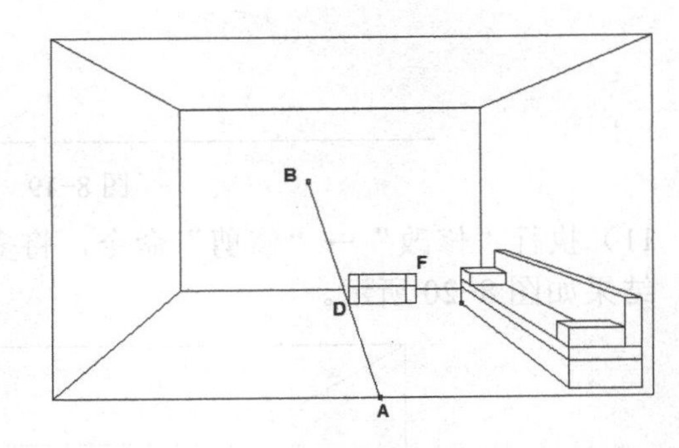

图8-24　修剪后的效果图

5）执行“直线”命令，以图8-24中的F点为第一点，以灭点B为下一点绘制透视线BF。

6）重复操作，依次绘制透视线BE、BH、BG。结果如图8-25所示。

7）执行“绘图”→“直线”命令，输入from命令或单击“对象捕捉”工具栏中的“捕捉自”按钮[图标]，捕捉图8-25中的F点为基点，然后将鼠标移到灭点B上，输入70后按<Enter>键确定，确定第一点K，并向左绘制水平直线，交透视线BE于L点，BG于J点。

8）执行“修改”→“偏移”命令，将直线KL向上偏移复制，偏移距离为130，得到直线MN，然后使用“绘图”→“直线”命令，连接KM和LN，并使用“修剪”命令，剪去多余的直线，修剪后的效果如图8-26所示。

9）执行“绘图”→“直线”命令，分别以图8-26中的M点和N点为第一点，以灭点B为下一点绘制透视线BM和BN。

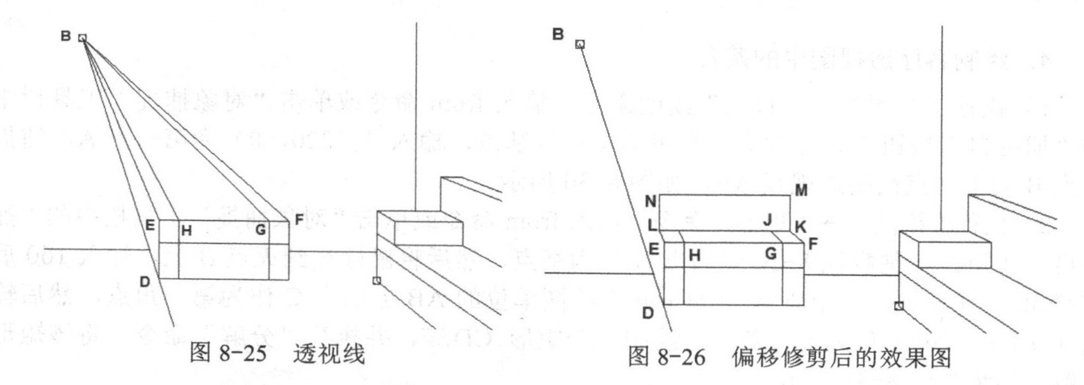

图 8-25　透视线　　　　图 8-26　偏移修剪后的效果图

10）执行“绘图”→“直线”命令，输入 from 命令或单击“对象捕捉”工具栏中的“捕捉自”按钮，捕捉图 8-26 中的 M 点为基点，然后将鼠标移到灭点 B 上，输入 35 后按<Enter>键确定，确定第一点 O，并向左绘制水平直线，交透视线 BN 于 P 点；再次执行“直线”命令，以 P 点为第一点，向下作垂直直线，交透视线 BD 于 Q 点，结果如图 8-27 所示。

11）执行“直线”命令，以图 8-27 中的 S 点为第一点，以灭点 B 为下一点绘制透视线 BS。

12）执行“直线”命令，以图 8-27 中的 J 点为第一点，向下绘制垂直直线，交透视线 BS 于 T 点；再次执行“直线”命令，以 T 点为第一点，向左绘制水平直线，与直线 PQ 交于 V 点。结果如图 8-28 所示。

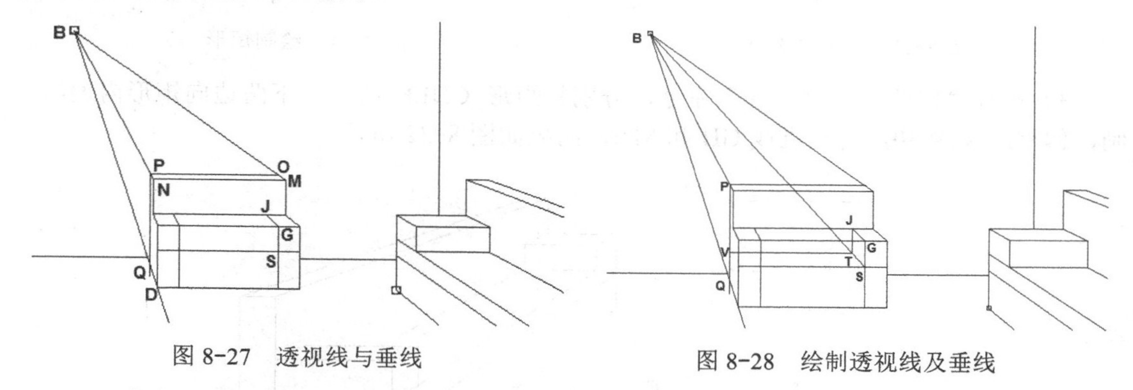

图 8-27　透视线与垂线　　　　图 8-28　绘制透视线及垂线

13）执行“修改”→“修剪”命令，对多余的直线进行修剪，完成单人沙发透视图的绘制，结果如图 8-29 所示。

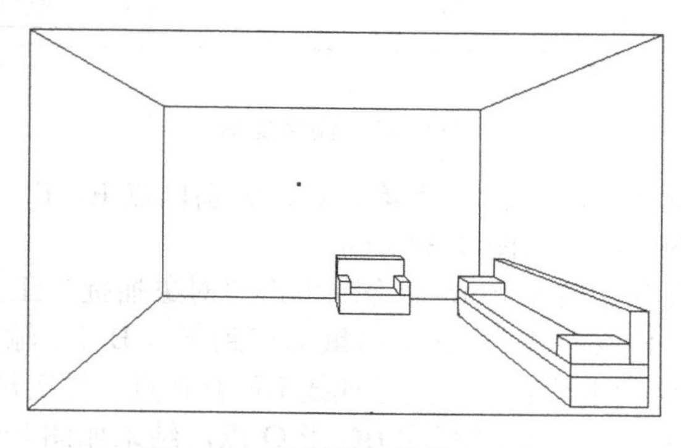

图 8-29　绘制完成的单人沙发

4．绘制客厅透视图中的茶几

1）执行“绘图”→“直线”绘图命令，输入 from 命令或单击“对象捕捉”工具栏中的“捕捉自”按钮，捕捉大矩形下边中点为基点，输入（@220，0）为第一点 A，捕捉灭点 B 为下一点绘制透视线 AB，如图 8-30 所示。

2）执行“绘图”→“矩形”命令，输入 from 命令或单击“对象捕捉”工具栏中的“捕捉自”按钮，捕捉图 8-30 中的点 A 作为基点，然后将鼠标移到灭点 B 上，输入 160 后按<Enter>键确定，以距离 A 点为 160 个绘图单位的 AB 上的点 C 作为第一角点，然后输入（@450，260）作为另一角点，绘制一个矩形 CDEF，并执行“分解”命令，将该矩形分解，结果如图 8-31 所示。

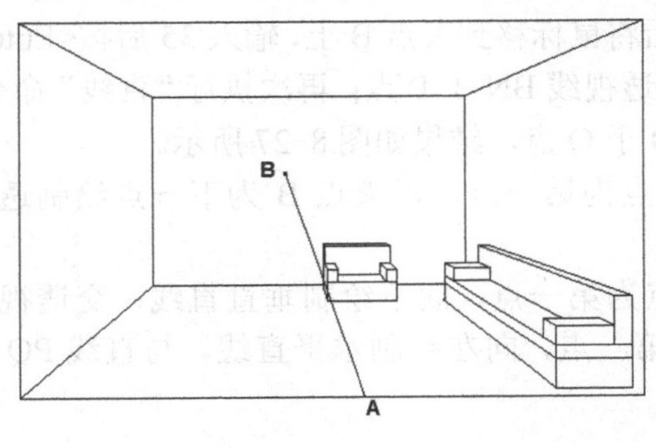

图 8-30　绘制透视线

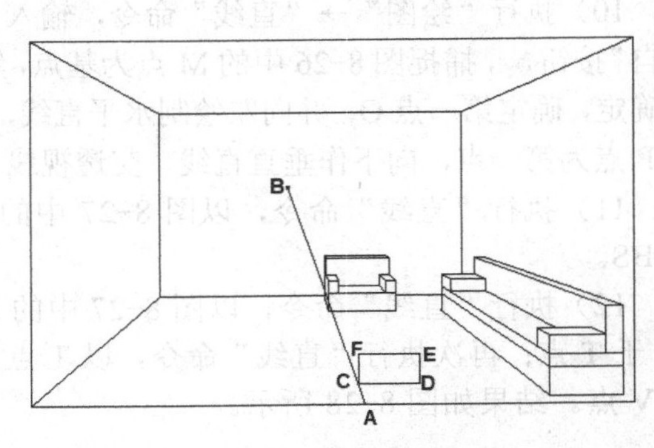

图 8-31　绘制矩形

3）执行“修改”→“偏移”命令，分别将矩形 CDEF 的上、下两边向矩形内偏移复制，偏移距离为 30，得到直线 GH 和 MN，结果如图 8-32 所示。

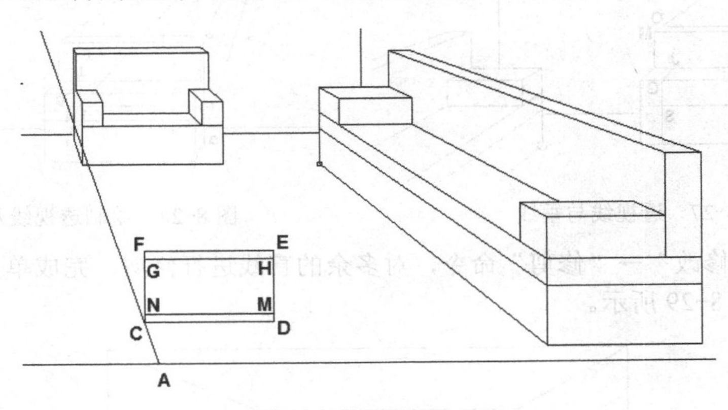

图 8-32　偏移复制

4）执行“直线”命令，以灭点 B 为第一点，分别以点 E、F、G、N 为下一点绘制透视线 BE、BF、BG、BN，结果如图 8-33 所示。

5）执行“直线”命令，输入 from 命令或单击“对象捕捉”工具栏中的“捕捉自”按钮，捕捉图 8-33 中的 E 点为基点，然后将鼠标移到灭点 B 上，输入 530 后按<Enter>键，确定第一点 O，并向左绘制水平直线，交透视线 BF 于 P 点；再次执行“直线”命令，以 P 点为第一点，向下作垂直直线，交透视线 BC 于 Q 点，结果如图 8-34 所示。

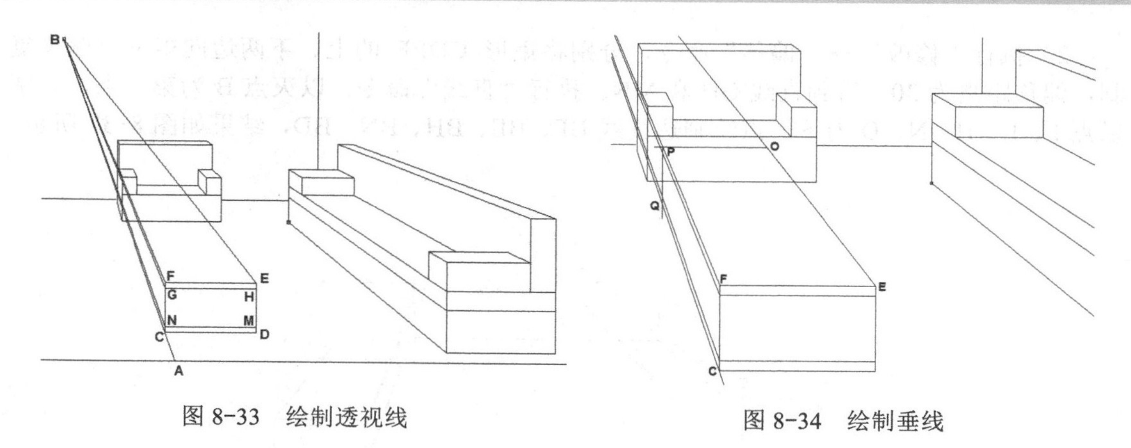

图 8-33　绘制透视线　　　　图 8-34　绘制垂线

6）执行“修改”→“修剪”命令，将多余的直线进行修剪，完成茶几透视图的绘制，结果如图 8-35 所示。

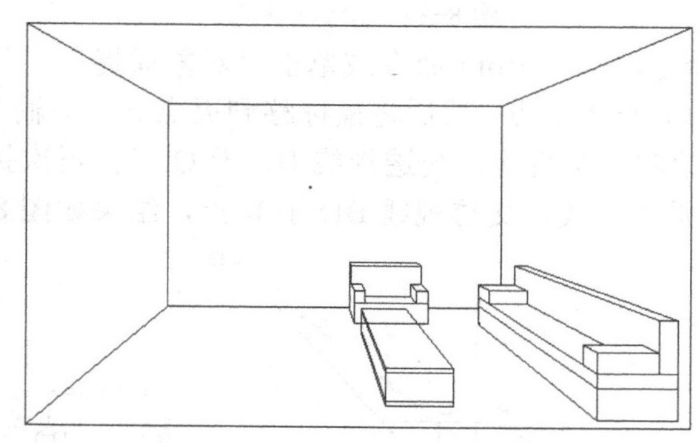

图 8-35　完成后的茶几

5．绘制客厅透视图中的电视柜

1）执行“绘图”→“矩形”命令，输入 from 命令或单击“对象捕捉”工具栏中的“捕捉自”按钮，捕捉墙体大矩形的左下角点 A 作为基点，然后将鼠标移到灭点 B 上，并输入 180 后按<Enter>键确定，以距离 A 点为 180 个绘图单位的 AB 上的点 C 作为第一角点，然后输入点（@400，450）作为另一角点，绘制矩形 CDEF，并执行“分解”命令，将该矩形分解，结果如图 8-36 所示。

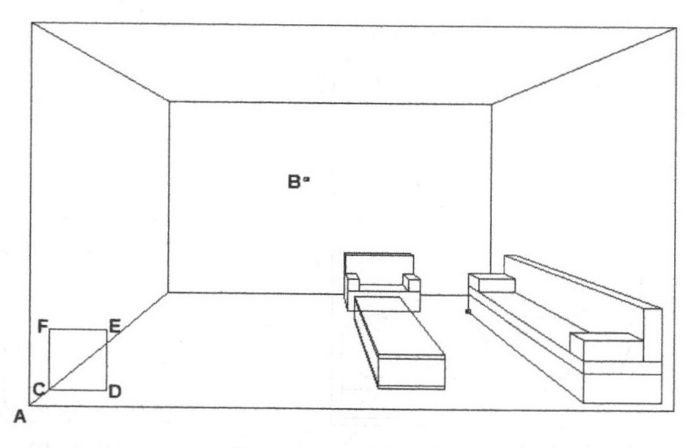

图 8-36　绘制矩形

2）执行“修改”→“偏移”命令，分别将矩形 CDEF 的上、下两边向矩形内偏移复制，偏移距离为 30，得到直线 GH 和 MN。执行“直线”命令，以灭点 B 为第一点，分别以点 F、E、H、N、D 为下一点绘制透视线 BF、BE、BH、BN、BD，结果如图 8-37 所示。

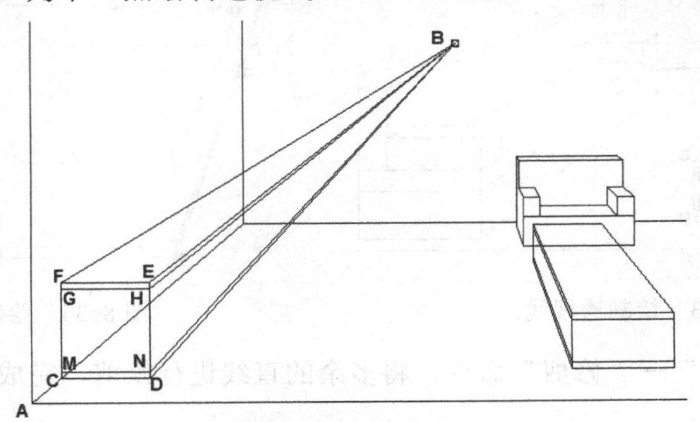

图 8-37 绘制透视线

3）执行“直线”命令，输入 from 命令或单击“对象捕捉”工具栏中的“捕捉自”按钮，捕捉图 8-37 中的 F 点为基点，然后将鼠标移到灭点 B 上，输入 870 后按<Enter>键，确定第一点 P，并向右绘制水平直线，交透视线 BE 于 Q 点；再次执行“直线”命令，以 Q 点为第一点，向下作垂直直线，交透视线 BD 于 R 点，结果如图 8-38 所示。

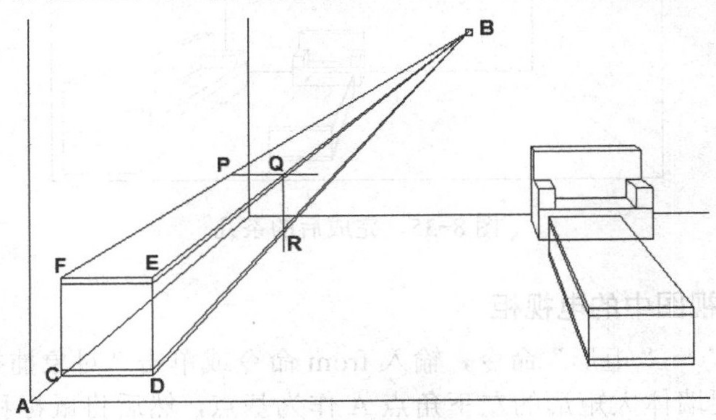

图 8-38 绘制垂线

4）执行“修剪”命令，将多余的直线进行修剪，结果如图 8-39 所示。

5）使用“偏移”“延伸”“直线”和“修剪”命令，绘制电视柜上的抽屉和门，效果如图 8-40 所示。

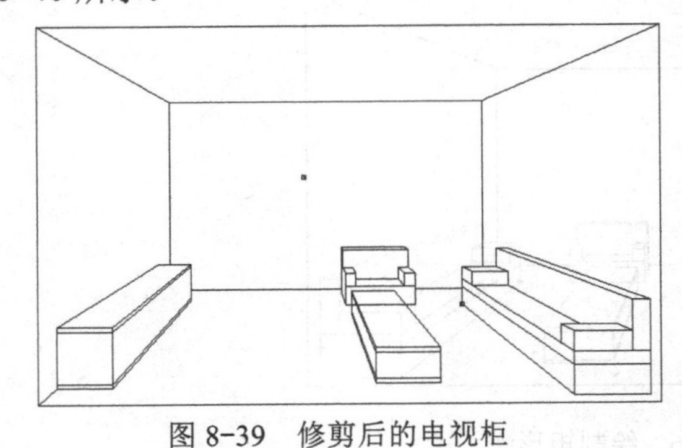

图 8-39 修剪后的电视柜

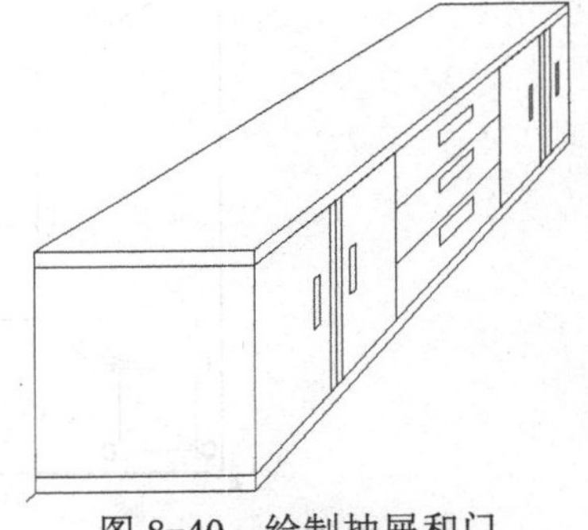

图 8-40 绘制抽屉和门

6．绘制客厅透视图中的电视

1）执行“绘图”→“直线”命令，输入 from 命令或单击“对象捕捉”工具栏中的“捕捉自”按钮，捕捉电视柜上沿的中点为基点，输入（@-50，0）为第一点 A，捕捉灭点 B 为下一点绘制透视线 AB，如图 8-41 所示。

2）执行“绘图”→“矩形”命令，输入 from 命令或单击“对象捕捉”工具栏中的“捕捉自”按钮，捕捉图 8-41 中的点 A 作为基点，然后将鼠标移到灭点 B 上，输入 180 后按<Enter>键确定，以距离 A 点为 180 个绘图单位的 AB 上的点 C 作为第一角点，然后输入点（@70，450）作为另一个角点，绘制矩形 CDEF，并执行“绘图”→“直线”命令，绘制透视线 BD、BE、BF，结果如图 8-42 所示。

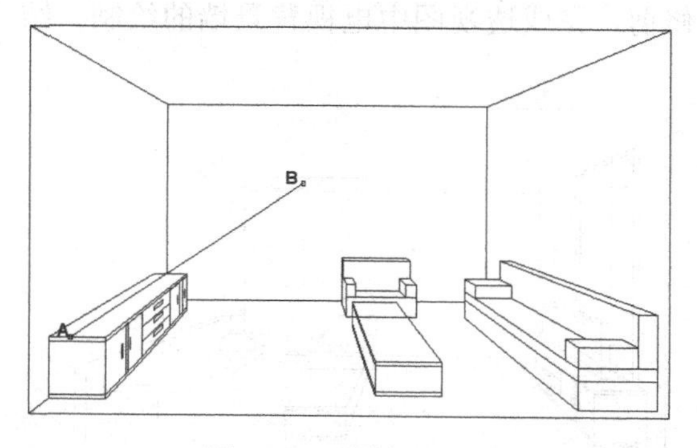

图 8-41　绘制透视线

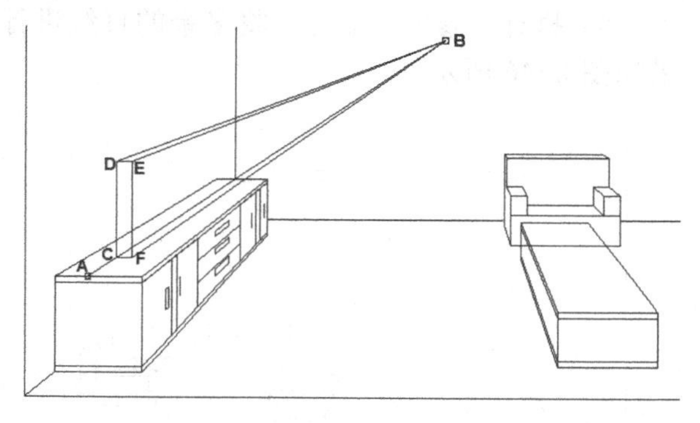

图 8-42　绘制矩形和透视线

3）执行“绘图”→“直线”命令，输入 from 命令或单击“对象捕捉”工具栏中的“捕捉自”按钮，捕捉图 8-42 中的 E 点为基点，输入点（@0，-25）作为第一点，灭点 B 为下一点，绘制透视线。再次执行“绘图”→“直线”命令，捕捉 F 点为基点，输入点（@0，25）为第一点，灭点 B 为下一点，绘制透视线。

4）执行“绘图”→“直线”命令，输入 from 命令或单击“对象捕捉”工具栏中的“捕捉自”按钮，捕捉图 8-42 中的 D 点为基点，然后将鼠标移到灭点 B 上，输入 500 后按<Enter>键，确定第一点 M，并向右绘制水平直线，交透视线 BE 于 N 点；再次执行“直线”命令，以 N 点为第一点，向下作垂直直线，交透视线 BF 于 R 点，结果如图 8-43 所示。

5）执行“修剪”命令，对多余的直线进行修剪，完成透视图中电视柜与电视的绘制，修剪后的效果如图 8-44 所示。

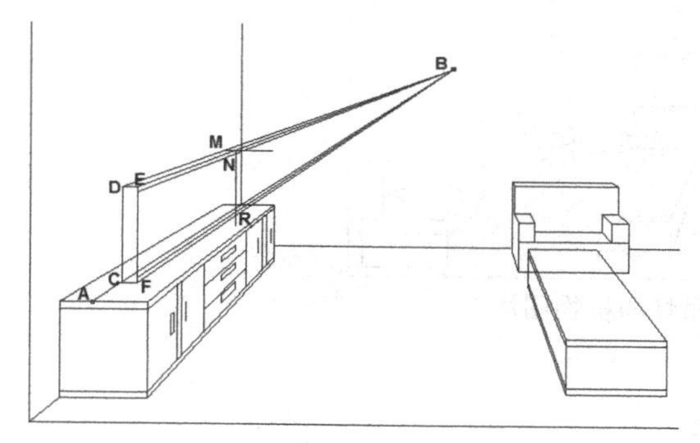

图 8-43　透视线和垂线

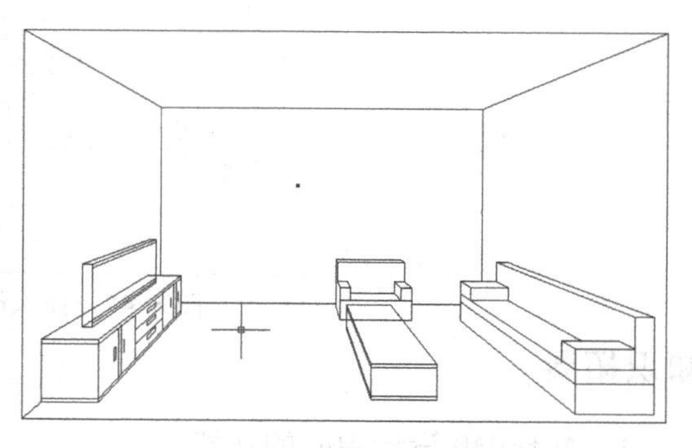
图 8-44　修剪后的电视效果

7. 绘制屋顶阴角线和电视背景墙

1）将“墙体”层置为当前图层，执行“偏移”命令，将灭点 B 上方的短直线向下偏移复制，偏移距离分别为 90、110。

2）执行“绘图”→“射线”命令，以灭点 B 为起点，分别以上一步偏移操作所得到的两条直线的左右两个端点为射线的通过点，绘制四条透视线。

3）执行“修剪”命令，将多余的直线进行修剪，完成透视图中屋顶阴角线的绘制，结果如图 8-45 所示。

4）执行“偏移”命令，将电视柜左侧的垂直直线水平向右偏移复制，偏移距离分别为 200、245、410、645、680、840。

5）执行“修剪”命令，将多余的直线进行修剪，完成透视图中电视背景墙的绘制，结果如图 8-46 所示。

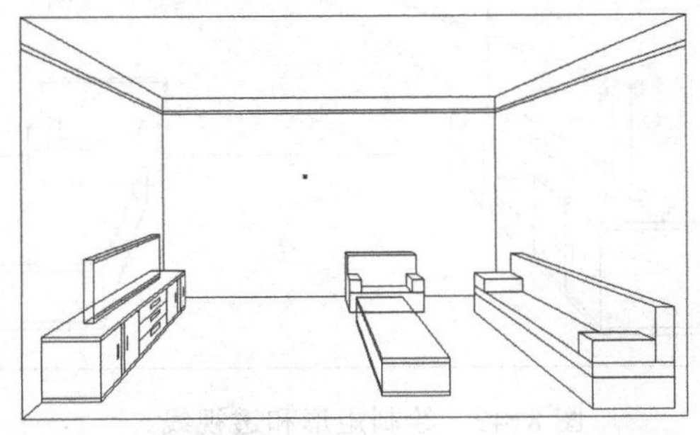

图 8-45　绘制后的屋顶阴角

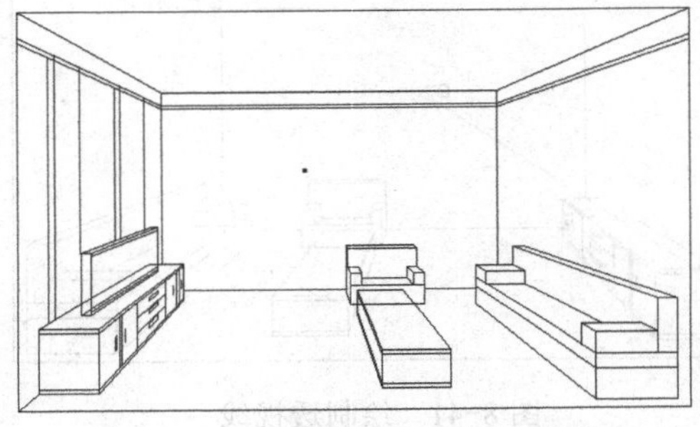

图 8-46　绘制后的电视背景墙

8. 插入吊灯、窗帘和植物图块

1）执行“工具”→“选项板”→“设计中心”命令，在弹出的“设计中心”工作窗口中选择“文件夹”选项卡，选择 sample\zh_CN\DesignCenter 文件，选择吊灯、窗帘和植物图块并插入，然后将其移入到相应的图层。

2）使用“分解”命令，将窗帘图块分解，使用“修剪”和“删除”命令，对多余的直线进行修剪和删除操作，完成绘制，结果如图 8-47 所示。

图 8-47　插入吊灯和植物图块

知识拓展

1. AutoCAD 设计中心的功能

AutoCAD 2013 的设计中心是系统为用户提供的一个设计资源的集成管理工具。使用

AutoCAD 2013 设计中心，用户可以高效地管理块、外部参照、光栅图像以及来自其他源文件或应用程序的内容。此外，如果在绘图区打开多个文档，则在多文档之间还可以通过拖放操作来实现图形的复制和粘贴。粘贴不仅包含了图形本身，而且包含图层定义、线型、文字样式等内容，从而可以利用和共享大量现有资源，来简化绘图过程，提高绘图效率。

在 AutoCAD 2013 中，设计中心主要具有下列功能：

1）浏览用户计算机、网络驱动器和 Web 页上的图形内容，例如，图形或符号库。

2）在定义表中查看图形文件中命名对象（例如块和图层）的定义，然后可将这些定义插入、附着、复制到当前图形中，更新（重定义）块定义。

3）创建指向常用图形、文件夹和 Internet 网址的快捷方式，向图形中添加外部参照、块和填充等内容。

4）在新窗口中打开图形文件，将图形、块和填充拖动到工具选项板上以便于访问。

2. AutoCAD 设计中心的启动和调整

执行“工具”→“选项板”→“设计中心”命令，或在“视图”选项卡中，单击“选项板”选项面板上的“设计中心”按钮，或使用快捷键<Ctrl+2>，均可进入 AutoCAD 2013 的设计中心。

在默认情况下，AutoCAD 2013 的设计中心启动后，“设计中心”面板处于浮动状态，用户可以根据需要进行拖动。

3. 利用设计中心插入对象

使用 AutoCAD 2013 设计中心可以方便、快捷地在当前图形中插入块、光栅图像以及外部参照，此外，还可以在图形之间复制块、图层、文字样式、线型、标注样式和布局等。

（1）将图形文件（外部块）添加到当前图形文件中

从设计中心的内容显示区域的列表中，找到要插入的图形文件，使用鼠标左键拖动该图形文件到当前绘图区域，松开鼠标左键，根据命令行的提示，在绘图区域选择要插入的点，输入 X 比例因子、输入 Y 比例因子、指定旋转角度，即可将选定的图形文件插入到当前图形文件中；或在内容显示区域的列表中选择要插入的图形文件并单击鼠标右键，在弹出的快捷菜单中选择“插入为块”命令，系统将打开如图 8-48 所示的“插入”对话框。利用该对话框可在绘图区指定要插入点的位置、设定缩放比例、定义旋转角度等，确定后即可将图形作为块插入到当前图形文件中。

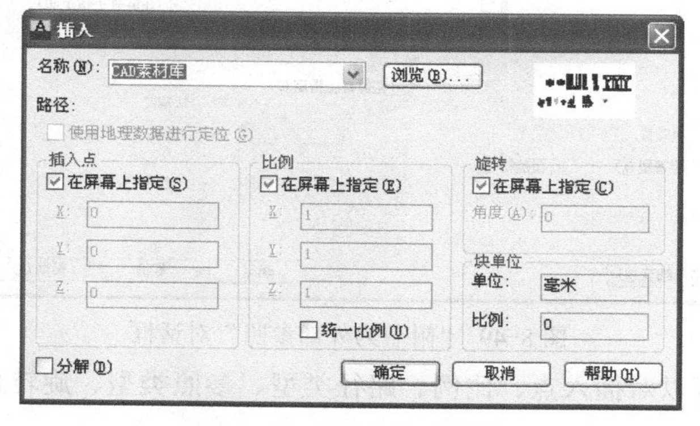

图 8-48 “插入”对话框

（2）插入块（内部块）

从设计中心的内容显示区域的列表中，找到要插入的图形文件中的块，使用鼠标左键拖动该块到当前绘图区域，松开鼠标左键即可；或在内容显示区域的列表中选择要插入的块并单击鼠标右键，在弹出的快捷菜单中选择“插入块”命令，系统将打开“插入”对话框，设置对话框中的相关选项和参数即可。

说明：当其他命令处于激活状态时，AutoCAD 2013 不允许向当前图形中插入块。另外，在插入过程中，一次只能插入一个块。

（3）引用外部参照

外部参照是指在一幅图形中对另一幅外部图形的引用。外部参照有 2 种基本用途。首先，它是当前图形中引入不必修改的标准元素（如标题块、各种机械或建筑标准元件）的一个高效率途径。其次，它提供了在多个图形中应用相同图形数据的一种手段。

当一个图形文件被作为外部参照插入到当前图形中时，外部参照中每个图形的数据仍然分别保存在各自的源图形文件中，当前图形中所保存的只是外部参照的名称和路径。无论一个外部参照文件多么复杂，都会把它作为一个单一对象来处理，而不允许进行分解。用户可对外部参照进行比例缩放、移动、复制、镜像或旋转等操作，还可以控制外部参照的显示状态，但这些操作都不会影响到原图文件。允许在绘制当前图形的同时，显示多达 32 000 个图形参照，并且可以对外部参照进行嵌套，嵌套的层次可以为任意多层。当打开或打印附有外部参照的图形文件时，就会自动对每一个外部参照图形文件进行重载，从而确保每个外部参照图形文件反映的都是它们的最新状态。而如果把图形作为块插入时，块定义和所有相关联的几何图形都将存储在当前图形数据库中，并且修改原图形后，块不会随之更新。

使用 AutoCAD 2013 设计中心引用外部参照的方法是，在设计中心的显示窗口中找到需要的外部参照文件并选中，然后单击鼠标右键，在弹出的快捷菜单中选择“附着为外部参照”命令，打开“附着为外部参照”对话框，如图 8-49 所示。

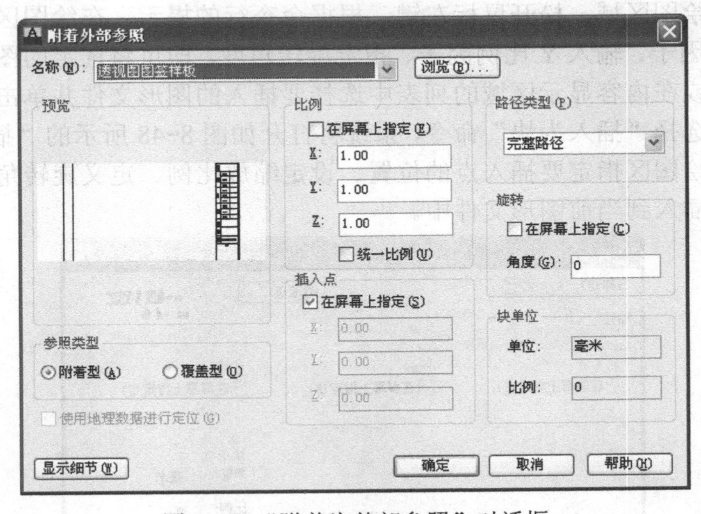

图 8-49 “附着为外部参照”对话框

在该对话框中可以对插入点、比例、路径类型、参照类型、旋转角度、图块单位等参数进行设置。

实战演练

1. 起步

学生自己动手利用平行透视法绘制如图 8-50 所示的卧室透视图（尺寸自定）。

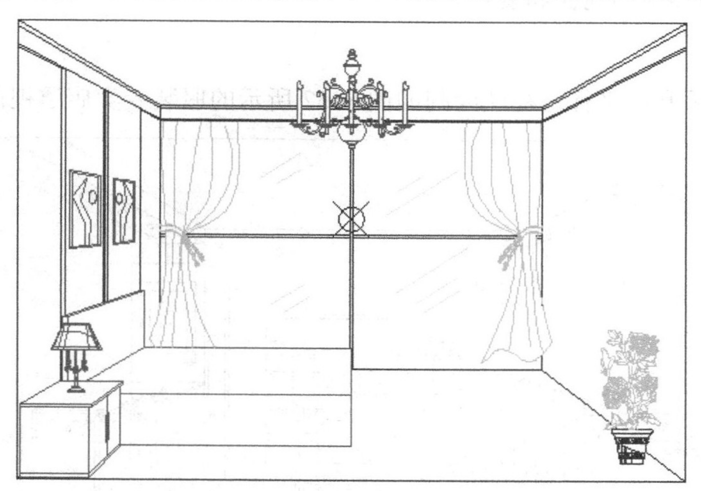

图 8-50 卧室透视图

操作提示：

1）新建一个 CAD 文件，创建图层。
2）绘制矩形，确定灭点后绘制透视墙体。
3）绘制屋顶阴角与窗户。
4）绘制床头墙体装饰。
5）绘制卧室家具（床、床头柜）透视图，插入吊灯、台灯、窗帘和植物图块。

2. 进阶

学生自己动手利用平行透视法绘制如图 8-51 所示的厨房透视图。

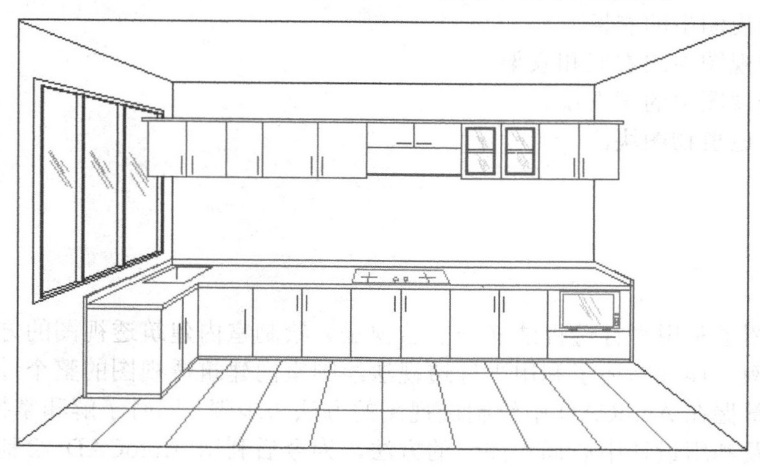

图 8-51 厨房透视图

操作提示：

1）新建一个 CAD 文件，创建图层。

2）绘制透视图中的墙体。

3）绘制透视图中的橱柜。

4）绘制透视图中的地板和窗户。

3．提高

学生自己动手利用平行透视法绘制如图 8-52 所示的服装专卖店透视图。

图 8-52　服装专卖店透视图

操作提示：

1）新建一个 CAD 文件，创建图层。

2）绘制透视图中的墙体。

3）绘制透视图中的屋顶装饰灯。

4）绘制透视图中的衣柜。

5）绘制透视图中的衣服和衣架。

6）绘制透视图中的试衣镜。

7）插入绿色植物图块。

项目小结

本项目介绍了利用平行透视法（一点透视法）绘制室内建筑透视图的方法。以绘制客厅透视图为范例，详细阐述了利用平行透视法绘制室内建筑透视图的整个过程，使读者能够更加透彻地掌握在 AutoCAD 中绘制透视图的方法与步骤。同时了解和掌握 CAD 中设计中心的功能以及利用设计中心插入图块的方法，为今后利用 AutoCAD 绘制效果图奠定了基础。

项目9　绘制与编辑三维图形

能力目标

1）能够掌握 AutoCAD 2013 中三维图形绘制的基本方法。
2）能够掌握 AutoCAD 2013 中三维图形的编辑方法。
3）能够掌握 AutoCAD 2013 中三维图形的着色与渲染的基本方法。

随着 AutoCAD 技术的普及，越来越多的工程技术人员都使用 AutoCAD 进行工程设计。虽然在工程设计中，通常使用二维图形来描述三维实体，但是由于三维图形的逼真效果以及可以通过三维立体图直接得到透视或平面效果图，并且可以渲染出具有真实照片效果的图像或视频来更为直观地表现设计效果，使得工程技术人员更青睐于使用 AutoCAD 进行三维设计。AutoCAD 2013 提供了强大的三维实体创建与编辑功能，使三维图形的绘制与编辑变得越来越简单。

任务14　绘制三维茶几

任务目标

- 了解三维坐标系及用户坐标系
- 掌握 AutoCAD 2013 中绘制三维实体的基本方法与步骤
- 掌握 AutoCAD 2013 中三维实体的编辑方法
- 掌握 AutoCAD 2013 中三维动态观察器的功能及使用

任务效果图

本任务的最终效果如图 9-1 所示。

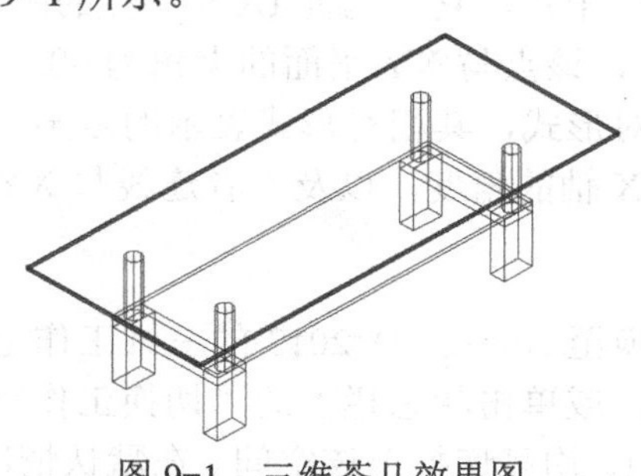

图 9-1　三维茶几效果图

相关知识

1. 三维坐标系

三维坐标系是在二维坐标系的基础上根据右手定则增加第三维坐标（即 Z 轴）而形成的。同二维坐标系一样，AutoCAD 2013 中的三维坐标系有世界坐标系（WCS）和用户坐标系（UCS）2 种形式。

（1）三维世界坐标系（WCS）

在 AutoCAD 2013 中，三维世界坐标系是在二维世界坐标系的基础上根据右手定则增加了 Z 轴而形成的。同二维世界坐标系一样，三维世界坐标系是其他三维坐标系的基础，不能对其重新定义。

（2）用户坐标系（UCS）

用户坐标系为坐标输入、操作平面和观察提供一种可变动的坐标系。定义一个用户坐标系即改变原点（0，0，0）的位置以及 XY 平面和 Z 轴的方向。可在 AutoCAD 2013 的三维空间中任何位置定位和定向 UCS，也可随时定义、保存和使用多个用户坐标系。

2. 三维坐标形式

在 AutoCAD 2013 中提供了以下 3 种三维坐标形式。

（1）三维笛卡儿坐标

三维笛卡儿坐标（X，Y，Z）与二维笛卡儿坐标（X，Y）相似，即在 X 和 Y 值基础上增加 Z 值。同样还可以使用基于当前坐标系原点的绝对坐标值或基于上个输入点的相对坐标值。

（2）圆柱坐标

圆柱坐标与二维极坐标类似，但增加了从所要确定的点到 XY 平面的距离值。即三维点的圆柱坐标可通过该点与 UCS 原点连线在 XY 平面上的投影长度，该投影由 X 轴夹角以及该点垂直于 XY 平面的 Z 值来确定。例如，坐标“10<60，20”表示某点与原点的连线在 XY 平面上的投影长度为 10 个单位，其投影与 X 轴的夹角为 60°，在 Z 轴上的投影点的 Z 值为 20。

圆柱坐标也有相对的坐标形式，如相对圆柱坐标“@10<45，30”表示某点与上个输入点连线在 XY 平面上的投影长为 10 个单位，该投影与 X 轴正方向的夹角为 45° 且 Z 轴的距离为 30 个单位。

（3）球面坐标

球面坐标也类似于二维极坐标。在确定某点时，应分别指定该点与当前坐标系原点的距离，二者连线在 XY 平面上的投影与 X 轴的角度，以及二者连线与 XY 平面的角度。例如，坐标“10<45<60”表示一个点，它与当前 UCS 原点的距离为 10 个单位，在 XY 平面的投影与 X 轴的夹角为 45°，该点与 XY 平面的夹角为 60°。

同样，球面坐标也有相对形式，其相对形式表示的是某点与上个输入点的距离，二者连线在 XY 平面上的投影与 X 轴的角度，以及二者连线与 XY 平面的角度。

3. 三维建模空间

绘制三维图形时可以切换至 AutoCAD 2013 的三维工作空间。执行“工具”→“工作空间”→“三维建模”命令，或单击状态栏上的“切换工作空间”按钮，在弹出的快捷菜单中选择“三维建模”选项，均可切换至该空间。在默认情况下，三维建模空间包含“建模”选项板、“实体编辑”选项板、“视图”选项板及“工具”选项板等，如图 9-2 所示。

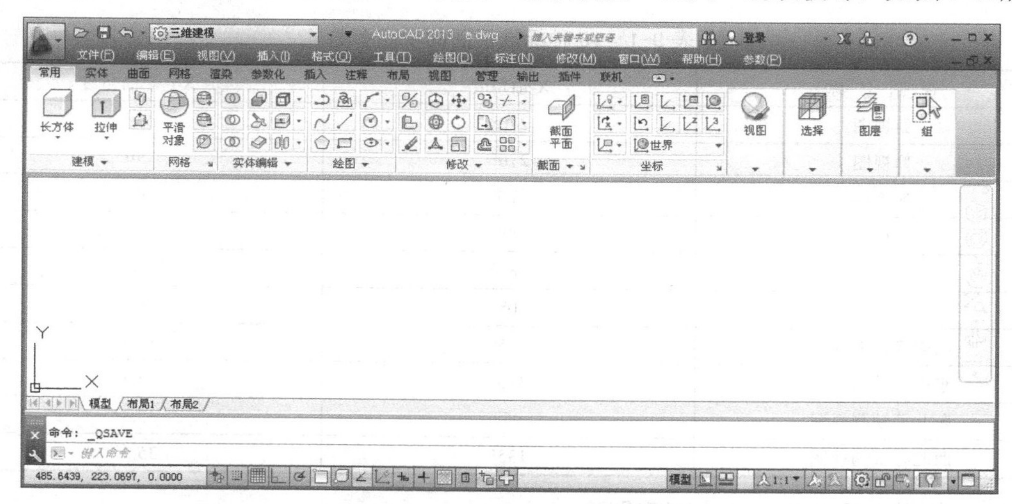

图 9-2 三维建模空间

4．观察三维图形

在三维图形绘制过程中，通常需要从不同的方向观察三维图形。AutoCAD 2013 提供了多种观察三维图形的方法。常用的有以下几种。

（1）用标准视图观察图形

AutoCAD 2013 提供了 10 种标准视图，如图 9-3 所示。用户可根据需要任意选择一种视图方式来观察实体。

（2）通过“视点预设”来观察图形

在 AutoCAD 2013 中除了提供 10 种标准视图外，用户还可以通过视点预设的方法来观察实体。具体方法是执行“视图”→“三维视图”→“视点预设”命令，或在命令行中输入命令 DDVPOINT，打开“视点预设”对话框，如图 9-4 所示。在对话框中，选择合适的视角图形示例，或者直接输入相对于 X 轴和 XY 平面的角度值来设置视点，然后单击“确定”按钮退出（注：若要选择相对于当前 UCS 图形的平面视图，可以单击“设置为平面视图”按钮）。

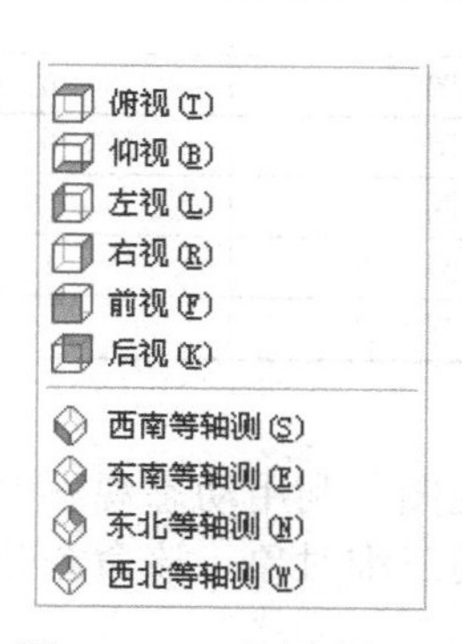

图 9-3 10 种标准视图

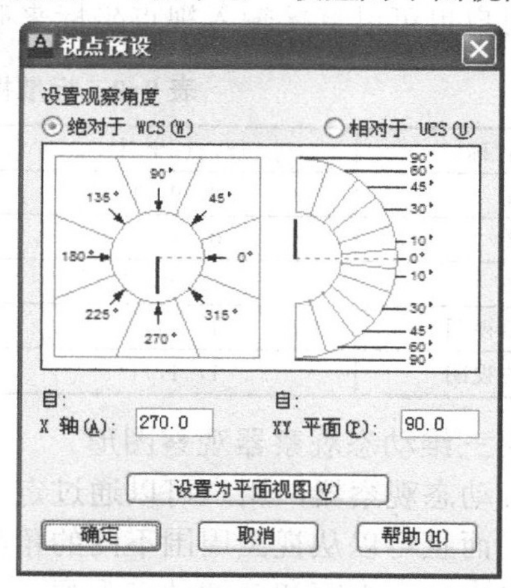

图 9-4 “视点预设”对话框

10 种标准视图的视点参数见表 9-1。

表 9-1　10 种标准视图的视点参数

视 图 名 称	X 轴角度	XY 平面角度
俯视图	270°	90°
仰视图	270°	–90°
前视图	270°	0°
后视图	90°	0°
左视图	180°	0°
右视图	0°	0°
西南等轴测视图	225°	35.3°
东南等轴测视图	315°	35.3°
东北等轴测视图	45°	35.3°
西北等轴测视图	135°	35.3°

（3）使用“视点”命令来观察图形

用户还可以通过视点命令设定视点的坐标，以此来观察实体。

执行“视图”→“三维视图”→“视点”命令，或在命令行中输入命令 VPOINT，命令行提示“指定视点或[旋转（R）]<显示指南针和三轴架>：”，同时在绘图区会显示“三轴架”和“坐标球”，如图 9-5 所示。三轴架表示三个坐标轴；坐标球类似于罗盘，随着鼠标在坐标球上移动，三轴架会跟着改变方向。单击鼠标左键即可完成视点的设置。

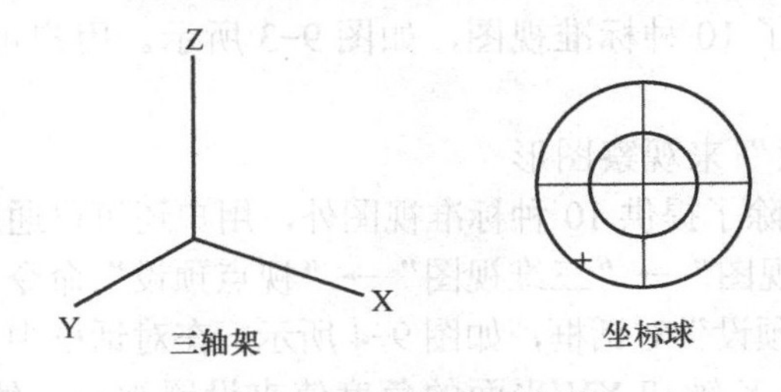

图 9-5　三轴架与坐标球

另外，用户也可以直接输入视点坐标来确定视点，标准视图的视点坐标见表 9-2。

表 9-2　标准视图的视点坐标

视 图 名 称	视 点 坐 标	视 图 名 称	视 点 坐 标
俯视图	0，0，1	仰视图	0，0，–1
前视图	0，1，0	后视图	0，–1，0
左视图	–1，0，0	右视图	1，0，0
西南等轴测视图	–1，–1，1	东南等轴测视图	1，–1，1
东北等轴测视图	1，1，1	西北等轴测视图	–1，1，1

（4）利用三维动态观察器观察图形

利用三维动态观察器，用户可以通过定点设备操纵视图。利用动态观察器不但可以查看整个图形，而且可以从视图周围不同的角度观测视图的三维对象。该命令分为受约束的动态观察、自由动态观察和连续动态观察。

1）受约束的动态观察：在三维空间中旋转视图，但仅限于在水平和垂直方向上进行动态观察。启动该命令之前，选择多个对象中的一个可以限制为仅显示此对象。

2）自由动态观察：可在三维空间中不受滚动约束地旋转视图。同样，启动该命令之前，选择多个对象中的一个可以限制为仅显示此对象。

3）连续动态观察：用于连续地进行动态观察。启动此命令后，按下鼠标左键，在要使用连续动态观察移动的方向上拖动鼠标，然后放开鼠标左键，对象将沿该方向继续旋转。同样，启动该命令之前，选择多个对象中的一个可以限制为仅显示此对象。

（5）使用相机定义三维视图

在 AutoCAD 2013 中，相机是一个模拟视点的工具，它具有实际相机的控制参数，如焦距、视野等。

用户可以将相机放置到图形中以定义三维视图，在图形中可以打开或关闭相机，并且可以使用夹点来编辑相机的位置、目标或焦距，也可以通过位置的 XYZ 坐标、目标的 XYZ 坐标和视野/焦距（用于确定倍率或缩放比例）等参数来定义相机，还可以定义剪裁平面，以建立关联视图的前后边界。

5．视觉样式

视觉样式用于改变模型在视口中的显示外观，它是一组控制模型显示方式的设置，包括面设置、环境设置、边设置等。当选中一种视觉样式时，AutoCAD 2013 会在视口中按样式规定的形式显示模型。

在 AutoCAD 2013 中提供了 10 种预设的视觉样式，如图 9-6 所示。用户可以通过“视图”→“视觉样式”菜单中的视觉样式命令来选择所需的视觉样式，或通过“视觉样式管理器”来选择所需的视觉样式。另外，用户还可以通过“视觉样式管理器”创建新的视觉样式。

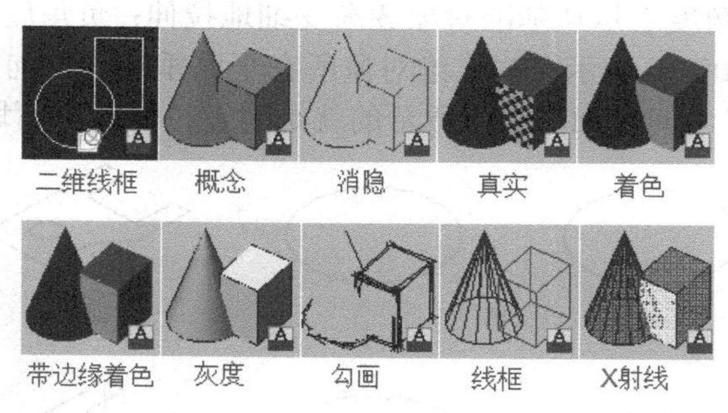

图 9-6　预置视觉样式

6．绘制三维实体

（1）绘制基本的三维实体

在 AutoCAD 2013 的“绘图”→“建模”菜单中提供了长方体、球体、圆柱体、圆锥体、楔体、圆环体、棱锥体和多段体 8 种基本实体的绘制命令（注：在三维建模空间的实体选项卡的图元选项面板中提供了相应的命令按钮），通过这些命令可以绘制出对应的三维实体。这些实体被称为“实体图元”。利用这些实体进行布尔运算，可以生成更为复杂的实体。

表 9-3 中列出了基本实体绘制命令的基本功能，以及操作时需要输入的主要参数。

表 9-3 绘制基本的三维实体命令

命　　令	功　能	操作时输入的主要参数
长方体	创建长方体	确定长方体的一个角点，再输入另一个角点的相对坐标。或确定中心点和一个角点，再指定高度。或确定一个角点或中心，再指定长方体的长、宽和高
球体	创建球体	确定球心，再输入球的半径。或指定直径的两个端点。或指定三点。或确定两个切点，再输入半径
圆柱体	创建圆柱体	指定圆柱体底面的中心点，输入圆柱体底面半径及高度
圆锥体	创建圆锥体及圆锥台	指定圆锥体底面的中心点，输入锥体底面半径及锥体高度 指定圆锥台底面的中心点，输入锥台底面半径、顶面半径及锥台高度
楔体	创建楔形体	指定楔形体的一个角点，再输入另一对角点的相对坐标
圆环体	创建圆环	指定圆环体的中心点，输入圆环体半径及圆管半径
棱锥体	创建棱锥体及棱锥台	指定棱锥体底面边数及中心点，输入棱锥体底面半径及棱锥体高度 指定棱锥台底面边数及中心点，输入棱锥台底面半径、顶面半径及棱锥台高度
多段体	创建多段体	确定起点，输入下一点相对坐标，继续输入下一点相对坐标……，输入 C 闭合曲线

（2）将二维对象拉伸成实体或曲面

AutoCAD 2013 中可以通过拉伸二维对象生成三维实体或曲面。若拉伸的二维对象是闭合的，如多段线、多边形、圆、椭圆、闭合样条曲线、圆环、面域等，则拉伸后生成实体，否则生成曲面，但不能拉伸包含在块中的二维对象，也不能拉伸具有相交或自交线段的多段线。一次可以拉伸多个对象。操作时，可指定拉伸高度值及拉伸对象的锥角，还可以沿某一直线或曲线路径进行拉伸。

在指定拉伸高度时，如果输入的是正值，则沿对象所在坐标系的 Z 轴正方向拉伸对象；如果输入的是负值，则沿对象所在坐标系的 Z 轴负方向拉伸对象。若拉伸对象不在 XY 平面内，则将沿着该对象所在平面的法线方向拉伸对象。当指定了拉伸高度后，系统接着要求指定拉伸的倾斜角度。正角度表示从基准对象逐渐变细地拉伸；负角度表示从基准对象逐渐粗地拉伸。默认角度为“0”，表示在与二维对象所在平面垂直的方向上进行拉伸。输入角度的有效值是在-90º ～90º 之间。如图 9-7 所示的就是通过拉伸圆和面域得到的实体。

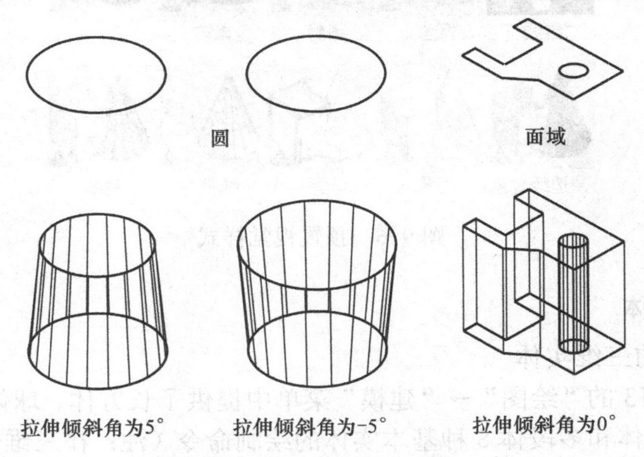

图 9-7　拉伸圆和面域形成实体

在沿某一路径进行拉伸对象时，作为拉伸路径的对象可以是直线、圆、圆弧、椭圆、椭圆弧、多段线或样条曲线。作为拉伸路径的对象既不能与要拉伸的对象共面，也不能具有高曲率的区域。沿路径拉伸生成的实体开始于拉伸对象所在的平面，终止于路径端点处与路径垂直的平面。

如果拉伸路径是一条样条曲线，且端点不与拉伸对象所在的平面垂直，则系统会自动旋转拉伸对象，使其与样条曲线路径垂直；如果路径包含不相切的线段，那么系统会沿每个线段拉伸对象，然后沿两条线段形成的角平面斜截截面。

7. 编辑三维实体

（1）倒角和圆角

在 AutoCAD 2013 中，可以用倒角命令（CHAMFER）和圆角命令（FILLET）对三维实体进行倒圆角和倒角编辑操作。但操作方式与二维的操作有所不同。例如对图 9-8a 所示图形进行的倒角与倒圆角操作，结果如图 9-8b 所示。

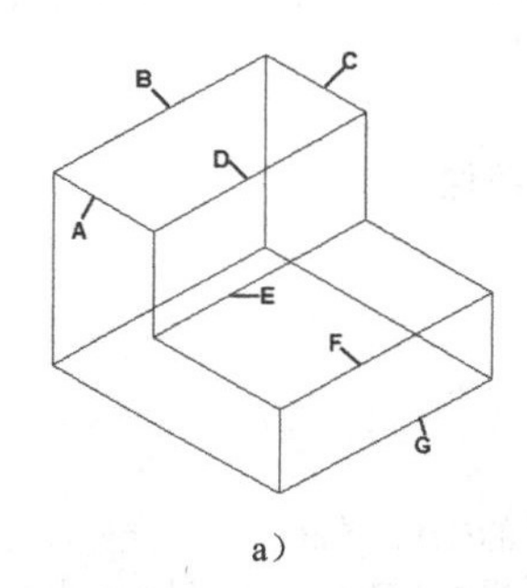

a）

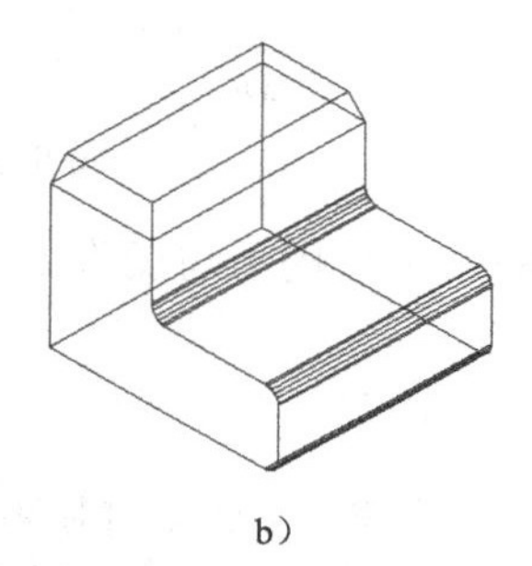
b）

图 9-8　倒角与倒圆角

倒角操作的命令行提示与操作如下：

命令: _chamfer	操作
(“修剪”模式) 当前倒角距离 1 = 1.0000，距离 2 =2.0000	
选择第一条直线或 [放弃(U)/多段线(P)/距离(D)/角度(A)/修剪(T)/方式(E)/多个(M)]:	选择棱边 A
基面选择...	回车
输入曲面选择选项 [下一个(N)/当前(OK)] <当前(OK)>:	回车
指定 基面 倒角距离或 [表达式(E)] <1.0000>:	输入 10
指定 其他曲面 倒角距离或 [表达式(E)] <2.0000>:	输入 30
选择边或 [环(L)]:	选择棱边 A
选择边或 [环(L)]:	选择棱边 B
选择边或 [环(L)]:	选择棱边 C
选择边或 [环(L)]:	选择棱边 D
选择边或 [环(L)]:	回车结束

倒圆角操作的命令行提示与操作如下：

命令: _fillet	操作
当前设置: 模式 = 修剪，半径 = 0.0000	
选择第一个对象或 [放弃(U)/多段线(P)/半径(R)/修剪(T)/多个(M)]:	选择棱边 E
输入圆角半径或 [表达式(E)] <0.0000>:	输入半径 15
选择边或 [链(C)/半径(R)]:	选择棱边 F
选择边或 [链(C)/半径(R)]:	选择棱边 G
选择边或 [链(C)/半径(R)]:	回车结束选择
已选定 3 个边用于圆角	

（2）三维镜像

在 AutoCAD 2013 中，允许用户对三维对象进行镜像操作。在三维镜像中，用户需要定义一个镜像面。例如对图 9-9a 所示的三维对象，以点 C、D、E 所在的平面为镜像面进行镜像操作，结果如图 9-9b 所示。

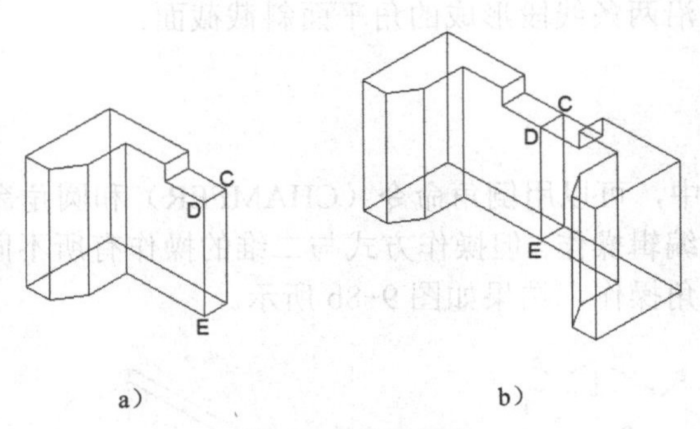

图 9-9　三维镜像

三维镜像操作的命令行提示与操作如下：

	操作
命令: _mirror3d	
选择对象:	选择要镜像的对象
选择对象:	回车结束对象选择
指定镜像平面 (三点) 的第一个点或 [对象(O)/最近的(L)/Z 轴(Z)/视图(V)/XY 平面(XY)/YZ 平面(YZ)/ZX 平面(ZX)/三点(3)] <三点>:	捕捉第一点 C
在镜像平面上指定第二点:	捕捉第一点 D
在镜像平面上指定第三点:	捕捉第一点 E
是否删除源对象？[是(Y)/否(N)] <否>:	回车不删除源对象

（3）三维旋转

在 AutoCAD 2013 中，允许用户对三维对象进行旋转操作。二维旋转中只需要定义一个基点，但是，三维旋转中需要定义一个旋转轴。“三维旋转”命令可以使对象绕三维空间中任意轴、对象或两点旋转。例如，对图 9-10a 所示的三维对象，以 C、D 两点所在的直线为轴，顺时针旋转 90°，结果如图 9-10b 所示。

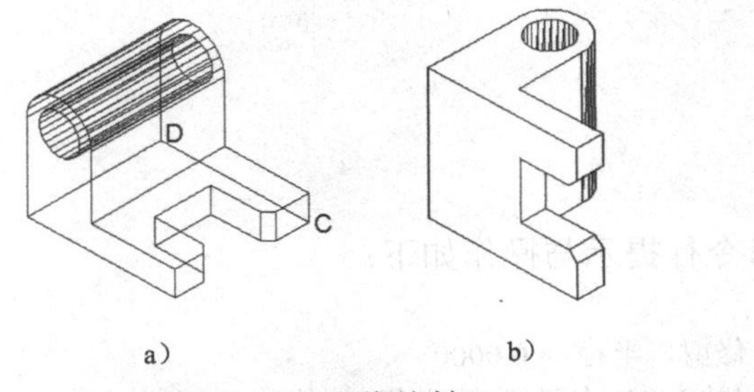

图 9-10　三维旋转

具体操作如下。

执行“修改”→“三维操作”→“三维旋转”命令或单击“常用”选项卡中“修改”选项板上的“三维旋转”按钮，也可以在命令提示行中输入 ROTATE3D 命令，命令行提示及操作如下：

命令: _3drotate	操作
UCS 当前的正角方向: ANGDIR=逆时针 ANGBASE=0	
选择对象:	选择要旋转的对象
选择对象:	回车结束对象选择
指定基点:	捕捉点 C 作为基点
拾取旋转轴:	选择 CD 所在的直线
指定角的起点或输入角度: -90	输入旋转角度

（4）三维阵列

在 AutoCAD 2013 中，允许用户对选择的对象在三维空间中进行阵列操作。同二维阵列相似，三维阵列也分为矩形阵列和环形阵列两种类型，但操作方法与二维阵列有所不同。三维阵列操作没有对话框，所有参数都是从命令行中输入。例如，对图 9-11a 所示的“双孔长方体”，进行三维矩形阵列操作后的效果如图 9-11b 所示。

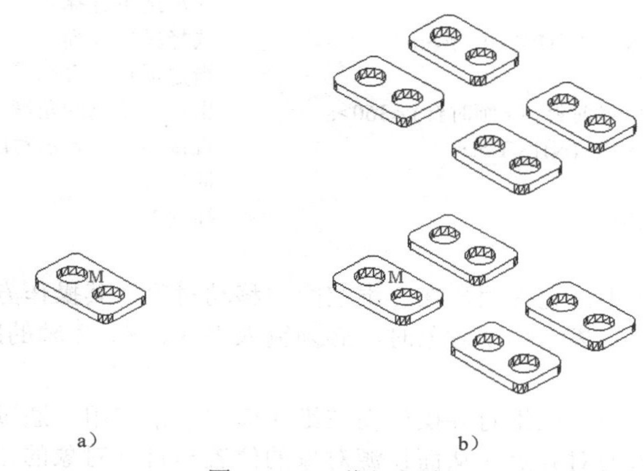

图 9-11 三维矩形阵列

具体操作如下。

执行“修改”→“三维操作”→“三维阵列”命令或单击“常用”选项卡中“修改”选项板上的“三维阵列”按钮，也可以在命令提示行中直接输入 3DARRAY 命令，命令行提示如下：

命令: _3darray	操作
正在初始化... 已加载 3DARRAY。	
选择对象: 找到 1 个	选择对象
选择对象:	回车结束选择
输入阵列类型 [矩形(R)/环形(P)] <矩形>: r	选择矩形阵列
输入行数 (---) <1>: 2	输入行数（行的方向平行 X 轴）
输入列数 (|||) <1>: 2	输入列数（行的方向平行 Y 轴）
输入层数 (...) <1>: 2	输入层数（行的方向平行 Z 轴）
指定行间距 (---): 50	输入行间距
指定列间距 (|||): 80	输入列间距
指定层间距 (...): 120	输入层间距

对图 9-12a 所示的“圆管”以直线 MN 为轴进行三维环形阵列操作，操作后的效果如图 9-12b 所示。

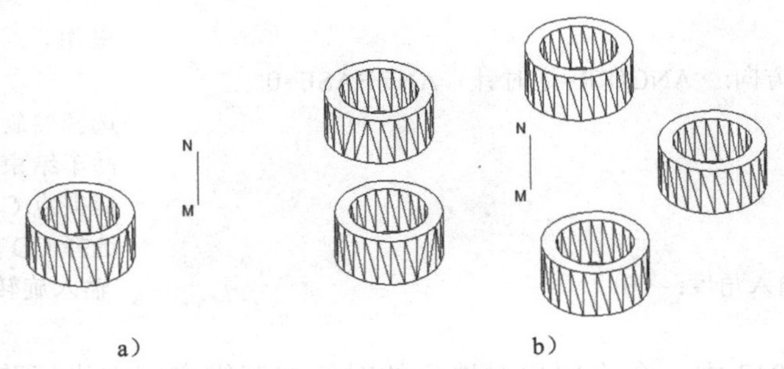

图 9-12 三维环形阵列

执行三维阵列命令后，命令行提示及操作如下：

命令: _3darray	操作
选择对象: 找到 1 个	选择对象
选择对象:	回车结束选择
输入阵列类型 [矩形(R)/环形(P)] <矩形>:p	选择环形阵列
输入阵列中的项目数: 5	指定项目个数
指定要填充的角度 (+=逆时针, –=顺时针) <360>:	指定要填充的角度
旋转阵列对象？ [是(Y)/否(N)] <Y>:	直接回车，表示对阵列后的对象自动旋转
指定阵列的中心点:	捕捉 M 点
指定旋转轴上的第二点:	捕捉 N 点

（5）三维移动

在 AutoCAD 2013 中，允许用户在三维空间中移动对象，其操作方式与在二维空间时一样，只是当通过移动距离来移动对象时，必须输入沿 X、Y、Z 轴的距离值。

（6）三维对齐

在 AutoCAD 2013 中，三维对齐操作在三维建模中非常有用，通过此操作，用户可以指定源对象与目标对象的对齐点，从而使源对象的位置与目标对象的位置对齐。例如，对图 9-13a 所示的两个对象，进行对齐操作，操作后的效果如图 9-13b 所示。

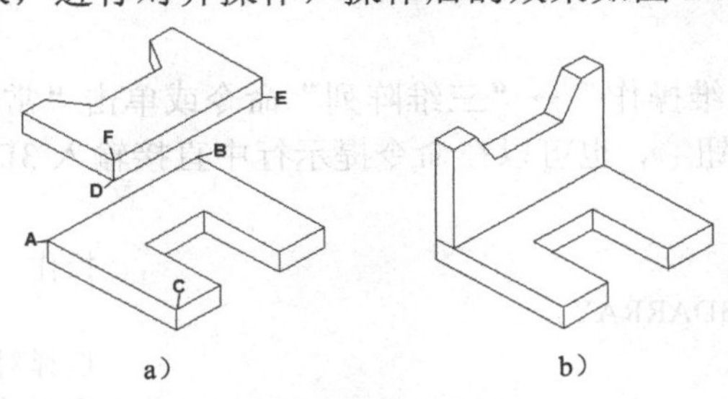

图 9-13 三维对齐

具体操作如下。

执行“修改”→“三维操作”→“对齐”命令或单击“常用”选项卡中“修改”选项板上的“三维对齐”按钮，也可以在命令提示行中直接输入 3DALIGN 命令，命令行提示及操作如下：

命令: _3dalign	操作
选择对象: 找到 1 个	选择要对齐的对象
选择对象:	回车结束选择
指定基点或 [复制(C)]:	捕捉源对象(前面选中的对象)上的第一点 C

指定第二个点或 [继续(C)] <C>:	捕捉源对象上的第二点 E
指定第三个点或 [继续(C)] <C>:	捕捉源对象上的第三点 F
指定第一个目标点:	捕捉目标对象上想要与源对象第一点对齐的点 A
指定第二个目标点或 [退出(X)] <X>:	捕捉目标对象上的第二点 B
指定第三个目标点或 [退出(X)] <X>:	捕捉目标对象上的第三点 C

绘制流程

图形的绘制流程如图 9-14 所示。

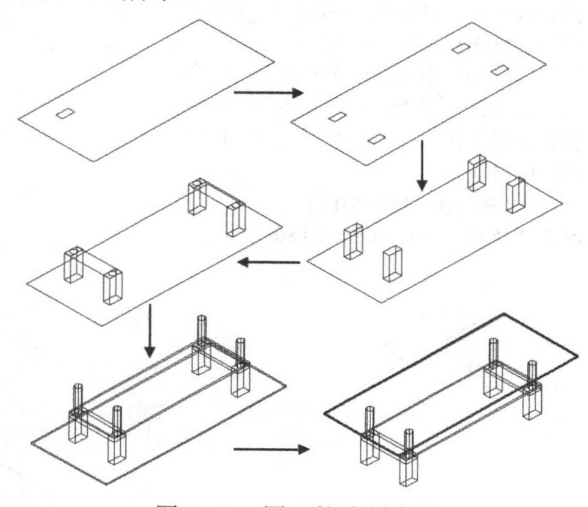

图 9-14　图形的绘制流程

步骤详解

1）启动 AutoCAD 2013，将工作空间切换到“三维建模”工作空间，并选择东南等轴测视视图。设置绘图的长度单位的类型为“小数”，单位为 mm，保留一位小数，图纸大小为 A4 类型。

2）执行“绘图”→“矩形”命令，在 XY 平面内绘制一个长为 1200，宽为 500 的矩形。其中矩形的一个角点为坐标（0，0），另一个角点的坐标为（@500，1200），如图 9-15 所示。

3）执行“绘图”→“矩形”命令，在矩形内绘制一个长为 80、宽为 40 的小矩形。其中小矩形的一个角点的坐标为（100，150，0），另一个角点的坐标为（@40，80），如图 9-16 所示。

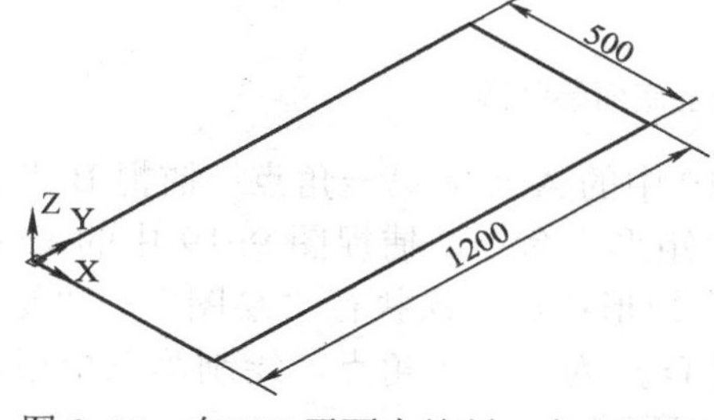

图 9-15　在 XY 平面内绘制一个大矩形

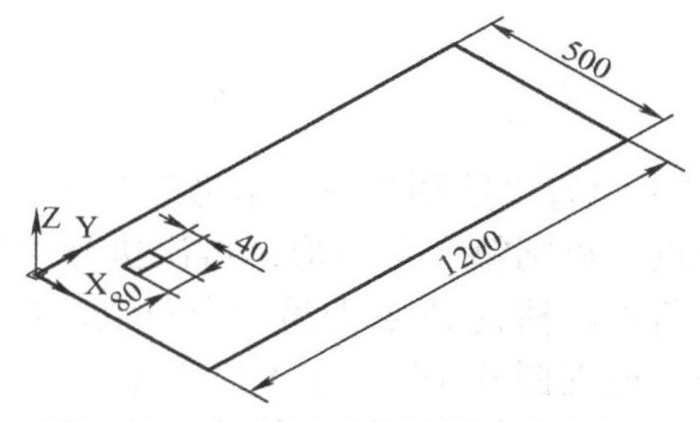

图 9-16　在大矩形内绘制一个小矩形

4）使用二维“镜像”工具，对小矩形进行镜像复制。镜像时，分别以大矩形对边的中点连线为镜像线，结果如图 9-17 所示。

5）在功能区的“常用”选项板中单击“拉伸”按钮，或执行“绘图”→“建模”→“拉伸”命令，将 4 个小矩形向上拉伸，拉伸高度为 180，创建 4 个长方体，结果如图 9-18 所示。命令行提示与操作如下：

```
命令: _extrude
当前线框密度:  ISOLINES=4，闭合轮廓创建模式 = 实体
选择要拉伸的对象或 [模式(MO)]: _MO 闭合轮廓创建模式
                    [实体(SO)/曲面(SU)] <实体>: _SO
选择要拉伸的对象或 [模式(MO)]: 找到 1 个                    选择第一个小矩形
选择要拉伸的对象或 [模式(MO)]: 找到 1 个，总计 2 个          选择第二个小矩形
选择要拉伸的对象或 [模式(MO)]: 找到 1 个，总计 3 个          选择第三个小矩形
选择要拉伸的对象或 [模式(MO)]: 找到 1 个，总计 4 个          选择第四个小矩形
选择要拉伸的对象或 [模式(MO)]:                              回车结束选择
指定拉伸的高度或 [方向(D)/路径(P)/倾斜角(T)
                /表达式(E)] <-600.0000>: 180                 输入拉伸高度 180
```

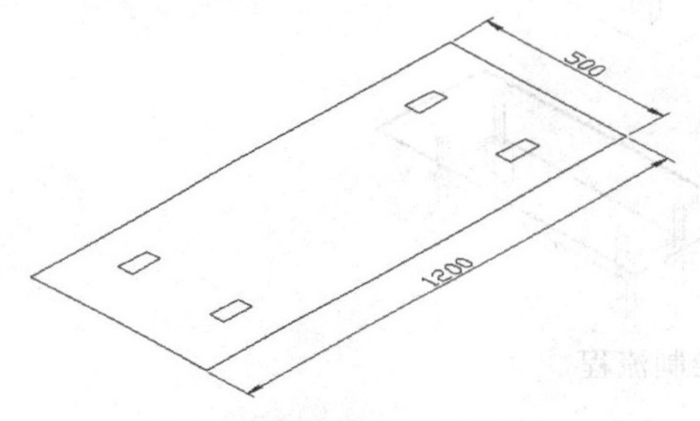

图 9-17　镜像复制小矩形

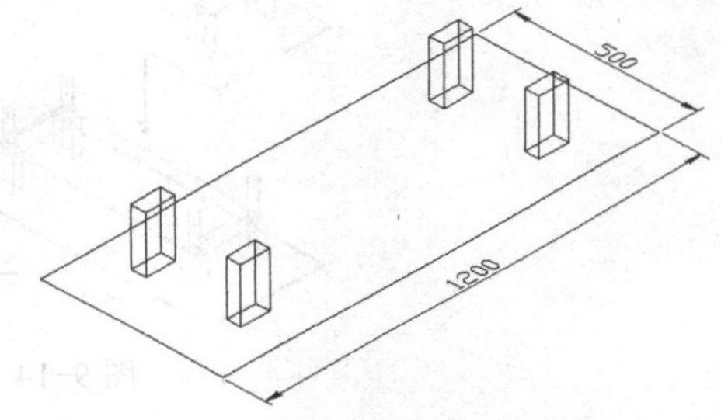

图 9-18　将小矩形拉伸成长方体

6）绘制辅助线，分别以 4 个小矩形的上底面两条长边各自的中点为第一点和下一点绘制直线，并以刚才绘制的直线为直径绘制一个圆，结果如图 9-19 所示。

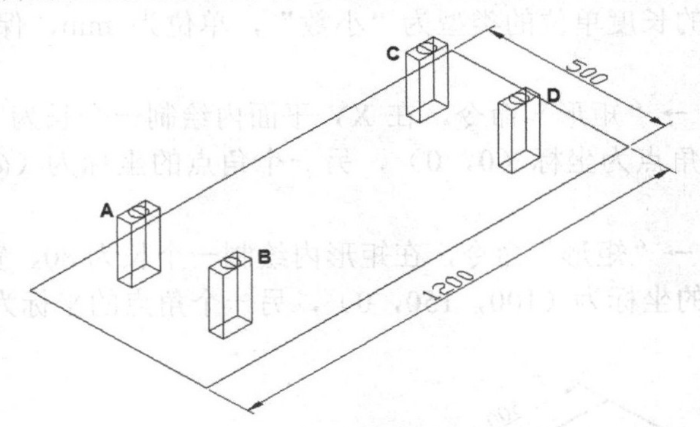

图 9-19　在 4 个小矩形的上底面绘制圆

7）执行“绘图”→“矩形”命令，捕捉图 9-19 中的 A 点为第一角点，捕捉 B 点为另一角点，绘制第一个矩形；再次执行“绘图”→“矩形”命令，捕捉图 9-19 中的 C 点为第一角点，捕捉 D 点为另一个角点，再绘制第二个矩形；第三次执行“绘图”→“矩形”命令，捕捉图 9-19 中的 A 点为第一个角点，捕捉 D 点为另一个角点，绘制第三个矩形。删除步骤 6）中绘制的 4 条辅助线，结果如图 9-20 所示。

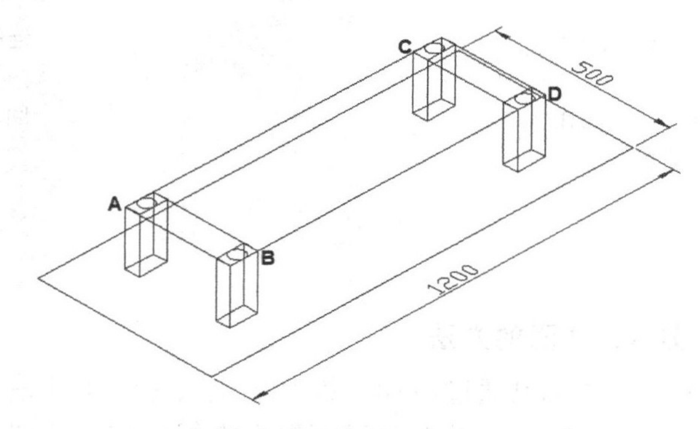

图 9-20 绘制 3 个矩形

8）执行“绘图”→“建模”→“拉伸”命令，将步骤 6）中绘制的 4 个圆向上拉伸，拉伸高度为 160。

9）执行“绘图”→“建模”→“拉伸”命令，将步骤 7）中绘制的第一个和第二个矩形向下拉伸，拉伸高度为–30。

10）执行“绘图”→“建模”→“拉伸”命令，将步骤 7）中绘制的第三个矩形和步骤 2）中绘制的大矩形向上拉伸，拉伸高度为 10，结果如图 9-21 所示。

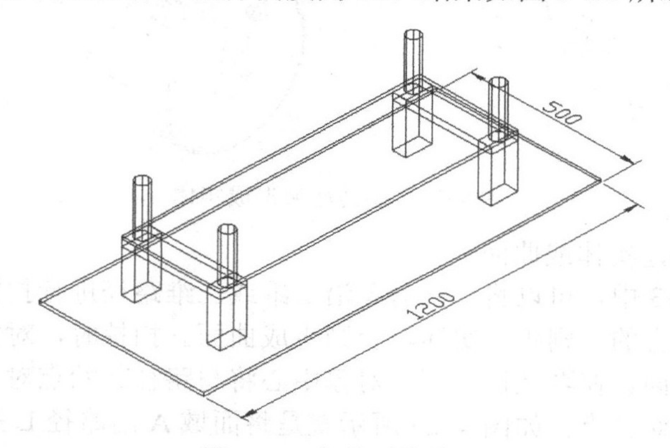

图 9-21 拉伸后的效果

11）执行“修改”→“移动”命令，将步骤 10）中拉伸得到的大长方体垂直向上移动，移动距离为 340（圆柱与小长方体的高度和）。命令行提示与操作如下：

命令: _move	
选择对象: 找到 1 个	选择大长方体
选择对象:	回车结束选择
指定基点或 [位移(D)] <位移>:	用鼠标在绘图区任意一点处单击，确定基点
指定第二个点或 <使用第一个点作为位移>: @0,0,340	输入相对坐标点，确定目标点

12）执行“修改”→“圆角”命令，对移动后的大长方体（茶几面）进行圆角处理。完成三维茶几的绘制。结果如图 9-1 所示。命令行提示与操作如下：

命令: _fillet	
当前设置: 模式 = 修剪，半径 = 0.0000	
选择第一个对象或 [放弃(U)/多段线(P)/半径(R)/修剪(T)/多个(M)]:	选择大长方体的一个边
输入圆角半径或 [表达式(E)]: 3	输入圆角半径 3

选择边或 [链(C)/环(L)/半径(R)]:	连续选择大长方体的其他边
……	……
选择边或 [链(C)/环(L)/半径(R)]:	回车结束选择
已选定 12 个边用于圆角	

知识拓展

1．另外几种创建实体或曲面的方法

在 AutoCAD 2013 中除了可以通过拉伸二维对象生成三维实体或曲面外，还可以通过对二维对象进行旋转、扫掠、放样以及布尔运算等操作得到实体或曲面。

（1）旋转二维对象形成实体或曲面

在 AutoCAD 2013 中，可以通过将二维对象绕指定的轴旋转来创建三维实体或曲面。若二维对象是闭合的，如多段线、多边形、圆、椭圆、闭合样条曲线、圆环、面域，旋转后生成实体，否则生成曲面。但是不能旋转包含在块中的二维对象，也不能旋转具有相交或自交线段的多段线。如图 9-22 所示就是通过旋转面域形成的实体。

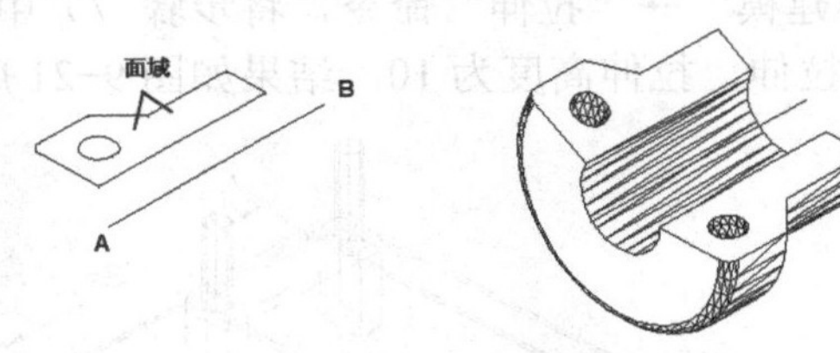

图 9-22　旋转面域形成实体

（2）通过扫掠创建实体或曲面

在 AutoCAD 2013 中，可以将二维对象沿二维或三维路径进行扫掠形成三维实体或曲面。若二维对象是闭合的，则生成实体，否则生成曲面。扫掠时，对象一般会被移动并调整到与路径垂直的方向。在默认情况下，对象中心将与路径起始点对齐，但也可以指定对象的其他点作为扫掠对齐点。如图 9-23 所示就是将面域 A 沿路径 L 扫掠得到的实体。

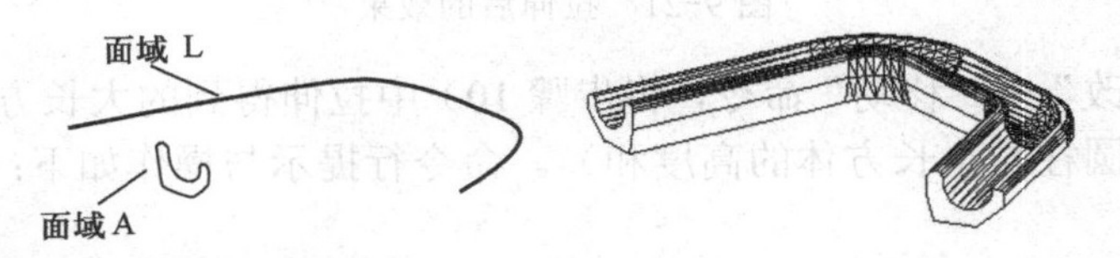

图 9-23　将面域沿路径扫掠

（3）通过放样创建实体或曲面

在 AutoCAD 2013 中，可以对一组二维轮廓曲线进行放样形成三维实体或曲面，若所有的轮廓曲线是闭合的，则生成实体，否则生成曲面。但是，在放样时，轮廓曲线或是全部闭合或是全部开放，不能使用既包含开放轮廓曲线又包含闭合轮廓曲线的选择集。

放样实体或曲面中间轮廓的形状可以通过放样路径或导向曲线来控制，如图 9-24 所示。

（4）通过布尔运算创建复杂的实体对象

在 AutoCAD 2013 中，可以对三维实体进行并集、差集、交集的布尔运算，从而通过基本的三维实体创建出更加复杂的实体对象。

布尔运算是指集合的并、差、交运算。用户可以通过对三维实体或面域对象进行布尔运算来获得所需的实体或面域对象。

1）并集运算。并集运算是将两个或两个以上的实体合成一个实体。如图 9-25 所示的是将长方体与圆柱体进行并集运算后的效果。

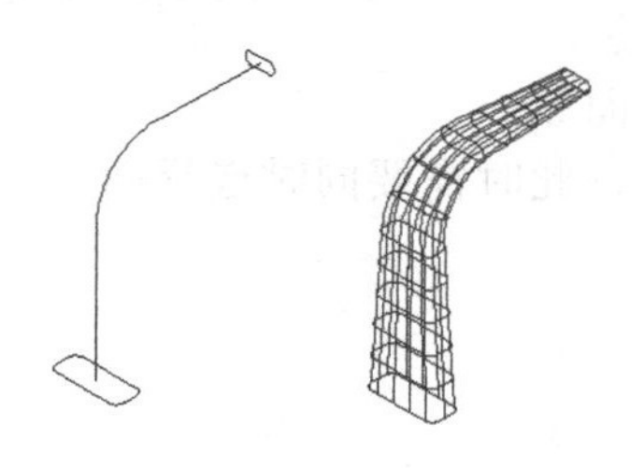

图 9-24　通过放样创建实体

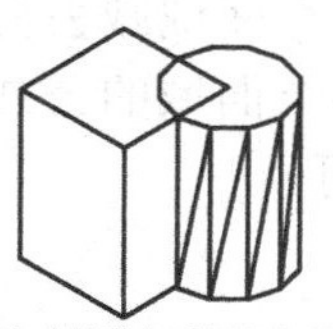

用于并集运算的实体

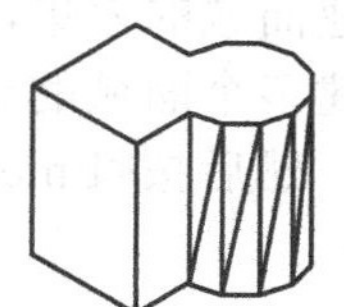

并集操作后的消隐图

图 9-25　并集运算

2）差集运算。差集运算是指从一些实体中减去另一些实体，从而得到一个新的实体。相当于从一些实体中把另一些实体“挖出去”。如图 9-26 所示的是将长方体与圆柱体进行差集运算后的效果。

3）交集运算。交集运算是指将两个或多个实体的公共部分保留下来，同时删除其余部分。如图 9-27 所示的是将长方体与圆柱体进行交集运算后的效果。

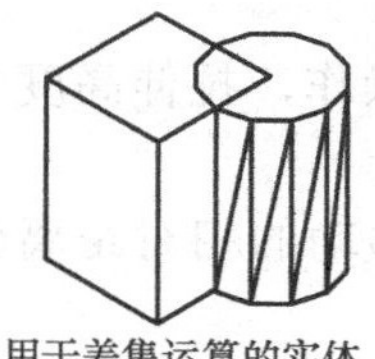

用于差集运算的实体

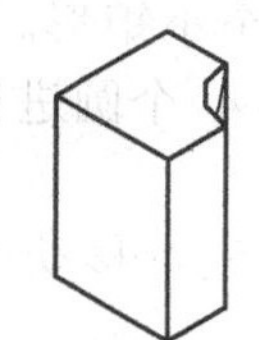

差集操作后的消隐图

图 9-26　差集运算

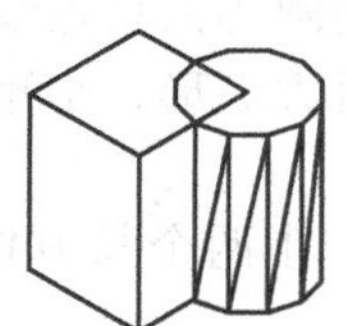

用于交集运算的实体

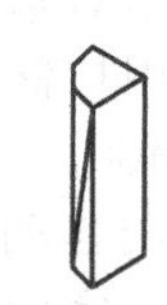

交集操作后的消隐图

图 9-27　交集运算

2．面域

面域指的是具有边界的平面区域，它是一个面对象，内部可以饱含孔。从外观来看，面域与一般的封闭线框没有区别，但实际上面域就像一张没有厚度的纸，除了包括边界外平面，还包括边界内平面。组成面域的边界可以是直线、多段线、圆、圆弧、椭圆、椭圆弧、样条曲线，也可以是三维面或实体。在创建三维实体过程中经常使用面域。通过对面域进行拉伸、旋转等操作来获得三维实体。

（1）创建面域

在 AutoCAD 2013 中，可以将某些二维对象围成的封闭区域转换成面域。这些封闭区域可以是封闭直线、多段线、圆和样条曲线等，也可以是由多个对象组成的封闭区域。

执行“绘图”→“面域”命令，或在功能区的常用选项卡的“绘图”选项面板中单击“面域”按钮，然后选择一个或多个用于转换为面域的封闭图形，当按<Enter>键后即可将它们转换为面域。圆、多边形等封闭图形属于线框模型，而面域属于实体模型，因此，它们在选中时表现的形式也不相同。

另外，执行“绘图”→“边界”命令，可在打开的“边界创建”对话框中定义面域。此时，在对话框中的“对象类型”下拉列表框中选择“面域”选项，单击“确定”按钮后创建的图形将是一个面域，而不是边界。

（2）面域的布尔运算

布尔运算的对象只包括实体和共面的面域，对于普通的线条图形对象无法使用布尔运算。使用“修改”→“实体编辑”子菜单中的相关命令，可以对面域进行如下的布尔运算。

并集：创建面域的并集，此时需要连续选择要进行并集操作的面域对象，然后按<Enter>键即可将选择的面域合并为一个图形并结束命令。

差集：创建面域的差集，使用一个面域减去另一个面域。

交集：创建多个面域的交集即各个面域的公共部分，此时需要同时选择两个或两个以上的面域对象，然后按<Enter>键即可。

实战演练

1．起步

学生自己动手绘制如图 9-28 所示的三维茶几效果图（注：尺寸自定，提示中所给尺寸仅作为比例参考）。

操作步骤提示：

1）将视图转换成东南视图，绘制一个长为 1200，宽为 450 的矩形。

2）在大矩形内绘制一个半径为 35 的小圆，并进行镜像复制。

3）以斜对角的两个小圆的圆心为角点绘制一个小矩形。

4）使用拉伸命令，分别对大矩形、小矩形和 4 个圆进行拉伸操作，拉伸高度分别为 15、10 和 400。

5）使用移动命令，将大、小两个长方体向上进行移动操作，移动的相对距离分别为 400 和 200，完成绘制。

2．进阶

学生自己动手绘制如图 9-29 所示的三维茶几效果图（注：尺寸自定，提示中所给尺寸仅作为比例参考）。

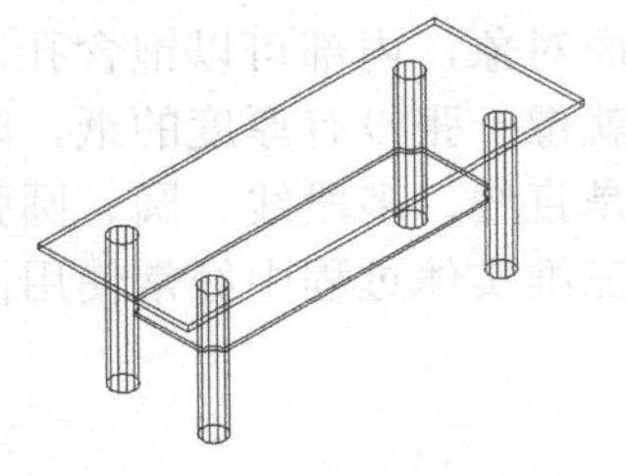

图 9-28　三维茶几效果图 1

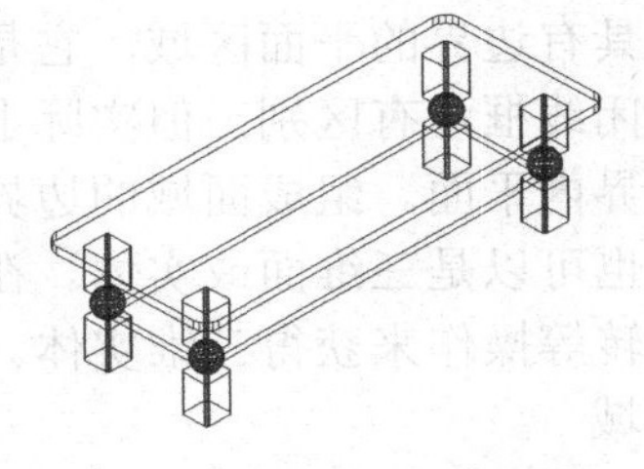

图 9-29　三维茶几效果图 2

操作步骤提示：

1）将视图转换成东南视图。

2）绘制一个长为 1500，宽为 800，圆角半径为 30 的圆角矩形。

3）在大矩形内绘制一个边长为 80，圆角半径为 20 的圆角矩形。小矩形的中心距离大矩形的长边为 160，短边为 240。

4）以小圆角矩形的中心点为圆心，两条中线为 X 轴和 Y 轴，建立新的坐标系。

5）使用拉伸命令，分别对大矩形和小矩形进行拉伸操作，拉伸高度分别为 10 和 220。

6）以绝对坐标点（0，0，250）为球心，30 为半径，绘制一个球体。

7）复制小长方体，以（0，0，0）为基点为，以（@0，0，280）为第二点进行复制。

8）使用三维镜像命令，进行镜像操作。获得其他三个腿。

9）以下面 4 个小长方体底面的中心点为顶点绘制一个长方形，并对其进行拉伸操作，拉伸高度为 10。

10）使用移动命令，将两个大的长方体（茶几面与中间隔板面）向上进行移动操作，移动的相对距离分别为 500 和 220，完成绘制。

3．提高

学生自己动手绘制如图 9-30 所示的石桌与石凳三维效果图（注：提示中所给尺寸仅作为比例参考）。

操作步骤提示：

1）将视图转换成东南视图。

2）绘制一个半径为 260，高为 900 的圆柱体作为桌腿。再绘制一个半径为 680，高为 60 的圆柱作为桌面（绘制时，以桌腿圆柱体上底面圆心为该圆柱体的底面圆心）。

3）以桌腿圆柱体下底面圆心为圆心，1200 为半径，绘制一个辅助圆。

4）以辅助圆的左象限点为新原点移动坐标系，并绕 Y 轴旋转–90°，建立新的坐标系。

5）使用“二维多段线”命令，绘制一条如图 9-31 所示的多段线作为石凳截面（也可以先利用“直线”和“圆弧”命令来绘制，然后使用“边界”命令将其转换成多段线）。

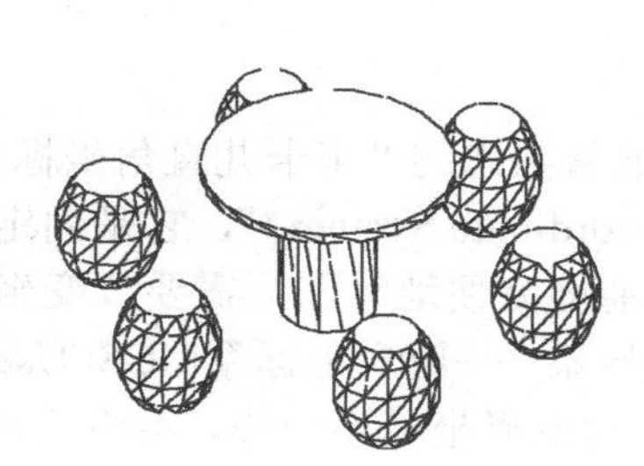

图 9-30　石桌与石凳

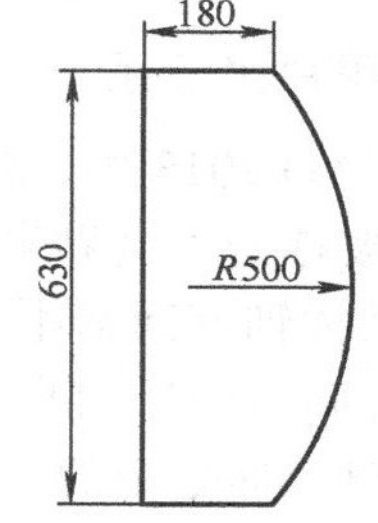

图 9-31　石凳截面形状与尺寸

6）使用旋转命令，将石凳截面旋转生成一个石凳。

7）使用“三维阵列”命令，对石凳进行环形阵列操作，得到 6 个石凳。

8）使用“圆角”命令对石桌进行圆角操作，完成绘制。

任务 15　绘制简易三维客厅效果图

任务目标

- ◆ 进一步熟练掌握创建三维实体的基本方法
- ◆ 进一步熟练掌握三维实体的编辑方法
- ◆ 熟练掌握用户坐标系统的使用方法
- ◆ 熟练掌握图形渲染的基本方法与步骤

任务效果图

本任务的最终效果如图 9-32 所示。

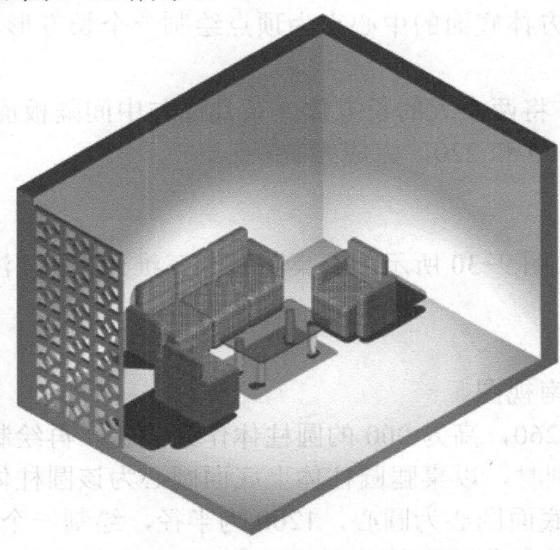

图 9-32 简易三维客厅效果图

相关知识

1. 定义用户坐标系

在 AutoCAD 2013 中，默认的坐标系是大家非常熟悉的“笛卡儿直角坐标系”。不过在 AutoCAD 中被称为“世界坐标系 WCS（World Coordinate System）”，它是固定坐标系，其坐标原点和坐标轴方向都不会改变。但有时为了能够方便地绘图，需要改变坐标系的原点和坐标轴的方向，这时，用户需要定义一个新的坐标系——用户坐标系 UCS（User Coordinate System）。用户坐标系中的三个坐标轴之间的关系与世界坐标系一样，始终互相垂直，但是它的原点及 X、Y、Z 轴的方向和位置可以任意调整。

要定义用户坐标系，可以根据需要，选择“工具”→“新建 UCS”菜单中的相应子命令，也可直接输入 UCS 命令，并根据实际需要选择相应的选项。UCS 坐标系在三维绘图时特别有用，用户可以在任意位置、沿任意方向建立自己的 UCS，从而使三维绘图变得更加容易。

2. 渲染对象

在图形绘制阶段尽管可以选择不同的视觉样式，但还是无法逼真地再现用户所创建的三维实体的真实效果。因此，在实体创建完成之后，还需要对实体进行渲染，以便形象地展示设计结果。

（1）设置材质

在渲染对象时，使用材质可以增强实体对象的真实感。AutoCAD 2013 提供了一个包含大约 500 种的材质和纹理的材质库，用户可以直接从材质库中选择所需的材质，也可以根据需要自己创建材质，然后将需要的材质拖动到目标对象上，即可为对象指定材质，也可以通过贴图的方式来为对象指定材质。

在 AutoCAD 2013 中，执行“视图”→“渲染”→“材质浏览器”命令，或在“渲染”选项板中单击“材质浏览器”按钮 材质浏览器，打开“材质浏览器”选项板，如图 9-33 所示。

在“材质浏览器”选项板中，用户可以从库中选择所需的材质，并可以通过“材质编辑器”选项板对选择的材质进行编辑。在“材质浏览器”选项板中单击“显示材质编辑器”按钮，或使用“视图”→“渲染”→“材质编辑器”命令，打开“材质编辑器”选项板，如图 9-34 所示。在“材质编辑器”选项板中，可以对选中材质的各种属性进行设置。另外还可以使用“材质浏览器”选项板中的“创建材质”下拉列表框，来创建所需的材质。

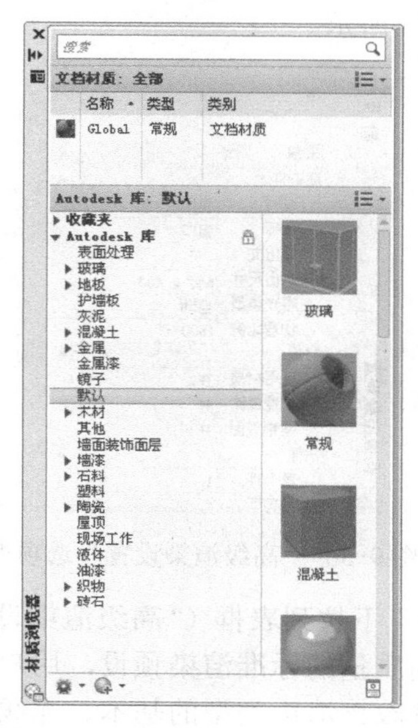

图 9-33 “材质浏览器”选项板

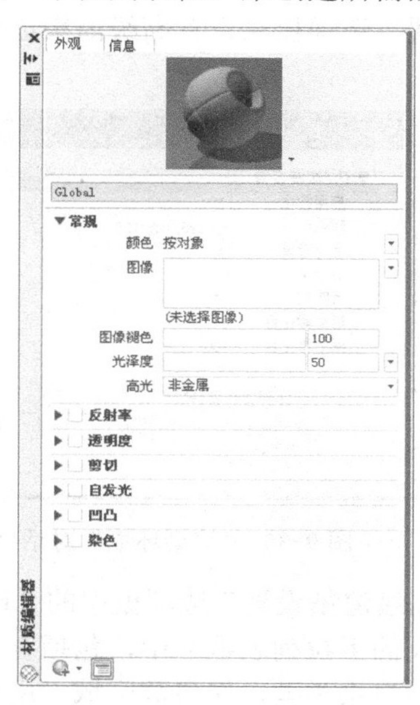

图 9-34 “材质编辑器”选项板

（2）设置光源

在渲染过程中，光源的应用非常广泛，正确的光源对于绘图时显示着色三维模型和渲染对象非常重要，它由强度和颜色两个因素决定。在 AutoCAD 2013 中，不仅可以使用自然光（环境光），也可以使用点光源、聚光灯光源和平行光源，并可以设置每个光源的位置和特性。可以使用“视图”→“渲染”→“光源”命令中的子命令，或者使用“渲染”选项板中“光源”选项面板中对应的命令按钮来创建和管理光源。

（3）贴图

在渲染图形时，可以将材质映射到对象上，称为贴图。在 AutoCAD 2013 中提供了 4 种贴图类型。

1）平面贴图：将图像映射到对象上，就像将其从幻灯片投影器投影到二维曲面上一样，图像不会失真，但是图像会被缩放以适应对象，该贴图通常用于面。

2）长方体贴图：将图像映射到类似长方体的实体上，该图像将在实体对象的每个面上重复使用。

3）球面贴图：在水平和垂直两个方向上同时使图像弯曲，纹理贴图的顶边在球体的“北极”压缩为一个点。同样，底边在“南极”也压缩为一个点。

4）柱面贴图：将图像映射到圆柱形对象上；水平边将一起弯曲，但顶边和底边不会弯曲，图像的高度将沿圆柱体的轴进行缩放。

（4）渲染环境

在渲染图形时。可以使用“渲染环境”对话框来添加雾化效果。可以执行“视图”→“渲染”→“渲染环境”命令，打开“渲染环境”对话框，如图 9-35 所示。在该对话框中可以定义对象与当前观察方向之间的距离和进行雾化设置。

（5）高级渲染设置

在 AutoCAD 2013 中，执行“视图”→“渲染”→“高级渲染设置”命令，打开“高级渲染设置”选项板来设置高级渲染选项，如图 9-36 所示。

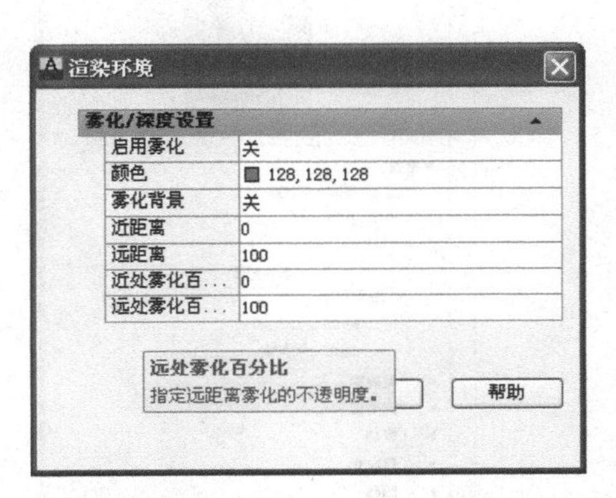

图 9-35 “渲染环境”对话框

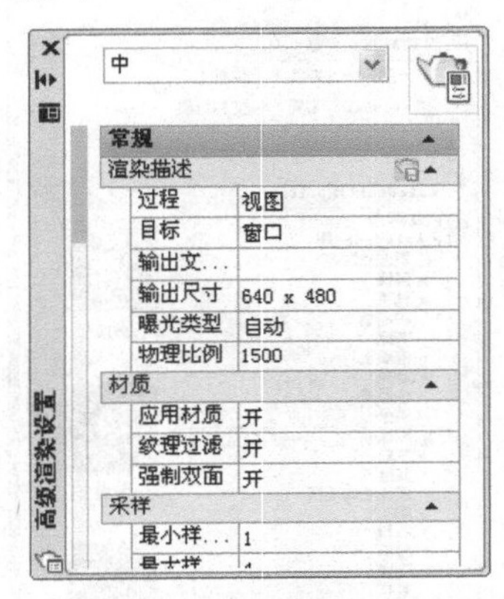

图 9-36 “高级渲染设置”选项板

在“高级渲染设置”选项板中的“选择渲染预设”下拉列表框（“高级渲染设置”选项板中最上面的下拉列表框）中，包括有从最低到最高质量的标准渲染预设，用户可以选择其中预设的渲染类型，在参数区域，用户可以设置修改该渲染类型的基本、光线跟踪、间接光源、诊断、处理等参数。当在“选择渲染预设”下拉列表框中选择“管理渲染预设”选项时，将打开“渲染预设管理器”对话框，如图 9-37 所示，用户可以自定义渲染预设。

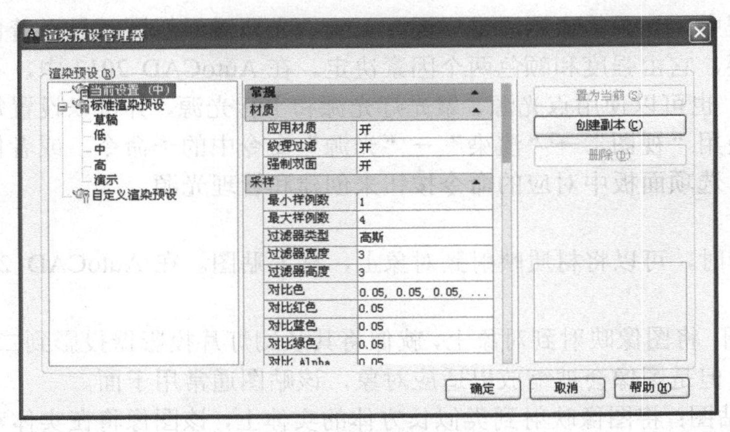

图 9-37 “渲染预设管理器”对话框

绘制流程

图形的绘制流程如图 9-38 所示。

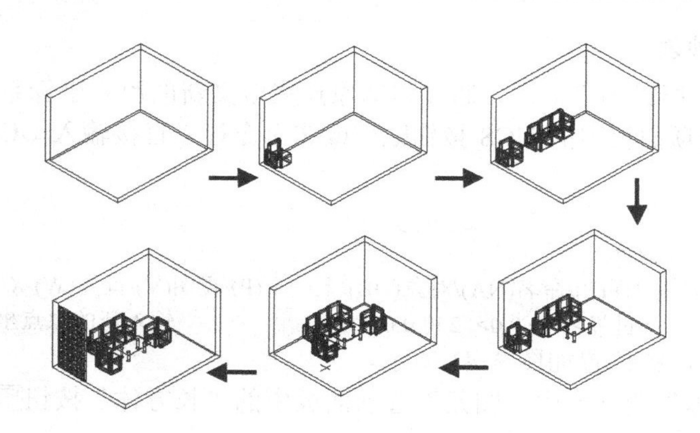

图 9-38　图形的绘制流程

步骤详解

1. 绘制墙壁

1）启动 AutoCAD 2013，选择“三维建模”工作空间。新建“墙”“物品”和“屏风”3 个图层，并将“墙”层设为当前层。选择东南等轴测视图。

2）单击“实体”选项卡中“图元”选项面板中的“长方体”按钮，命令行提示及操作如下：

命令: _box	操作
指定第一个角点或 [中心(C)]: 0,0	确定长方体底面的一个顶点
指定其他角点或 [立方体(C)/长度(L)]: @3240,4240	输入底面对角点的相对坐标值
指定高度或 [两点(2P)] <160.0000>: −160	输入长方体的高度

3）重复执行绘制长方体命令，命令行提示及操作如下：

命令: _box	操作
指定第一个角点或 [中心(C)]: 0,0	确定长方体底面的一个顶点
指定其他角点或 [立方体(C)/长度(L)]: @240,4000	输入底面对角点的相对坐标值
指定高度或 [两点(2P)] <160.0000>: 2500	输入长方体的高度

4）再一次重复执行绘制长方体命令，命令行提示及操作如下：

指定第一个角点或 [中心(C)]: 0,4240	确定长方体底面的一个顶点
指定其他角点或 [立方体(C)/长度(L)]: @3240,−240	输入底面对角点的相对坐标值
指定高度或 [两点(2P)] <160.0000>: 2500	输入长方体的高度

三个长方体的形态与位置如图 9-39 所示。

5）对三个长方体进行布尔运算中的并运算处理，结果如图 9-40 所示。

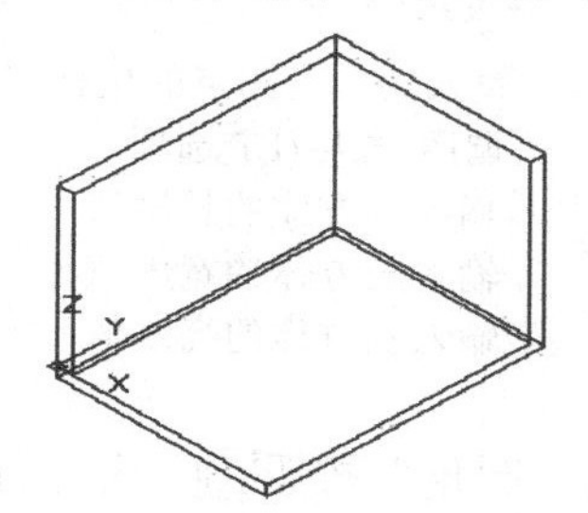

图 9-39　三个长方体的形态和位置

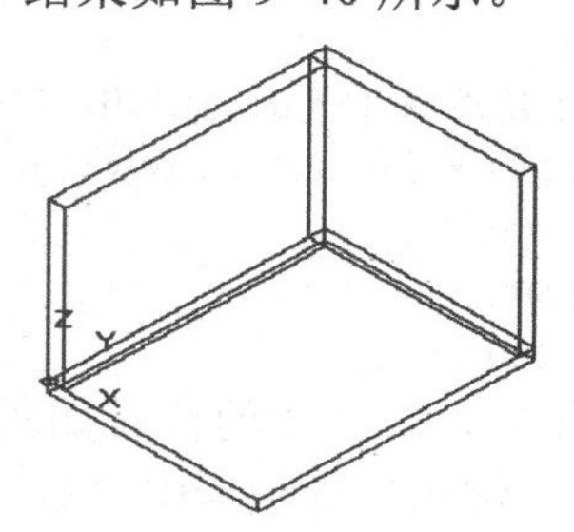

图 9-40　三个长方体并运算后的结果

2．绘制单人沙发

1）将“物品”层设为当前层，通过移动原点来定义新的用户坐标系，单击“常用”选项卡中“坐标”选项面板中的 UCS 按钮，或在命令行中直接输入 UCS 命令，命令行提示及操作如下：

```
命令: _ucs
当前 UCS 名称: *世界*
指定 UCS 的原点或 [面(F)/命名(NA)/对象(OB)/上一个(P)/视图(V)/世界(W)/X/Y/Z/Z 轴(ZA)]
        <世界>: <0,0,0>: 240,0,0                        输入新的原点坐标值
```

坐标系修改前后的位置如图 9-41 所示。

2）单击“实体”选项卡中“图元”选项面板中的“长方体”按钮，命令行提示及操作如下：

命令: _box	操作
指定第一个角点或 [中心(C)]: <0,0,0>	捕捉坐标原点
指定其他角点或 [立方体(C)/长度(L)]: l	调用“长度(L)”选项
指定长度: 500	输入长方体的长度值
指定宽度: 120	输入长方体的宽度值
指定高度: 550	输入长方体的高度值

操作完成后，长方体的位置如图 9-42 所示。

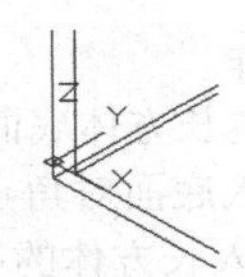

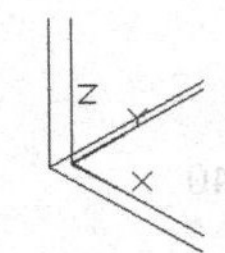

图 9-41　坐标系修改前后的位置比较

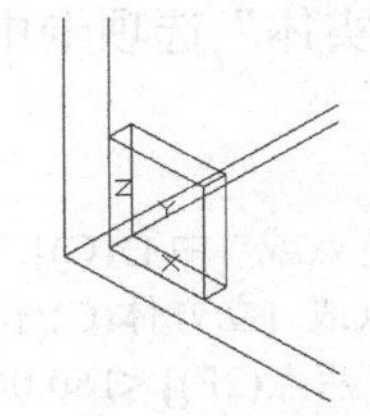

图 9-42　长方体的位置 1

3）重复执行绘制长方体命令，命令行提示及操作如下：

命令: _box	操作
指定第一个角点或 [中心(C)]: 0，120	输入第一个角点的坐标值
指定其他角点或 [立方体(C)/长度(L)]: l	调用“长度(L)”选项
指定长度: 1200	输入长方体的长度值
指定宽度: 500	输入长方体的宽度值
指定高度: 750	输入长方体的高度值

完成操作后，长方体的位置如图 9-43 所示。

4）再次重复执行绘制长方体命令，命令行提示及操作如下：

命令: _box	操作
指定第一个角点或 [中心(C)]:120，120	输入第一个角点的坐标值
指定其他角点或 [立方体(C)/长度(L)]: l	调用“长度(L)”选项
指定长度: 500	输入长方体的长度值
指定宽度: 500	输入长方体的宽度值
指定高度: 400	输入长方体的高度值

完成操作后，长方体的位置如图 9-44 所示。

5）单击“常用”选项卡中“修改”选项面板中的“圆角”按钮，命令行提示及操作如下：

命令: _fillet	操作
当前设置: 模式 = 修剪，半径 = 0.0000	
选择第一个对象或 [放弃(U)/多段线(P)/半径(R)/修剪(T)/多个(M)]:	单击最后一个长方体的任意一条边
输入圆角半径或 [表达式(E)] <0.0000>: 50	输入圆角半径值
选择边或 [链(C)/半径(R)]: C	调用“链(C)”选项
选择边链或 [边(E)/半径(R)]:	分别选择长方体的各个边后回车
已选定 12 个边用于圆角	

6）利用同样的方法为另外两个长方体进行倒圆角操作，结果如图 9-45 所示。

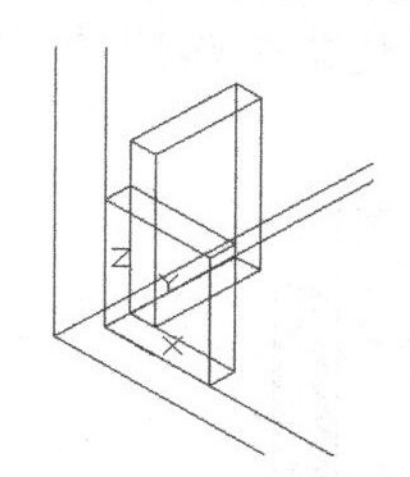

图 9-43 长方体的位置 2

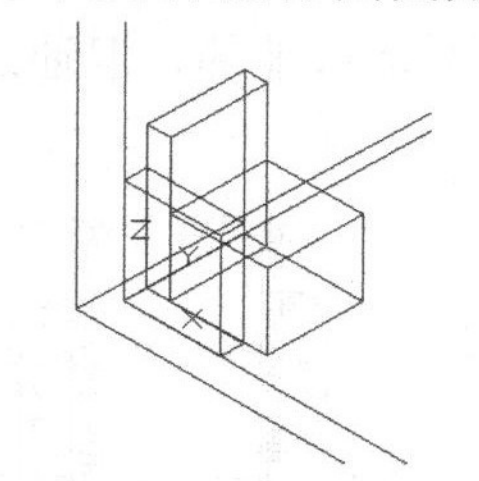

图 9-44 长方体的位置 3

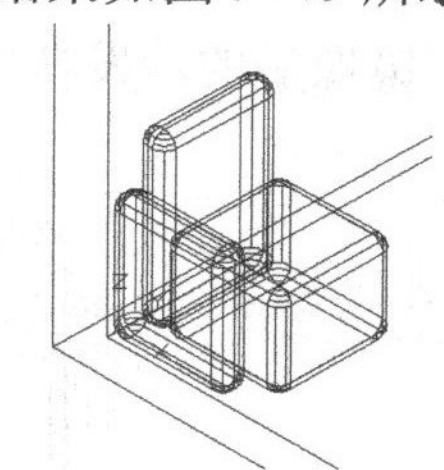

图 9-45 长方体倒圆角操作

3．将单人沙发修改成三人沙发

1）使用复制命令（可单击“常用”选项卡中“修改”选项面板中的“圆角”按钮），选择经过圆角处理后的三个长方体，以原点为基点，输入位移的第二点绝对坐标（0，1250，0），复制的结果如图 9-46 所示。

2）执行“修改”→“三维操作”→“三维阵列”命令，命令行提示及操作如下：

命令: _3darray	操作
选择对象: 找到 1 个	选择最右侧的一个长方体
选择对象: 找到 1 个，总计 2 个	选择最右侧的另一个长方体
选择对象:	回车结束选择
输入阵列类型 [矩形(R)/环形(P)] <矩形>:	直接回车，即选择矩形阵列
输入行数 (---) <1>: 3	输入阵列的行数
输入列数 (|||) <1>:	直接回车，即阵列 1 列
输入层数 (...) <1>:	直接回车，即阵列 1 层
指定行间距 (---): 500	输入阵列的行间距

阵列后的效果如图 9-47 所示。

3）执行“修改”→“三维操作”→“三维镜像”命令，复制出三个沙发的另一个扶手，命令行提示及操作如下：

命令: _mirror3d	操作
选择对象: 找到 1 个	选择三人沙发左侧的扶手
选择对象:	回车结束选择
指定镜像平面 (三点) 的第一个点或 [对象(O)/最近的(L)/Z 轴(Z)/视图(V)/XY 平面(XY)/YZ 平面(YZ)/ZX 平面(ZX)/三点(3)] <三点>: zx	以 ZX 平面为镜像面
指定 ZX 平面上的点 <0,0,0>:	选择中间沙发上的一个中点
是否删除源对象？[是(Y)/否(N)] <否>:	直接回车，不删除源对象

4）使用相同的方法为左边的单人沙发镜像出扶手。

镜像后的效果如图 9-48 所示。

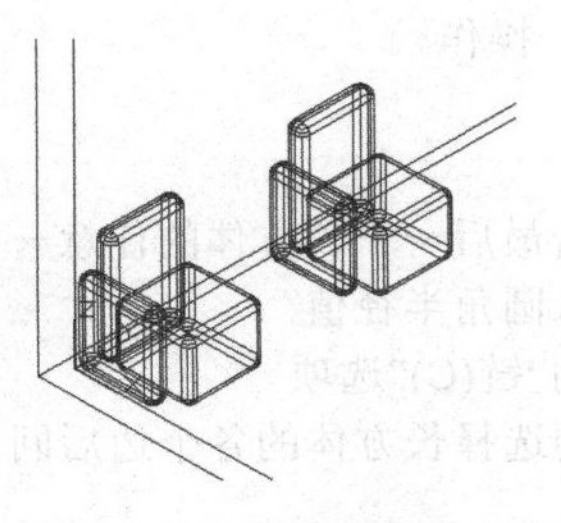
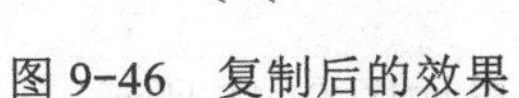

图 9-46 复制后的效果

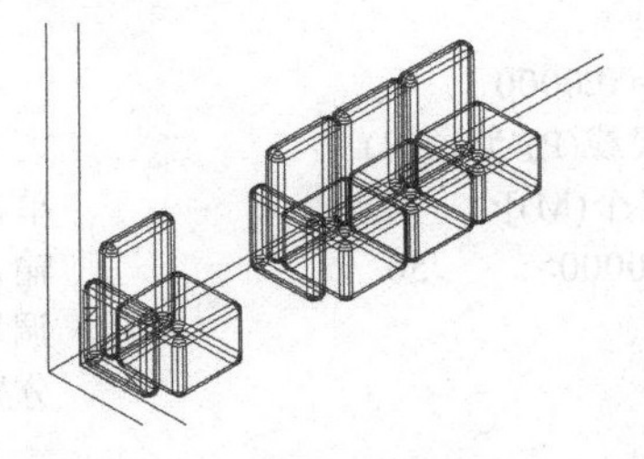

图 9-47 阵列后的效果

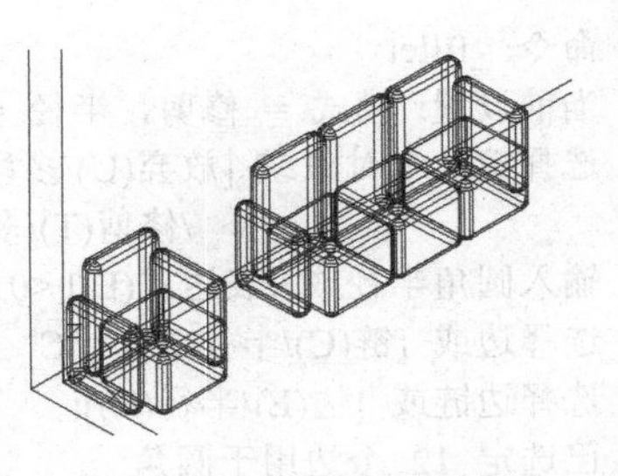

图 9-48 镜像后的效果

注意：镜像后的沙发扶手看上去不是落地的，但通过右视图观察是落地的，如图 9-49 所示。

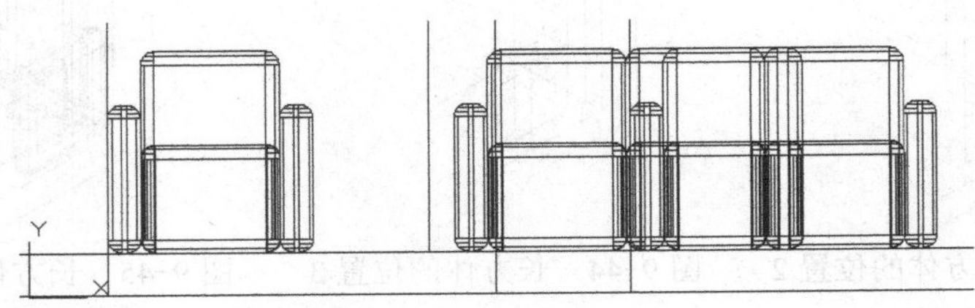

图 9-49 右视图观察的效果图

5）在命令行中输入 Group 命令，在弹出的“对象编组”对话框中分别设置编组名为“单人沙发”和“三人沙发”，并分别选择视图中的单人沙发和三人沙发，将其成组。

4. 绘制茶几

1）单击绘制矩形按钮，命令行提示及操作如下：

令: _rectang	操作
指定第一个角点或 [倒角(C)/标高(E)/圆角(F)/厚度(T)/宽度(W)]: f	调用“圆角(F)”选项
指定矩形的圆角半径 <0.0000>: 50	输入圆角半径值
指定第一个角点或 [倒角(C)/标高(E)/圆角(F)/厚度(T)/宽度(W)]: from	使用参照点来定位第一角点
基点:	捕捉图 9-50a 中所示的点作为基点（参照点）
<偏移>: @300,0,0	指定相对基点的偏移量
指定另一个角点或 [面积(A)/尺寸(D)/旋转(R)]: @600,1000	输入另一个角点的相对坐标

完成操作后，矩形的形态如图 9-50b 所示。

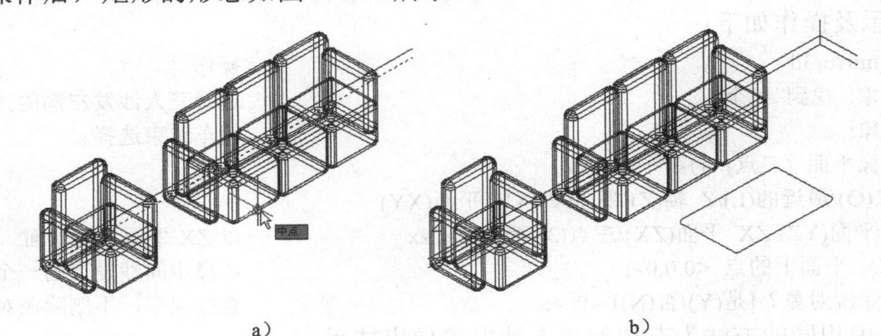

图 9-50 矩形的起点位置及形态

2）单击“实体”选项卡中“实体”选项面板中的“拉伸”按钮［拉伸］，对圆角矩形进行拉伸操作，得到茶几的台面。命令行提示及操作如下：

命令: _extrude	
当前线框密度: ISOLINES=4，闭合轮廓创建模式 = 实体	
选择要拉伸的对象或 [模式(MO)]:	选择圆角矩形
选择要拉伸的对象或 [模式(MO)]:	回车结束选择
指定拉伸的高度或 [方向(D)/路径(P)/倾斜角(T)/表达式(E)] <0.0000>: 20	输入拉伸的高度值

圆角矩形拉伸后的效果如图 9-51 所示。

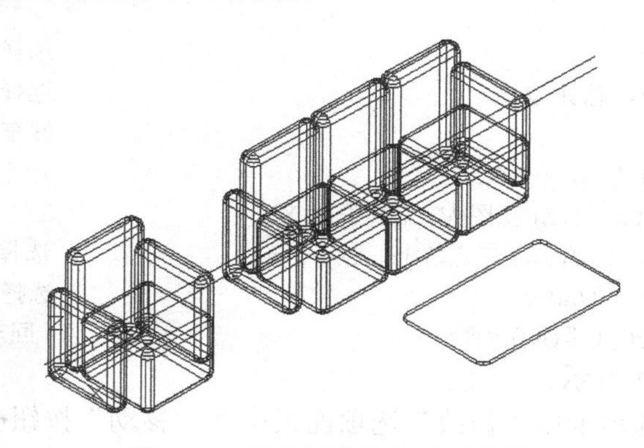

图 9-51　圆角矩形拉伸后的效果

3）单击“常用”选项卡中“坐标”选项面板中的 UCS 按钮，或在命令行中直接输入 UCS 命令，选择圆角矩形左上角圆角的圆心为新的原点，创建用户坐标系统，结果如图 9-52 所示。

4）单击“实体”选项卡中“图元”选项面板中的“圆柱”按钮［圆柱体］，绘制圆柱体，命令行提示及操作如下：

命令: _cylinder	操作
指定底面的中心点或 [三点(3P)/两点(2P)/切点、切点、半径(T)/椭圆(E)]: 100,100,0	输入中心点绝对坐标值
指定底面半径或 [直径(D)]: 50	输入底面半径值
指定高度或 [两点(2P)/轴端点(A)] <-20.0000>: 350	输入圆柱体的高度值

完成操作后，所得圆柱体的形态及位置如图 9-53 所示。

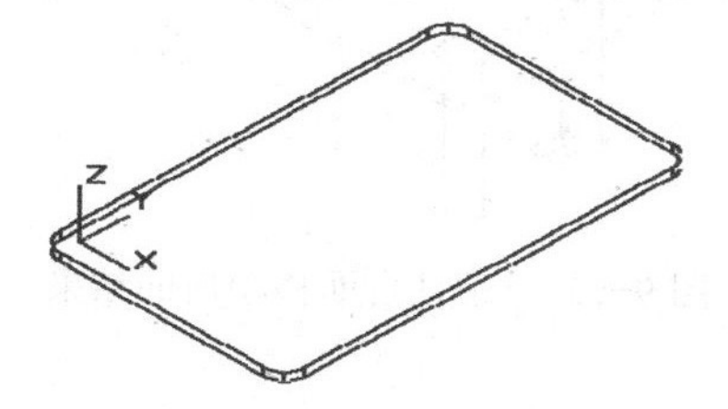

图 9-52　新原点的位置

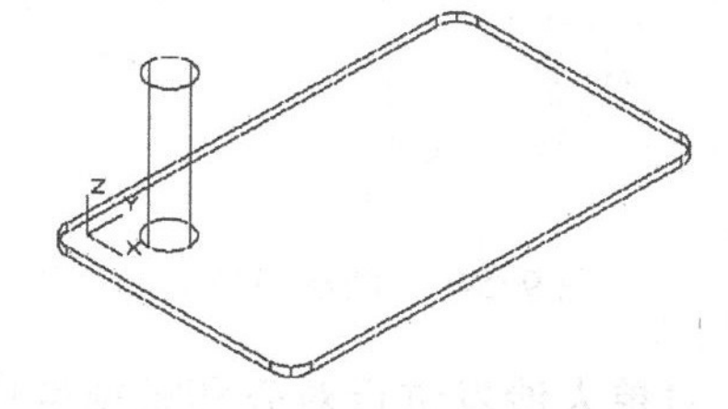

图 9-53　圆柱体的位置及形态

5）单击“常用”选项卡中“修改”选项面板中的“三维镜像”按钮，对圆柱体进行三维镜像操作，命令行提示及操作如下：

命令:	操作
命令: _mirror3d	

```
选择对象：找到 1 个                                              选择圆柱体
选择对象:                                                        回车结束选择
指定镜像平面 (三点) 的第一个点或
    [对象(O)/最近的(L)/Z 轴(Z)/视图(V)/XY 平面(XY)
    /YZ 平面(YZ)/ZX 平面(ZX)/三点(3)] <三点>: zx                选择以 ZX 平面进行镜像
指定 ZX 平面上的点 <0,0,0>:                                      选择矩形长边的中点
是否删除源对象？[是(Y)/否(N)] <否>:                               回车结束操作
命令:                                                            回车重复执行三维镜像操作
命令: _mirror3d
选择对象：找到 1 个                                              选择第一个圆柱体
选择对象：找到 1 个，总计 2 个                                    选择第二个圆柱体
选择对象:                                                        回车结束选择
指定镜像平面 (三点) 的第一个点或
  [对象(O)/最近的(L)/Z 轴(Z)/视图(V)/XY 平面(XY)
   /YZ 平面(YZ)/ZX 平面(ZX)/三点(3)] <三点>: yz                  选择以 YZ 平面进行镜像
指定 YZ 平面上的点 <0,0,0>:                                      选择矩形短边的中点
是否删除源对象？[是(Y)/否(N)] <否>:                               回车结束操作
```

镜像结果如图 9-54 所示。

6）单击“常用”选项卡中“修改”选项面板中的“移动”按钮，对茶几台面进行移动操作，命令行提示及操作如下：

```
命令: _move                                                      操作
选择对象：找到 1 个                                              选择茶几台面
选择对象:                                                        回车结束选择
指定基点或 [位移(D)] <位移>:   0,0,370                           输入基点的绝对坐标值
指定第二个点或 <使用第一个点作为位移>:                            回车，用第一点作位移
```

茶几台面移动后的结果如图 9-55 所示。

7）在命令行中输入 Group 命令，将茶几台面与 4 个圆柱体以“茶几”为组名创建成一个组。

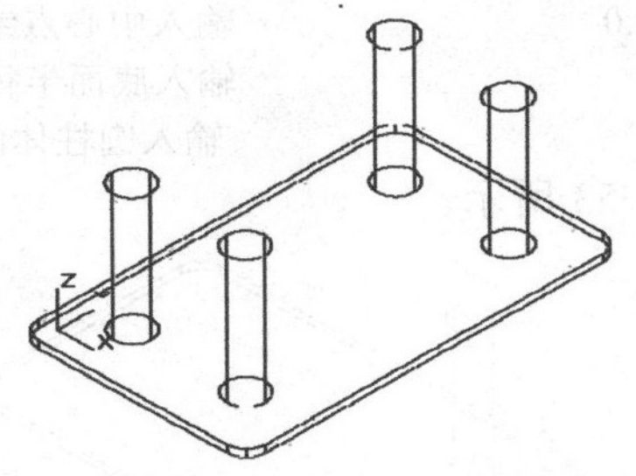
图 9-54　两次镜像后的结果

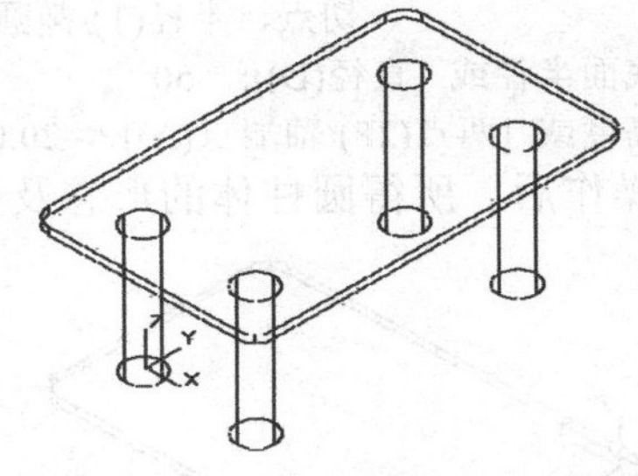
图 9-55　茶几台面移动后的结果

5. 对单人沙发进行对齐和镜像操作

1）将坐标系转换为世界坐标系。

2）利用绘制直线命令，绘制三条辅助线。首先在左侧两个圆柱体底面的两个圆心之间绘制一条直线。然后以该直线的中点为起点，再绘制两条首尾相连的线段，线段的位置及尺寸如图 9-56 所示。

3）将视图转换成西南等轴测视图，如图 9-57 所示（注：转换视图的目的是便于对齐操作时，单人沙发上对齐点的选择）。

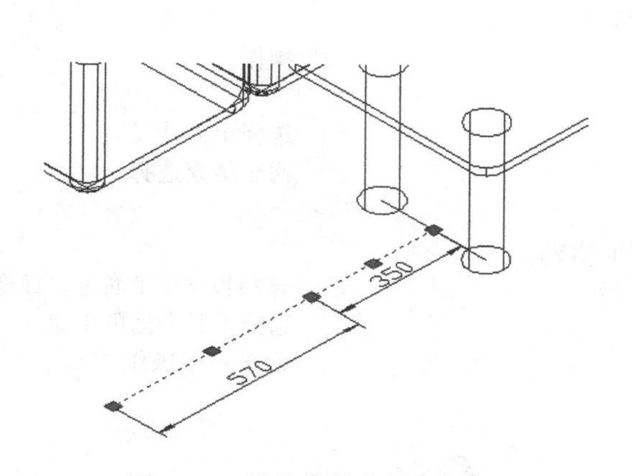

图 9-56　辅助线的位置与尺寸

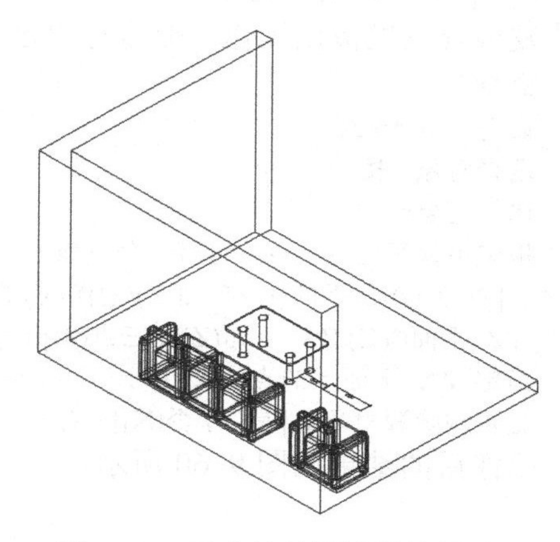

图 9-57　西南等轴测视图效果

4）单击“常用”选项卡中“修改”选项面板中的“三维对齐”按钮，对单人沙发进行三维对齐操作，命令行提示及操作如下：

命令: _3dalign	操作
选择对象: 找到 4 个，1 个编组	选择单人沙发
选择对象:	回车结束选择
指定源平面和方向 ...	
指定基点或 [复制(C)]:	捕捉单人沙发后中点 A
指定第二个点或 [继续(C)] <C>:	捕捉单人沙发前中点 B
指定第三个点或 [继续(C)] <C>:	直接回车
指定目标平面和方向 ...	
指定第一个目标点:	捕捉辅助线的第一个端点 C
指定第二个目标点或 [退出(X)] <X>:	捕捉辅助线的第二个端点 D
指定第三个目标点或 [退出(X)] <X>:	回车结束

5）各点的位置如图 9-58 所示。对齐后的效果如图 9-59 所示。

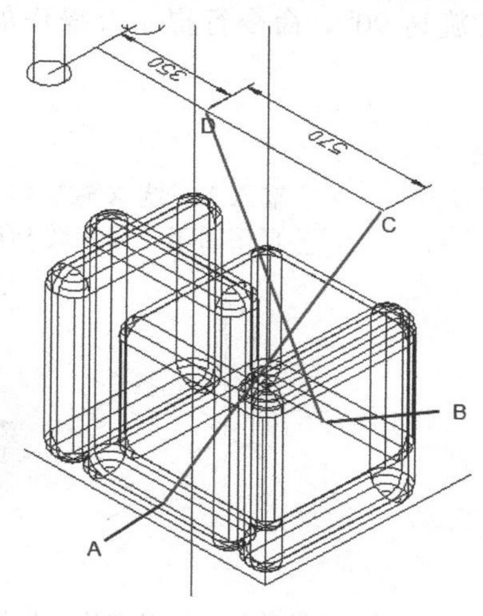

图 9-58　各点的位置

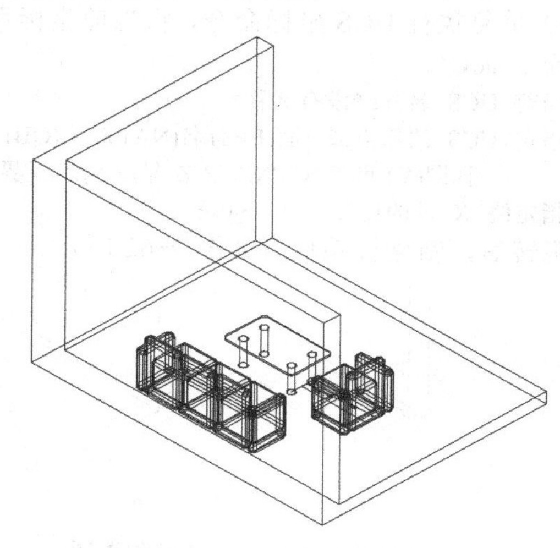

图 9-59　对齐后的效果

6）删除三条辅助线，并将视图转换为东南视图。

7）单击“常用”选项卡中“修改”选项面板中的“三维镜像”按钮，对对齐后的单人沙发进行三维镜像操作，命令行提示及操作如下：

命令:	操作
命令: _mirror3d	
选择对象: 找到 1 个	选择单人沙发
选择对象:	回车结束选择
指定镜像平面 (三点) 的第一个点或 [对象(O)/最近的(L)/Z 轴(Z)/视图(V)/XY 平面(XY)/YZ 平面(YZ)/ZX 平面(ZX)/三点(3)] <三点>: zx	选择以 ZX 平面进行镜像
指定 ZX 平面上的点 <0,0,0>:	选择茶几台面的中点
是否删除源对象？[是(Y)/否(N)] <否>:	回车结束操作

镜像后的结果如图 9-60 所示。

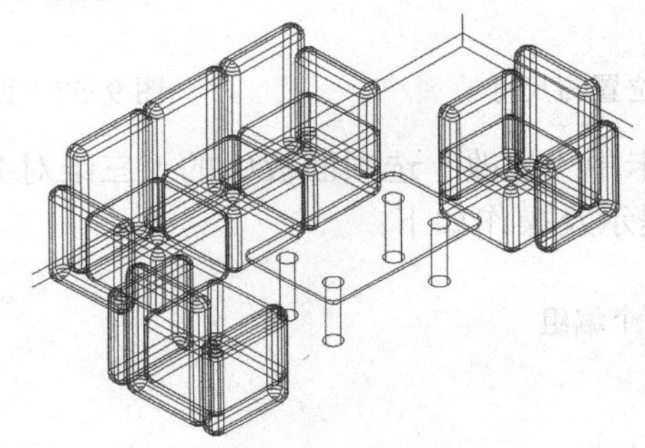

图 9-60　镜像后的结果

6. 绘制雕花屏风

1）将“屏风”层设为当前层，并关闭“物品”层。

2）单击“常用”选项卡中“坐标”选项面板中的 UCS 按钮，或在命令行中直接输入 UCS 命令，选择如图 9-61a 所示的端点为新原点，创建新的用户坐标系系统，结果如图 9-61b 所示。

3）重复执行 UCS 坐标命令，将当前坐标系绕 X 轴旋转 90°，命令行提示及操作如下：

命令: ucs	
当前 UCS 名称: *没有名称*	
指定 UCS 的原点或 [面(F)/命名(NA)/对象(OB)/上一个(P)/视图(V)/世界(W)/X/Y/Z/Z 轴(ZA)] <世界>: x	输入 X，绕 X 轴旋转
指定绕 X 轴的旋转角度 <90>:	直接回车，即旋转 90°

旋转后，新坐标系位置如图 9-62 所示。

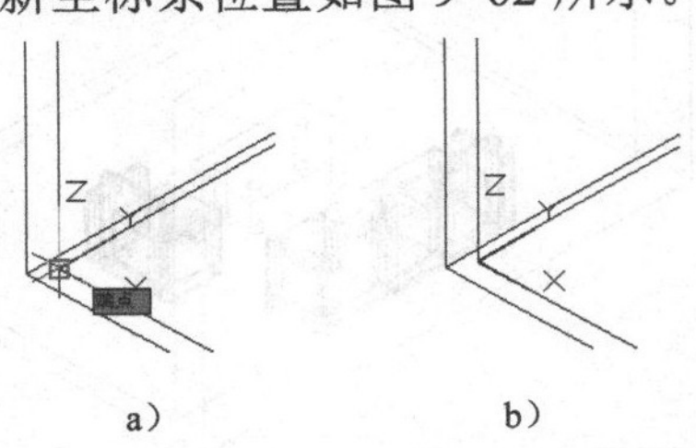

a)　　　　b)

图 9-61　新原点的位置图

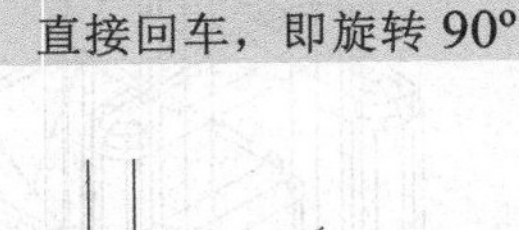

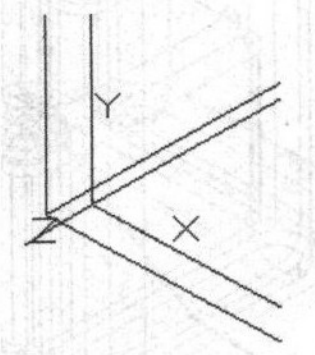

图 9-62　绕 X 轴旋转 90° 得到的新坐标系

4）在命令行中输入 plan 命令，将视图转换成平面视图，命令行提示及操作如下：

命令: plan	操作
输入选项 [当前 UCS(C)/UCS(U)/世界(W)] <当前 UCS>:	直接回车
正在重新生成模型	

结果如图 9-63 所示。

5）使用绘制矩形命令，绘制一个边长为 400 的正方形，位置如图 9-64 所示。

6）使用偏移命令，将正方形向内进行偏移复制，偏移距离为 40。结果如图 9-65 所示。

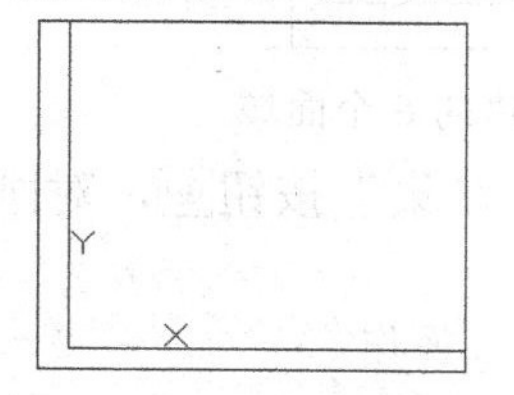

图 9-63　平面视图

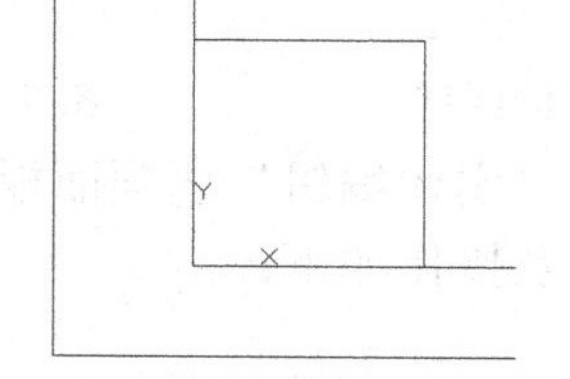

图 9-64　绘制的矩形

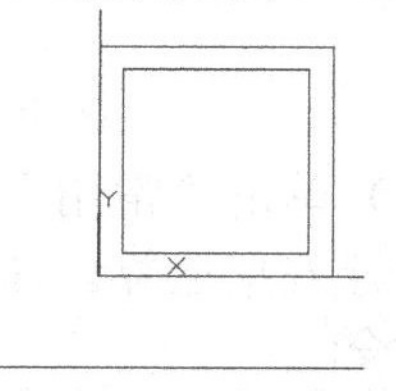

图 9-65　偏移后的正方形

7）使用“起点”“端点”“角度”绘制圆弧命令，绘制一个圆弧，圆弧包含的角度为 90°，起点与端点的位置如图 9-66 所示。

8）使用二维镜像命令，将刚绘制的圆弧进行镜像复制，结果如图 9-67 所示。

9）使用偏移命令，将 4 个圆弧分别向上和向下进行偏移复制，偏移距离为 20，结果如图 9-68 所示。然后将中间的 4 个圆弧删除，结果如图 9-69 所示。

10）使用“修剪”命令，对图形进行修剪操作，结果如图 9-70 所示。

11）执行“绘图”→“边界”命令，或单击“功能区”→“常用”选项卡中绘图扩展选项面板中的“边界”按钮，打开“创建边界”对话框，在对话框中，选中“孤岛检测”复选框，对象类型选择“面域”，边界集为“当前视口”，如图 9-71 所示。

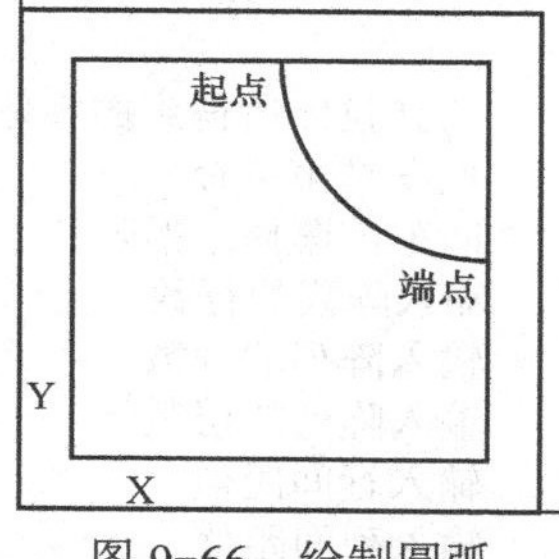

图 9-66　绘制圆弧

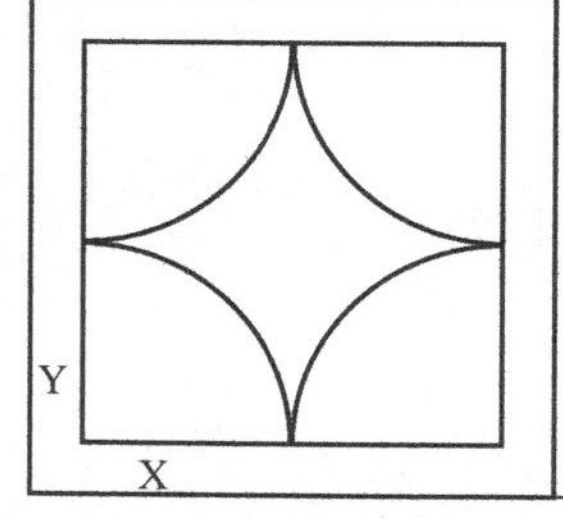

图 9-67 镜像操作后的圆弧

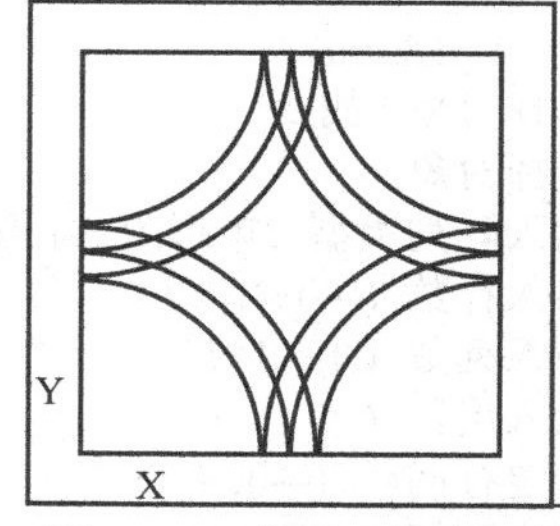

图 9-68　偏移后的圆弧

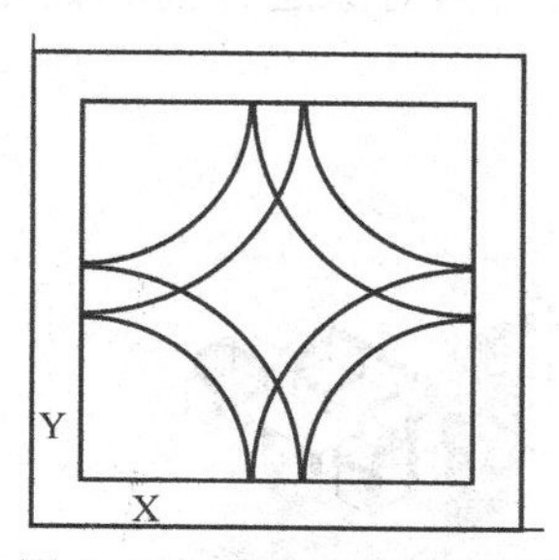

图 9-69　删除中间的圆弧

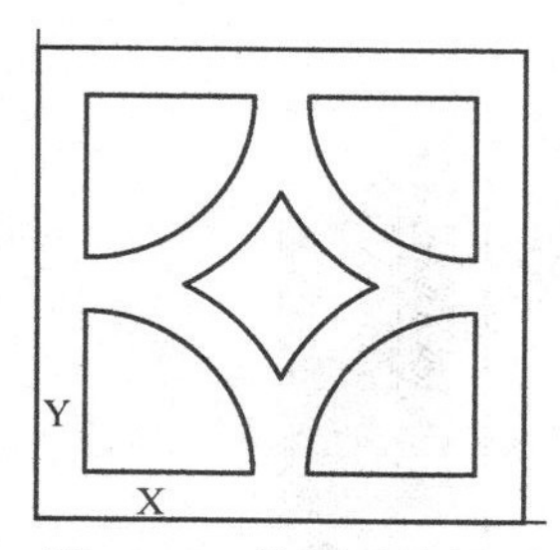

图 9-70　修剪后的圆弧

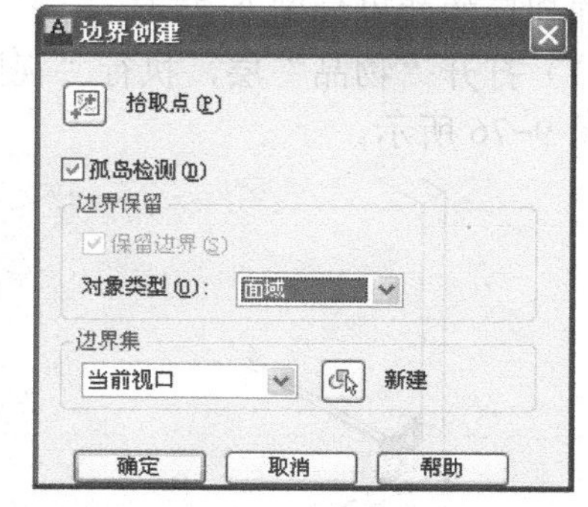

图 9-71　“边界创建”对话框

12）单击对话框中的“拾取点”按钮，返回编辑区，在如图 9-72 所示的阴影区域

内的任意一点单击，然后按<Enter>键结束操作，完成 6 个面域的创建，如图 9-73 所示。

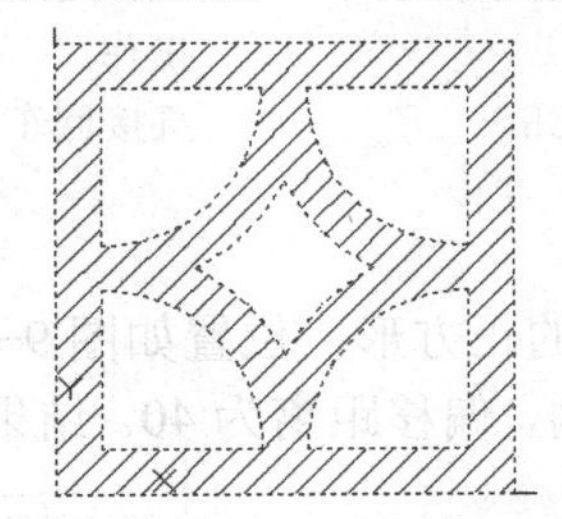

图 9-72　拾取点的区域

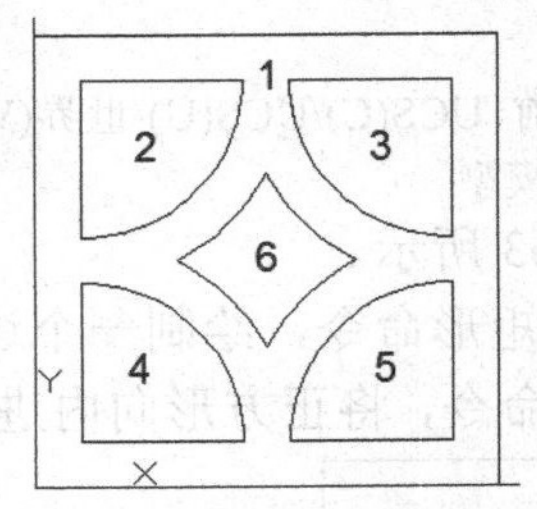

图 9-73　创建的 6 个面域

13）单击“常用”选项卡中“实体编辑”选项面板中的“差集”按钮，对刚创建的面域进行差集运算。命令行提示及操作如下：

	操作
命令:	
命令: _subtract 选择要从中减去的实体、曲面和面域...	
选择对象: 找到 1 个	选择大正方形所创建的面域
选择对象:	回车结束选择
选择要减去的实体、曲面和面域...	
选择对象: 找到 5 个	选择其他 5 个面域
选择对象:	回车结束选择

14）单击“实体”选项卡中“实体”选项面板中的“拉伸”按钮，对差运算后得到的图形进行拉伸操作，拉伸高度为-40。

15）将视图转换为东南视图，结果如图 9-74 所示。

16）执行“修改”→“三维操作”→“三维阵列”命令，或单击“功能区”→“常用”选项卡中“修改”选项面板中的“三维阵列”按钮，对拉伸所得到的实体进行阵列操作，形成雕花屏风，命令行提示及操作如下：

命令: _3darray	
选择对象: 找到 1 个	选择拉伸所得到的实体
选择对象:	回车结束选择
输入阵列类型 [矩形(R)/环形(P)] <矩形>:	回车，选择矩形阵列
输入行数 (---) <1>: 6	输入阵列的行数
输入列数 (|||) <1>: 3	输入阵列的列数
输入层数 (...) <1>: 1	输入阵列的层数
指定行间距 (---): 400	输入行间距值
指定列间距 (|||): 400	输入列间距值

阵列后的效果如图 9-75 所示。

17）打开“物品”层，执行“视图”→“消隐”命令，对实体对象进行消隐处理，结果如图 9-76 所示。

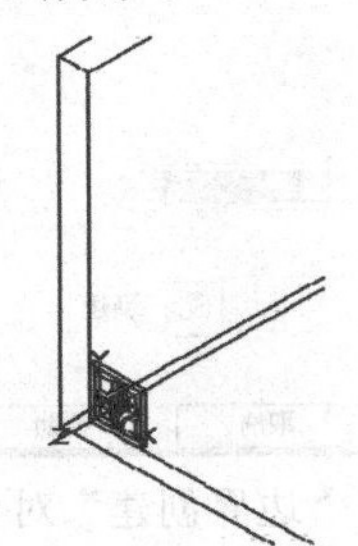

图 9-74　转换为东南视图后的效果

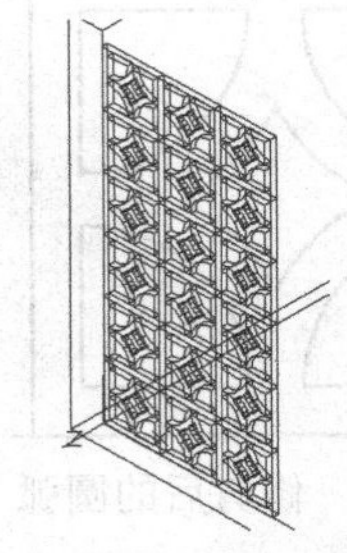

图 9-75　阵列后的效果

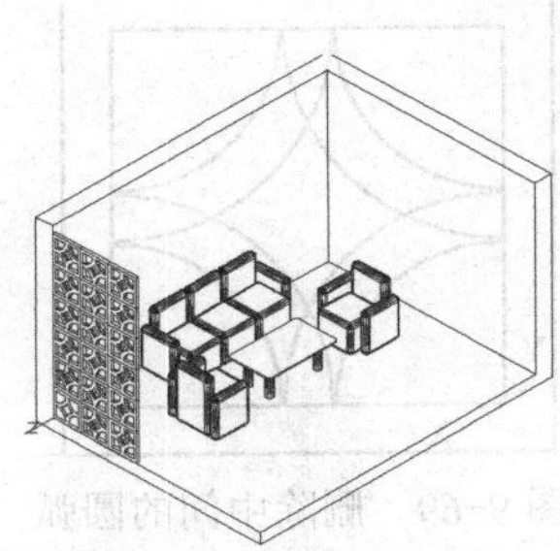

图 9-76　消隐后的效果

7. 为场景设置灯光

1）单击“常用”选项卡中“坐标”选项面板中的 UCS 按钮，将坐标系转换为世界坐标系。

2）使用绘制直线命令，绘制三条辅助直线。以茶几台面前沿中点为起点，向上绘制一条直线，端点的相对坐标为（@0，0，2100）；以地面两边的中点为起点，分别向外绘制两条长为 1500 的直线，其位置如图 9-77 所示。

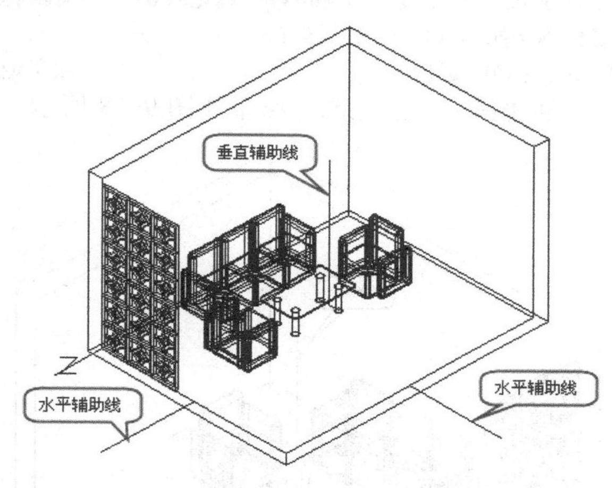

图 9-77　三条辅助线的位置

3）执行“视图”→“渲染”→“光源”→“新建聚光灯”命令，命令行提示及操作如下：

命令: _spotlight	操作
指定源位置 <0,0,0>:	捕捉垂直辅助线的上端点
指定目标位置 <0,0,-10>:	捕捉垂直辅助线的下端点
输入要更改的选项 [名称(N)/强度(I)/状态(S)/聚光角(H) /照射角(F)/阴影(W)/衰减(A)/颜色(C)/退出(X)] <退出>: I	选择“强度(I)”选项
输入强度 (0.00 –最大浮点数) <1>: 0.8	输入强度值
输入要更改的选项 [名称(N)/强度(I)/状态(S)/聚光角(H) /照射角(F)/阴影(W)/衰减(A)/颜色(C)/退出(X)] <退出>: h	选择“聚光角(H)”选项
输入聚光角 (0.00–160.00) <45>: 90	输入聚光角度值
输入要更改的选项 [名称(N)/强度(I)/状态(S)/聚光角(H) /照射角(F)/阴影(W)/衰减(A)/颜色(C)/退出(X)] <退出>: f	选择“照射角(F)”选项
输入照射角 (0.00–160.00) <91>: 160	输入照射角度值
输入要更改的选项 [名称(N)/强度(I)/状态(S)/聚光角(H) /照射角(F)/阴影(W)/衰减(A)/颜色(C)/退出(X)] <退出>: w	选择“阴影(W)”选项
输入 [关(O)/锐化(S)/已映射柔和(F)/已采样柔和(A)] <锐化>: f	选择“已映射柔和(F)”选项
输入贴图尺寸 [64/128/256/512/1024/2048/4096] <256>: 2048	输入贴图尺寸值
输入柔和度 (1–10) <1>: 7	输入柔和度值
输入要更改的选项 [名称(N)/强度(I)/状态(S)/聚光角(H) /照射角(F)/阴影(W)/衰减(A)/颜色(C)/退出(X)] <退出>:	回车退出

4）执行“视图”→“渲染”→“光源”→“新建点光源”命令，命令行提示及操作如下：

命令: _pointlight	操作
指定源位置 <0,0,0>:	捕捉一水平辅助线的外端点
输入要更改的选项 [名称(N)/强度(I)/状态(S)/阴影(W) /衰减(A)/颜色(C)/退出(X)] <退出>: **I**	选择“强度(I)”选项
输入强度 (0.00 –最大浮点数) <1>: **0.3**	输入强度值
输入要更改的选项 [名称(N)/强度(I)/状态(S)/阴影(W) /衰减(A)/颜色(C)/退出(X)] <退出>: W	选择“阴影(W)”选项
输入 [关(O)/锐化(S)/已映射柔和(F)/已采样柔和(A)] <锐化>: o	关闭阴影
输入要更改的选项 [名称(N)/强度(I)/状态(S)/阴影(W) /衰减(A)/颜色(C)/退出(X)] <退出>:	回车退出

5）重复上面的操作，创建另一个点光源。结果如图 9-78 所示。

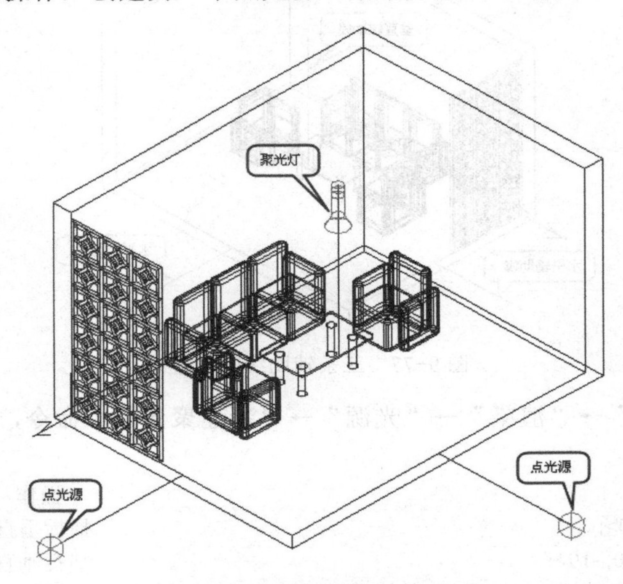

图 9-78　光源的位置

6）执行“视图”→“渲染”→“渲染”命令，结果如图 9-79 所示。

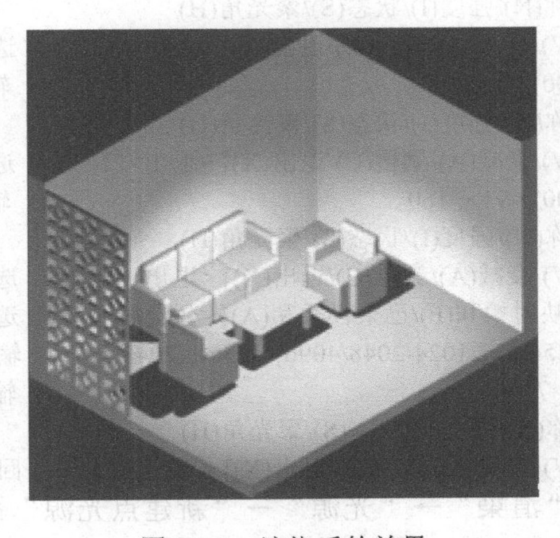

图 9-79　渲染后的效果

8．为场景添加材质

1）执行“视图”→“渲染”→“材质浏览器”命令，打开“材质浏览器”选项板，如图 9-80 所示。

2）单击选项面板中“Autodesk 库”中的“织物”选项，在右侧的材质浏览窗口中选择一种材质（如“格子花呢 1”）并单击，该材质便出现在选项板的可用材质区中。

3）选中沙发对象，单击“材质浏览器”选项选项板中可用材质区中的“格子花呢 1”材质，这样就为沙发添加了“格子花呢 1”材质。

4）用同样的方法为茶几台面添加蓝色玻璃材质，为茶几腿添加不锈钢材质。

5）执行“视图”→“渲染”→“渲染”命令，结果如图 9-81 所示。

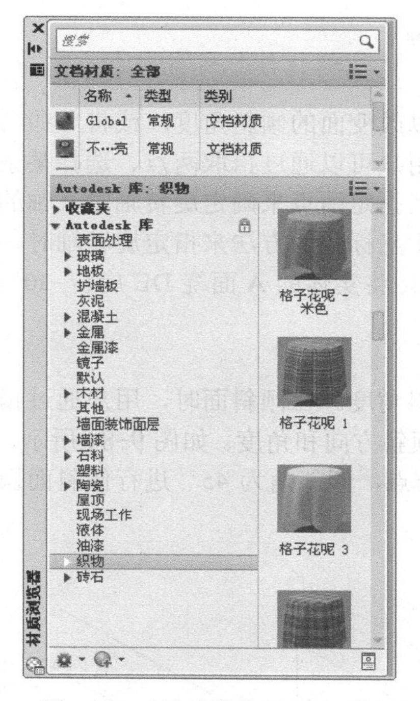

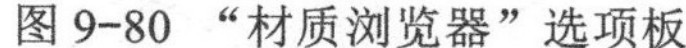
图 9-80 “材质浏览器”选项板

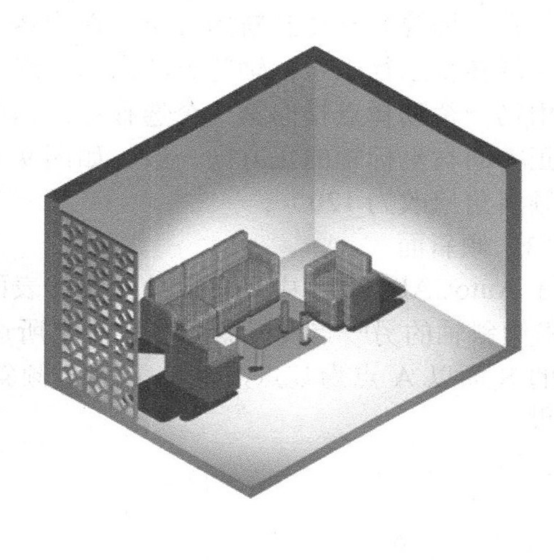
图 9-81 渲染后的效果

6）将渲染结果以“.png”或“.jpg”的文件格式保存。

知识拓展

1．编辑实体的表面

除了可以对实体进行倒角、阵列、镜像及旋转等操作外，还能编辑实体模型的表面。常用的表面编辑功能主要包括拉伸面、旋转面和压印对象等。

（1）拉伸面

在 AutoCAD 中，可以根据指定的距离拉伸面或将面沿着某条路径进行拉伸。如果是根据指定的距离拉伸面拉伸，则可以输入锥角，这样将使拉伸所形成的实体锥化；如果是沿着指定的路径拉伸实体表面，则作为路径的对象不能与要拉伸的表面共面，并应避免路径曲线的某些局部区域有较高的曲率，否则，可能使新形成的实体在路径曲率较高处出现自交的情况，从而导致拉伸失败。拉伸路径可以是直线、圆弧、多段线及 2D 样条曲线等。如图 9-82 所示是将实体的 A 面按指定距离和倾角拉伸及按路径拉伸后的效果。

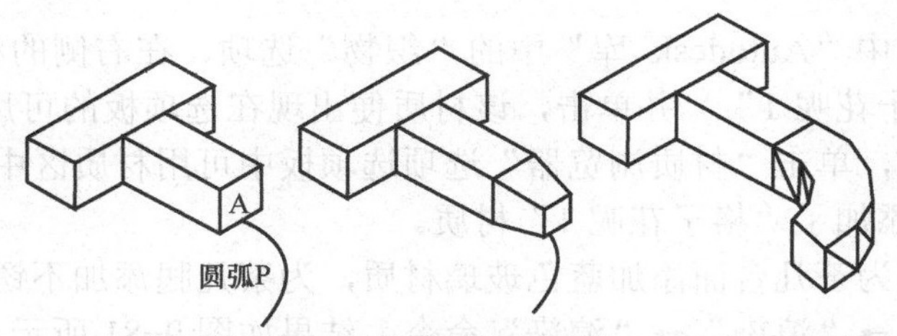

图 9-82　面的拉伸

（2）旋转面

在 AutoCAD 2013 中，通过旋转实体的表面可以改变面的倾斜角度，或将一些结构特征（如孔、槽等）旋转到新的方位。在旋转面时，用户可以通过拾取两点、选择某条直线或设定旋转轴平行于坐标轴等方法来指定旋转轴，当指定两点来确定旋转轴时，轴的正方向是由第一个选择点指向第二个选择点。当用平行于坐标轴的方法来指定旋转轴时，旋转轴的正方向与坐标轴的正方向一致。如图 9-83 所示是将实体的 A 面绕 DE 旋转-30° 后，将其倾斜角修改为 120° 。

（3）倾斜面

在 AutoCAD 2013 中，可以改变实体表面的倾斜角度。在倾斜面时，用户通过指定基点、沿倾斜轴的另一点及倾斜角度来确定所选面的倾斜方向和角度。如图 9-84 所示，是将实体的 S 面以 A 点为基点，以 B 点为沿倾斜轴的一点，倾斜角为 45° 进行倾斜面操作后的效果。

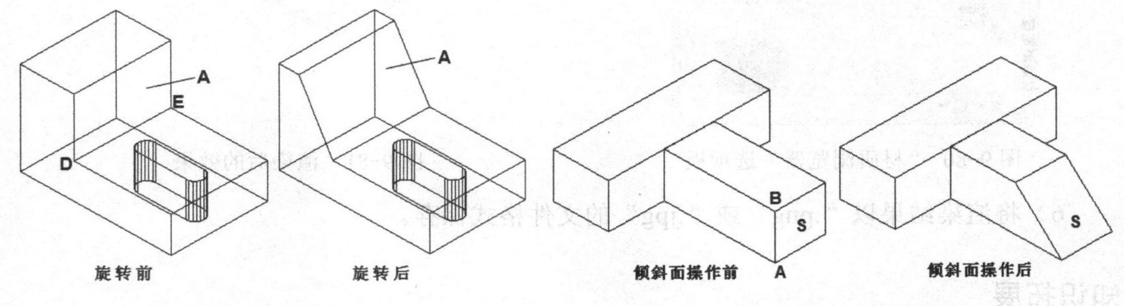

图 9-83　面的旋转　　　　图 9-84　面的倾斜

（4）压印

在 AutoCAD 2013 中，可以把圆、直线、多段线、样条曲线、面域及实心体等对象压印到三维实体上，使其成为实体的一部分。压印时，必须使被压印的几何对象在实体表面内或与实体表面相交，压印操作才能成功。压印后，AutoCAD 将创建新的表面，该表面以被压印的几何图形及实体的棱边作为边界，用户可以对压印生成的新面进行拉伸和旋转等操作。

如图 9-85 所示是将圆压印到长方体上，并将新生成的面向上拉伸。

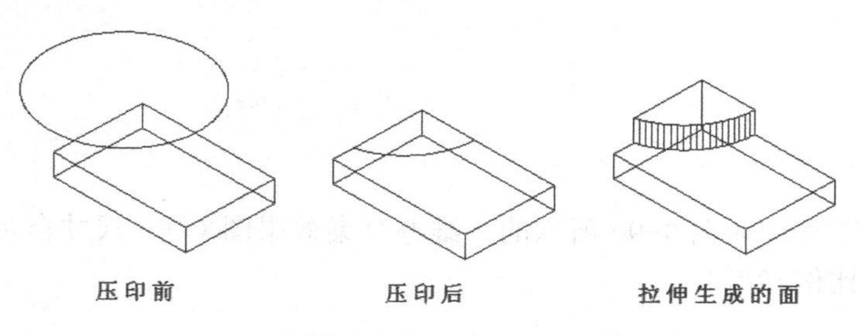

图 9-85　面的压印

（5）抽壳

在 AutoCAD 2013 中，用户可以利用抽壳的方法将一个实体生成一个空心的薄壳体。在使用抽壳功能时，用户要先指定壳体的厚度，系统将根据指定的厚度值，把现有的实体表面偏移形成新的表面，这样，原来的实体就变为一个薄壳体。如果指定的厚度值大于 0，则系统就在实体内部创建新面，否则在实体的外部创建新面。另外在抽壳操作过程中还能将实体的某些面去除，以形成开口的薄壳体。

如图 9-86 所示是将实体抽壳并去除上面表面。

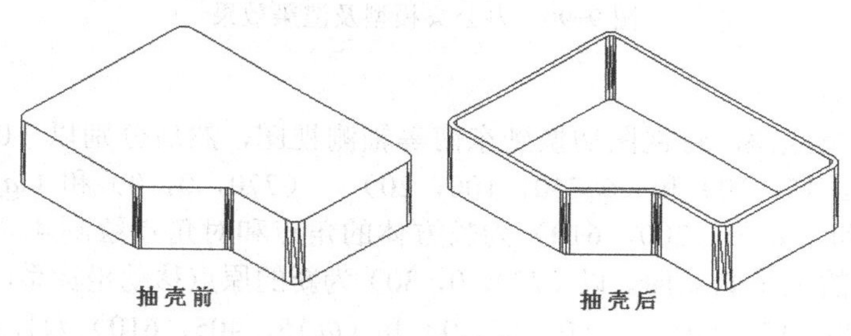

图 9-86　抽壳

2．与实体显示有关的系统变量

在 AutoCAD 2013 中，经常通过改变系统变量值的方法来控制实体的显示效果，与实体显示有关的系统变量有以下 3 个。

1）ISOLINES：此变量用于设定实体表面网格线的数量，值越大，网格线越密，如图 9-87 所示。

2）FACETRES：此变量用于设置实体消隐或渲染后的表面网格密度，该变量的取值范围为 0.01～10.0，值越大表明网格越密，消隐或渲染后表面越光滑，如图 9-88 所示。

3）DISPSILH：此变量用于控制消隐时是否显示出实体表面网格线。若此变量的值为 0，则显示网格线，其值为 1，则不显示网格线，如图 9-89 所示。

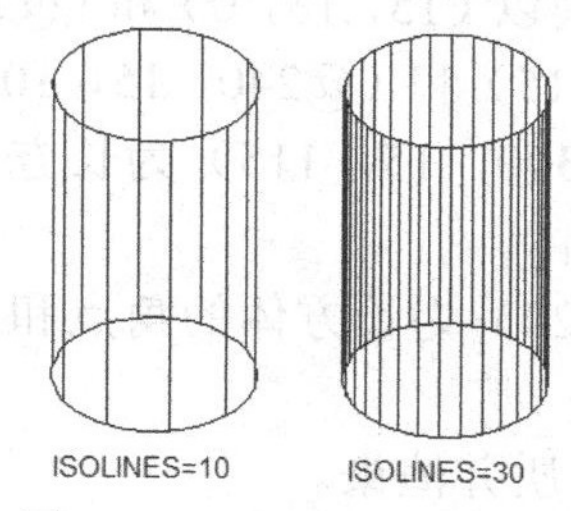

图 9-87　ISOLINES 变量

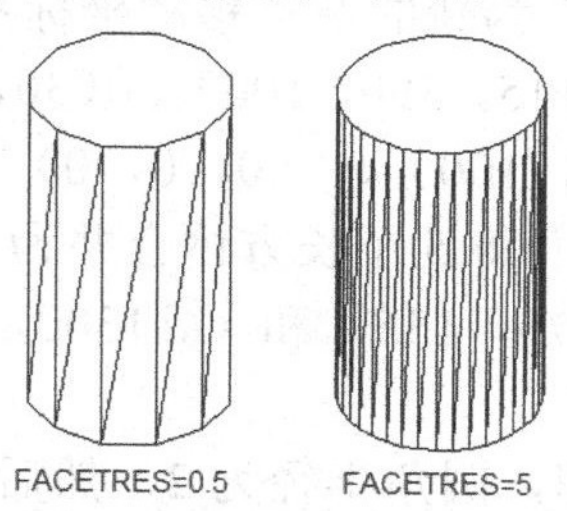

图 9-88　FACETRES 变量

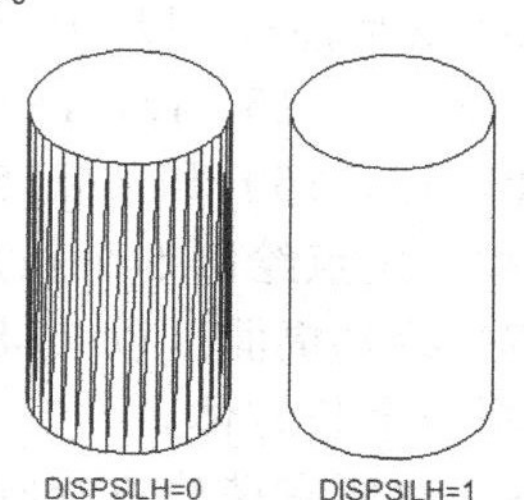

图 9-89　DISPSILH 变量

实战演练

1．起步

学生自己动手绘制如图 9-90 所示的三维办公桌效果图（注：尺寸自定，操作提示中所给的尺寸仅作为比例参考）。

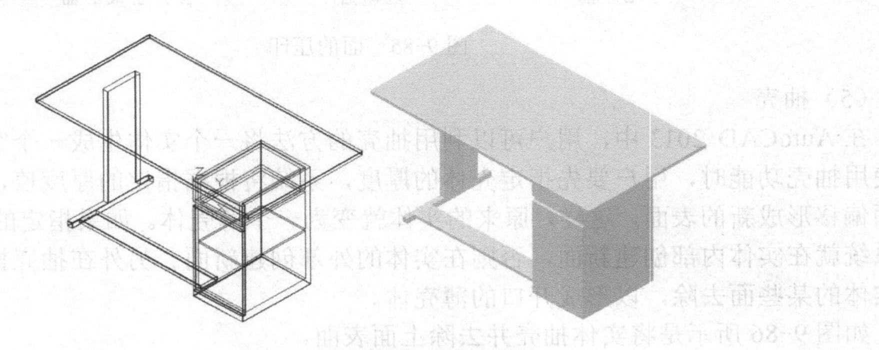

图 9-90　办公桌模型及渲染效果

操作步骤提示：

1）绘制办公桌底座。将视图切换到东南等轴测视图，然后分别以（0，0，0）和（30，500，30）、（30，45，10）和（@740，100，20）、（770，0，0）和（@300，420，30）、（0，220，30）和（@30，200，610）为长方体的角点和对角点绘制 4 个长方体。

2）绘制桌柜的三个侧立面。以（770，0，30）为新的原点移动坐标系，接着分别以（15，405，0）和（@270，15，610）、（0，15，0）和（@15，405，610）为长方体的角点和对角点绘制两个长方体。然后以刚绘制的第二个长方体为镜像对象，以 YZ 为镜像面，在点（150，0）处进行三维镜像操作。

3）绘制桌柜隔板与抽屉座。分别以（15，15，0）和（@270，15，15）、（15，15，260）和（@270，390，10）、（0，15，465）和（@300，15，25）、（15，15，475）和（@15，390，15）、（30，390，475）和（@240，15，15）为长方体的角点和对角点绘制 5 个长方体。然后以刚绘制的第 4 个长方体为镜像对象，以 YZ 为镜像面，在点（150，0）处进行三维镜像操作。

4）使用"并"运算，将所有的长方体合并成一个实体。

5）绘制桌柜门。以（0，0，0）和（@300，15，465）为长方体的角点和对角点绘制一个长方体。

6）绘制抽屉。以（0，0，490）为新的原点移动坐标系，分别以（15，15，0）和（@270，390，15）、（15，15，15）和（@15，390，100）、（30，390，15）和（@240，15，100）、（270，15，15）和（@15，390，100）、（0，0，0）和（@300，15，115）为长方体的角点和对角点绘制 5 个长方体，并将 5 个长方体合并为一个实体。

7）绘制桌面。以（-890，-70，135）和（@1300，700，20）为长方体的角点和对角点绘制一个长方体。

8）对所有棱边进行圆角处理，圆角半径为 2，然后设置材质并渲染。

2．进阶

学生自己动手绘制如图 9-91 所示的三维台灯效果图（注：尺寸自定，操作提示中所给的尺寸仅作为比例参考）。

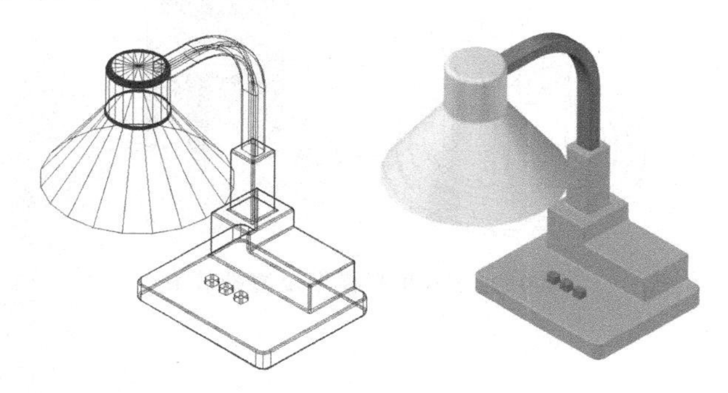

图 9-91　灯模型及渲染效果

操作步骤提示：

1）将视图切换到东南等轴侧视图，并利用“矩形”命令绘制一个圆角矩形，圆角半径为 10，以（0，0）和（170，140）为矩形的第一角点和对角点。执行“绘图”→“建模”→“拉伸”命令，将圆角矩形拉伸，拉伸高度为 20。然后分别以（20，80，20）和（150，140，50）、（20，80，50）和（70，140，70）、（30，95，70）和（60，125，140）为长方体的角点和对角点再绘制 3 个长方体。

2）将 4 个长方体合并，作为台灯的灯座，并对其进行圆角处理，圆角半径为 5。

3）以（0，0，20）为新原点移动坐标系，然后绘制 3 个圆角矩形，其中圆角半径为 2，分别以（60，30）和（70，40）、（80，30）和（90，40）、（100，30）和（110，40）为矩形的第一角点和对角点。然后将这 3 个圆角矩形拉伸，拉伸高度为 6，作为 3 个开关按钮。

4）再次以（30，95，120）为新原点移动坐标系，然后绘制一个圆角矩形，其中圆角半径为 3，以（5，8）和（25，22）为矩形的第一角点和对角点。

5）再一次以（15，15，0）为新的原点移动坐标系，并将移动后的坐标系统绕 Y 轴旋转-90°。然后依次以（0，0）、（150，0）和（150，–120）为端点绘制一条多段线，并对多段线进行圆角处理，圆角半径为 80。然后将第 4）步绘制的圆角矩形，以该多段线为拉伸路径进行拉伸操作，得到台灯架。

6）再次以（15，15，0）为新的原点移动坐标系，以（50，–30）和（–50，–30）两点为端点绘制一条直线；然后依次以（20，–30）、（20，0）和（–30，0）、（–110，60）为端点绘制一条多段线，并对该多段线进行圆角处理，圆角半径为 5；最后以直线为旋转轴，将多段线旋转 360°，得到台灯罩。

7）删除作为旋转轴的直线，然后分别为灯座、灯架、开关按钮和灯罩选择材质。

8）最后对图形进行渲染处理。

3．提高

学生自己动手绘制如图 9-92 所示的六角亭效果图（注：操作提示中所给的尺寸仅作为比例参考）。

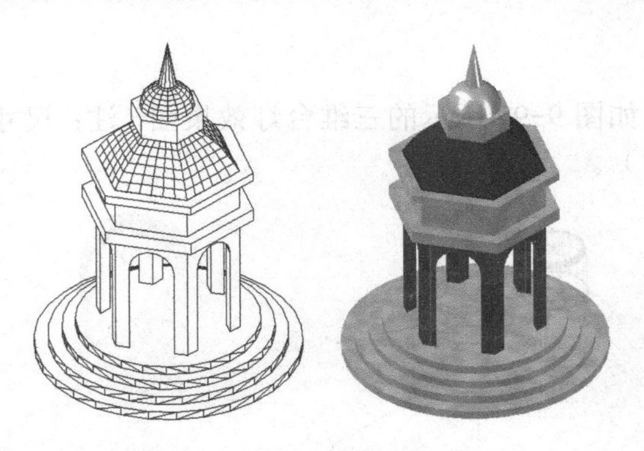

图 9-92　六角亭模型及渲染效果

操作步骤提示：

（1）绘制台阶

将视图切换到东南等轴测视图，并利用“三维多段线”命令绘制一个如图 9-93 所示的多段线。然后将其绕 Z 轴旋转生成台阶。

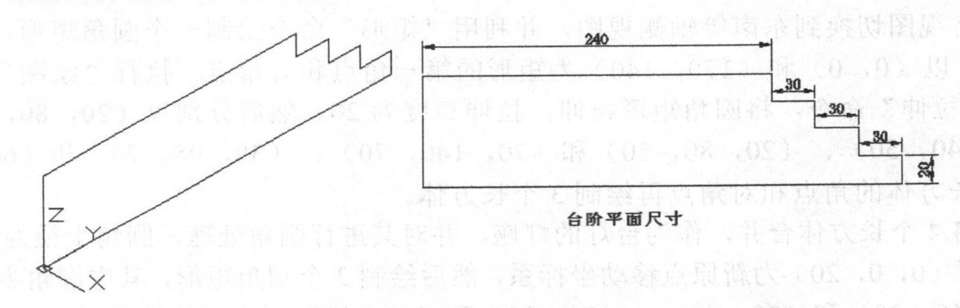

图 9-93　生成台阶的多段线

（2）绘制六角亭的亭身

1）以台阶上平面圆心为新的原点建立新的用户坐标系，利用“正多边形”命令，以原点为圆心，150 为半径，绘制一个内接于圆的正六边形；将该正六边形向外偏移复制。偏移距离为 30；将两个正六边形拉伸，拉伸高度为 300；使用“差”运算，将小的正六边形拉伸得到的实体（正六棱柱体）从大的中“减”去。

2）以正六棱柱的一个侧面内部的左下角点为新的原点，水平方向为 X 轴，垂直方向为 Y 轴建立新的用户坐标系。

3）利用二维多段线命令，绘制一个如图 9-94 所示的闭合多段线。并将其向正六棱柱体外拉伸，拉伸高度为 35（只要大于 30 即可），然后使用三维阵列命令，将刚才通过拉伸所得到的实体进行三维操作，使正六棱柱的每个侧面都有一个这样的实体。

4）使用“差”运算，将刚才阵列得到的 6 个实体从正六棱柱体中“减”去，然后执行“UCS”命令中的“上一个（P）”命令，回到步骤 1）时的用户坐标系。

5）以正六棱柱体上顶面正六边形的中心点为新的原点建立新的用户坐标系，利用“正多边形”命令，以原点为圆心，150 为半径，绘制一个内接于圆的正六边形；将该正六边形向外偏移复制。偏移距离为 60；将两个正六边形拉伸，拉伸高度为 20；使用“差”运算，将小的正六边形拉伸得到的实体（正六棱柱体）从大的中“减”去。

6）重复步骤 5）的操作，再绘制 3 个中空的正六棱柱体。对应尺寸（150，30，50）、

（150，60，20）、（150，90，20），然后将所有的中空正六棱柱体合并成一个实体，完成亭身绘制。

（3）绘制六角亭的亭顶

1）以亭身上顶面正六边形的中心点为新的原点建立新的用户坐标系，利用“正多边形”命令，以原点为圆心，150 为半径，绘制一个内接于圆的正六边形；将该正六边形向内偏移复制。偏移距离为 90，将偏移得到的正六边形向上（Z 轴方向）移动，移动距离为 200。结果如图 9-95 所示。然后将其复制一个到空白区域（后面用）。

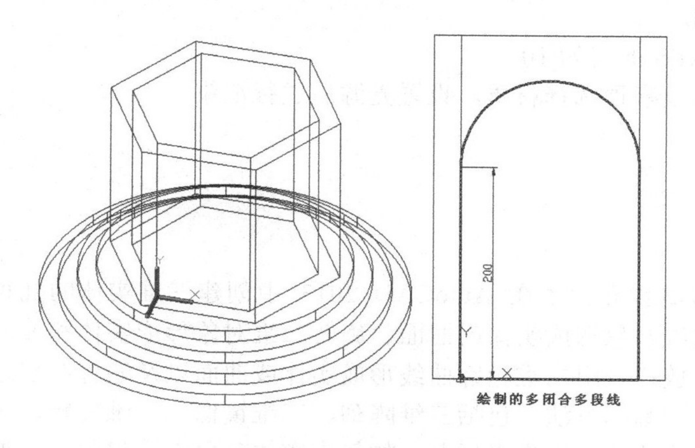

图 9-94　绘制闭合多段线

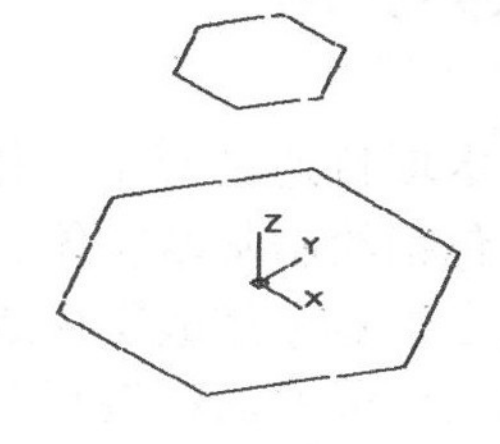

图 9-95　移动

2）将用户坐标系绕 X 轴旋转 90°，以 A 和 B 两点为端点绘制一个圆弧（其中包含的角度为-45°），结果如图 9-96 所示。

3）使用“三维阵列”命令，对圆弧进行阵列操作，结果如图 9-97 所示。

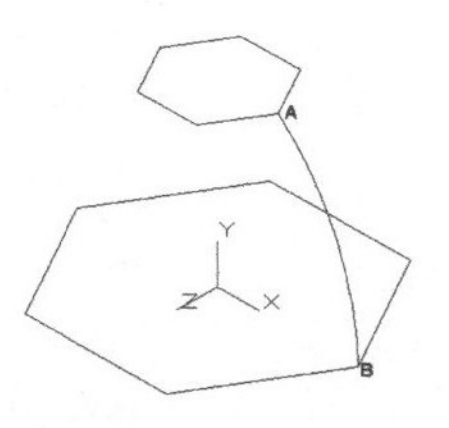

图 9-96　旋转坐标系并绘制圆弧

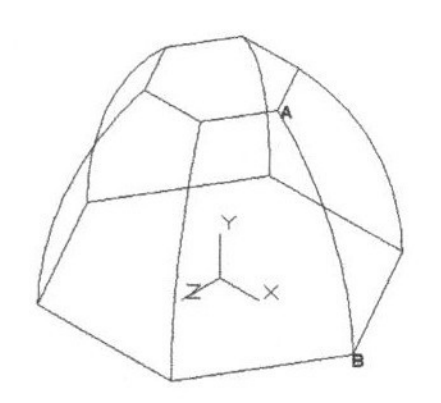

图 9-97　阵列圆弧

4）使用“分解”命令，将两个正六边形分解，然后使用“边界网格”命令，创建边界网格，结果如图 9-98 所示。

5）使用“三维阵列”命令，对网格进行阵列操作，结果如图 9-99 所示。

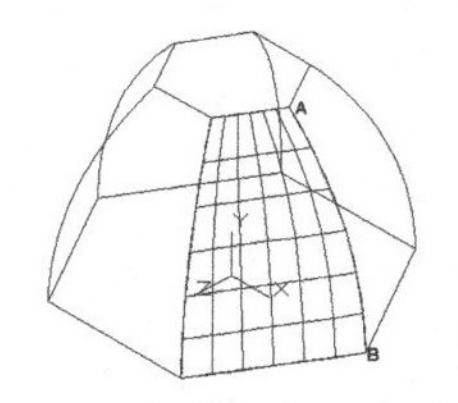

图 9-98　创建边界网格

图 9-99　阵列网格

6）执行一次“UCS”命令中的“上一个（P）”命令，然后以（0，0，200）为新的原点建立新的用户坐标系。

7）执行“移动”命令，将复制得到的正六边形进行移动，其中心点与新的坐标原点对齐，并将其向上拉伸，拉伸高度为60。

8）再以（0，0，60）为新的原点建立新的用户坐标系，并将用户坐标系绕X轴旋转90°，然后以35为半径，绘制一个1/4圆弧，并将该圆弧绕Y轴旋转生成半球面。

9）绘制一个半径为5的圆，并将其以2°倾斜向上拉伸，高度为200。然后将其移到半球面的顶部，完成亭顶的绘制。

（4）设置系统变量FACETRES的值为10

（5）分别为亭的底座、亭身及亭顶选择材质，设置光源后进行渲染

项目小结

本项目通过两个具体的任务着重介绍了在 AutoCAD 2013 中创建三维实体的几种方法，包括绘制基本实体、拉伸二维对象形成实体或曲面、旋转二维对象形成实体和曲面、扫掠二维对象形成实体或曲面、放样一组二维轮廓曲线形成实体或曲面以及通过布尔运算生成实体或曲面；编辑三维实体的基本方法，包括三维阵列、三维镜像、三维旋转、三维对齐等。同时还介绍了如何根据需要定义用户坐标系，如何为实体对象设置材质、添加灯光等渲染设置，使设计效果更加逼真。

项目10 输出图形

能力目标

1）能够了解 AutoCAD 2013 中模型空间和图纸空间的功能和特点。
2）能够掌握 AutoCAD 2013 中图形输出的完整过程。
3）能够掌握 AutoCAD 2013 中打印设备的设置与修改。

图形输出是利用计算机进行绘图的重要组成部分，在出图设备上输出图形后，整个绘图工作才最后结束。AutoCAD 的图形输出途径包括两种：一种是通过绘图仪或打印机输出到图纸上；另一种是以文件的形式输出，以供其他程序使用。

任务16 输出图形到图纸上

任务目标

- 掌握图形输出的基本过程
- 掌握打印参数的设置方法
- 掌握图形打印位置和打印样式的设置方法

任务效果图

本任务是将前面绘制的简易客厅布置平面图输出到图纸上。最终效果如图 10-1 所示。

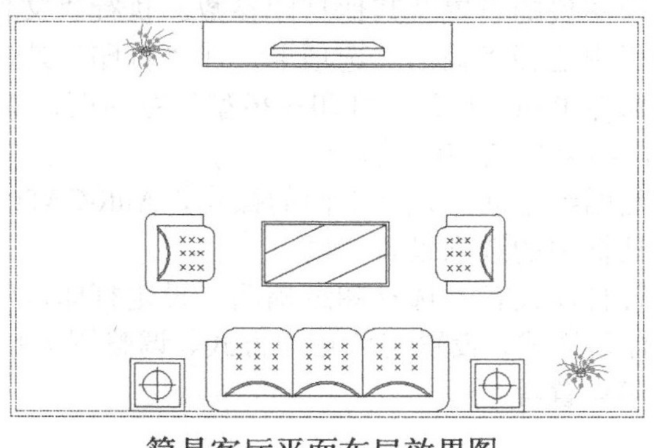

图 10-1 输出效果图

相关知识

1．模型空间与图纸空间

在 AutoCAD 中，按工作环境的不同，将工作空间分为模型空间和图纸空间两种，分别用“模型”和“布局”选项卡表示，选项卡位于绘图区域底部的位置。模型空间是平时绘制图形时常用的空间，而图纸空间是图纸布局环境，主要用于指定图纸的大小、添加标题栏、显示模型的多个视图以及创建图形注释等。

在“模型”选项卡中提供了一个无限的绘图区域，称为“模型空间”。在这个模型空间中，可以绘制、查看和编辑图形。十字光标在整个区域都是处于激活状态。在模型空间中，可以按 1:1 的比例绘制图形，并确定一个单位来表示 1 毫米、1 厘米、1 分米、1 英寸、1 英尺或者是其他在工作中使用最方便或最常用的单位。

在“布局”选项卡中提供了一个称为“图纸空间”的区域。在图纸空间可以创建用于显示视图的视口、显示标题栏、添加注释等。其中一个单位表示打印图纸上的图纸距离。根据打印设置，单位可以是毫米或英寸。用户可以查看和编辑图纸空间对象，例如，布局视口和标题栏；也可以将对象（如引线或标题栏）从模型空间移到图纸空间，反之亦然。十字光标在整个布局区域处于激活状态。

在通常情况下用户在“模型”选项卡（模型空间）中绘制图形，然后在“布局”选项卡（图纸空间）中进行打印准备。图形窗口底部都会有一个“模型”选项卡和一个或多个“布局”选项卡。在默认情况下，新建图形文件包含两个“布局”选项卡，即“布局 1”和“布局 2”。如果使用图形样式或打开现有图形，则图形中的布局选项卡可能以不同的名称命名。

要创建一个新的布局，可执行“插入”→“布局”→“新建布局”命令，然后在命令行或动态输入栏中输入新的布局名称，即可创建新的布局（默认名称为“布局 n”）。选择“布局”选项卡并单击鼠标右键，在弹出的快捷菜单中选择“删除”“重命名”“移动或复制”等命令，对布局选项卡进行相应的编辑操作。

2．打印参数的设置

在 AutoCAD 2013 中，用户可以使用内部绘图仪或 Windows 系统打印机输出图形，并能方便地修改打印机或绘图仪的设置及其他打印参数。执行“文件”→“打印”命令，或在“功能区”选项选项板中选择“输出”选项卡，在“打印”选项面板中单击“打印”按钮；也可以直接输入命令 Plot，打开“打印－模型”对话框，单击右下角的“更多选项”按钮，将对话框展开，结果如图 10-2 所示。

说明：若当前环境是图纸空间，执行上面的操作，AutoCAD 2013 打开的是“打印－布局”对话框，两个对话框中的选项设置相同。

在对话框中可以配置打印设备、选择图纸幅面、设定打印区域、设置打印比例、设置图形的打印位置、设置打印样式、设置着色打印方式、调整图形打印方向、打印方式设置、打印效果预览、保存打印设置等。

（1）配置打印设备

在“打印”对话框中的“打印机/绘图仪”选项组的“名称”下拉列表中，用户可以选择 Windows 系统打印机或 AutoCAD 内部绘图仪（“.pc3”文件）作为输出设备。当用户选定某种打印机或绘图仪后，下拉列表框的下方将显示所选设备的名称、所选设备的连接端口以及所选设备的信息说明。如果用户想修改当前打印设备的设置，则可单击 特性(R)... 按钮，打开“绘图仪配置编辑器”对话框，如图 10-3 所示。在该对话框中用户可以重新设定打印设备的端口及其他输出设置，如打印介质、图形、自定义特性及自定义图纸尺寸与校准等。

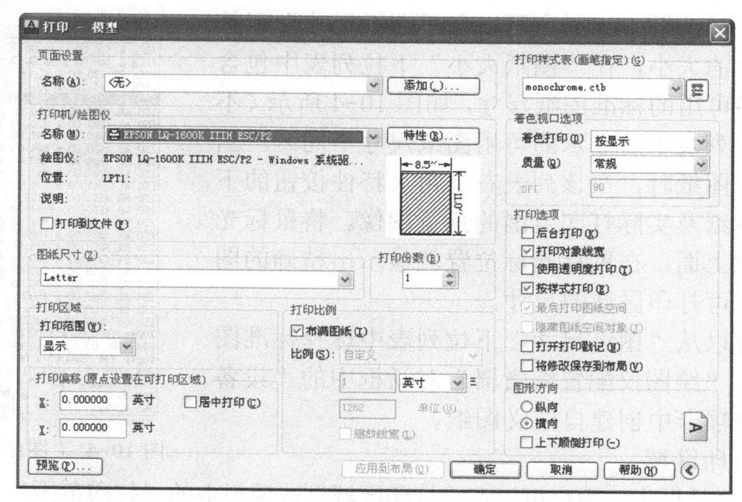

图 10-2　展开后的“打印－模型”对话框

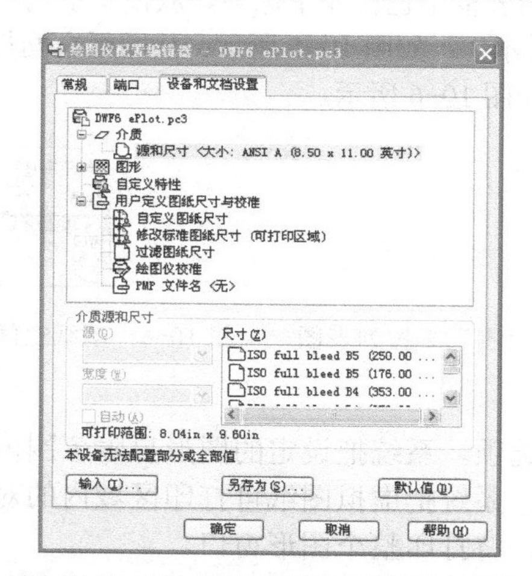

图 10-3　“绘图仪配置编辑器”对话框

“绘图仪配置编辑器”对话框中包含“常规”“端口”“设置和文档设置”3 个选项卡，各选项卡的功能如下。

1）“常规”：该选项卡包含了打印机配置文件（“.pc3”文件）的基本信息，如配置文件名称、驱动程序信息和打印端口等。用户可以在此选项卡的“说明”区中加入其他注释信息。

2）“端口”：通过该选项卡，用户可以修改打印机与计算机的连接设置，如选定打印端口、指定到打印文件和后台打印等。

3）“设备和文档设置”：用户在该选项卡中可以指定图纸来源、尺寸和类型，并能修改颜色深度及打印分辨率等。

另外，在“打印机/绘图仪”选项组的“名称”下拉列表中，用户还可以选择 AutoCAD 2013 提供的 DWG to PDF.pc3、PublishToWeb JPG.pc3、PublishToWeb PNG.pc3 等内部配置文件，将要输出的内容以图形文件格式输出。

（2）选择图纸幅面

在“打印”对话框中，用户可以在“图纸尺寸”下拉列表中指定图纸的大小，在“图纸大小”下拉列表中包含了选定打印设备可用的标准图纸尺寸，如图 10-4 所示（不同的打印设备，列表中所显示的可用图纸尺寸不同）。当选择了某种幅面图纸时，在该列表右上角（特性按钮的下面）出现所选图纸及实际打印范围的预览图像。将鼠标光标移到预览图像上面，在鼠标光标位置就显示出精确的图纸尺寸及图纸上可打印区域的尺寸。

用户除了可以从“图纸尺寸”下拉列表中选择标准图纸外，还可以在“绘图仪配置编辑器”对话框中的“设备和文档设置”选项卡中创建自定义图纸。

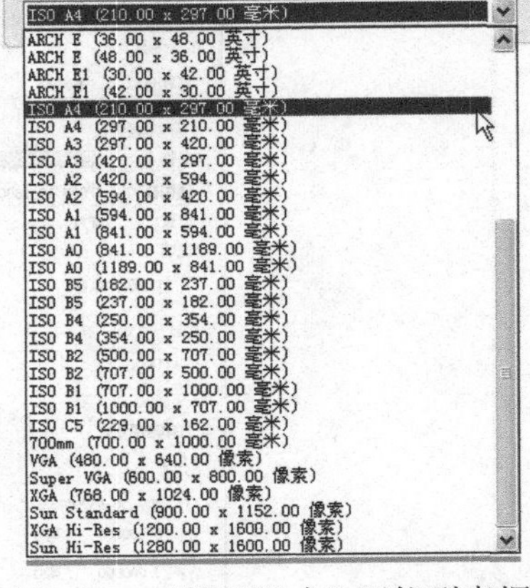

图 10-4 “图纸尺寸”下拉列表框

（3）设定打印区域

在“打印”对话框中，用户可以在“打印区域”选项组中的“打印范围”下拉列表中设置要输出的图形范围，该下拉列表框中包含 4 个选项。从模型空间打印时，分别它们是“图形界限”“窗口”“范围”和“显示”，如图 10-5 所示；从图纸空间打印时，它们是“布局”“窗口”“范围”和“显示”，如图 10-6 所示。

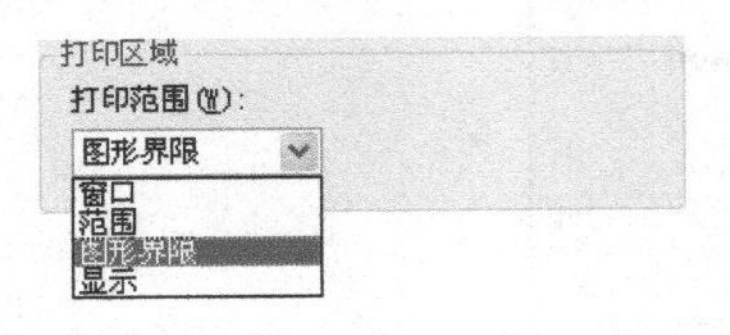

图 10-5 模型空间下的“打印范围”下拉列表图

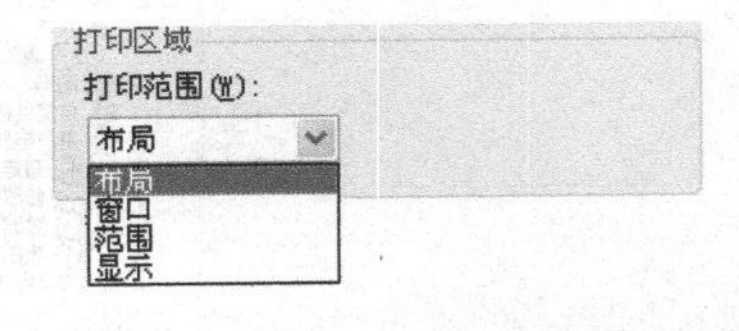

图 10-6 图纸空间下的“打印范围”下拉列表

各选项的具体功能如下。

“图形界限”：选择该选项，系统把设定的图形界限范围内的对象打印到图纸上。

“布局”：选择该选项，系统把虚拟图纸可打印区域内的对象打印到图纸上。

“显示”：选择该选项，将打印整个图形窗口。

“范围”：选择该选项，系统将打印图样中所有的图形对象。

“窗口”：选择该选项后，系统返回绘图区，并提示用户指定打印区域，指定打印区域后，返回打印对话框，同时在打印对话框中显示 窗口(O)< 按钮，单击此按钮，可重新设定打印区域。

（4）设置打印比例

在“打印”对话框中，用户可以通过“打印比例”选项组设置出图比例，如图 10-7 所示。

当从模型空间打印时，“打印比例”的默认设置是“布满图纸”，即“布满图纸”复选框被选中，系统将缩放图形以充满所选定的图纸，而“缩放线宽”复选框不可用；当从图纸空间打印时，系统默认的打印范围是“布局”，“打印比例”选项组中的“布满图纸”复选框不可用，其他的选项可用，但是，在用户重新选择了其他的打印范围时，“布满图纸”复选框也变得可用；其中“缩放线宽”复选框用于设置打印时是否与打印比例成正比缩放线宽，若选中此复选框，输出时按比例缩放线宽（注：线宽指打印对象的线的宽度，通常情况下都是按对象的线宽打印，因此，一般情况下不选中此复选框）。

在“打印比例”选项组中的“比例”下拉列表中列出了一系列标准缩放比例值，该比例表示的是图纸尺寸单位（mm 或 in）与图形单位的比值。例如，当单位是 mm，比例为 1:5 时，表示图纸上的 1mm 代表 5 个图形单位（绘图时所设定的绘图单位）。

（5）设置图形的打印位置

在“打印”对话框中，用户可以通过“打印偏移（原点设置在可打印区域）”选项组设置图形在图纸上的打印位置，如图 10-8 所示。

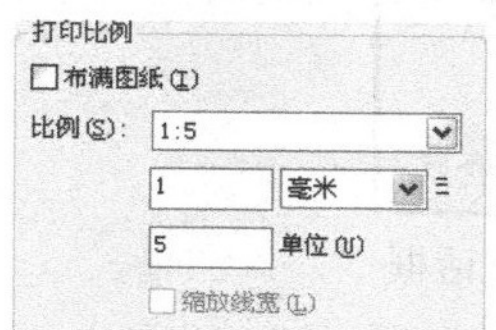

图 10-7　“打印比例”选项组

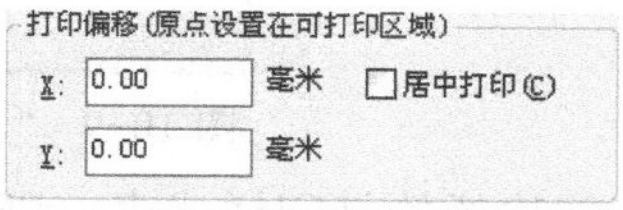

打印偏移 (原点设置在可打印区域)
X: 0.00 毫米　居中打印(C)
Y: 0.00 毫米

图 10-8　“打印偏移”选项组

该选项组包含以下 3 个选项。

“X”：指定打印原点在 X 轴方向的偏移值。

“Y”：指定打印原点在 Y 轴方向的偏移值。

“居中打印”：选中该复选框，在图纸正中间打印图形。

（6）设置打印样式

在“打印”对话框中，用户可以通过“打印样式表（笔指定）”选项组为图形对象指定打印样式。打印样式是图形对象的一种特性，如同颜色和线型一样，它用于修改打印图形的外观，若为某个图形对象选择了一种打印样式，则输出图形对象时，图形对象的外观由样式决定。AutoCAD 2013 提供了多种打印样式，并将其组合成一系列打印样式表。

打印样式表有以下两种类型。

1）颜色相关打印样式表：颜色相关打印样式表以“.ctb”为文件扩展名保存。该表以对象颜色为基础，共包含 255 种打印样式，每种 ACI 颜色对应一个打印样式，样式名分别为“颜色 1”“颜色 2”……，用户不能添加或删除颜色相关打印样式，也不能改变它们的名称。若当前图形文件与颜色相关打印样式表相连，则系统自动根据对象的颜色分配打印样式。用户不能选择其他打印样式，但可以对已分配的样式进行修改。

2）命名相关打印样式表：命名相关打印样式表以“.stb”为文件扩展名保存。该表包括一系列已命名的打印样式，可修改打印样式的设置及其名称，还可添加新的样式，若当前图形文件与命名相关打印样式表相连，则用户可以不考虑对象颜色，直接给对象指定样式表中的任意一种打印样式即可。

在“打印样式表（笔指定）”的下拉列表中包含了当前图形中的所有打印样式表和“新建”命令，用户可以根据需要选择其中之一，也可以使用“新建”命令创建新的打印样式表。用户还可以对已有的打印样式表进行修改。用户若要修改某一打印样式表，则在选中该打印样式表后，单击下拉列表框右侧的“样式编辑器”按钮，打开“打印样式表编辑器”对话框即可，如图 10-9 所示。该对话框中包含常规、表视图和表格视图 3 个选项卡，利用该对话框可查看或改变当前打印样式表中的各项参数。

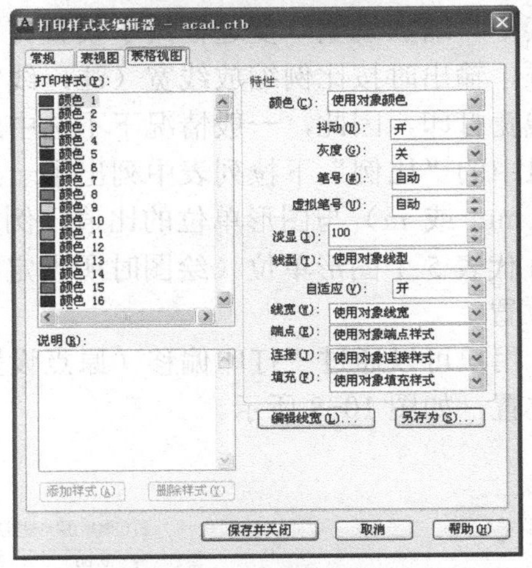

图 10-9 “打印样式表编辑器”对话框

用户若要创建新的打印样式表，则在“打印样式表（笔指定）”的下拉列表中选择“新建……”命令，通过系统提供的创建新打印样式表向导可以很方便地创建一个新的打印样式表。

说明：执行“文件”→“打印样式管理器”菜单命令，打开“plot styles”文件夹。该文件夹包含了 AutoCAD 2013 系统自带的所有打印样式文件及创建新打印样式快捷方式，用户可以通过双击该快捷方式打开“新建打印样式表”向导。

在 AutoCAD 2013 中，新建图形文件处于“颜色相关”或“命名相关”模式下，这和创建图形文件时选择的样板文件有关。若是采用无样板方式新建图形，则可事先设定新图形的打印样式模式。执行“工具”→“选项”命令，或直接输入 OPTIONS 命令，系统打开“选项”对话框，进入“打印与发布”选项卡，再单击[打印样式表设置(S)...]按钮，打开“打印样式表设置”对话框，如图 10-10 所示。通过该对话框设置新图形的默认打印样式模式。

（7）设置着色打印方式

“颜色打印”用于指定着色图及渲染图的打印方式，并可以设定它们的分辨率。用户可在“打印”对话框中的“着色视口选项”选项组中设置着色打印方式。该选项组包含 3 个选项，如图 10-11 所示。

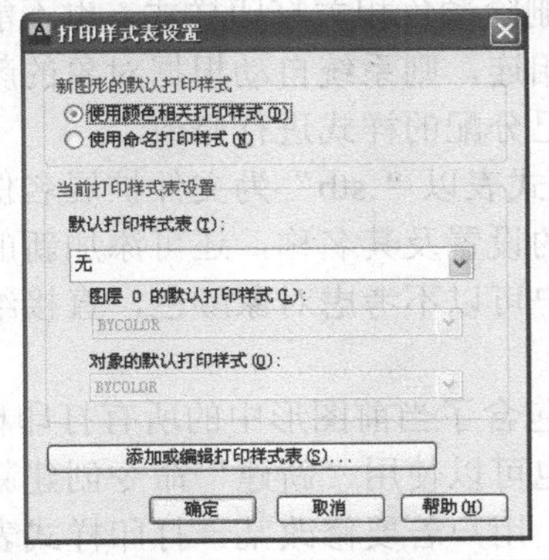

图 10-10 “打印样式表设置”对话框

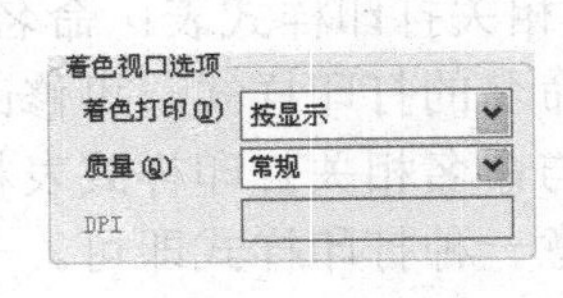

图 10-11 “着色视口选项”选项组

各选项的功能如下。

1）“着色打印”：该下拉列表框中列出了 AutoCAD 2013 中的所有着色打印方式，默认为“按显示”，若选择其他方式，则按指定的方式打印图形对象，而不考虑其在屏幕上的显示方式。

2）“质量”：该下拉列表框用来指定着色和渲染视口的打印分辨率。其中各选项的功能如下。

①“草稿”：将渲染及着色图按线框方式打印。

②“预览”：将渲染及着色图的打印分辨率设置为当前设备分辨率的 1/4，DPI 的最大值为“150”。

③“常规”：将渲染及着色图的打印分辨率设置为当前设备分辨率的 1/2，DPI 的最大值为“300”。

④“演示”：将渲染及着色图的打印分辨率设置为当前设备分辨率，DPI 的最大值为“600”。

⑤“最高”：将渲染及着色图的打印分辨率设置为当前设备分辨率。

⑥“自定义”：将渲染及着色图的打印分辨率设置为 DPI 文本框中用户指定的分辨率，最大可为当前设备的分辨率。

3）“DPI”：该文本框用于设定打印图形时每英寸的点数，最大值为当前打印设备分辨率的最大值。该文本框只有在“质量”下拉列表中选择了“自定义”选项后才可用。

（8）调整图形打印方向

图形在图纸上的打印方向通过“打印”对话框中的“图形方向”选项组中的选项来调整，该选项组包含一个图标和 3 个选项，如图 10-12 所示。其中图标表明图纸的放置方向，图标中的字母代表图形在图纸上的打印方向。其他 3 个选项的功能如下。

图 10-12 “图形方向”选项组

1）“纵向”：图形在图纸上的放置方向是水平的。

2）“横向”：图形在图纸上的放置方向是竖直的。

3）“反向打印”：使图形颠倒打印，此选项可与“纵向”和“横向”结合使用。

（9）根据需要选择“打印选项”

在“打印”对话框中，还有一个“打印选项”选项组，该选项组包含 8 个复选框，供打印输出时选择。各复选框的功能如下。

1）“后台打印”：指定在后台处理打印。

2）“打印对象线宽”：指定是否打印指定给对象和图层的线宽。

3）“使用透明度打印”：指定是否使用透明度打印。

4）“按样式打印”：指定是否打印应用于对象和图层的打印样式。

5）“最后打印图纸空间”：选中该复选框打印时，首先打印模型空间图形对象。但通常应是先打印图纸空间图形对象，再打印模型空间图形对象。

6）“隐藏图纸空间对象”：指定 HIDE 操作是否应用于图纸空间视口中的对象。此选项仅在布局选项卡中可用。此设置的效果反映在打印预览中，而不反映在布局中。

7）“打开打印戳记”：打开打印戳记。在每个图形的指定角点处放置打印戳记并/或将戳记记录到文件中。

8）“将修改保存到布局”：将在“打印”对话框中所做的修改保存到布局。

（10）预览打印效果

打印参数设置完成后，用户可以通过打印预览观察图形的打印效果。如果不合适，则可重新调整，以免浪费图纸。单击打印对话框左下角的[预览(P)...]按钮，AutoCAD 2013显示实际的打印效果。预览时，由于系统要重新生成图形，因此，对于复杂图形需要耗费较多时间。

预览时，鼠标光标变成“🔍+”，可以进行实时缩放操作。预览完毕后，按<Esc>键或<Enter>键返回“打印”对话框。

（11）保存打印设置

打印参数设置完成后，用户可以将当前的设置保存在页面设置中，以便日后使用。

在“打印”对话框的“页面设置”选项组的“名称”下拉列表中，包含了当前图形文件所有已命名的页面设置，若要保存当前页面设置，则单击该下拉列表右边的[添加(.)...]按钮，打开“添加页面设置”对话框，如图10-13所示。在该对话框的“新页面设置名”文本框中输入页面名称，然后单击[确定(O)]按钮，保存该页面设置。

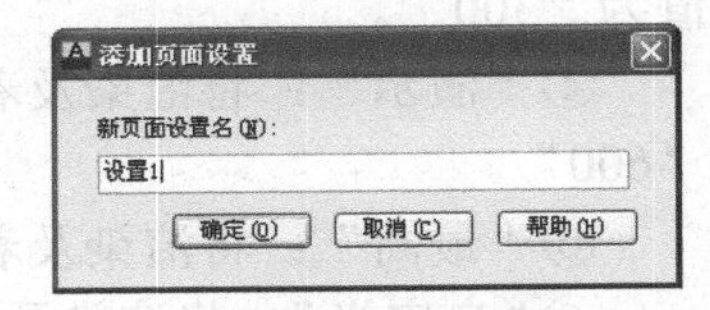

图10-13 “添加页面设置”对话框

步骤详解

1）打开要打印输出的图形文件（此处以前面绘制的“客厅布局平面图”为例）。

打开素材文件“源程序\项目10\客厅布局平面图.dwg”。

2）执行“文件”→“打印”命令，打开“打印－模型”对话框，在对话框中完成以下设置：

① 在“打印机/绘图仪”选项组的“名称”列表框中指定打印设备。这里使用Windows系统打印机EPSEN LQ-1600K、ⅢH、ESC/P2。

② 在“图纸尺寸”下拉列表框中选择A3图纸。

③ 在“打印范围”下拉列表框中选择“范围”选项。打印“客厅布局平面图”图样中的所有图形对象。

④ 在“打印偏移（原点设置在可打印区域）”选项组中选中“居中打印”复选框，使图样输出时居中。

⑤ 在“打印比例”选项组中选中“布满图纸”复选框，按图纸的大小输出图样。

⑥ 在“打印样式（笔指定）”选项组中指定打印样式为“monochrome.ctb”，将图形对象中的所有颜色都打印为黑色。

⑦ 在“着色视口选项”选项组的“着色打印”下拉列表框中选择“按显示”选项；“质量”下拉列表框中选择“常规”选项。

⑧ 在“图形方向”选项组中选中“横向”单选按钮。

3）单击[预览(P)...]按钮，预览打印效果，如图10-14所示。

4）按<Esc>键返回“打印”对话框，单击[确定]按钮开始打印。

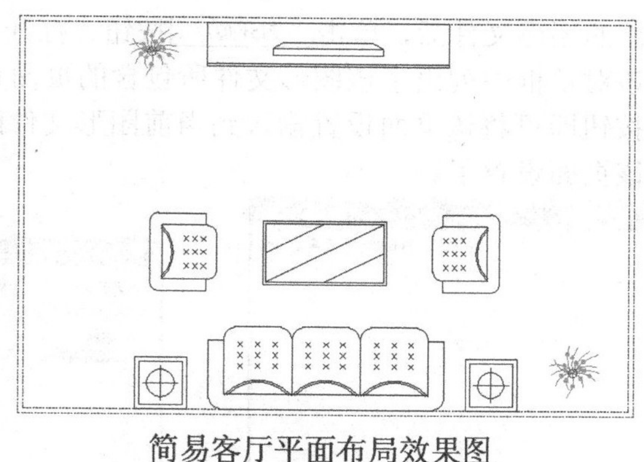

图 10-14 预览效果图

知识拓展

1．页面设置管理器

在 AutoCAD 2013 中，用户可以通过“页面设置管理器”对页面设置进行管理。执行“文件”→“页面设置管理器”命令，打开“页面设置管理器”对话框，如图 10-15 所示。

在该对话框的“当前页面设置”列表框中，列出了当前所有的页面设置。单击 置为当前(S) 按钮，可以将选中的页面设置指定为当前的页面设置；单击 新建(N)... 按钮，可以新建一个新的页面设置。单击 修改(M)... 按钮，可以在选中的页面设置进行修改；单击 输入(I)... 按钮，可以将其他图形文件中的页面设置添加到该图形文件中。

单击 新建(N)... 按钮后，打开“新建页面设置”对话框，如图 10-16 所示。在该对话框的“新页面设置名”文本框中输入页面名称后，单击 确定(O) 按钮，打开“页面设置”对话框。对话框中的选项及功能与“打印－模型”对话框完全相同，这里不再赘述。

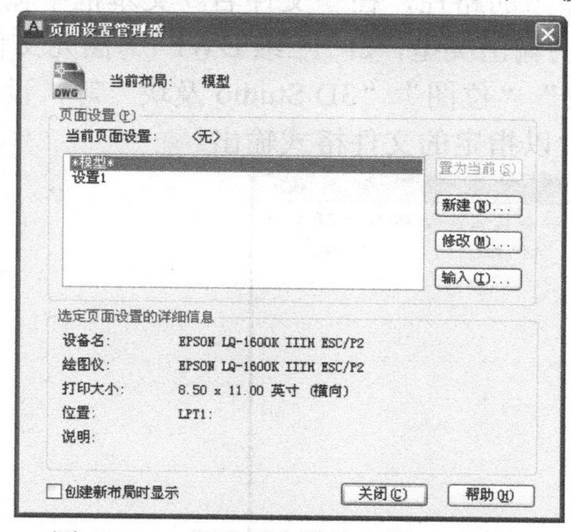

图 10-15 “页面设置管理器”对话框

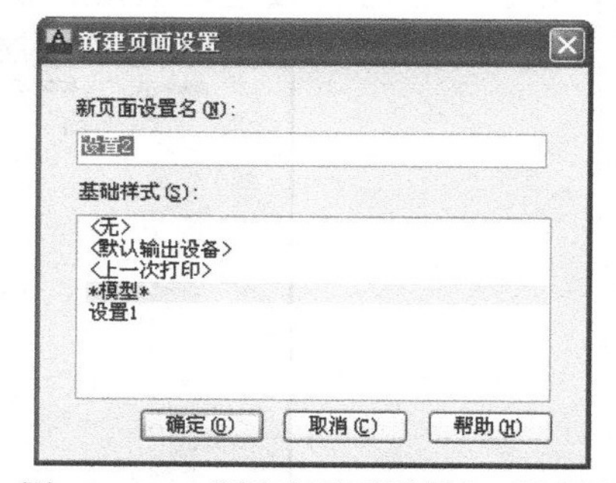

图 10-16 “新建页面设置”对话框

单击 修改(M)... 按钮后，直接打开“页面设置”对话框，此时可对选中的页面设置中的各项参数进行重新设置。

单击 输入(I)... 按钮后，打开“从文件选择页面设置”对话框，如图 10-17 所示。

在对话框中选择所需的图形文件后，单击[打开(O)]按钮，打开“输入页面设置”对话框，如图 10-18 所示。该对话框中列出了该图形文件所包含的页面设置，选中需要的页面设置后，单击[确定(O)]按钮即可将该页面设置输入到当前图形文件的页面设置列表中，当前图形文件便可以使用该页面设置了。

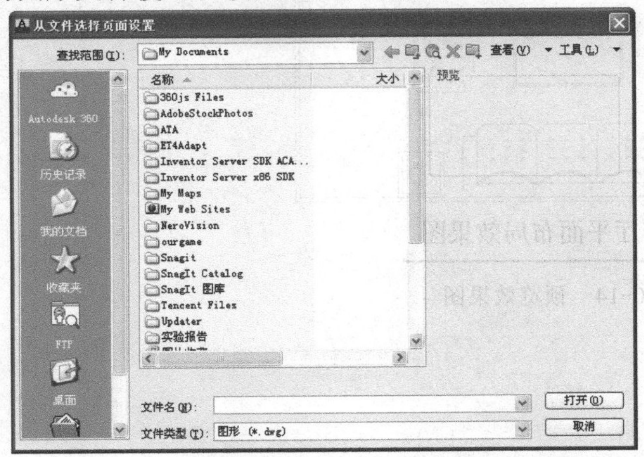

图 10-17 “从文件选择页面设置”对话框

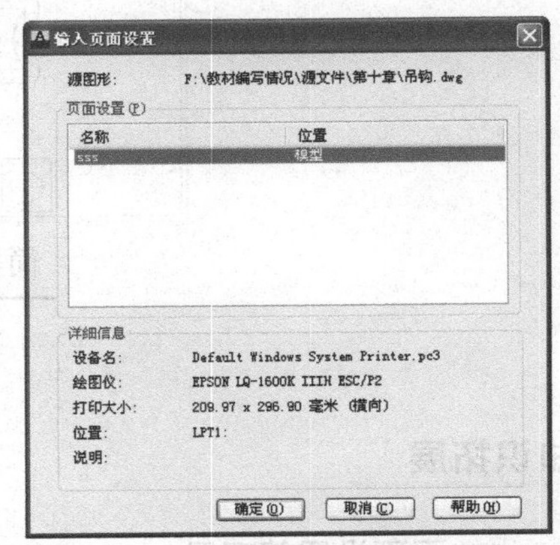

图 10-18 “输入页面设置”对话框

2. 以文件形式输入图形对象

AutoCAD 拥有强大、方便的绘图能力，有时利用其绘图后，目的并不是要打印出来，而是要将绘图结果用于其他程序中。例如，教师可以利用 AuotoCAD 绘制一些其他软件难以制作的素材，用于课件制作中；又如，印刷品中诸如交通位置图等插图，可利用 AutoCAD 绘图后再用于排版软件中。在这种情况下，可以将 AutoCAD 图形以需要的文件形式输出，再将输出的文件用于其他程序。

执行“文件”→“输出”命令，或单击“菜单浏览器”按钮，在弹出的菜单中选择“文件”→“输出”→“其他格式”命令，打开“输出数据”对话框，如图 10-19 所示。可以在对话框的“保存于”下拉列表框中设置文件输出的路径，在“文件名”文本框中输入文件名称，在“文件类型”下拉列表框中选择文件的输出类型，如“三维 DWF”“图元文件”、“ACIS”“平板印刷”“封装 PS”“DXX 提取”“位图”“3D Studio 及块”等，设置完成后，单击“保存”按钮，即可将整个图形文件以指定的文件格式输出。

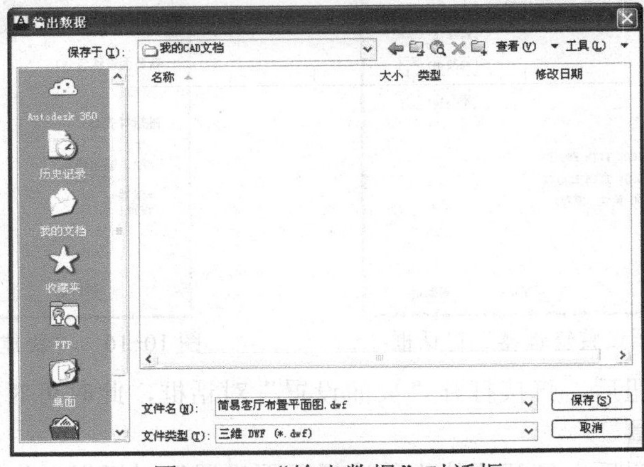

图 10-19 “输出数据”对话框

单击“菜单浏览器”按钮，在弹出的菜单中选择“文件”→“输出”菜单，在菜单中选择一个具体的文件格式，或在“功能区”的“输出”选项卡的“输出为 WDF/PDF”面板中单击“输出”按钮，打开“另存为”对话框，如图 10-20 所示。在该对话框中，用户可通过“输出控制”选项组进行输出设置，设置完成后单击“保存”按钮，直接以选定的文件格式输出。

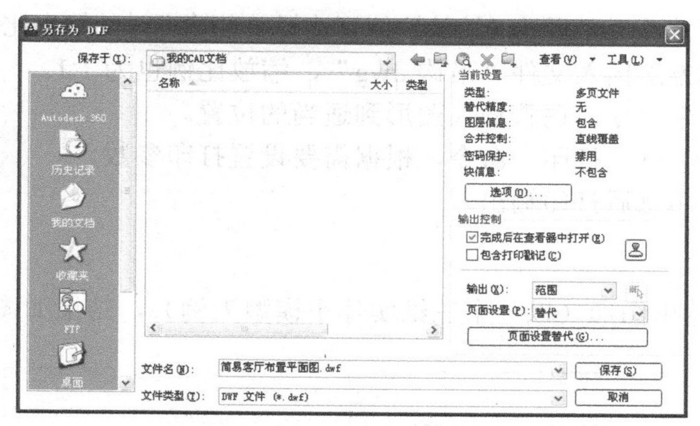

图 10-20 “另存为”对话框

实战演练

1．起步

利用“打印－模型”对话框中“打印机/绘图仪”选项组的“名称”下拉列表中 AutoCAD 2013 系统所提供的 DWG to PDF.pc3 内部配置文件，将简易客厅布置平面图以 PDF 文件格式输出。其他各打印参数根据实际情况设置。

操作步骤提示：

1）打开要打印输出的文件（素材文件“源程序\项目 10\简易客厅布置平面图.dwg”）。

2）执行“文件”→“打印”命令（快捷键<Ctrl+P>），打开“打印－模型”对话框，在“打印机/绘图仪”选项组的“名称”下拉列表中，选择 DWG to PDF.pc3 内部配置文件。其他各参数可参照图 10-2 中的设置，也可自己重新设置。

2．进阶

将多个图形文件布置在一起打印输出。结果如图 10-21 所示（以“V 型拉柄”和“吊钩”两个图形文件为例）。

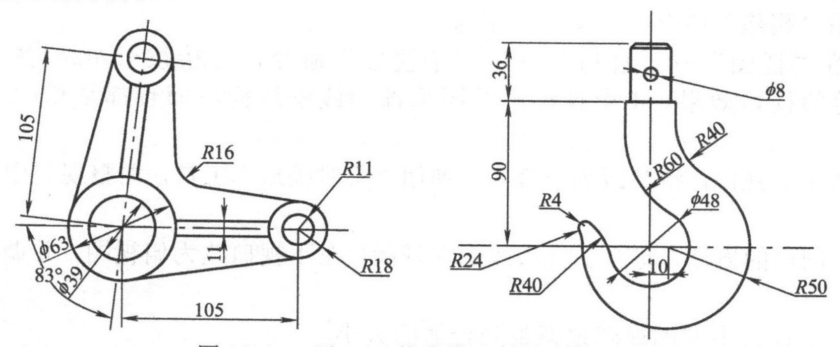

图 10-21 以 PDF 格式输出时的参数设置

操作步骤提示：

1）创建一个 CAD 新文件。

2）执行“插入”→“DWG 参照”命令，打开“选择参照文件”对话框，找到图形文件“V 形拉柄.dwg”。单击“打开”按钮，打开“外部参照”对话框，利用该对话框插入图形文件。

3）使用“缩放”命令缩放图形（缩放比例可选择单独输出时的输出比例，这里使用 1:1）。

4）使用同样的方法插入文件“吊钩.dwg”，缩放比例也为 1:1。

5）使用“移动”命令，调整插入图形到适当的位置。

6）执行“文件”→“打印”命令，根据需要设置打印参数。

7）预览效果，满意后打印输出。

3．提高

以多视图形式输出图形（以一个三维实体小模型为例），结果如图 10-22 所示。

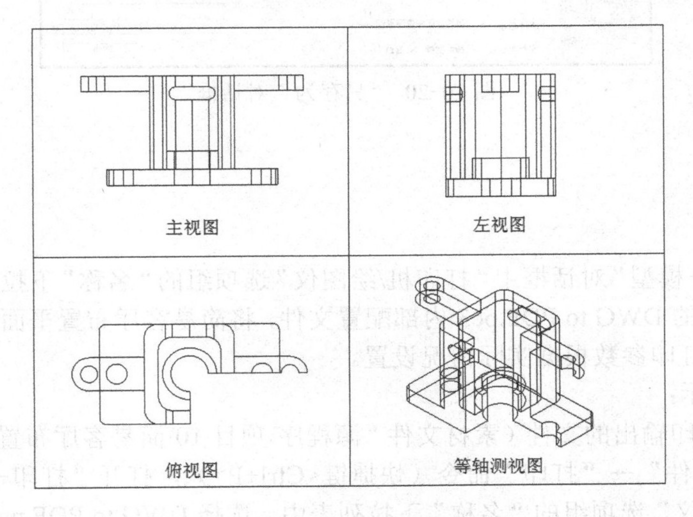

图 10-22　多视图输出效果

操作步骤提示：

1）打开要打印输出的文件（素材文件“源程序\项目10\多视图输出用图.dwg”）并切换到布局模式（图纸空间）。

2）使用“删除”命令将浮动窗口删除。

3）执行“视图”→“视口”→“四个视口”命令，直接按<Enter>键后，即可得到 4 个相等的视口效果。4 个视口中的图形都为线框结构，而且都是相同方向的等轴侧视图。

4）激活左上视口，将其改为前视图，使用“实时缩放”工具，调整视口中图形到合适的大小。

5）使用同样的方法，将右上视口改为左视图，左下视口改为俯视图，并调整图形到合适的大小。

6）将右下视口中的侧视图也调整到合适的大小。

7）执行“文件”→“打印”命令，根据需要设置打印参数。

8）预览效果，满意后打印输出。

项目小结

本项目通过一个具体的任务，详细地介绍了 AutoCAD 2013 中图形输出的完整过程和主要途径。通过将 AutoCAD 图形以需要的文件形式输出，再将输出的文件应用到其他程序中的方式，使 AutoCAD 强大、方便的绘图能力得到了更加广泛的应用。

附录　AutoCAD 2013（中文版）命令速查

AutoCAD 命令	简　写	用　途
3D		创建三维实体
3DARRAY	3A	三维阵列
3DCLIP		设置剪切平面位置
3DCORBLT		继续执行 3DORBIT 命令
3DDISTANCE		距离调整
3DFACE	3F	绘制三维曲面
3DMESH		绘制三维自由多边形网格
3DORBLT	3DO	三维动态旋转
3DPAN		三维视图平移
3DPLOY	3P	绘制三维多段线
3DSIN		插入一个 3DS 文件
3DSOUT		输出图形数据到一个 3DS 文件
3DSWIVEL		旋转相机
3DZOOM		三维视窗下视窗缩放
ABOUT		显示 AutoCAD 的版本信息
ACISIN		插入一个 ACIS 文件
ACISOUT		将 AutoCAD 三维实体目标输出到 ACIS 文件
ADCCLOSE		关闭 AutoCAD 设计中心
ADCENTER	ADC	启动 AutoCAD 设计中心
ADCNAVIGATE	ADC	启动设计中心并访问用户设置的文件名、路径或网上目录
ALIGN	AL	图形对齐
AMECONVERT		将 AME 实体转换成 AutoCAD 实体
APERTURE		控制目标捕捉框的大小
APPLOAD	AP	装载 AutoLISP、ADS 或 ARX 程序
ARC	A	绘制圆弧
AREA	AA	计算所选择区域的周长和面积
ARRAY	AR	图形阵列
ARX		加载、卸载 Object ARX 程序
ATTDEF	ATT、DDATTDEF	创建属性定义
ATTDISP		控制属性的可见性
ATTEDIT	ATE	编辑图块属性值
ATTEXT	DDATTEXT	摘录属性定义数据
ATTREDEF		重定义一个图块及其属性
AUDIT		检查并修复图形文件的错误
BACKGROUND		设置渲染背景
BASE		设置当前图形文件的插入点

（续）

AutoCAD 命令	简　　写	用　　途
BHATCH	BH 或 H	区域图样填充
BLIPMODE		点记模式控制
BLOCK	B 或–B	将所选的实体图形定义为一个图块
BLOCKICON		为 R14 或更早版本所创建的图块生成预览图像
BMPOUT		将所选实体以 BMP 文件格式输出
BOUNDARY	BO 或–BO	创建区域
BOX		绘制三维长方体实体
BRDAK	BR	折断图形
BROWSER		网络游览
CAL		AutoCAD 计算功能
CAMERA		相机操作
CHAMFER	CHA	倒直角
CHANGE	–CH	属性修改
CH PROP		修改基本属性
CIRCLE	C	绘制圆
CLOSE		关闭当前图形文件
COLOR	COL	设置实体颜色
COMPILE		编译（Shape）文件和 PostScript 文件
CONE		绘制三维圆锥实体
CONVERT		将 R14 或更低版本所作的二维多段线（或关联性区域图样填充）转换成 AutoCAD 2000 格式
COPY	CO 或 CP	复制实体
COPYBASE		固定基点以复制实体
COPYCLIP		复制实体到 Windows 剪贴板
COPYHIST		复制命令窗口历史信息到 Windows 剪贴板
COPYLINK		复制当前视窗至 Windows 剪贴板
CUTCLIP		剪切实体至 Windows 剪贴板
CYLINDER		绘制一个三维圆柱实体
DBCCLOSE		关闭数据库连接管理
DBCONNECT	DBC	启动数据库连接管理
DBLIST		列表显示当前图形文件中每个实体的信息
DDEDIT	ED	以对话框方式编辑文本或属性定义
DDPTYPE		设置点的形状及大小
DDVPOINT	VP	通过对话框选择三维视点
DELAY		设置演示（Script）延时时间
DIM AND DIM1		进入尺寸标注状态
DIMALIGNED	DAL 或 DIMALI	标注平齐尺寸
DIMANGULAR	DAN 或 DIMANG	标注角度
DIMBASELINE	DBA 或 DIMBASE	基线标注
DIMCENTER	DCE	标注圆心

（续）

AutoCAD命令	简　写	用　途
DIMCONTINUE	DCO或DIMCONT	连续标注
DIMDIAMETER	DDI或DIMDLA	标注直径
DIMEDIT	DED或DIMED	编辑尺寸标注
DIMLINEAR	DLI或DIMLIN	标注长度尺寸
DIMORDINATE	DOR或DIMROD	标注坐标值
DIMOVERRIDE	DOR或DIMOVER	临时覆盖系统尺寸变量设置
DIMRADIUS	DRA或DIMRAD	标注半径
DIMSTYLE	DST或DIMSTY	创建或修改标注样式
DIMTEDIT	DIMTED	编辑尺寸文本
DIST	DI	测量两点之间的距离
DIVIDE	DIV	等分实体
DONUT	DO	绘制圆环
DRAGMODE		控制是否显示拖动对象的过程
DRAWORDER	DR	控制两重叠（或有部分重叠）图像的显示次序
DSETTINGS	DS、SE	设置栅格和捕捉、角度和目标捕捉点自动跟踪以及自动目标捕捉选项功能
DSVIEWER	AV	鹰眼功能
DVIEW	DV	视点动态设置
DWGPROPS		设置和显示当前图形文件的属性
DXBIN		将DXB文件插入到当前文件中
EDGE		控制三维曲面边的可见性
EDGESURF		绘制四边定界曲面
ELEV		设置绘图平面的高度
ELLIPSE	EL	绘制椭圆或椭圆弧
ERASE	E	删除实体
EXPLODE	X	分解实体
EXPORT	EXP	文件格式输出
EXPRESSTOOLS		如果当前AutoCAD环境中无快捷工具，则可启动该命令以安装AutoCAD快捷工具
EXTEND	EX	延长实体
EXETRUDE	EXT	将二维图形拉伸成三维实体
FILL	F	控制实体的填充状态
FILLET		倒圆角
FILTER	FI	过滤选择实体
FIND		查找与替换文件
FOG		三维渲染的雾度配置
GRAPHSCR		在图形窗口和文本窗口间切换
GRID		显示栅格
GROUP	G或-G	创建一个指定名称的目标选择组
HATCH	–H	通过命令行进行区域填充图样
HATCHEDIT	HE	编辑区域填充图样

（续）

AutoCAD 命令	简　写	用　途
HELP		显示 AutoCAD 在线帮助信息
HIDE		消隐
HYPERLINK		插入超级链接
HYPERLINKOPTIONS	HI	控制是否显示超级链接标签
ID		显示点的坐标
IMAGE	I	将图像文件插入到当前图形文件中
IMAGEADJUST	LAD	调整所选图像的明亮度、对比度和灰度
IMAGEATTACH	LAT	附贴一个图像至当前图形文件
IMAGECLIP	ICL	调整所选图像的边框大小
IMAGFRAME		控制是否显示图像的边框
IMAGEQUALITY		控制图像的显示质量
IMPORT	TMP	插入其他格式文件
INSERT	I	把图块（或文件）插入到当前图形文件
INSERTOBJ	IO	插入 OLE 对象
INTERFERE	INF	将两个或两个以上的三维实体的相交部分创建为一个单独的实体
INTERSECT	IN	对三维实体求交
ISOPLANE		定义基准面
LAYER	LA 或–LA	图层控制
LAYOUT	LO	创建新布局或对已存在的布局进行更名、复制、保存或删除等操作
JOIN	J	合并
LAYOUTWIZARD		布局向导
LEADER	LE 或 LEAD	指引标注
LENGTHEN	LEN	改变实体长度
LIGHT		光源设置
LIMTS		设置图形界限
LINS	L	绘制直线
LINETYPE	LT 或–LTLTYPE	创建、装载或设置线型
LIST	LS	列表显示实体信息
LOAD		装入已编译过的图形文件
LOGFILEOFF		关闭登录文件
LOGFILEON		将文本窗口的内容写到一个记录文件中
LSEDIT		场景编辑
LSLIB		场景库管理
LSNEW		添加场景
LTSCALE	LTS	设置线型比例系数
LWEIGHT	LW	设置线宽
MASSPROP		查询实体特性
MATCHPROP	MA	属性匹配
MATLIB		材质库管理

（续）

AutoCAD 命令	简　写	用　途
MEASURE	ME	定长等分实体
MENU		加载菜单文件
MENULOAD		加载部分主菜单
MENUUNLOAD		卸载部分主菜单
MINSERT		按矩形阵列方式插入图块
MIRROR	MI	镜像实体
MIRROR3D		三维镜像
MLEDIT		编辑平行线
MLINE	ML	绘制平行线
MLSTYLE		定义平行线样式
MODEL		从图纸空间切换到模型空间
MOVE	M	移动实体
MSLIDE		创建幻灯片
MSPACE	MS	从图纸空间切换到模型空间
MTEXT	MT 或 T	多行文本标注
MULTIPLE		反复多次执行上一次命令直到执行别的命令或按<Esc>键
MVIEW	MV	创建多视窗
MVSETUP		控制视口
NEW		新建图形文件
OFFSET	O	偏移复制实体
OLELINKS		更新、编辑或取消已存在的 OLE 链接
OLESCALE		显示 OLE 属性管理器
OOPS		恢复最后一次被删除的实体
OPEN		打开图形文件
OPTIONS	OP、PR	设置 AutoCAD 系统配置
ORTHO	F8	切换正交状态
OSNAP	OS 或–OS	设置目标捕捉方式及捕捉框的大小
PAGESETUP		页面设置
PAN	P 或–P	视图平移
PARTIALOAD		部分装入
PARTIALOPEN		部分打开
PASTEBLOCK		将已复制的实体目标粘贴成图块
PASTECLIP		将剪贴板上的数据粘贴至当前图形文件中
PASTEORLG		固定点粘贴
PASTESPEC	PA	将剪贴板上的数据粘贴至当前图形文件中并控制其数据格式
PCINWINEARD		导入 PCP 或 PC2 配置文件的向导
PEDIT	PE	编辑多段线和三维多边形网格
PFACE		绘制任意形状的三维曲面
PLAN		设置 UCS 平面视图

（续）

AutoCAD 命令	简　写	用　途
PLINE	PL	绘制多段线
PLOT	PRINT	图形输出
PLOTSTYLE		设置打印样式
PLOTTERMANAGER		打印机管理器
POINT	PO	绘制点
POLYGON	POL	绘制正多边形
PREVIEW	PRE	
PROPERTLES	CH、MO、PRO 、PS、DDMODI、FX、DDCHPROR	打印预览目标属性管理器
PROPERTLESCLOSE	PRCLOSE	关闭属性管理器
PSDRAG		控制 PostScript 图像显示
PSETUPIN		导入自定义页面设置
PSFILL		用 PostScript 图案填充二维多段线
PSIN		输入 PostScript 文件
PSOUT		输出 PostScript 文件
PSPACE	PS	从模型空间切换到图纸空间
PURGE	PU	消除图形中无用的对象，如图块、尺寸标注样式、图层、线型、文本标注样式等
QDIM		尺寸快速标注
QLEADER	LE	快速标注指引线
QSAVE		保存当前的图形文件
QSELECT		快速选择实体
QTEXT		控制文本显示方式
QUIT	EXIT	退出 AutoCAD
RAY		绘制射线
RECOVER		修复损坏的图形文件
RECTANG	REC	绘制矩形
REDEFINE		恢复一条已被取消的命令
REDO		恢复由 Undo（或 U）命令取消的最后一条命令
REDRAW	R	重新显示当前视窗中的图形
REDRAWALL	RA	重新显示所有视窗中的图形
REFCLOSE		外部引用在位编辑时保存退出
REFEDIT		外部引用在位编辑
REFSET		添加或删除外部引用中的项目
REGEN	RE	重新生成当前视窗中的图形
REGENALL	REA	重新刷新生成所有视窗中的图形
REGGNAUTO		自动刷新生成图形
REGION	REG	创建区域
REINIT		重新初始化 AutoCAD 的通信端口
RENAME	REN	更改实体对象的名称

（续）

AutoCAD 命令	简　写	用　途
RENDER	RR	渲染
RENDSCK		重新显示渲染图片
REPLAY		显示 BMP、TGA 或 TIEF 图像文件
RESUME		继续已暂停或中断的脚本文件
REVOLVE	REV	将二维图形旋转成三维实体
REVSURF		绘制旋转曲面
RMAT		材质设置
ROTATE	RO	旋转实体
ROTATE3D		三维旋转
RPREF	RPR	设置渲染参数
RSCRIPT		创建连续的脚本文件
RULESURF		绘制直纹面
SAVE		保存图形文件
SAVE AS		将当前图形另存为一个新文件
SAVEIMG		保存渲染文件
SCALE	SC	比例缩放实体
SCENE		场景管理
SCRIPT	SCR	自动批处理 AutoCAD 命令
SECTION	SEC	生成剖面
SELECT		选择实体
SETUV		设置渲染实体几何特性
SETVAR	SET	设置 AutoCAD 系统变量
SHADE	SHA	着色处理
SHAPE		插入形文件
SHELL	SH	切换到 DOS 环境下
SHOWMAT		显示实体材质类型
SKETCH		徒手画线
SLICE	SL	将三维实体切开
SNAP	SN	设置目标捕捉功能
SOLDRAW		生成三维实体的轮廓图形
SOLID	SO	绘制实心多边形
SOLIDEIDT		三维实体编辑
SOLPROF		绘制三维实体的轮廓图像
SOLVIEW		创建三维实体的平面视窗
SPELL	SP	检查文本对象的拼写
SPHERE		绘制球体
SPLINE	SPL	绘制一条光滑曲线
SPLINEDIT	SPE	编制一条光滑曲线
STATS		显示渲染实体的系统信息
STATUS		查询当前图形文件的状态信息
STLOUT		将三维实体以 STL 格式保存
STRETCH	S	拉伸实体
STYLE	ST	创建文本标注样式
STYLESMANAGER		显示打印样式管理器
SUBTRACT	SU	布尔求差
SYSWINDOWS		控制 AutoCAD 文本窗口
TABLET	TA	设置数字化仪
TABSURF		绘制拉伸曲面

（续）

AutoCAD 命令	简　写	用　途
TEXT		标注单行文本
TEXTSCR		切换到 AutoCAD 文体窗口
TIME		时间查询
TOLERANCE	TOL	创建尺寸公差
TOOLBAR	TO	增减工具栏
TORUS	TOR	创建圆环实体
TRACE		绘制轨迹线
TRANSPARENCY		透水波设置
TREESTAT		显示当前图形文件路径信息
TRIM	TR	修剪
U		撤销上一操作
UCS		建立用户坐标系统
UCSICON		控制坐标图形显示
UCSMAN		UCS 管理器
UNDEFINE		允许用户将自定义命令覆盖 AutoCAD 内部命令
UNDO		撤销上一组操作
UNION	UNI	布尔求并
UNITS	–UN 或 UN	设置长度及角度的单位格式和精度等级
VBAIDE		VBA 集成开发环境
VBALOAD		加载 VBA 项目
VBAMAN		VBA 管理器
VBARUN		运行 VBA 宏
VBASTMT		运行 VBA 语句
VBAUNLOAD		卸载 VBA 工程
VIEW	–V	视窗管理
VIEWRES		设置当前视窗中目标重新生成的分辨率
VLISP	VLIDE	打开 Visual LISP 集成开发环境
VPCLIP		复制视图实体
VPLAYER		设置视窗中层的可见性
VPOINT	–VP 或 VP	设置三维视点
VPORTS		视窗分割
VSLIDE		显示幻灯文件
WBLOCK	W	图块存盘
WEDGE	WE	绘制楔形体
WHOHAS		显示已打开的图形文件的所属信息
WMFIN		输入 Windows 应用软件格式的文件
WMFOPTS		设置 WMFIN 命令选项
WMFOUT		WMF 格式输出
XATTACH	XA	粘贴外部文件至当前图形
XBIND	–XB 或 XB	将一个外部引用的依赖符永久地溶入当前图形文件中
XCLIP	XC	设置图块或处理引用边界
XLINE	XL	绘制无限长直线
XPLODE		分解图块并设置属性参数
XREF	XR 或–XR	外部引用
ZOOM	Z	视图缩放透明命令

参考文献

[1] 崔洪斌．AutoCAD 2013 中文版实用教程[M]．北京：人民邮电出版社，2012．

[2] 杨柳．AutoCAD 2013 中文版基础教程[M]．北京：中国青年出版社，2012．

[3] 吴琦．Autocad 2013 中文版辅助设计从入门到精通[M]．北京：人民邮电出版社，2013．

[4] 孙启善．中文版 AutoCAD2013 建筑制图经典设计 228 例[M]．北京：希望电子出版社，2012．